Automotive SPICE™ in der Praxis

Dipl.-Ing. Markus Müller ist Director Operations und Partner bei KUGLER MAAG CIE GmbH und verantwortlich für den operativen Betrieb. Er berät namhafte Unternehmen sehr erfolgreich in Prozessverbesserung, ist iNTACS ISO/IEC 15504 Principal Assessor, hat viele Assessments geleitet und bildet seit Jahren Assessoren aus. Weiter ist er Mitglied des iNTACS Advisory Board.

Dr. Klaus Hörmann ist Principal und Partner bei KUGLER MAAG CIE GmbH und dort international verantwortlich für die Service Area »Process Improvement«. Er leitet große, anspruchsvolle Verbesserungsprojekte und führt Assessments, Appraisals, CMMI- und SPICE-Trainings sowie Assessoren-Trainings und -Coaching durch. Herr Dr. Hörmann ist iNTACS ISO/IEC 15504 Principal Assessor sowie SEI-autorisierter CMMI Instructor und SCAMPI Lead Appraiser.

Dipl.-Ing. Lars Dittmann ist bei der Volkswagen AG für IT-Lifecycle and Quality in der IT Organisation verantwortlich. Er baute u.a. das Software-Assessmentsystem des Konzerns auf und leitete die Software-Qualitätssicherung. Weiter ist er iNTACS ISO/IEC 15504 Principal Assessor, Sprecher des iNTACS Advisory Board und Mitglied der AUTOSIG Gruppe. Herr Dittmann ist Gastdozent an der TU Braunschweig und bei der Volkswagen Coaching.

Dipl.-Inform. Jörg Zimmer ist bei der DaimlerChrysler AG in der PKW-Entwicklung für das Software-Qualitätsmanagementsystem und für übergreifende Software-Qualitätsprojekte verantwortlich. Er ist iNTACS ISO/IEC 15504 Principal Assessor, Mitglied des VDA-Arbeitskreises 13, Mitglied der AUTOSIG Gruppe sowie Sprecher der HIS Arbeitsgruppe Prozessassessment.

Markus Müller · Klaus Hörmann · Lars Dittmann · Jörg Zimmer

Automotive SPICE™ in der Praxis

Interpretationshilfe für Anwender und Assessoren

dpunkt.verlag

Markus Müller
markus.mueller@kuglermaag.com

Klaus Hörmann
klaus.hoermann@kuglermaag.com

Lars Dittmann
lars.dittmann@online.de

Jörg Zimmer
Joerg.Zimmer@daimlerchrysler.com

Lektorat: Christa Preisendanz
Copy-Editing: Ursula Zimpfer, Herrenberg
Herstellung: Birgit Bäuerlein
Umschlaggestaltung: Helmut Kraus, www.exclam.de
Druck und Bindung: Koninklijke Wöhrmann B.V., Zutphen, Niederlande

Fachliche Beratung und Herausgabe von dpunkt.büchern im Bereich Wirtschaftsinformatik:
Prof. Dr. Heidi Heilmann · Heidi.Heilmann@t-online.de

Bibliografische Information Der Deutschen Bibliothek
Die Deutsche Bibliothek verzeichnet diese Publikation in der Deutschen Nationalbibliografie;
detaillierte bibliografische Daten sind im Internet über <http://dnb.ddb.de> abrufbar.

ISBN 978-3-89864-469-3

1. Auflage 2007

Ringstraße 19
69115 Heidelberg

5 4 3 2 1 0

Geleitwort

Die Beherrschung der Komplexität von Elektronik und Software im Automobil angesichts immer kürzer werdender Entwicklungszyklen, globalen Wettbewerbs und zunehmenden Kostendrucks zwingt die Unternehmen der Automobilindustrie, neue Wege in der Entwicklung zu gehen und neue Technologien anzuwenden. Einer dieser neuen Wege besteht darin, Komplexität und Qualität durch hochwertige Prozesse in der Entwicklung positiv zu beeinflussen.

Das Automotive SPICE-Modell enthält hierzu die »good practices«, die sich in der Automobilindustrie im oben genannten Sinne herauskristallisiert haben. Automobilhersteller bewerten danach ihre Zulieferer, um Risiken in Beschaffung und Entwicklung zu kontrollieren und die Fähigkeiten ihrer Entwicklungspartner systematisch zu bewerten und weiterzuentwickeln. Viele Hersteller und Zulieferer nutzen darüber hinaus dieses Modell, um ihre Prozesse zu optimieren.

Die Herausforderung besteht darin, das Automotive SPICE-Modell richtig zu interpretieren und auf die jeweilige konkrete Problemstellung anzupassen. Das vorliegende Buch »Automotive SPICE in der Praxis« gibt die notwendigen Interpretationshilfen und unterstützt die Leser dabei, die Anforderungen der Norm in ihrem eigenen Anwendungskontext besser zu verstehen. Die Autoren sind anerkannte Experten mit umfangreichem Erfahrungswissen, erworben in einer Vielzahl von Assessments sowie in auf Automotive SPICE basierenden Verbesserungsprogrammen.

Mit Sicherheit wird dieses Buch wertvolle Hilfestellung in vielen Unternehmen geben, sowohl bei Assessments als auch bei der Umsetzung von Prozessverbesserungen.

Dr. Thomas Schlick
Geschäftsführer des VDA

Vorwort

In unserer langjährigen Arbeit mit Modellen wie SPICE, Automotive SPICE und CMMI haben wir immer wieder festgestellt, wie schwierig die Modellforderungen zu verstehen sind und wie unterschiedlich diese teilweise interpretiert werden. Diese Interpretationsvielfalt liegt in dem Wesen eines solchen Modells, das für ein breites Spektrum von Anwendungen geeignet sein soll. Dessen Elemente wie z.B. Praktiken oder Arbeitsprodukte müssen im jeweiligen Anwendungskontext des Projektes bzw. der Organisation interpretiert werden. Gleiches gilt auch für die Bewertung dieser Modellelemente in Assessments. Es gibt daher keine absoluten Maßstäbe bei der Erfüllung der Modellforderungen.

Seit Erscheinen des Buchs »SPICE in der Praxis« (dpunkt.verlag) wurde in der Automobilindustrie der Umstieg von SPICE zu Automotive SPICE vollzogen. Es erscheint uns daher an der Zeit, dass auch für Automotive SPICE eine deutschsprachige Interpretationshilfe verfügbar ist. Wir hoffen, dass dieses Buch den Lesern sowohl für Assessments als auch für die Prozessimplementierung hilfreich ist.

Zum Aufbau des Buches:

- **Kapitel 1** (Einführung und Überblick) führt in die grundlegenden Konzepte von Reifegradmodellen ein und behandelt in Kürze deren Historie, Zusammenhänge und Tendenzen. Das für das Verständnis des Buches notwendige Grundwissen bezüglich Struktur und Bestandteilen von Automotive SPICE wird kompakt vermittelt.
- **Kapitel 2** (Interpretationen zur Prozessdimension) behandelt eine praxisgerechte Auswahl von Automotive SPICE-Prozessen im Detail und erläutert jeweils den Zweck des Prozesses, die Basispraktiken und die Arbeitsprodukte. Enthalten sind auch deutsche Übersetzungen der Normtexte sowie Hinweise für Assessoren. Ein separater Abschnitt ist dem wichtigen Thema der »Traceability« gewidmet.

- **Kapitel 3** (Interpretationen zur Reifegraddimension) erklärt, wie Reifegradstufen gemessen werden, und beschreibt und interpretiert im Detail die Reifegradstufen, Prozessattribute und die generischen Praktiken. Auch hier sind deutsche Übersetzungen der Normtexte sowie Hinweise für Assessoren enthalten.
- **Kapitel 4** (CMMI – Unterschiede und Gemeinsamkeiten) trägt dem Faktum Rechnung, dass CMMI in vielen Fällen in der Automobilindustrie zusätzlich zu Automotive SPICE eingesetzt wird. Strukturen, Inhalte und Untersuchungsmethoden der beiden Modelle werden in der gebotenen Kürze verglichen, um den betroffenen Personen eine erste Orientierungshilfe zu geben.
- **Kapitel 5** (Funktionssicherheit) gibt einen kurzen Überblick über die IEC 61508, die in den nächsten Jahren einen größeren Rollout in der Automobilindustrie erleben wird. Diese stellt ebenfalls Forderungen an Entwicklungsprozesse und Methoden. Viele der Automotive SPICE-Prozesse tragen zur Erfüllung dieser Anforderungen bei, die IEC-61508-Forderungen gehen aber an vielen Stellen deutlich darüber hinaus.
- Der **Anhang** enthält eine Übersicht ausgewählter Arbeitsprodukte, ein Glossar, ein Abkürzungsverzeichnis und Verzeichnisse von Webadressen, Literatur und Normen.

Die zahlreichen deutschen Übersetzungen der Modelltexte wurden kursiv gesetzt. Bei der Übersetzung haben wir uns sehr eng an das englische Original gehalten, waren jedoch in einigen Fällen, wenn eine wörtliche Übersetzung nicht sinnvoll war, zu einer freieren Übersetzung gezwungen. In Zweifelsfällen und bei schwierigen Interpretationsfragen sollte daher immer auch der englische Originaltext hinzugezogen werden.

Unsere Interpretationen, Hinweise und Tipps basieren auf unseren praktischen Erfahrungen und wurden mit der größtmöglichen Sorgfalt niedergeschrieben. Dennoch müssen wir darauf hinweisen, dass die Konformität mit Automotive SPICE immer einer Einzelfallbeurteilung im jeweiligen Kontext des Unternehmens und der Projekte bedarf. Daran wollen und können wir mit diesem Buch nichts ändern. Insofern übernehmen wir keine Gewährleistung für den Erfolg von Implementierungen, basierend auf den von uns gegebenen Interpretationen, Empfehlungen und Beispielen.

Bedanken möchten wir uns bei Frau Christa Preisendanz (dpunkt.verlag) für die gewohnt professionelle Abwicklung und bei unserer konstruktiven Reviewerin, Frau Prof. Dr. Heidi Heilmann. Bei unseren Familien bedanken wir uns für das aufgebrachte Verständnis angesichts diverser zeitlicher Engpässe.

Markus Müller, Klaus Hörmann, Lars Dittmann, Jörg Zimmer
Juni 2007

Inhaltsverzeichnis

Anhang

1 Einführung und Überblick

Dieses Kapitel besteht aus drei Teilen: In Abschnitt 1.1 beschäftigen wir uns mit der Frage, warum Reifegradmodelle mit steigender Tendenz eingesetzt werden. In Abschnitt 1.2 beleuchten wir kurz die Historie der Reifegradmodelle, insbesondere auch unter dem Aspekt der konkurrierenden Modelle CMMI®[1], SPICE und Automotive SPICE™[2] und der sich abzeichnenden Tendenzen. Abschnitt 1.3 erläutert die wesentlichen Strukturen von Automotive SPICE, soweit sie für das Verständnis der restlichen Kapitel notwendig sind.

1.1 Einführung in die Thematik

In der globalisierten Weltwirtschaft werden Produkte und Dienstleistungen kaum noch von einzelnen Unternehmen isoliert entwickelt. Unternehmen sind zunehmend gezwungen, ihre Entwicklung in einem Netz von eigenen Entwicklungsstandorten, Lieferanten und gleichberechtigten Partnern durchzuführen. Der entscheidende Treiber hierfür ist der stetig steigende Kostendruck, der die Unternehmen zur Entwicklung an Niedrigkostenstandorten und zu strategischen Partnerschaften zwingt. Da gleichzeitig die Produkte und Dienstleistungen immer komplexer und anspruchsvoller werden und sich die Entwicklungszeiten verkürzen, haben sich zwei kritische Themen herauskristallisiert:

- Wie können die komplexen Kooperationen und Wertschöpfungsketten beherrscht werden?
- Wie können unter diesen Umständen Qualität, Kosten- und Termineinhaltung sichergestellt werden?

Dies ist für viele Unternehmen zur existenziellen Herausforderung geworden, mit unmittelbarer Auswirkung auf Markterfolg und Wachstum. Ein entscheidender Erfolgsfaktor bei diesen Fragen sind systematische und beherrschte Unterneh-

1. Der Begriff CMMI ist registriert beim U.S. Patent and Trademark Office.
2. »Automotive SPICE« ist ein eingetragenes Warenzeichen der Volkswagen AG, Wolfsburg.

mensprozesse, insbesondere für Management, Entwicklung, Qualitätssicherung, Einkauf und für die Kooperation mit externen Partnern. Die Methodik der »Reifegradmodelle« bietet sich geradezu an, um dieser Probleme Herr zu werden.

Reifegradmodelle wie SPICE, Automotive SPICE und CMMI bieten geeignete Methoden (in Form von erprobten »good practices«), besitzen einen starken Fokus auf Prozesse[3] und werden schon seit vielen Jahren erfolgreich für die oben genannte Problematik eingesetzt. Große Erfolge wurden damit bereits in den neunziger Jahren in den USA mittels CMM®[4] und später mit CMMI erzielt. Der Anstoß kam zunächst aus dem Verteidigungsbereich, der bei Software- und Systemlieferanten unter enormen Kosten- und Zeitüberschreitungen zu leiden hatte und mit CMM/CMMI deutliche Verbesserungen erzielen konnte. Inzwischen ist es bei öffentlichen Auftraggebern in den USA üblich, von Lieferanten einen bestimmten CMM- oder CMMI-Level zu verlangen und durch Auditierungen[5] nachzuweisen. Ohne diesen Level wird kein Angebot mehr akzeptiert. Eine ähnliche Situation hat sich mitterweile in der Automobilindustrie bezüglich Automotive SPICE herausgebildet.

1.2 Automotive SPICE und andere Reifegradmodelle: Historie, Zusammenhänge und Tendenzen

Die Idee der Reifegradmodelle wurde auch in Europa aufgegriffen, wobei neben CMM und CMMI vor allem SPICE und in neuerer Zeit auch Automotive SPICE zum Einsatz kommen.

Abbildung 1–1 zeigt die wichtigsten Reifegradmodelle und ihre historische Entwicklung. Das älteste Modell ist CMM (siehe [CMM 1993a], [CMM 1993b]), das international sehr erfolgreich war und inzwischen zugunsten von CMMI eingestellt wurde. In der Automobilindustrie hat CMM nie eine nennenswerte Rolle gespielt, auch wenn ein Automobilhersteller damit für kurze Zeit Ansätze zur Lieferantenbeurteilung erprobte. Das SPICE-kompatible BOOTSTRAP wurde bei wenigen Pionieren unter den Automobilzulieferern eingesetzt, konnte sich aber gegenüber SPICE nie durchsetzen und wurde 2003 eingestellt.

SPICE (siehe [Hörmann et al. 2006]) entstand aus einem gleichnamigen Projekt der ISO[6] und wurde 1998 als ISO/IEC TR 15504 veröffentlicht, wobei TR (Technical Report) eine Vorstufe zu einem späteren International Standard (IS) darstellt. Die verschiedenen Teile des International Standard ISO/IEC 15504 erschienen sukzessive ab 2003, zuletzt 2006 der für die Praxis wichtigste Teil 5.

3. Dabei gilt das seit Jahrzehnten bewährte Prinzip, dass gute und beherrschte Prozesse (zusätzlich zu qualifiziertem Personal und Beherrschung der Technologie) einen nachweislich positiven Einfluss auf Qualität und Kosten besitzen.
4. Der Begriff CMM ist registriert beim U.S. Patent and Trademark Office.
5. Sogenannte »Assessments«, »Evaluations« und »Appraisals«.
6. International Organization for Standardization.

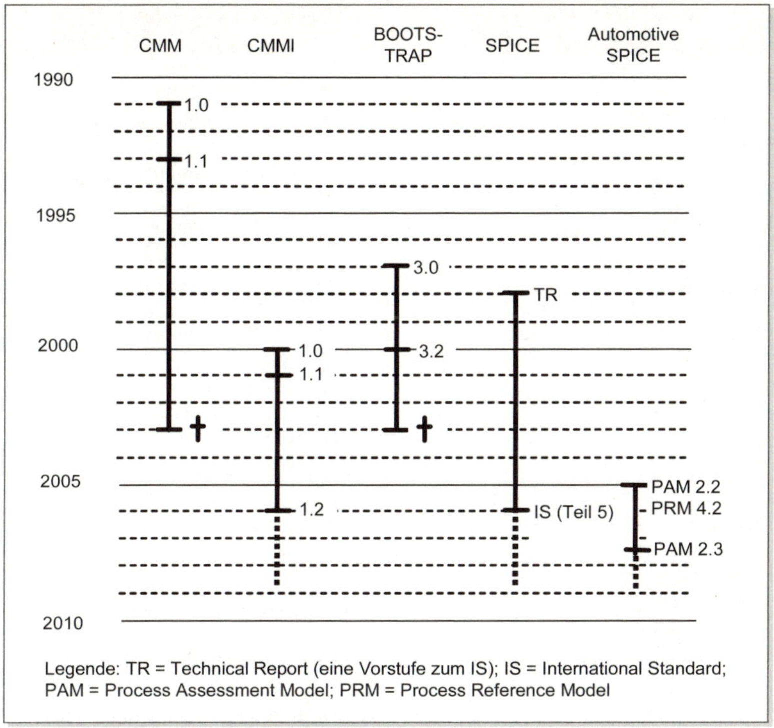

Abb. 1–1 *Historie der wichtigsten in Europa verwendeten Reifegradmodelle (nur veröffentlichte und in der Praxis angewendete Modelle)*

Der Durchbruch zum Einsatz von Reifegradmodellen in der Automobilindustrie geschah 2001 durch die Entscheidung der Herstellerinitiative Software (HIS[7]), SPICE zur Lieferantenbeurteilung im Software- und Elektronikbereich einzusetzen. Ab diesem Zeitpunkt verbreitete sich SPICE flächendeckend in der Automobilindustrie. Einer der großen Vorzüge von SPICE ist, unter einem gemeinsamen Dach branchenspezifische Modelle entwickeln zu können. Neben der Raumfahrtindustrie machte davon die Automobilindustrie Gebrauch: 2005 veröffentlichte die Automotive Special Interest Group[8] (AUTOSIG) des Procurement Forum das Automotive SPICE-Modell (siehe [Automotive SPICE]). Nach diesem Modell werden inzwischen durch die beteiligten Automobilhersteller Lieferantenassessments im Software- und Elektronikbereich durchgeführt. Abbildung 1–2 zeigt die Korrespondenz der auf Basis der ISO/IEC TR 15504 von der HIS geforderten Prozesse zu der neuen Forderung, basierend auf Automotive SPICE.

---

7. Arbeitskreis bestehend aus Audi, BMW, DaimlerChrysler, Porsche und Volkswagen [HIS].
8. Neben Audi, BMW, DaimlerChrysler, Porsche und Volkswagen gehören dazu auch die Firmen Fiat Auto, Volvo Car Corporation (mit Ford Europe, Jaguar, Landrover).

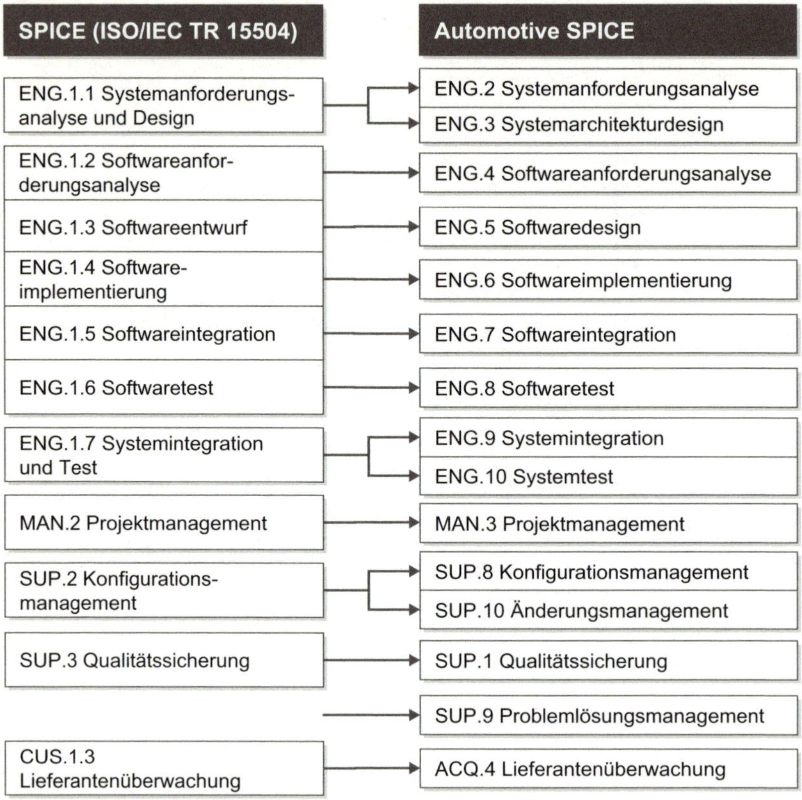

Abb. 1–2 *Korrespondenz der auf Basis der ISO/IEC TR 15504 von der HIS geforderten Prozesse zu der neuen Forderung, basierend auf Automotive SPICE (Problemlösungmanagement: keine Korrespondenz)*

Neben SPICE und Automotive SPICE hat ab ca. 2001 auch CMMI (siehe [Kneuper 2006, Ahren et al. 2001, Chrissis et al. 2003, CMMI 2006]) eine wachsende Verbreitung in der Automobilindustrie gefunden und wird in einer Umfrage des »Hansen Report on Automotive Electronics« [Hansen] sogar häufiger genannt als SPICE (siehe Abb. 1–3). Die gezeigten Daten beziehen sich auf die interne Verwendung, d.h. für die eigene Entwicklung. Gegenüber Lieferanten wird in der Regel SPICE und Automotive SPICE gefordert. Der Grund für die weite Verbreitung von CMMI liegt in den Vorteilen des Modells[9], des guten, weltweiten Supports (siehe [SEI], [SEI Rep]) sowie in der Tatsache, dass es sich seit dem Jahr 2000 durch starkes Wachstum weltweit zu einer Art Quasistandard entwickelt hat. Auch wenn im Bereich von SPICE und dessen Derivaten keine offiziellen Zahlen vorliegen, dürfte die Verbreitung von CMMI deutlich höher liegen: Bis

9. Hierzu zählen Ausführlichkeit und Verständlichkeit sowie die generische Anwendbarkeit für Software, Hardware, Systeme und Dienstleistungen.

April 2007 haben beispielsweise weltweit ca. 61.000 Personen den offiziellen dreitägigen CMMI-Einführungskurs besucht, und die Zahlen zeigen eine stark ansteigende Tendenz.

Bei vielen Unternehmen wird daher Know-how in mehreren Modellen benötigt:

- Automobilhersteller verlangen vom Lieferanten Automotive SPICE, bekommen aber bei einem primär nach CMMI arbeitenden Lieferanten dessen CMMI-Appraisal-Ergebnisse vorgelegt und müssen diese beurteilen können.
- Primär nach CMMI arbeitende Lieferanten müssen ihre Prozesse so gestalten, dass sie auch anderen Modellen genügen.

Wir gehen auf die Unterschiede SPICE – Automotive SPICE im folgenden Abschnitt ein und behandeln die Thematik CMMI – SPICE – Automotive SPICE in Kapitel 4.

Aus Anwendersicht sind vor allem auch die sich abzeichnenden Tendenzen interessant. Derzeit bekannte Fakten sind:

- SPICE: In Arbeit sind die folgenden neuen Teile der Norm:
  - ISO/IEC TR 15504 Part 6 – Exemplar Systems Life Cycle Processes Assessment Model – Working Draft
  - ISO/IEC 15504 Part 7 – Assessment of Organisational Maturity – Working Draft
  - Offizielle, verlässliche Terminaussagen sind noch nicht bekannt.
- Automotive SPICE: Seit Erscheinen des PAM 2.3[10] wurde zur Weiterentwicklung noch nichts angekündigt.
- CMMI erhielt mit der Version 1.2 eine neue Architektur, die anwendungsspezifische Modelle (»constellations« genannt) über gemeinsam genutzte Modellbestandteile miteinander verbindet. Die constellation »Development« erschien 2006, für 2007 ist »Acquisition« und für 2008 »Services« angekündigt. Dies dürfte für viele Unternehmen aus strategischer Sicht interessant sein, da verschiedene Unternehmensbereiche (Entwicklung, IT/Dienstleistungen, Beschaffung) in wesentlichen Prozessen vereinheitlicht werden können.

Eine mögliche Tendenz ist zu erkennen: die Ausweitung von der erfolgreichen Anwendung in der Softwareentwicklung auf weitere Anwendungsbereiche, insbesondere auf System-, Mechanik- und Hardwareentwicklung. Die Idee liegt nahe, das, was sich im Softwarebereich bewährt hat, auch in anderen Entwicklungsbereichen anzuwenden. Dieser Schritt wird bei SPICE gerade mit dem neuen Teil 6 in Richtung Systementwicklung vorbereitet und ist bei CMMI bereits vollzogen worden (Software, Hardware, Systeme, Dienstleistungen). Ob und inwieweit die HIS bzw. die Automotive SIG hier später nachziehen werden, ist offen,

10. Wir beziehen uns in diesem Buch auf das PAM 2.3.

aber nicht unwahrscheinlich. Qualitätsprobleme werden schließlich nicht nur von Softwarekomponenten verursacht. Einzelne Unternehmen wie Bosch (siehe Abb. 1–3) haben diesen Trend offensichtlich frühzeitig erkannt und bewegen sich bereits proaktiv in Richtung der Ausweitung auf Hardware- und Mechanikentwicklung.

	Organization	Favored Process
BMW	E/E Process Chain	CMMI in addition to specific BMW targets
Chrysler	E/E Core Engineering	CMMI/SPICE
General Motors	Powertrain, Vehicle Engineering	GM-specific, based on parts of CMMI
Honda	E/E Systems R&D	Considering CMMI and other technologies
Mercedes Car Group	USA Germany	CMMI SPICE
Toyota		Proprietary, based somewhat on CMMI
Volkswagen	E/E Engineering R&D	SPICE
Bosch Automotive	All software business units, plus component development departments	CMMI/SPICE
Continental Automotive Systems	All business units that deliver software	SPICE
Delphi	Electronics & Safety	CMMI
Siemens VDO	All13 divisions	CMMI
Valeo	All devisions that deliver software	CMMI/SPICE
Visteon		Visteon Engineering Process (VEP), wich uses elements of CMMI and SPICE

Abb. 1–3 *Verbreitung von Reifegradmodellen in der Automobilindustrie (Auszug)*
Quelle: [Hansen], July 2005, p. 8

Wie werden sich die Marktanteile der Modelle entwickeln? Durch den Schwenk der Automobilindustrie in Richtung Automotive SPICE wird SPICE wahrscheinlich an praktischer Anwendung verlieren, während Automotive SPICE zur festen, etablierten Größe in der Lieferantenbeurteilung werden wird. CMMI wird voraussichtlich in vielen Unternehmen für den internen Gebrauch weiter an Boden gewinnen, gerade in Hinblick auf die oben beschriebenen strategischen Aspekte.

1.3 Automotive SPICE: Struktur und Bestandteile

Automotive SPICE besteht aus zwei Komponenten, einem **Prozessreferenzmodell (PRM)** und einem **Prozessassessmentmodell (PAM)**. Für die praktische Anwendung ist die Kenntnis des Prozessassessmentmodells relevant und ausreichend, auf das wir uns daher im Folgenden beschränken.[11]

---

11. Siehe [Hörmann et al. 2006] für eine ausführliche Darstellung der Zusammenhänge.

Das Prozessassessmentmodell enthält die Details zur Bewertung der Prozessreife (sogenannte Indikatoren) und ist in zwei Dimensionen organisiert:

- Prozessdimension:
  Diese enthält für alle Prozesse die Indikatoren für die Beurteilung, inwieweit die Prozesse durchgeführt werden. Diese Indikatoren sind für jeden Prozess verschieden und bilden eine wichtige Voraussetzung zur Erreichung von Level 1.
- Reifegraddimension:
  Diese enthält die Indikatoren zur Beurteilung der verschiedenen Reifegradstufen. Diese Indikatoren sind für alle Prozesse gleich.

1.3.1 Die Prozessdimension

Die in Automotive SPICE verwendeten Prozesse sind in Abbildung 1–4 dargestellt.

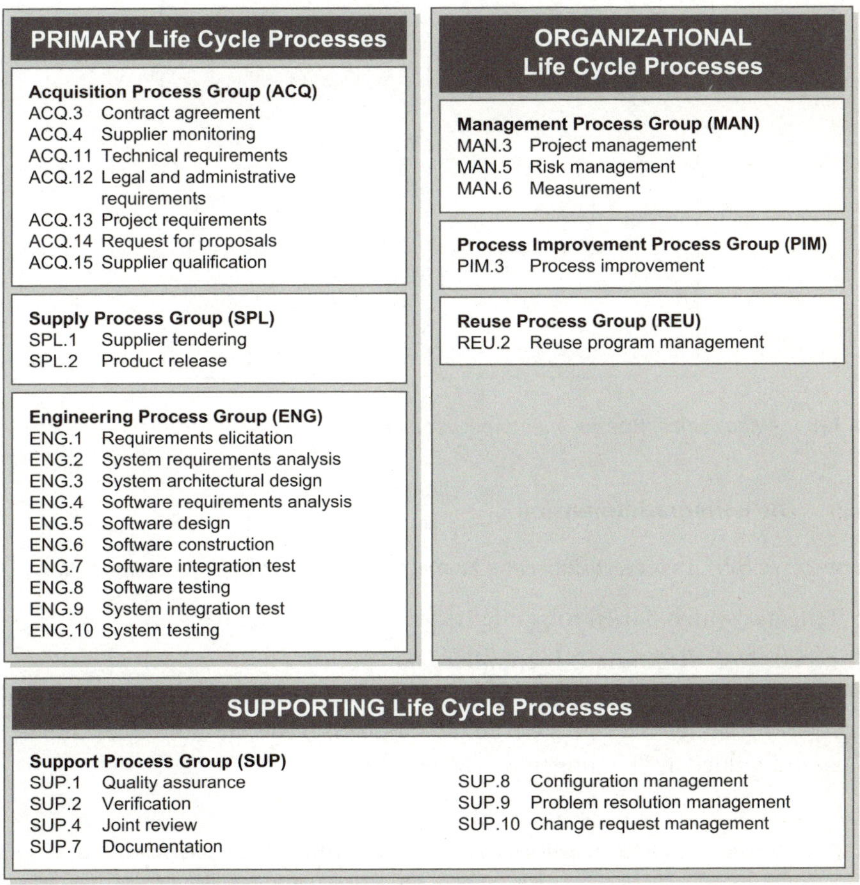

Abb. 1–4 *Prozesse in Automotive SPICE*

Jeder Prozess hat den in Abbildung 1–5 gezeigten Aufbau. Basispraktiken (»base practices«) sind modellhafte Aktivitäten[12], durch deren Umsetzung die Prozessergebnisse (»process outcomes«) erzielt werden sollen. Die Prozessergebnisse sind eine Detaillierung des Zweckes des Prozesses (»process purpose«), sie spezifizieren, was durch den Prozess erreicht werden soll. Arbeitsprodukte (»output work products«) sind modellhafte, typische Ergebnisse eines Prozesses, die jedoch nicht als verbindlich zu verstehen sind. Zusammen mit den Basispraktiken stellen sie objektive Nachweise für die Erfüllung des Zweckes des Prozesses dar. Sie werden daher als **Indikatoren für die Prozessdurchführung** (»process performance indicators«) bezeichnet und sind die Kriterien für die Erreichung von Level 1.

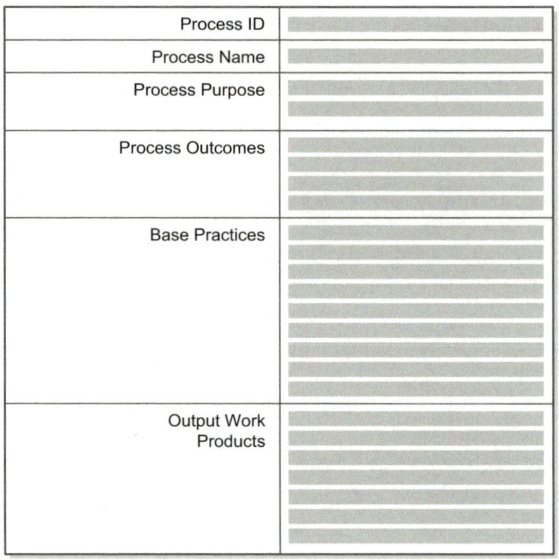

Abb. 1–5 *Aufbau eines Prozesses in Automotive SPICE*

1.3.2 Die Reifegraddimension

Automotive SPICE verwendet sechs Reifegradstufen für Prozesse (siehe Abb. 1–6).

Die Reifegradstufen haben folgende Bedeutung:

- **Level 0: *Unvollständig* (»Incomplete«)**
  Der Prozess ist nicht implementiert oder der Zweck des Prozesses wird nicht erfüllt. Projekterfolge sind durchaus möglich, basieren dann aber alleine auf den individuellen Leistungen der Mitarbeiter.

---

12. Alle Automotive SPICE-Modellelemente sind modellhaft, d. h., sie spezifizieren, »was« umgesetzt werden soll, aber nicht »wie«. Sie sind sozusagen Anforderungen an die Unternehmensprozesse. Die Unternehmensprozesse können jedoch ganz anders benannt und strukturiert sein.

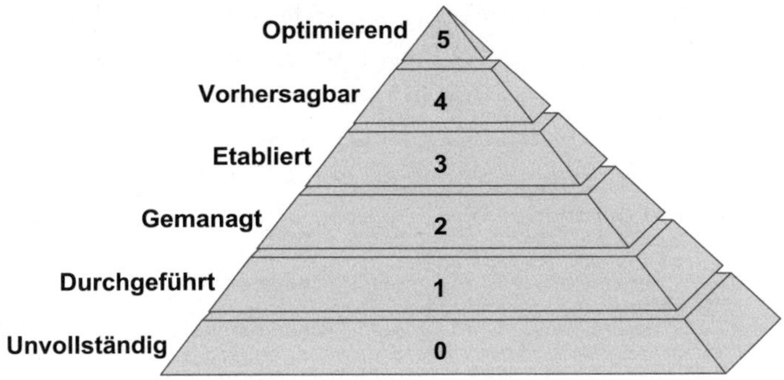

Abb. 1–6 *Die sechs Reifegradstufen*

- Level 1: ***Durchgeführt*** **(»Performed«)**
  Der implementierte Prozess erfüllt den Zweck des Prozesses. Dies bedeutet, dass grundlegende Praktiken implementiert sind und definierte Prozessergebnisse erzielt werden.
- Level 2: ***Gemanagt*** **(»Managed«)**
  Die Prozessausführung wird zusätzlich geplant und verfolgt und die Planung ständig fortgeschrieben. Die Arbeitsprodukte des Prozesses sind adäquat implementiert, stehen unter Konfigurationsmanagement, werden qualitätsgesichert, gemanagt und fortgeschrieben.
- Level 3: ***Etabliert*** **(»Established«)**
  Es existiert ein organisationseinheitlich festgelegter Standardprozess. Ein Projekt verwendet eine angepasste Version dieses Standardprozesses (sog. »definierter Prozess«), der daraus mittels »Tailoring« abgeleitet wird. Dieser ist in der Lage, definierte Prozessergebnisse zu erreichen.
- Level 4: ***Vorhersagbar*** **(»Predictable«)**
  Bei der Ausführung des definierten Prozesses werden detaillierte Messungen durchgeführt und analysiert, die zu einem quantitativen Verständnis des Prozesses und einer verbesserten Vorhersagegenauigkeit führen. Mittels statistischer Methoden wird der definierte Prozess zwischen oberen und unteren Eingriffsgrenzen gesteuert. Die Qualität von Arbeitsprodukten ist quantitativ bekannt.
- Level 5: ***Optimierend*** **(»Optimizing«)**
  Basierend auf den Geschäftszielen der Organisation werden quantitative Prozessziele gesetzt und deren Einhaltung kontinuierlich verfolgt. Die Prozesse werden fortlaufend verbessert, innovative Ansätze und Techniken werden erprobt und ersetzen weniger effektive Prozesse, um dadurch vorgegebene Ziele besser zu erreichen.

Ob ein bestimmter Prozessreifegrad vorliegt, wird anhand von Prozessattributen beurteilt. Die Prozessattribute sind den Reifegradstufen zugeordnet und charakterisieren diese inhaltlich (siehe Abb. 1–7). Jedes Prozessattribut definiert einen bestimmten inhaltlichen Aspekt der Prozessreife, z.B. ist Level 2 durch die Attribute »Management der Prozessdurchführung« (d.h. Planung, Zuweisung von Verantwortlichkeiten und Ressourcen, Überwachung etc.) und »Management der Arbeitsprodukte« (d.h. Sicherstellung, dass die Anforderungen an Arbeitsprodukte erfüllt werden) definiert.

Reifegradstufen		Prozessattribute
5	Optimierend	PA 5.1 Prozessinnovation PA 5.2 Prozessoptimierung
4	Vorhersagbar	PA 4.1 Prozessmessung PA 4.2 Prozesssteuerung
3	Etabliert	PA 3.1 Prozessdefinition PA 3.2 Prozessanwendung
2	Gemanagt	PA 2.1 Management der Prozessdurchführung PA 2.2 Management der Arbeitsprodukte
1	Durchgeführt	PA 1.1 Prozessdurchführung
0	Unvollständig	

Abb. 1–7 *Die Prozessattribute*

Die Prozessattribute und deren Bewertung sind in Kapitel 3 im Detail erläutert. Die Bewertung der Prozessattribute erfolgt auf einer vierstufigen **Bewertungsskala:**

N Not achieved bzw. nicht erfüllt
P Partially achieved bzw. teilweise erfüllt
L Largely achieved bzw. überwiegend erfüllt
F Fully achieved bzw. vollständig erfüllt

Der Prozessreifegrad wird aus den Prozessattributbewertungen nach einer einfachen Rechenvorschrift berechnet (siehe Kap. 3). Danach müssen die Prozessattribute des betreffenden Reifegrads mindestens mit L bewertet sein, um diesen Reifegrad zu erreichen, und alle Prozessattribute der darunter liegenden Reifegradstufen müssen mit F bewertet sein.

2 Interpretationen zur Prozessdimension

Aus Platzgründen können wir leider nicht alle Prozesse von Automotive SPICE behandeln, sondern müssen uns auf eine sinnvolle Auswahl beschränken. Wir haben uns daher an den Prozessen orientiert, die aufgrund unserer Erfahrung aus Verbesserungsprojekten und vielen Assessments für die meisten Anwender – zumindest zu Beginn ihrer Verbesserungsaktivitäten – von zentraler Bedeutung sind. Außerdem sollten zumindest die Prozesse abgedeckt sein, die von der Herstellerinitiative Software (siehe Kap. 1) im Rahmen von Lieferantenassessments untersucht werden, da diese das bei weitem größte Volumen an Assessments ausmachen. Das Ergebnis zeigt Abbildung 2–1, wobei die im Buch behandelten Prozesse durch einen Punkt markiert sind.

Ein Prozess in Automotive SPICE besitzt einen standardisierten Aufbau (siehe Abb. 1–5). Die Elemente des Prozesses haben folgende Bedeutung:

Process ID: Eindeutiger Bezeichner des Prozesses, bestehend aus einer Kombination aus drei Buchstaben und einer Zahl zwischen 1 und 12 (z.B. »MAN.3«).

Process Name: Name des Prozesses

Process Purpose: Zweck des Prozesses

Process Outcomes: Die definierten Prozessergebnisse

Base Practices: Die Basispraktiken stellen die unmittelbar handlungsrelevanten Elemente des Prozesses dar.

Output Work Products: Jedes Arbeitsprodukt besitzt eine eindeutige WP-ID und wird im Automotive SPICE PAM, Annex B (Work product characteristics), erläutert.

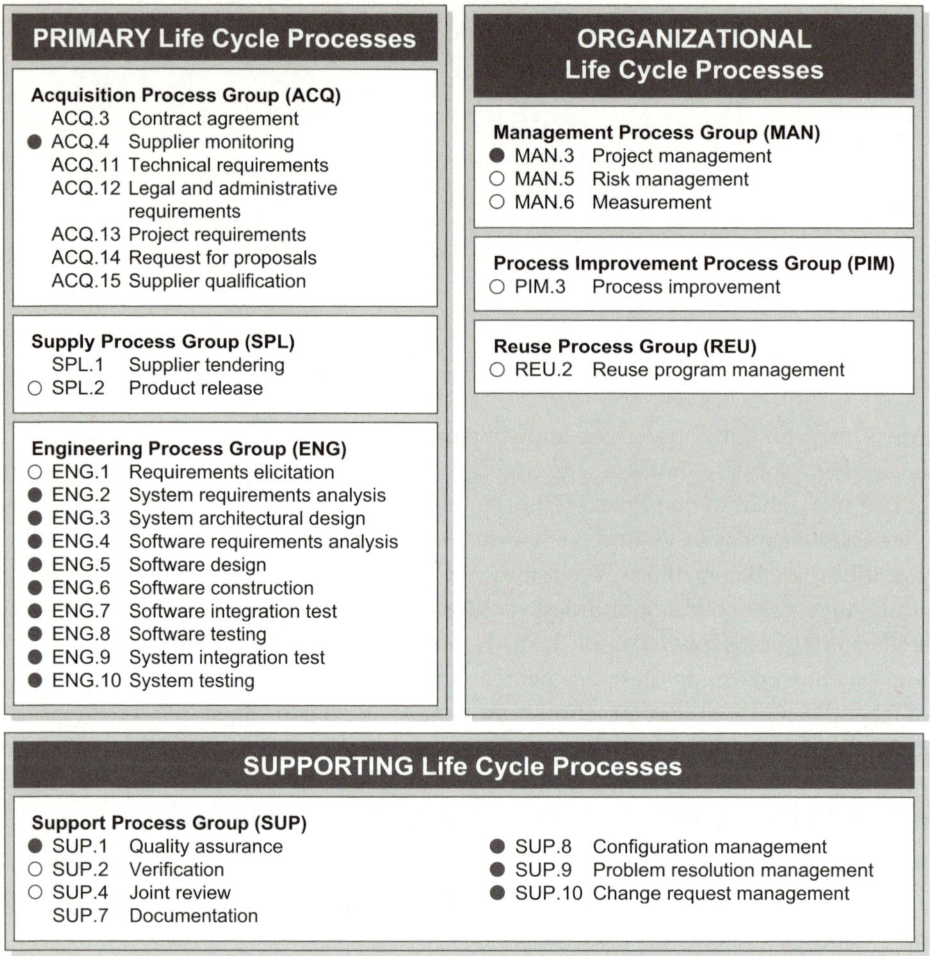

Abb. 2–1 *Die in diesem Buch behandelten Prozesse (mit Punkten markiert); gefüllte Punkte bezeichnen die von den OEMs geforderten Prozesse (sogenannter HIS Scope). Bei reinen Softwarelieferanten fallen ENG.2, ENG.3, ENG.9, ENG.10 weg. Wenn keine Unterlieferanten eingesetzt werden, fällt ACQ.4 weg.*

Der Process Purpose und die Process Outcomes haben eine besondere Bedeutung, da sie von Prozessattribut PA 1.1 und der generischen Praktik GP 1.1.1 (siehe Kap. 3) adressiert werden und somit als Grundlage der Reifegradbeurteilung dienen.

Jeder der markierten Prozesse ist in diesem Kapitel mit einem eigenen Abschnitt vertreten, der folgendermaßen aufgebaut ist:

- **Zweck:** Der »Process Purpose«, wie in Automotive SPICE vorgegeben
- **Besonderheiten in der Automobilindustrie:** Dieser Abschnitt soll den Besonderheiten der Entwicklung von Software und Systemen in der Automobilindustrie Rechnung tragen.

- **Basispraktiken:** Die von Automotive SPICE definierten Basispraktiken werden einzeln und im Detail durchgesprochen. Den hier enthaltenen Anmerkungen (engl. notes) kommt in Automotive SPICE eine besondere Bedeutung zu. Sie stellen meistens Konkretisierungen bzw. Interpretationshinweise dar, die durch die OEM-Mitarbeiter der Automotive SIG ergänzt wurden und daher in OEM-Assessments häufig überprüft werden.
- **Ausgewählte Arbeitsprodukte:** In Automotive SPICE wird eine große Zahl von Arbeitsprodukten definiert. Wir haben zu den für die Praxis wichtigen Arbeitsprodukten Erläuterungen und z. T. Beispiele angegeben. Dabei wurden die WP-ID und -Bezeichnung referenziert. In einigen Fällen – wenn Automotive SPICE kein entsprechendes Arbeitsprodukt vorsah – haben wir aus unserer Erfahrung eigene Arbeitsprodukte vorgeschlagen.
- **Besonderheiten Level 2:** Da die generischen Praktiken (siehe Kap. 3) prozessunspezifisch definiert sind, ist für das praktische Verständnis eine prozessspezifische Interpretation hilfreich. Wir haben uns dabei in der Regel auf Level 2 beschränkt, da die Unterschiede auf Level 3 nicht so gravierend sind. Durch die Zwischenüberschriften »Zum Management der Prozessdurchführung« und »Zum Management der Arbeitsprodukte« wird auf die Prozessattribute PA 2.1 und PA 2.2 Bezug genommen.

Zusätzlich haben wir unregelmäßig vorkommende Gestaltungselemente verwendet:

- **Exkurse:** An einigen Stellen sind weiterführende oder prozessübergreifende Ausführungen in Form von Exkursen dargestellt.
- **Hinweise für Assessoren:** Damit wollen wir für den Einsatz im Assessment sowohl praktische Tipps (z.B. in Form von typischen Assessmentfragen) geben, als auch auf besondere Probleme, häufige Schwachstellen und schwierige Bewertungssituationen hinweisen.
- **Erfahrungsberichte:** Hier beschreiben wir typische Probleme oder Situationen aus der Praxis.

Die in diesem Kapitel kursiv gedruckten Texte stehen immer für einen von uns ins Deutsche übersetzten Automotive SPICE-Text. So haben wir z.B. den Zweck des Prozesses, die Basispraktiken und die Anmerkungen übersetzt. Bei der Übersetzung haben wir uns sehr eng an das englische Original gehalten, auch wenn dadurch die Übersetzung nicht immer besonders »ästhetisch« wurde.[1] In einigen Fällen, wenn eine wörtliche Übersetzung nicht sinnvoll war, waren wir zu einer freieren Übersetzung gezwungen. In Zweifelsfällen und bei schwierigen Interpretationsfragen sollte daher immer auch der englische Originaltext hinzugezogen werden. Gelegentlich vorkommende Übersetzungsprobleme sind in Fußnoten erläutert.

---

1. Sowohl in Assessments als auch in der Prozessimplementierung gewinnen oftmals Nuancen der Formulierung eine große Bedeutung.

Zu dem häufig verwendeten Begriff »Kunde« bzw. »customer« hier noch einige Erläuterungen: Automotive SPICE verwendet den Begriff »customer« für die Beschreibung eines Verhältnisses zwischen zwei Partnern, bei dem der eine Ersteller und der andere Empfänger der betreffenden (Entwicklungs-)Leistung ist. Der Begriff »Kunde« ist in der Automobilindustrie mehrfach belegt. Die Automobilhersteller verstehen im Innenverhältnis unter Kunde z.B. eine Baureihenorganisation oder einen anderen Fachbereich. Im Außenverhältnis ist mit »Kunde« i.d.R. der Endkunde, d.h. der Autokäufer, gemeint. Auf der Seite der Lieferanten ist der Kunde meist der Automobilhersteller oder bei Lieferantenketten auch der beauftragende Lieferant. Wir haben darauf verzichtet, den Begriff »Kunde« mit »Auftraggeber« zu übersetzen, da es Situationen gibt, in denen der Kunde nicht formal der Auftraggeber ist.[2]

Für das Verständnis der Engineering-Prozesse sind einige Schlüsselkonzepte wichtig. Diese sind in Annex D des Automotive SPICE PAM beschrieben und in Abbildung 2–2 wiedergegeben[3]. Diese Konzepte sind eine wichtige Grundlage für das Verständnis des Zusammenspiels der Engineering-Prozesse und der zugehörigen Arbeitsprodukte von Automotive SPICE: Ausgehend vom zentralen Prozess der Anforderungserhebung (ENG.1) werden sowohl die Kundenanforderungen[4] als auch die Systemanforderungen (ENG.2) und die Softwareanforderungen (ENG.4) erhoben. Die Systemanforderungen werden im Systemarchitekturprozess (ENG.3) aufgeteilt in mechanische, Hardware- und Softwareanforderungen[5]. Die Softwareanforderungen spezifizieren die Software eines Systems bezüglich der funktionalen Anforderungen[6]. Die Software wird im Softwaredesignprozess (ENG.5) in Softwareeinheiten und dann in Softwaremodule zerlegt. In der Softwareintegration (ENG.7) werden die einzelnen Softwaremodule zu Softwareeinheiten integriert und diese wiederum zur Gesamtsoftware. Die Systemintegration (ENG.9) integriert die einzelnen Bestandteile der Mechanik, der Hardware und der Software wiederum zum Gesamtsystem. Für die Durchführung der Verifikation, z.B. über Tests, werden jeweils die Verifikationskriterien der zugehörigen Anforderungen benutzt. Die Akzeptanztests innerhalb des Systemtests (ENG.10) validieren letztendlich das System bzw. das Softwaresystem.

---

2. Zum Beispiel wenn in einer Lieferantenkette ein Unterlieferant einem Lieferanten (= Kunde) zuarbeitet, beide jedoch vom OEM (= Original Equipment Manufacturer, Auftraggeber) beauftragt werden.
3. In der Originalgrafik in Automotive SPICE sind einzelne Worte nicht lesbar, dies wurde in Abbildung 2–2 kompensiert.
4. Diese sind in erster Linie die Anforderungen des Auftraggebers.
5. Hardware bezeichnet gemäß IEEE-Definition die elektronischen Komponenten zur Verarbeitung, Speicherung und Übertragung von Programmen bzw. Daten. Mechanische Komponenten sind z. B. Gehäuse, Motoren, Hebel, Befestigungselemente.
6. Für nicht funktionale Anforderungen siehe REU.2 und SUP.1.

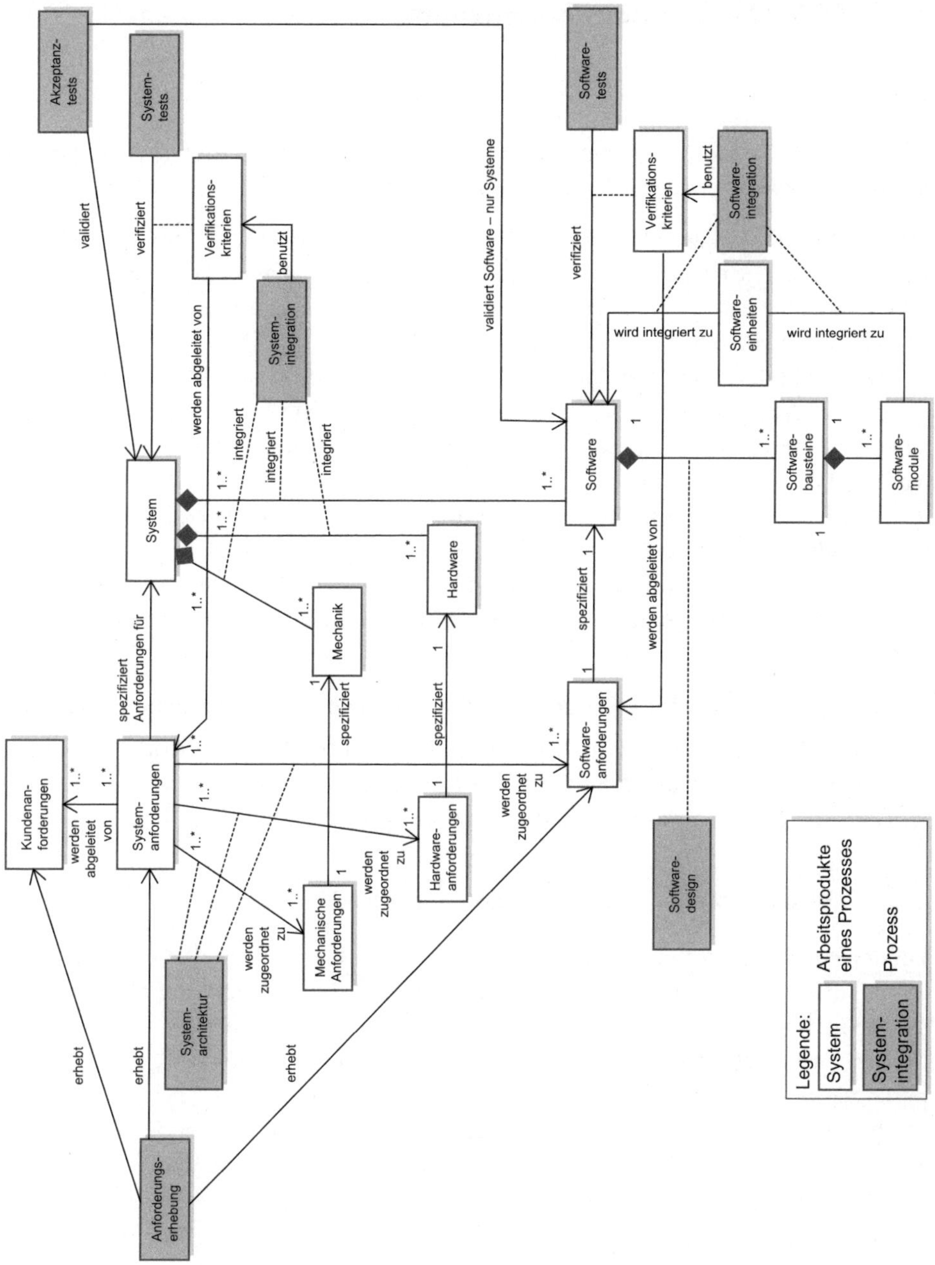

Abb. 2–2 *Schlüsselkonzepte der Engineering-Prozesse in Automotive SPICE*

2.1 ACQ.4 Lieferantenüberwachung

2.1.1 Zweck

Zweck des Prozesses ist es, die Leistungen des Lieferanten gemäß den vereinbarten Anforderungen zu verfolgen.

Dieser Prozess behandelt neben der Überwachung des Lieferanten auch die Zusammenarbeit und die Kommunikation mit diesem. Basis für die Zusammenarbeit sind eine erfolgte Lieferantenauswahl sowie eine vertragliche Vereinbarung zwischen Auftraggeber und Lieferant.

Bei der Lieferantenüberwachung können Methoden aus MAN- und SUP-Prozessen wie Projektmanagement, Risikomanagement, Messen und Änderungsmanagement angewendet werden, nur dass diese hier vom Auftraggeber zur Überwachung und Steuerung des Lieferanten eingesetzt werden.

Werden Entwicklungsleistungen an den Lieferanten vergeben, so müssen die Prozessschnittstellen aufeinander abgestimmt sein. Neben den Engineering-Prozessen sollten insbesondere die unterstützenden Prozesse wie Konfigurations- und Änderungsmanagement sowie Qualitätssicherung aufeinander abgestimmt sein.

Für weiterführende Informationen zum Thema Lieferantenmanagement siehe:

- [SA-CMM 1999] Software Acquisition Capability Maturity Model
- [DoD 1998] Software Acquisition Best Practices Initiative
- [PPSM 1998] Process Professional Supplier Management Part 1-7

2.1.2 Besonderheiten in der Automobilindustrie

Bei der Entwicklung von Steuergeräten arbeiten Fahrzeughersteller und Lieferanten[7] häufig eng zusammen. In einigen Fällen wird die Entwicklung fast vollständig beim Lieferanten durchgeführt. Die Automobilhersteller kaufen z.T. auch bereits entwickelte Komponenten ein, die meist nur in geringem Umfang angepasst werden.

Bei der Entwicklung von komplexen Elektronikkomponenten im Automobil arbeiten oft mehrere Lieferanten mit. Bei einer derart vernetzten Entwicklung werden häufig Partnerschaften eingegangen, wobei meist einer der Lieferanten als Systemlieferant beauftragt wird, dessen Aufgabe es unter anderem ist, die übrigen Lieferanten zu steuern.

Oft entsteht dabei eine ganze Hierarchie von Auftraggeber-Auftragnehmer-Beziehungen, d.h., ein Lieferant (»tier one«) akquiriert weitere Systembestand-

7. Häufiger als der Begriff »Lieferant« wird in der Automobilbranche der Begriff »Zulieferer« oder »tier one« bis »tier n« verwendet.

teile von eigenen Unterlieferanten (»tier two«) und steuert die Zusammenarbeit. Oft werden dem Lieferanten bestimmte Tier-two-Lieferanten durch den Auftraggeber vorgeschrieben. Daher kommt der Auswahl und Steuerung von Lieferanten in der Automobilentwicklung eine besondere Bedeutung zu.

Hinweis für Assessoren

Dieser Prozess wird im Rahmen eines OEM-Lieferanten-Assessments nur überprüft, falls der Lieferant (tier one) Unterlieferanten (tier two) besitzt. Es wird also assessiert, wie der Lieferant seine Lieferanten überwacht und steuert. Der Prozess findet dann Anwendung, wenn Entwicklungsleistungen unterbeauftragt werden oder wenn Produktkomponenten eingekauft werden, die an die Projektbedürfnisse anzupassen sind. Werden lediglich Ressourcen für Entwicklungstätigkeiten eingekauft[8] (häufig auch »Body Leasing« genannt) oder nur Standardprodukte ohne Anpassungen (»Produkte von der Stange«[9]), ist eine Assessierung des Prozesses nicht sinnvoll, da ACQ.4 eine starke Verzahnung der Entwicklungsprozesse fordert, was in diesen Fällen aber nicht zutrifft.

2.1.3 Basispraktiken

BP1: Vereinbare gemeinsame Prozesse und gemeinsame Schnittstellen. *Etabliere eine Vereinbarung über gemeinsame Prozesse und gemeinsame Schnittstellen, Verantwortlichkeiten, Art und Häufigkeit von gemeinsamen Aktivitäten, Kommunikation, Besprechungen, Statusberichte und Reviews. Vereinbare zumindest die Prozesse und Schnittstellen für Änderungsmanagement, Problemlösungsmanagement, Qualitätssicherung und Abnahme durch den Kunden.*

Anmerkung: Der Ausdruck Kunde bezieht sich in diesem Prozess auf die zu assessierende Organisation. Der Ausdruck Lieferant bezieht sich auf den Lieferanten der zu assessierenden Organisation[10].

Im Rahmen der Projektabwicklung müssen die Prozesse und Schnittstellen zwischen Kunde[11] und Lieferant abgestimmt und dokumentiert werden. Dies umfasst:

---

8. In diesem Fall arbeiten die Fremdmitarbeiter nach Prozessen des Auftraggebers und werden im Assessment bei Bedarf wie dessen eigene Mitarbeiter befragt.
9. Engl. COTS (Commercial off-the-shelf).
10. Wird z. B. ein Tier-one-Lieferant assessiert, dann geht es darum, wie dieser seine (Tier-two-)Lieferanten überwacht und steuert.
11. Wir verwenden den allgemeineren Begriff »Kunde«. Dieser kann Auftraggeber sein oder auch nicht, z.B. wenn der OEM formal der Auftraggeber des Unterlieferanten ist und den Lieferanten zur Steuerung des von ihm beauftragten Unterlieferanten verpflichtet.

- Vereinbarungen bezüglich durchzuführender Regelbesprechungen und Reviews (siehe BP2 bis 4)
- Planung und Steuerung der Kommunikation und der Schnittstellen, z.B. mittels eines Kommunikationsplans (siehe Abb. 3–5 sowie Kap. 3, Ausführungen zu GP 2.1.6)
- Regelungen bezüglich des Austauschs von Arbeitsprodukten und Informationen, z.B. welche Arbeitsprodukte zur Verfügung gestellt werden, Datenaustauschformate, Art und Weise der Übermittlung (z.B. Verschlüsselung bei E-Mails oder Kommunikation über einen gemeinsamen Server mit Zugriff beider Seiten auf gemeinsame Projektdaten und -dokumente)
- Abstimmung von Rollen und Verantwortlichkeiten
- Planung und Abstimmung der Prozesse und Abläufe für gemeinsame Aktivitäten. Die Basispraktik fordert dies zumindest für Änderungs- und Problemlösungsmanagement, Qualitätssicherung sowie Abnahme. Darüber hinaus empfehlen sich auch Regelungen bezüglich gemeinsamer Tests – zumindest einer gemeinsam abgestimmten Teststrategie –, bezüglich des Konfigurationsmanagements inklusive der Releaseplanung der beigestellten Produkte sowie bezüglich der durchgängigen Traceability über die Organisationsgrenzen hinweg (siehe hierzu auch Abschnitt 2.24).
- Definition von Eskalationspfaden bei Problemen; dies ist insbesondere wichtig, wenn mehrere Lieferanten beteiligt sind.[12] Als oberstes Entscheidungsgremium kann ein Steuerkreis mit Vertretern aller Lieferanten dienen.
- Verfolgung von offenen Punkten zum Beispiel mittels einer gemeinsamen Offene-Punkte-Liste (OPL, siehe Abb. 2–3). Bei mehreren Lieferanten gilt die gleiche Problematik wie beim vorherigen Punkt.
- Regelungen bezüglich Projektfortschrittsberichten des Lieferanten an den Kunden und Austausch von Projektplänen
- Die Zusammenarbeit der Qualitätssicherung von Kunde und Lieferant[13]

Gute Praxis ist es, ein gemeinsames Projektteam zwischen Kunde und Lieferant zu installieren. So können zuverlässig (Haupt-)Verantwortliche für Rollen (z.B. Funktionsverantwortliche) auf beiden Seiten benannt werden, die vom Projektstart an zusammenarbeiten.

---

12. Häufig verbreitet ist das Problem, dass die Verantwortung für eine detaillierte Analyse und Fehlerbeseitigung zwischen mehreren Partnern hin und her geschoben wird. Der Auftraggeber muss hierauf ein besonderes Augenmerk haben. Es ist sinnvoll, einen lieferantenübergreifenden Fehlermanagementprozess zu etablieren und den Hauptverantwortlichen klar zu benennen.
13. Hierbei ist darauf zu achten, dass die Qualitätssicherung und die Qualitätsziele der Unterlieferanten denen der Kunden nicht widersprechen, d. h., die qualitativen Anforderungen der Kunden können nur erweitert und nicht durch lokale Richtlinien der Unterlieferanten eingeschränkt werden.

BP2: Tausche alle relevanten Informationen aus. *Richte die Kommunikation zwischen Kunde und Lieferant für alle vereinbarten Informationen, Prozesse und Schnittstellen ein und halte diese aufrecht.*

Informationen werden wie in BP1 vereinbart regelmäßig ausgetauscht. Die vereinbarte Kommunikation muss über den Projektverlauf aufrechterhalten werden.

BP3: Überprüfe die technische Entwicklung zusammen mit dem Lieferanten. *Überprüfe die Entwicklung mit dem Lieferanten auf einer vereinbarten, regelmäßigen Basis. Dies umfasst technische Aspekte, Probleme und Risiken.*

Insbesondere zu technischen Fragen muss eine permanente Kommunikation im Projekt aufrechterhalten werden, um sicherzustellen, dass der Lieferant technische Anforderungen versteht und seine Aufgaben ordnungsgemäß und planmäßig erledigt. Hierzu dienen in erster Linie regelmäßige Projektbesprechungen zu technischen Themen, Problemen und Risiken. In Entwicklungsprojekten sind über den gesamten Projektverlauf meist eine Fülle von technischen Fragen und Problemen zu klären. Diese müssen, wie in BP5 gefordert, bis zu ihrem Abschluss verfolgt werden.

Außerdem sollten technische Arbeitsprodukte und Dokumente in gemeinsamen technischen Reviews bewertet werden. Dies bietet sich zu folgenden Dokumenten bzw. Liefergegenständen an:

- Anforderungsspezifikationen (Lastenheft/Pflichtenheft)
- Systemarchitektur (bei Systemlieferanten)
- Softwarearchitektur
- Schnittstellenspezifikationen
- Testpläne
- »test readiness«
- Benutzer- und sonstige Entwicklungsdokumentation, die vereinbart wurde
- Abnahmetest (bzgl. Kundenabnahme)

Vorteilhaft ist es, technische Reviews mit geeigneten Reviewmethoden (z.B. Inspektionen) möglichst frühzeitig[14] im Entwicklungsprozess durchzuführen (siehe auch SUP.4).

BP4: Überprüfe den Fortschritt des Lieferanten. *Überprüfe regelmäßig wie vereinbart den Fortschritt des Lieferanten bezüglich Zeitplan, Qualität und Kosten. Verfolge auch die Probleme bis zum erfolgreichen Abschluss und führe Maßnahmen zur Abschwächung der Risiken durch.*

Der Fortschritt beim Lieferanten wird regelmäßig überprüft.[15] Der Arbeitsfortschritt wird gegen den Plan bewertet, es werden signifikante Probleme (u.a. auch

14. Das heißt, unmittelbar nach der Erstellung und vor Freigabe des Reviewobjekts.

Qualitätsprobleme) und Risiken sowie die Terminsituation (insbesondere Terminverschiebungen und -prognosen) besprochen. Erfolgt die Vergütung nach Aufwand, werden auch die aufgelaufenen Kosten gegen den Kostenplan geprüft sowie Kostenprognosen beurteilt.

Automotive SPICE fordert weiterhin, dass für identifizierte Risiken Maßnahmen zur Abschwächung der Risiken eingeleitet werden und dass identifizierte Probleme und Maßnahmen bis zum Abschluss verfolgt werden (siehe BP5). Das Risikomanagement (siehe MAN.5) im Projekt muss daher erweitert werden und auch die Risiken abdecken, die sich aus der Zusammenarbeit mit den Lieferanten ergeben.

Eine besondere Bedeutung gewinnt diese Praktik, wenn mehrere Lieferanten im Projekt des Kunden integriert und koordiniert werden müssen. Dann muss der Gesamtprojektstatus sowohl der Lieferantenaktivitäten als auch der Aktivitäten des Kunden zusammengefasst und im Ganzen überwacht werden. Hier empfiehlt sich eine offene Kommunikation des Gesamtstatus (an alle Beteiligten), damit jeder seinen Beitrag zum Gesamtwerk versteht. Ein weiterer Vorteil dieser Transparenz ist es, dass der dadurch indirekt geschaffene Wettbewerb den Projektfortschritt fördert (keiner will der Letzte sein). Zur objektiven Verfolgung des Projektfortschritts beim Lieferanten empfiehlt sich die Verfolgung des Fortschritts mittels Metriken (siehe MAN.6 und Abb. 2–28).

Die Fortschrittsüberwachung sollte auch die Überwachung von vereinbarten Verbesserungsmaßnahmen (BP6) im laufenden Projekt beinhalten.

Erfahrungsbericht

Der Projektfortschritt wird aus Sicht des Lieferanten häufig sehr optimistisch dargestellt. Daher sind diese Einschätzungen (z.B. in Statusberichten oder im Projektplan) aus Kundensicht kritisch zu hinterfragen. Außerdem sollten frühzeitig erste Zwischenlieferungen vereinbart werden, um den tatsächlichen Fortschritt besser überprüfen zu können.

Problemursachen sind häufig auch unzureichende Mitwirkungen des Kunden. Der Lieferant wartet oft lange auf Antworten (z.B. von technischen Fragen), es dauert sehr lange, bis Entscheidungen getroffen werden, und dringend benötigte fachliche Ansprechpartner stehen nicht oder nicht in ausreichendem Umfang zur Verfügung. Ein weiteres Problem bei vernetzten Entwicklungen zeigt sich darin, dass Beistellungen des Auftraggebers oft nicht rechtzeitig oder in ausreichendem Umfang zur Verfügung stehen (z.B. Prototypen zu Testzwecken).

15. Es ist hilfreich für ein Projekt mit Unterlieferanten, wenn diese von sich aus in regelmäßigen Abständen entsprechende Informationen eigenständig bereitstellen (Push-Prinzip) und nicht erst auf Anfrage des Kunden (Pull-Prinzip) reagieren.

***BP5:* Verfolge offene Punkte.** *Zeichne die festgestellten offenen Punkte auf, leite diese an den Lieferanten weiter und verfolge sie bis zum Abschluss.*

Um sicherstellen, dass alle identifizierten, offenen Punkte auch termingerecht abgearbeitet werden, sollte die Abarbeitung z.B. durch eine gemeinsame Offene-Punkte-Liste (OPL, siehe Abb. 2–3) systematisch verfolgt werden.[16] In dieser Liste können sowohl Punkte des Kunden als auch des Lieferanten verfolgt werden.

Offene-Punkte-Liste Projekt XYZ

Nr.	Kategorie	Aufforderung/Problem	Maßnahme/Lösung	Prio	Verantwortlich	Termin	Status	Datum Eintrag	Eintrag durch	Quelle	Klassifizierung
1	CAN	Problembeschreibung, z.B CAN Signal nicht an ...	Beschreibung der Maßnahme	hoch	Müller	28.11.05	in Bearb.	14.11.05	Dittmann	z.B. Risikomanagement-Workshop	Änderungswunsch
2	HMI			mittel			offen				offener Punkt
3	Erprobung			niedrig			erledigt				Fehler
4	–										
5											

***Abb. 2–3** Beispielstruktur einer Offene-Punkte-Liste (OPL)*

***BP6:* Reagiere auf Abweichungen.** *Ergreife Maßnahmen, wenn vereinbarte Ziele nicht erreicht werden, um die Abweichungen von den vereinbarten Projektplänen zu korrigieren und um das erneute Auftreten der erkannten Probleme zu verhindern.*

Wenn bei der Durchführung des Projektes und bei der Überwachung des Projektfortschritts Abweichungen gegenüber dem Planungsstand festgestellt werden und dadurch vereinbarte Ziele nicht erreicht werden können, müssen entsprechende Maßnahmen eingeleitet werden. Automotive SPICE fordert neben der Durchführung der Maßnahmen zur Korrektur der Planabweichungen auch Maßnahmen zur Behebung bzw. Vermeidung der Ursachen.

***BP7:* Stimme Änderungen ab.** *Vorgeschlagene Änderungen von vereinbarten Aktivitäten, gleich von welcher der Parteien, werden verhandelt, und die Ergebnisse werden in einer Vereinbarung dokumentiert.*

Über den gesamten Projektverlauf muss zwischen Auftraggeber und Lieferant ein definierter und systematischer Änderungsmanagementprozess (siehe SUP.10) eingesetzt werden. Neben der Abstimmung selbst ist die Dokumentation der Ergebnisse gefordert. Zu beachten hierbei ist, dass sich die Änderungen nicht nur auf technische Fragen beziehen können, sondern auch auf definierte Prozesse, Vorgehensweisen, Vereinbarungen, Verträge etc.

---

16. Zur systematischen Verfolgung von Problemen siehe auch SUP.9 BP8.

Erfahrungsbericht

Im Kunden-Lieferanten-Verhältnis gibt es bei Festpreisprojekten bei der Umsetzung von Änderungen oft Probleme, wenn die Änderungen Kostenerhöhungen beim Lieferanten verursachen. Viele Kunden scheuen daher vor formalen Änderungsanträgen zurück und versuchen, Änderungen informell beziehungsweise als Fehlermeldung getarnt an den Lieferanten zu übermitteln. Verschärft wird die Problematik bei der Entwicklung von Systemen, wenn neue Technologien angewendet werden und das Projektergebnis in einem evolutionären Prozess entsteht. Anforderungen können hier zu Projektbeginn nur unzureichend (unvollständig, nicht detailliert genug usw.) definiert werden und werden erst später im Laufe der Entwicklung portionsweise an den Lieferanten übergeben. In diesen Fällen muss auch der Änderungsmanagementprozess entsprechend angepasst werden. Zum Beispiel kann vereinbart werden, dass Änderungen zwar formal über den Änderungsmanagementprozess erfasst werden, aber erst unter bestimmten Bedingungen[17] kostenwirksam werden.

2.1.4 Ausgewählte Arbeitsprodukte

02-01 Commitment/Agreement – Vereinbarung

Gemeint ist hier eine verbindlich getroffene Vereinbarung, gleich welcher Art. Die Vereinbarung muss nachweislich und verbindlich dokumentiert werden (z.B. in einem abgestimmten Protokoll oder gar bestätigt durch Unterschriften). Im ACQ.4-Prozess sind Vereinbarungen zwischen Kunde(n) und Lieferant(en) gemeint.

13-01 Acceptance record – Abnahmeprotokoll

Das Abnahmeprotokoll besteht nach [Hindel et al. 2006] aus dem eigentlichen Protokoll und einer Mängelliste. Grundlegendes zur Mängelliste ist bei SUP.9, Arbeitsprodukt 15-12 (Problemstatusbericht), beschrieben. Zusätzlich sollte das Abnahmeprotokoll Folgendes enthalten:

- Projektdaten (Projektbezeichnung, Auftragsnummer, Auftragsdatum, Auftraggeber etc.)
- Benennung aller abzunehmenden Produkte gemäß Releaseplanung, neben dem eigentlichen (Teil-)System auch Dokumentation und Begleitmaterial, das

17. Zum Beispiel können Änderungen kostenrelevant werden, wenn eine Änderung funktionaler Art ist und für das zugehörige Teilsystem bereits eine Zwischenabnahme erfolgt war.

übergeben wurde (Empfänger, Datum der Übergabe, Benennung inklusive Versionsbezeichnung etc.)
- Datum, Ort, Teilnehmer der Abnahme (inklusive der Zuordnung zur Firma, d.h. Lieferant oder Kunde)
- Art der Abnahme (handelt es sich z.B. um eine Teilabnahme oder um die Gesamtabnahme)
- Verweis auf weitere Eingangs- und/oder Ergebnisdokumente der durchgeführten Abnahme
- Test- bzw. Verifikationsergebnisse
- Abnahmeergebnis (und ggf. weiteres Vorgehen, wie z.B. Mängelbeseitigung, erneute Abnahme)
- Unterschrift von Kunde und Lieferant

13-09 Meeting support record – Besprechungsprotokoll

Die Besprechungen zwischen Auftraggeber und Lieferant sollten mittels Protokollen dokumentiert werden. Das Protokoll sollte beinhalten:

- Zweck der Besprechung, Tagesordnung, Ort, Datum und Zeiten, Teilnehmer
- Getroffene Beschlüsse und sonstige wesentliche Ergebnisse
- Offene Punkte (ggf. auch als separate Liste, siehe Abb. 2–3)
- Ggf. Hinweis auf nächste Besprechung
- Verteiler des Protokolls

13-14 Progress status record – Fortschrittsstatusbericht

Siehe bei MAN.3, Arbeitsprodukt 15-06 (Project status report – Projektfortschrittsbericht).

13-16 Change request – Änderungsantrag

Siehe Erläuterung bei SUP.10

13-17 Customer request – Änderungsantrag des Kunden

Ein vom Kunden an den Lieferanten gestellter Änderungsantrag (analog Arbeitsprodukt 13-16).

2.1.5 Besonderheiten Level 2

Zum Management der Prozessdurchführung

Zu Projektbeginn ist die Abstimmung der Kommunikation zwischen Auftraggeber und Lieferant gemäß BP1 zu planen (Abstimmung von Prozessschnittstellen, Abstimmung von Rollen und Verantwortlichkeiten, Definition von Eskalationspfaden etc.). Im Projektverlauf werden die Regeltermine und Fortschrittsreviews sowie Zwischen- und Endabnahmen eingeplant und deren Einhaltung bzw. Durchführung verfolgt.

Zum Management der Arbeitsprodukte

Die im Rahmen der Abstimmung der Kommunikation gemäß BP1 vereinbarten Arbeitsprodukte des Lieferanten sind zu reviewen und unter Versions- und Änderungsmanagement zu stellen. Neben den vereinbarten Zwischen- und Endlieferungen gilt dies auch für vereinbarte Planungsdokumente des Lieferanten und Fortschrittsberichte. Weiter sind ggf. auch Änderungsanträge zu reviewen. Es kann auch vereinbart werden, dass ein gemeinsames Konfigurationsmanagement eingerichtet wird und dass die Arbeitsprodukte entsprechend versioniert und geändert werden.

2.2 SPL.2 Produktrelease

2.2.1 Zweck

Zweck des Prozesses ist es, Produktreleases für den jeweiligen Kunden zu steuern.

Ein Produktrelease ist eine konsistente Menge von versionierten Objekten mit definierten Eigenschaften und Merkmalen, die zur Auslieferung an interne oder externe Kunden bestimmt ist. Ein Produktrelease ist somit eine Baseline im Sinne des Konfigurationsmanagements (siehe SUP.8 BP5). Der Prozess beinhaltet:

- Die Planung und Steuerung von Releases
- Die Erstellung von Freigabekriterien
- Die Vorbereitung und Durchführung von Zwischen- und Endfreigaben für Releases
- Die Zusammenstellung von »Build-Listen«
- Die Art und Weise der Auslieferung
- Dokumentation und Support von Releases

Der Prozess hat Schnittstellen zum Anforderungsmanagement, zum Projektmanagement und zum Konfigurationsmanagement. Im Anforderungsmanagement werden die zu realisierenden Anforderungen priorisiert (siehe z.B. ENG.2 BP4). Im Rahmen des Projektmanagements werden diese Anforderungen zum Beispiel mittels einer Funktionsliste (siehe Abb. 2–19) den verschiedenen Releases und Meilensteinen zugeordnet, und deren Umsetzung wird verfolgt.

2.2.2 Besonderheiten in der Automobilindustrie

Die Automobilindustrie arbeitet mit sogenannten Musterständen (A, B, C, D). Dabei werden Entwicklungsstände der zu entwickelnden Bauteile mit zunehmendem Reifegrad im Entwicklungsprozess bereitgestellt und in Erprobungsfahrzeugen integriert. Ziel sind die frühzeitige Integration und der Test des Zusammenspiels im Fahrzeug. Die Musterphasen bedeuten:

- **A-Muster:** Dies sind bedingt fahrtaugliche Funktionsmuster mit geringem Reifegrad. Das Bauteil erfüllt noch nicht die Anforderungen z.B. bezüglich Temperatur- und Spannungsbereich, Abmessungen, Rüttel-/Stoßfestigkeit, elektromagnetischer Störsicherheit (EMV) und Optik. A-Muster gestatten aber bereits die Erprobung von (Software-)Grundfunktionen unter Versuchsbedingungen. A-Muster dienen der Funktionsdarstellung.
- **B-Muster:** Dies sind funktionsfähige, fahrtaugliche Grundsatzmuster mit hohem Reifegrad. B-Muster sehen aus wie das spätere Serienteil und haben alle zu dem Zeitpunkt geforderten (Software-)Funktionen. B-Muster bestehen aus weitgehend seriennaher Hardware und erlauben erste Aussagen bezüglich elektromagnetischer Verträglichkeit und Temperaturbereich. B-Muster können aber noch aus Hilfswerkzeugen erstellt worden sein. B-Muster gewährleisten eine ausreichende Betriebsicherheit für die Erprobung auf dem Prüfstand und im Fahrzeug. Die Infrastruktur für Diagnose ist enthalten. Für den Einsatz im Fahrzeug kann es noch Einschränkungen geben. B-Muster dienen der konstruktiven Festlegung z.B. hinsichtlich Einbau und Platzbedarf sowie der Funktionserprobung, Funktionsabsicherung und Applikation im Fahrzeug, Prüfstand und im Labor.
- **C-Muster:** Diese werden mit Serienwerkzeugen unter seriennahen Bedingungen gefertigt und dienen u.a. der Erprobung im Fahrzeugdauerlauf. Die Bauform und Spezifikationen entsprechen den Serienanforderungen. Sämtliche Spezifikationen für Funktion, Zuverlässigkeit und Störsicherheit müssen eingehalten werden. Ferner entsprechen die Einbauverhältnisse, der Platzbedarf und die Kontaktierung dem Serienstand. Es muss weiterhin eine Reproduzierbarkeit in der Serienfertigung gewährleistet sein. Bei den C-Mustern sind keine technischen Einschränkungen zugelassen, und es ist somit ein uneingeschränkter Einsatz im Fahrzeug gewährleistet. Die Elektronikbauteile müssen qualifizierte Serienteile sein. In der Theorie sollen die Softwarefunktionen bereits beim B-Muster fertiggestellt sein. In der Praxis werden letzte Softwarefunktionen bei einigen Steuergeräten aber erst mit dem C-Muster fertiggestellt. C-Muster dienen der Gesamterprobung (Dauererprobung, Funktionsabsicherung, Applikation) unter serienähnlichen Bedingungen.
- **Baumuster/D-Muster:** Diese werden vom Lieferanten für die Baumusterfreigabe bereitgestellt. Baumuster, manchmal auch D-Muster genannt, werden mit Serienwerkzeugen unter Serienbedingungen gefertigt. Die Geräte sind voll

einsatzfähig und beurteilbar. Alle Qualitätsanforderungen sollten gleichbleibend sichergestellt sein. Freigegebene Baumuster können auch für die Erstmusterfreigabe genutzt werden und in der Produktvorserie/Serie verbaut werden.

2.2.3 Basispraktiken

BP1: Definiere den funktionalen Inhalt der Releases. *Erstelle eine Releaseplanung, die die zu implementierende Funktionalität eines jeden Release bestimmt.*

Eine Releaseplanung definiert, in welcher Version eines Produktes bestimmte Eigenschaften realisiert werden. Auf dieser Basis kann man den Entwicklungsablauf strukturieren und die Arbeiten priorisieren. Häufig werden Funktionslisten (siehe Abb. 2–19) zur Planung der funktionalen Inhalte genutzt. Neben den »offiziell« vereinbarten A/B/C-Mustern sind häufig auch Zwischenreleases notwendig (z.B. HW-Stand auf B-Muster, aber aktuelle Softwarefunktionalität). Auch diese müssen geplant werden. Die Releaseplanung ändert sich häufig im Projektverlauf. Gründe hierfür sind z.B.:

- Das Projekt hat Verzug. Die Releasetermine müssen eingehalten werden. Also wird die Funktionalität des Release reduziert, und ein weiteres Release mit voller Funktionalität wird nachgeliefert.
- Anforderungen ändern sich im Projektverlauf, werden anders priorisiert, oder neue Anforderungen müssen berücksichtigt werden. Dadurch werden die Anforderungen vorgezogen[18] oder auf ein späteres Release verschoben.

Werden daher neben den ursprünglich geplanten Releases weitere Releases notwendig, so sollten diese beantragt und genehmigt werden. Ein Releaseantrag sollte zumindest folgende Punkte beinhalten:

- Die betroffenen Objekte
- Die Gründe für das Release
- Wie die Lieferung erfolgt

Die Releaseplanung muss verfolgt und aktualisiert werden gemäß Prozessattribut PA 2.1.

BP2: Definiere Releaseprodukte. *Definiere die mit dem Release verbundenen Produkte.*

Anmerkung: Releaseprodukte können Programmierungstools beinhalten, wenn dies vereinbart wurde. Im Automobilsprachgebrauch kann ein Release einem Muster, z. B. A, B, C, zugeordnet sein.

---

18. Lieferung in einem früheren Release als ursprünglich geplant.

Neben den funktionalen Inhalten muss definiert werden, welche Objekte und Dokumente ein Release umfasst (siehe auch SUP.8 BP2). Dies können z.B. auch entwicklungsbegleitende Dokumentation, Test- und QS-Berichte oder eine Liste bekannter Fehler sein. Außerdem ist zu definieren, ob es sich um ein reines Softwarerelease handelt oder ob ein System (z.B. SW auf definiertem HW-Stand) geliefert wird. Wird z.B. zu einem vereinbarten A/B/C-Musterstand nur eine Kiste mit Steuergeräten geliefert oder umfasst dies auch Dokumentation und notwendige Tools wie Bedatungs- oder Flashtools[19]?

BP3: Lege eine Klassifizierung der Produktreleases und ein Nummerierungsschema fest. *Eine Klassifizierung der Produktreleases und ein Nummerierungsschema werden gemäß dem vorgesehenen Zweck der Releases und der Erwartungen an die Releases eingeführt.*

Anmerkung: Die Releasenummerierung kann beinhalten:

- *die Hauptversionsnummer,*
- *die Versionsnummer eines Funktionsmerkmals*[20]*,*
- *die Fehlerbehebungsnummer,*
- *die Alpha- oder Beta-Version,*
- *die Iteration innerhalb der Alpha- oder Beta-Version.*

Ein Klassifikationsschema wird eingeführt. Mögliche Klassifikationen sind z.B.:

- Internes Release
- Kundenrelease zu Testzwecken
- Offizielles Musterrelease
- Serienrelease

Ferner wird ein Nummerierungsschema eingeführt, damit Releases mit einer eindeutigen Kennzeichnung versehen werden können, z.B. E02A (Erprobungsfahrzeugphase, 2tes Musterrelease A). Dies erleichtert eine eindeutige Kommunikation.

BP4: Definiere die Build-Aktivitäten und die Build-Umgebung. *Ein einheitlicher Build-Prozess wird festgelegt und gepflegt.*

Anmerkung: Eine festgeschriebene und einheitliche Build-Umgebung sollte von allen Beteiligten genutzt werden.

Im Rahmen der Releaseplanung ist festzulegen, wie das Release zusammengebaut wird. Dies ist meist im Rahmen des Konfigurationsmanagements geregelt (siehe SUP.8). Sind mehrere Lieferanten beteiligt, ist der Build-Prozess meist komplizier-

19. Mit Bedatungstools können Parameter der Software geändert werden, mit Flashtools lassen sich neue Softwarestände auf das Steuergerät aufspielen (»flashen«).
20. Engl. feature.

ter. Insbesondere dann ist zu regeln, wie der Build erfolgt: Führt der Systemlieferant den Build durch? Gibt es mehrere Stufen? usw.

Neben der Vorgehensweise ist auch die Build-Umgebung wie Compiler, Targetlink-Version, Matlab-Version etc. einheitlich zu definieren und zu verwenden. Diese Regelungen müssen im Projektverlauf, wenn notwendig, angepasst werden.

BP5: Erstelle das Release aus konfigurierten Objekten. *Das Release wird aus konfigurierten Objekten erstellt, um die Integrität zu gewährleisten.*

Anmerkung: Gegebenenfalls sollte ein Softwarerelease vor der Freigabe auf die richtige Hardware-Revision aufgespielt werden.

Die in BP2 definierten Objekte werden gemäß dem in BP4 definierten Ablauf zu einem Release zusammengestellt. Die Objekte werden ausschließlich aus dem Konfigurationsmanagementsystem entnommen.

BP6: Art, Service-Level und Dauer des Supports für ein Produktrelease werden mitgeteilt. *Art, Service-Level und Dauer des Supports für ein Produktrelease werden ermittelt und mitgeteilt.*

Für die ausgelieferten Musterstände wird ein Support vereinbart. Denkbar wären hier Regelungen bezüglich Support bei Änderungen, Vorgehen bei Fehlern (z.B. neue Lieferung bei einem oder mehreren Fehlern 1. Priorität), schnelles Bereitstellen von Entwicklungsressourcen, wenn notwendig, Bereitstellen eines Resident Engineer, Support bei reinen SW-Lieferungen (z.B. Navigationssoftware, Betriebssystem) über Hotline etc.

BP7: Lege die Art des Liefermediums für das Release fest. *Das Medium für die Produktlieferung wird entsprechend den Bedürfnissen des Kunden festgelegt.*

Anmerkung: Die Art des Liefermediums kann mittelbar (Lieferung an den Kunden z. B. per Diskette) oder direkt (z. B. Lieferung in Firmware als Teil des Pakets) oder in Kombination beider Möglichkeiten erfolgen. Das Release kann auf elektronischem Weg geliefert werden durch Ablage auf einem Server. Es kann auch erforderlich sein, das Release vor der Lieferung zu vervielfältigen.

Mögliche Medien können sein:

- Magnetische Bänder, CD, DVD etc.
- Elektronische Verteilung z.B. über Internet, E-Mail
- Post, Paketdienste bzw. persönliche Übergabe

BP8: Bestimme die Verpackung für die Releasemedien. *Die Verpackung für die verschiedenen Medienarten wird festgelegt.*

Anmerkung: Für die Verpackungen bestimmter Medienarten kann mechanischer oder elektronischer Schutz erforderlich sein, z. B. Versandtaschen für Disketten oder bestimmte Verschlüsselungstechniken.

Neben dem Liefermedium sind ggf. auch Regelungen bezüglich der Verpackung der Lieferung notwendig:

- Empfindliche Hardware oder Mechanik muss speziell verpackt werden, damit diese auf dem Transport nicht beschädigt wird.
- Wie viele Komponenten werden pro Lieferung oder Bestellcharge oder Palette geliefert?
- Gibt es Anforderungen hinsichtlich Sicherheit, z.B. wie sind Anschlüsse zu sichern oder Kabel festzubinden?
- Sind Schutzmechanismen für elektronische Lieferungen wie z.B. Verschlüsselungstechniken anzuwenden?

BP9: Definiere und erstelle die Produktreleasedokumentation/Release Notes. *Stelle sicher, dass jegliche das Release begleitende Dokumentation erstellt, überprüft und genehmigt wird und zur Verfügung steht.*

Die begleitende Releasedokumentation kann neben der eigentlichen Beschreibung des Release Folgendes umfassen:

- Wurde die Funktionalität gemäß Releaseplanung umgesetzt?
- Welche bekannten Fehler enthält das Release noch, ggf. Workarounds?
- Wie ist die Speicherauslastung?
- Wurden die (Abnahme-)Tests in vollem Umfang durchgeführt (z.B. auch Tests bezüglich Temperatur- und Spannungsbereich, Rüttel-/Stoßfestigkeit, EMV etc.)?
- Wie genau ist der Freigabestatus (vollständige Freigabe, Freigabe unter Auflagen etc.)?

BP10: Stelle die Genehmigung des Produktrelease vor der Auslieferung sicher. *Die Kriterien für das Produktrelease werden vor der Auslieferung erfüllt.*

Im Rahmen der Genehmigung muss überprüft werden, ob die definierten Freigabekriterien eingehalten wurden. In der Praxis ist dies meist ein formaler Akt durch die Projektleitung oder das Management, da in der Regel vorher bekannt ist, ob eine Freigabe erfolgen kann oder nicht.

BP11: Stelle die Konsistenz sicher. *Stelle die Konsistenz sicher zwischen Softwarereleasenummer, Papieretikett und EEPROM-Etikett (wo relevant).*

Vor Auslieferung muss überprüft werden, ob das Release auch alle in BP2 identifizierten Objekte enthält (»Ist drin, was drauf steht?«) und dass keine Widersprüche zwischen Etiketten/Labels und der von der Software angezeigten Releasenummer existieren.

In der Praxis durchaus problematisch ist auch, dass die von der Software angezeigte Releasenummer nicht der tatsächlich enthaltenen Software entspricht. Gleiches gilt für Änderungskennzeichnungen auf Etiketten auf dem Muster. Beides wird in SUP.8 BP10 adressiert.

BP12: Stelle eine Release Note bereit. *Ein Release wird von Informationen begleitet, die die wichtigsten Charakteristiken des Release erläutern.*

Anmerkung: Eine Release Note kann eine Einleitung, die Umgebungsanforderungen, Installationsverfahren, Produktaufruf, Listung neuer Features sowie eine Aufstellung der behobenen Fehler, bekannten Fehler und Workarounds beinhalten.

Zu jedem Release wird eine Release Note (z.B. Freigabemitteilung, Entwicklungsbericht etc.) erstellt. Zu den Inhalten der begleitenden Releasedokumentation siehe BP9.

BP13: Liefere das Produktrelease an den vorgesehenen Kunden aus. *Das Produkt wird an den Kunden, für den es bestimmt ist, gegen eine Empfangsbestätigung ausgeliefert.*

Anmerkung: Eine Empfangsbestätigung kann von Hand, elektronisch, per Post, telefonisch oder mittels eines Logistikdienstleisters erfolgen.

Anmerkung: Diese Praktiken werden typischerweise durch den Konfigurationsmanagementprozess SUP.8 unterstützt.

Anmerkung: Für Anleitungen bezüglich Verpackungsaspekten von zu liefernden Softwareprodukten siehe ISO/IEC 9127:1988 »User Documentation and Cover Information for Consumer Software Packages«.

Das Produkt und die zugehörige Dokumentation werden ausgeliefert, und der Kunde bestätigt den Empfang. Gegebenenfalls beinhaltet die Auslieferung auch die Installation des Produkts in einer definierten Umgebung.

2.2.4 Ausgewählte Arbeitsprodukte

08-16 Release plan – Releaseplan

Der Releaseplan umfasst generell:

- Die zeitliche Planung aller Releases (Übersicht)
- Regelungen zur Handhabung des Release wie Klassifizierung, Nummerierungsschema, Build-Aktivitäten und Build-Umgebung etc.

Des Weiteren sind für jedes Release zu regeln:

- Die funktionalen Inhalte (siehe hierzu Funktionsliste, Abb. 2–19)
- Die zugehörigen Objekte (Softwarestand, Hardwarestand, Dokumentation etc.) und Freigaben
- Ein Mapping auf die Kundenanforderungen, die im jeweiligen Release erfüllt werden
- Sonstige Regelungen wie Support, Verpackung, Art und Medium der Lieferung

2.2.5 Besonderheiten Level 2

Zum Management der Prozessdurchführung

Auf Level 2 werden die Releaseplanung und deren Verfolgung sehr viel stringenter und detaillierter (Prozessattribut PA 2.1) gehandhabt.

Zum Management der Arbeitsprodukte

Die Anforderungen von Prozessattribut PA 2.2 gelten insbesondere für das Release selbst und alle zugehörigen Releaseobjekte. Die Prüfung des Release erfolgt im Rahmen der Freigabeprüfungen. Außerdem sollte der Releaseplan unter Konfigurationskontrolle stehen.

2.3 ENG.1 Anforderungserhebung

2.3.1 Zweck

Zweck des Prozesses ist es, sich entwickelnde Bedürfnisse und Anforderungen des Kunden[21] *über die gesamte Lebensdauer eines Produktes und/oder einer Dienstleistung zu erfassen, zu verarbeiten und zu verfolgen, um dadurch eine Baseline über alle Anforderungen zu erstellen, die als Basis für die Definition der benötigten Arbeitsprodukte dient.*

---

21. »Kunde« kann beispielsweise der OEM oder ein anderer (übergeordneter) Lieferant sein, unabhängig davon, wer formal der Auftraggeber ist.

Werden Anforderungen nicht ausreichend sorgfältig erhoben, fehlt dem ganzen Projekt die stabile Grundlage, und spätere Probleme sind vorprogrammiert. Die schriftliche Niederlegung von Anforderungen macht in der Praxis oft Schwierigkeiten oder ist mit Mängeln behaftet. Weitverbreitete Gründe sind:

- Das Entwicklungsprojekt steht von vornherein unter immensem Zeitdruck, Anforderungen werden aus Zeitdruck nur notdürftig beschrieben.
- Der Auftraggeber kann oder will sich zu Beginn noch nicht auf alle Details festlegen.
- Es wird ein innovatives und komplexes System erstmals entwickelt, die Anforderungen lassen sich zu Beginn nur schwer beschreiben.

Anforderungserhebungen, die in der Angebotsphase durchgeführt werden, sind meist durch einen erheblichen Zeitdruck gekennzeichnet. Die Anforderungsanalyse kann insbesondere bei einer Kunden-Lieferanten-Beziehung nicht so tiefgründig wie erforderlich ausgeführt werden, weil der Abgabetermin des Angebotes drängt und sich die Verantwortlichen auf das Wesentliche beschränken müssen. Detaillierte Analysen können in diesem Fall erst nach Auftragserteilung erfolgen, wobei es dann nicht selten zu Meinungsverschiedenheiten zwischen den Partnern über den Inhalt der angebotenen Leistung kommt. Problematisch für den weiteren Projektverlauf sind folgende Punkte:

- Der Kunde beteiligt sich nicht an der Spezifizierung der Funktion des Systems, der Spezifizierungsaufwand wird komplett dem Lieferanten überlassen. Der Kunde äußert aber später im Projekt eine Vielzahl von Änderungswünschen und neuen Anforderungen.
- Der Lieferant versäumt es, sich die von ihm spezifizierten Anforderungen durch den Kunden bestätigen zu lassen, oder dieser verweigert die Bestätigung.

Vereinzelt hat sich auch eine »arbeitssparende Praxis« etabliert, ein System »wie beim Wettbewerber« oder »wie im Vorgängerprodukt, nur mit folgenden Änderungen ...« zu bestellen. An dieser Stelle im Projekt wird bereits der Grundstein für spätere Probleme gelegt.

Problematisch ist teilweise auch die Verwendung vorhandener und bereits fertig entwickelter Plattformlösungen oder die Wiederverwendung von Applikationen für andere Auftraggeber. So wirtschaftlich interessant diese Konstellationen bei Vergabe auch sind, können die im weiteren Verlauf erforderlichen Änderungen und Anpassungen das Projekt schnell an den Rand des Scheiterns bringen und später die Frage nach der Wirtschaftlichkeit von Wiederverwendung aufwerfen. In der Praxis hat es sich mehrfach gezeigt, dass Firmen, die Plattformlösungen anbieten, diese während des Projektes verworfen und völlig neu zu entwickeln begonnen haben. Gründe sind, dass der Änderungsanteil zum bestehenden Umfang zu groß wird oder die geplante Lösung aufgrund von Architekturproblemen so nicht mehr umsetzbar ist. Der Erfolg hängt in diesen Fällen neben der Anforderungserhebung von weiteren Faktoren ab, wie z.B. vom Änderungsmanagement, dessen Verknüpfung mit den Enginering-Prozessen, der Softwarearchitektur, Kapselung einzelner Softwarebestandteile usw. Abhängig davon erhält der Auftraggeber später entweder einen »Flickenteppich« von hinzugefügten Änderungen oder ein konsistentes und seinen Anforderungen entsprechendes Produkt.

Bei komplexen Systemen werden oft sehr viele Anforderungen ermittelt und in verschiedenen Dokumenten abgelegt. Diese Anforderungen müssen inhaltlich konsistent sein, und die Konsistenz muss auch bei Änderungen während des Projektes gewährleistet bleiben. Änderungen werden oft über eine gewisse Zeit gesammelt und dann gemeinsam in die Anforderungsdokumentation übernommen. Dies ist oft der Anlass, sogenannte Anforderungsbaselines zu bilden.

2.3.2 Besonderheiten in der Automobilindustrie

Anforderungen ergeben sich meistens nicht nur aus den explizit geäußerten Bedürfnissen des Kunden. Bei komplexen Produkten sind weitere Anforderungen, Normen oder sonstige Vorschriften wie zum Beispiel Diagnosevorschriften und Vorschriften bezüglich Flashbarkeit von Steuergeräten zu beachten. Die Menge der zu berücksichtigenden Dokumente kann daher schnell einige Hundert betragen. Teilweise sind einige Dokumente älteren Datums, und nicht selten finden sich Widersprüche in den Dokumenten. Dies führt zu einem erheblichen Aufwand für die Entwicklung, da neben der Sichtung, Zuordnung und Priorisierung der vielen Dokumente auch enthaltene Inkonsistenzen, Fehler und technisch nicht realisierbare Anforderungen ermittelt und geklärt werden müssen. Das Bewusstsein für die Komplexität dieser Tätigkeit und den damit verbundenen Aufwand ist kundenseitig oft wenig ausgeprägt, dabei kann der Kunde durch möglichst präzise und ausgereifte Vorgaben entscheidend zur Vermeidung späterer Probleme beitragen.

2.3.3 Basispraktiken

BP1: Hole Anforderungen und Wünsche des Kunden ein. *Ermittle und definiere Anforderungen und Wünsche des Kunden durch direkte Verarbeitung von Kunden-Inputs und durch Review von Kundenkonzepten*[22]*, der Zielbetriebs- und Hardwareumgebung und anderer Dokumente mit Einfluss auf Kundenanforderungen.*

Anmerkung: Die Informationen, die benötigt werden, um Traceability für jede Anforderung des Auftraggebers aufrechtzuerhalten, sind zu sammeln und zu dokumentieren.

---

22. Im Original heißt es customer »business proposals«, dessen wörtliche Übersetzung in der Automobilindustrie wenig Sinn ergäbe.

In der Praxis werden für die Anforderungserhebung meist folgende Fälle relevant sein:

- Es wird ein Produkt im Auftrag entwickelt. Die Anforderungen kommen – zumindest teilweise – direkt vom Kunden. Anwendbare Techniken sind z.B. Interviews, Workshops, Analyse von Unterlagen des Kunden.
- Es wird ein Produkt direkt für den Markt entwickelt. Anforderungen kommen dann vom eigenen Produktmarketing bzw. -management. Hier werden andere Mechanismen und Techniken als im ersten Fall angewendet, wie z.B. Marktanalysen, Endkundenbefragungen, Analyse von Konkurrenzprodukten.
- Eine Mischform der ersten beiden Punkte: Für einen Kunden soll ein konkretes Produkt entwickelt werden. Das Produkt soll jedoch auf einer bestehenden Produktplattform aufsetzen bzw. das Auftragsprodukt soll Basis für weitere Produkte (und damit der Grundstein für eine Produktplattform) sein.

So oder so ist es wichtig, dass aktiv auf die Anforderungslieferanten zugegangen wird und die Anforderungen abgefragt bzw. erhoben werden. Bei der Dokumentation der ermittelten Anforderungen muss im Sinne einer Traceability (siehe ENG.2) sichergestellt werden, dass die Quelle der Kundenanforderungen (z.B. die in der Basispraktik genannten Kundenkonzepte, Zielbetriebs- und Hardwareumgebung und andere Dokumente mit Einfluss auf Kundenanforderungen) dokumentiert wird. Bei der Mischform ist festzuhalten, welche Anforderungen kundenspezifisch und welche plattformspezifisch sind. Dabei auftretende Konflikte sollten frühzeitig identifiziert und gelöst werden. Aus den hier ermittelten Anforderungen des Kunden werden in den nachfolgenden Stufen u.a. System- und Softwareanforderungen abgeleitet.

Hinweis für Assessoren

Der entscheidende (und bewertungsrelevante) Punkt bei BP1 (und BP2) ist das aktive Bemühen des Lieferanten, die Anforderungen zu erheben und in den Anwendungskontext zu setzen. In der Praxis kommt es jedoch bei der Mitwirkung des Kunden häufig zu Problemen. Der Lieferant sollte im Assessment nicht abgewertet werden, wenn der Kunde nicht in der Lage ist, seine Anforderungen zu übermitteln bzw. aktiv an deren Erhebung mitzuwirken. Derartige Befunde sollten jedoch im Bericht erwähnt werden.

BP2: Verstehe Erwartungen des Kunden. *Stelle sicher, dass sowohl Lieferant als auch Kunde jede Anforderung in der gleichen Weise verstehen.*

Anmerkung: Reviewe (siehe SUP.4) mit den Kunden deren Anforderungen und Wünsche, um deren Bedürfnisse und Erwartungen besser zu verstehen.

Ein bewährtes Mittel zur Herstellung eines gemeinsamen Verständnisses sind gemeinsame Reviews von Kunde und Lieferant, wie in der Anmerkung aufgeführt. Bei iterativen Entwicklungsmodellen geschieht dies oft anhand von inkrementell weiterentwickelten Prototypen und zieht sich unter Umständen durch weite Teile des Projektes.

Unklare oder missverständliche Anforderungen werden typischerweise beim Lieferanten durch Review der Anforderungsdokumente in den Fachabteilungen ermittelt und dem Kunden mitgeteilt. In einem anschließenden gemeinsamen Review können dann die offenen Punkte geklärt werden. Derartige Reviews der Anforderungen werden nicht nur zu Projektbeginn durchgeführt, sondern müssen auch bei Änderungen oder Funktionserweiterungen wiederholt werden. So soll sichergestellt werden, dass der Lieferant wirklich versteht, was der Kunde will. In diesem Zuge muss der Lieferant auch die Machbarkeit und Eignung (z.B. hinsichtlich Verständlichkeit, Widerspruchsfreiheit) prüfen. Ergebnisse von Reviews sollen dokumentiert und von beiden Seiten genehmigt werden, um Missverständnissen und Streitigkeiten vorzubeugen.

Auch wenn von der Basispraktik nicht gefordert, sollten auch implizite Anforderungen (siehe BP4) genau wie explizite Kundenanforderungen behandelt, also reviewt, abgestimmt, genehmigt etc., werden.

BP3: Erziele ein Übereinkommen bezüglich der Anforderungen. *Hole das explizite Einverständnis aller relevanten Parteien ein, die mit diesen Anforderungen arbeiten.*

Die Zustimmung aller an der Entwicklung Beteiligten beim Lieferanten und beim Kunden erfordert, dass jedes Team die Anforderungen bewertet und als realisierbar eingeschätzt hat. Auf diese Art und Weise werden Probleme mit der technischen Realisierbarkeit und damit verbundene Risiken erheblich reduziert und das gemeinsame Entwicklungsziel festgeschrieben. Das verbindliche Einholen der Zustimmungen gestaltet sich in der Praxis meist schwierig und erfolgt nach fachlicher Bewertung meist durch das Management. Besonderer Wert wird dabei auf die Vollständigkeit bei der Abfrage der Beteiligten gelegt. Daher ist zu Projektstart zu ermitteln und zu dokumentieren, wer die relevanten Beteiligten sind und wann sie wie entschieden haben.

Das Commitment der Fachbereiche des Lieferanten, die Anforderungen des Kunden umzusetzen, wird oft bereits in der Angebotsphase (vor Auftragserteilung) durch das Angebotsteam oder die (künftige) Projektleitung eingeholt. Als Ergebnis liegt ein Verständnis des Lieferanten zu den Anforderungen des Kunden und zu deren Realisierbarkeit vor. Aus den ersten Bewertungen der Machbarkeit und den Grobabschätzungen von Aufwand und Kosten wird meist das Angebot erstellt, dessen Inhalt und Umfang im Rahmen weiterer Angebotsverhandlungen oft noch detailliert und mehrfach mit dem Kunden abgestimmt wird. Erfolgt eine detaillierte Anforderungsanalyse erst nach Auftragserteilung, so ist das Commitment auf Basis der detaillierten Kenntnisse zu erneuern.

Dieser in mehreren Iterationen verlaufende Prozess beim Lieferanten ist in Automotive SPICE nicht explizit in Basispraktiken abgebildet. Ebenso wird in Automotive SPICE nicht ausgeführt, wie mit nicht realisierbaren Anforderungen umgegangen werden soll. Empfehlenswert ist hier, dass Anforderungen, denen der Lieferant nicht zustimmen kann oder die dieser nicht erfüllen kann, identifiziert und dem Kunden vor Auftragserteilung schriftlich mitgeteilt werden (»Abweichungsliste«). Erfolgt dies nicht, werden diese Forderungen Vertragsbestandteil, was später zu Problemen führen kann.

BP4: Stelle eine Baseline der Kundenanforderungen auf. *Formalisiere die Kundenanforderungen und stelle daraus eine Baseline für die Nutzung im Projekt und zur Verfolgung seiner Bedürfnisse auf. Der Lieferant sollte die Anforderungen, die vom Kunden nicht genannt wurden, aber für die spezifizierte und beabsichtigte Verwendung notwendig sind, in die Baseline einfügen.*

Die Baseline (siehe auch SUP.8) stellt sowohl eine Ausgangsbasis für die Projektarbeit dar als auch eine Grundlage für das Änderungsmanagement. Neben den Anforderungen des Kunden bestehen in der Regel weitere Anforderungen, wie z.B. Umweltauflagen, Gesetzesvorgaben und sonstige Auflagen, Normen oder geltende Vorschriften für verschiedene Märkte oder Regionen, die berücksichtigt werden müssen. Der Lieferant muss sich um die vollständige Ermittlung aller relevanten Anforderungen kümmern, ob vom Kunden explizit mitgeteilt oder nicht.

Nachdem der Lieferant alle relevanten Anforderungen ermittelt (BP1 und BP2) und abgestimmt hat (BP3), wird der abgestimmte Stand als Anforderungsbaseline festgehalten, z.B. in Form eines Lastenheftes oder in Form einer Baseline über alle Anforderungsdokumente in einem Konfigurationsmanagementsystem. Ausgehend von dieser Erstversion wird jede Änderung oder Erweiterung der Anforderungen des Auftraggebers im weiteren Projektverlauf ermittelt, bewertet und mittels eines Änderungsmanagementverfahrens (siehe BP5) verfolgt. Dadurch entstehen sukzessive weitere Baselines.

Die Praxis zeigt, dass Projekte ohne derartige Anforderungsbaselines problematisch sind, weil der Lieferant nicht ermitteln kann, ob eine Anforderung bereits berücksichtigt ist, und im Projekt Änderungen oft gar nicht als solche identifizierbar sind.

Die Beschreibung von Anforderungen sollte formalen Anforderungen genügen, wie z.B. in der IEEE 830-1998 »Recommended Practice for Software Requirements Specifications« nachzulesen ist. Anforderungen sollten demnach korrekt, eindeutig, vollständig, konsistent, nach Bedeutung und/oder Stabilität priorisiert, verifizierbar, änderbar und nachvollziehbar sein [IEEE 830].

Die Anforderungsbaselines werden im weiteren Projektverlauf für die Erstellung weiterer Dokumente (z.B. Pflichtenheft) verwendet, weiter detailliert (siehe ENG.2) und sind somit für das Projekt von essenzieller Bedeutung. Die erste Anforderungsbaseline ist in der Praxis auch deshalb so wichtig, weil sie Grundlage der Projektplanung ist. In einem Kunden-Lieferanten-Verhältnis entsteht sie oft während der Angebotsphase und wird zum Vertragsbestandteil.

BP5: Manage Änderungen der Kundenanforderungen. *Manage alle Änderungen der Kundenanforderungen gegenüber der Anforderungsbaseline, um sicherzustellen, dass Erweiterungen, die auf Änderungen von Technologie und Kundenwünschen beruhen, ermittelt werden, und dass die von den Änderungen Betroffenen in der Lage sind, Auswirkung und Risiken zu bewerten und geeignete Änderungsmanagement- und Risikogegenmaßnahmen zu initiieren.*

Anmerkung: Eine Anforderungsänderung kann verschiedene Ursachen haben, wie z.B. Änderungen von Technologie, Kundenanforderungen, gesetzlichen Bestimmungen.

Ein gut funktionierendes Änderungsmanagement von Anforderungen ist für das Projekt essenziell. Hierzu ist es notwendig, dass Änderungswünsche einem definierten Ablauf folgen (siehe auch SUP.10). Ein typischer Ablauf ist z.B.:

- Änderungswünsche werden gesammelt und gehen an die zur Entscheidung befugte Person oder Gruppe (oft der Projektleiter, entweder alleine oder ergänzt durch weitere Mitarbeiter, evtl. sogar zusammen mit dem Kunden). Es muss verhindert werden, dass einzelne Entwickler unautorisierte Änderungen auf dem »kleinen Dienstweg« annehmen, umsetzen und dadurch u. U. unerwünschte Seiteneffekte und ungeplante Mehrkosten produzieren.
- Jeder Änderungswunsch wird auf seine Auswirkungen und Realisierbarkeit untersucht.
- Ist die erste Anforderungsbaseline Vertragsbestandteil in einem Kunden-Lieferanten-Verhältnis, muss der Lieferant den beauftragten vom zusätzlichen Aufwand abgrenzen können. Jede durch den Kunden später geforderte Änderung oder Erweiterung wird bewertet, und es wird entschieden, ob die Änderung kostenpflichtig ist, d.h., ob ein Nachtragsangebot erstellt werden muss.
- Der Änderungswunsch wird auch auf Risiken untersucht, und ggf. werden Maßnahmen zur Risikoreduzierung geplant (siehe auch MAN.5).
- Bei positiver Entscheidung wird der Aufwand der Änderung abgeschätzt, in der Projektplanung berücksichtigt und intern in Auftrag gegeben. Der Auftraggeber wird benachrichtigt. Der Auftrag wird mit den projektüblichen Verfolgungsmechanismen bis zum Abschluss verfolgt (siehe hierzu auch MAN.3).
- Eine negative Entscheidung wird dem Kunden gegenüber begründet.

Zu berücksichtigen sind dabei nicht nur Anforderungen des Kunden oder der Endkunden, sondern auch Änderungen, die z.B. durch Technologieänderungen oder geänderte gesetzliche Bestimmungen erforderlich werden. Der Lieferant muss deshalb kontinuierlich den Markt beobachten, um selbst Kenntnisse über diese Änderungen des Stands der Technik zu erlangen. Die nachfolgende Umsetzung der relevanten Änderungen muss im weiteren Projektverlauf verfolgt werden, um sicherzustellen, dass dies wie vereinbart geschieht und die Änderungen zum geplanten Termin oder Release verfügbar sind.

BP6: Baue einen Kunden-Lieferanten-Kommunikationsmechanismus für Anfragen auf. *Stelle ein Verfahren bereit, mit dem der Kunde Kenntnis über den Status und die Disposition seiner geänderten Anforderungen erhält und das den Lieferanten befähigt, notwendige Informationen, inklusive Daten, in kundenindividuell spezifizierter Sprache und Format mitzuteilen.*

Anmerkung: Dies kann gemeinsame Sitzungen mit dem Auftraggeber umfassen oder formale Kommunikation, um den Status der Anforderungen und der Anträge zu überprüfen (siehe auch den Prozess »Gemeinsame Reviews« (SUP.4).

Anmerkung: Die Formate der vom Lieferanten mitgeteilten Information können computergestützte Designdaten (CAD-Daten) und elektronischen Datenaustausch einschließen.

Der Kunde wird über den Status (z.B. Ist die Anfrage schon entschieden?) und die Disposition (z.B. In welcher Version wird eine Änderung umgesetzt?) seiner geänderten/erweiterten Anforderungen informiert. Dazu existiert ein definierter Kommunikationsmechanismus, der für Statusmeldungen verwendet wird. Die dafür notwendigen technischen Voraussetzungen (Datenverbindungen, Tools, Formatfestlegungen etc.) werden geschaffen. Es soll sichergestellt werden, dass der Kunde die Meldungen versteht bzw. weiterverarbeiten kann.

Falls kein spezielles Tool verwendet wird, kann der Kunde z.B. eine Liste der Änderungswünsche führen und diese periodisch vom Lieferanten kommentieren und ergänzen lassen. Darüber hinaus sind gemeinsame Meetings aller Beteiligten mit Erörterung des Status von Anforderungen und Anfragen üblich.

Empfehlenswert ist die Etablierung eines proaktiven Feedbacks an den Kunden, das diesem das nötige Vertrauen verschafft, dass seine Anforderungsänderungen fach- und termingerecht abgearbeitet werden. Dazu gehört auch, dass der Kunde regelmäßig und unaufgefordert über den Abarbeitungsstand seiner Anforderungsänderungen informiert wird.

Die Information von Endkunden erfolgt bei Bedarf z.B. durch Pressemitteilungen über Rückrufe und Nachbesserung oder z.B. durch Werbung für neue Produkte, in die gewünschte Änderungen eingeflossen sind.

2.3.4 Ausgewählte Arbeitsprodukte

13-21 Change control record – Änderungsaufzeichnung

Siehe bei SUP.10

17-03 Customer requirements – Kundenanforderungen

Die Anforderungen des Kunden legen die Eigenschaften eines Systems bzw. Produkts fest. Je nach Projektkonstellation werden sie entweder vom Kunden (in Form eines »Lastenheftes«) vorgegeben oder während des Projektes erarbeitet.

Folgende Qualitätseigenschaften kennzeichnen eine Anforderungsspezifikation:

- Korrektheit: bzgl. Übereinstimmung mit übergeordneten Anforderungen
- Eindeutigkeit: bzgl. der Sprache
- Vollständigkeit: bzgl. Funktionalität, Performance, Schnittstellen etc.
- Verifizierbarkeit: Anforderungen sind konkret formuliert und messbar.
- Konsistenz: Begriffe werden konsistent verwendet (keine Synonyme), und es bestehen keine Widersprüche zwischen Anforderungen.
- Änderbarkeit: Inhalte sind strukturiert und systematisch organisiert (z.B. Inhaltsverzeichnis, Index, Cross-Referenz), und Inhalte sind nicht redundant.
- Traceability: Einzelne Anforderungen sind separiert und verfolgbar (»traceable«), und zwar vorwärts hinsichtlich Folgedokumenten und rückwärts hinsichtlich Quellen (siehe Abschnitt 2.24).

Zur Gestaltung von Anforderungsdokumenten siehe z.B. Abbildung 2–4.

1. Einführung
- 1.1 Zweck
- 1.2 Umfang und Abgrenzung
- 1.3 Definitionen, Abkürzungen, Abkürzungsverzeichnis
- 1.4 Referenzen
- 1.5 Überblick

2. Allgemeine Beschreibung
- 2.1 Produktüberblick
- 2.2 Produktfunktionen
- 2.3 Benutzercharakteristik
- 2.4 Restriktionen
- 2.5 Voraussetzungen und Abhängigkeiten

3. Spezielle Anforderungen
- 3.1 Funktionale Anforderungen (Funkt. **1**)
- 3.2 Funktionale Anforderungen (Funkt. **2**)
- 3.n Funktionale Anforderungen (Funkt. **n**)

3.x Funktionale Anforderungen (Funktion x)
- 3.**x**.1 Einführung
- 3.**x**.2 Inputs
- 3.**x**.3 Ablaufsteuerung
- 3.**x**.4 Outputs
- 3.**x**.5 Externe Schnittstellen
  - 3.**x**.5.1 Benutzerinterfaces
  - 3.**x**.5.2 Hardwareinterfaces
  - 3.**x**.5.3 Softwareinterfaces
  - 3.**x**.5.4 Kommunikations-Interfaces
- 3.**x**.6 Performance-Anforderungen
- 3.**x**.7 Designbeschränkungen
- 3.**x**.8 Eigenschaften
  - 3.**x**.8.1 Sicherheit
  - 3.**x**.8.2 Wartbarkeit
- 3.**x**.9 Andere Anforderungen
  Datenbasis, Ablauf ...

Abb. 2–4 *Beispiel der Struktur eines Anforderungsdokumentes in Anlehnung an [IEEE 830]*

2.3.5 Besonderheiten Level 2

Zum Management der Prozessdurchführung

Die bei Prozessattribut PA 2.1 aufgeführten Inhalte werden in der Regel mit den im Projekt üblichen Projektmanagementmethoden umgesetzt und z.T. im Projektplan dokumentiert. Die Planung der Aktivitäten im Rahmen des Änderungsmanagements beschränkt sich eher auf Terminplanung für Sitzungen und auf die in BP5 genannten Abläufe.

Zum Management der Arbeitsprodukte

Die Anforderungen von Prozessattribut 2.2 gelten insbesondere für die Anforderungsdokumente und Änderungsaufzeichnungen.

2.4 ENG.2 Systemanforderungsanalyse

2.4.1 Zweck

Zweck des Prozesses ist es, die definierten Kundenanforderungen in eine Menge von gewünschten, technischen Systemanforderungen zu überführen, die das Design des Systems unterstützt.

Die Systemanforderungsanalyse ist einer der wichtigsten Prozesse, stellt sie doch eine wesentliche Grundlage für die gesamte Entwicklungsarbeit bereit. Die Systemanforderungen beschreiben die Anforderungen an das Gesamtsystem, bestehend aus verschiedenen Hardware-, Mechanik- und Softwarekomponenten, und an das Zusammenwirken dieser Komponenten. Eine mangelhafte Systemanforderungsanalyse ist einer der größten Misserfolgsfaktoren in Entwicklungsprojekten.

ENG.2 setzt auf die in ENG.1 ermittelten Anforderungen (= Lastenheftebene) des Kunden auf und transformiert diese in technisch detailliertere Anforderungen (= Pflichtenheftebene). Neben den Anforderungen des Kunden werden auch die Anforderungen der sonstigen an der Entwicklung beteiligten Gruppen und Personen berücksichtigt. Insbesondere das Zusammenspiel verschiedener Entwicklungsbereiche, wie z.B. Hardware-, Mechanik- und Softwareentwicklung oder Testabteilungen, ist entscheidend für die erfolgreiche Durchführung der Systemanforderungsanalyse.

2.4.2 Besonderheiten in der Automobilindustrie

Anforderungen an die einzelnen Komponenten des Systems sind aus den Anforderungsdokumenten des Kunden oft schwer separierbar, da dort in der Regel die gewünschte Funktionalität des Systems aus Endkundensicht im Vordergrund steht. Bei der Systemanforderungsanalyse steht nun die technische Sicht der Entwicklungsmannschaft des Lieferanten im Fokus. In der Praxis (in Automotive SPICE nicht gefordert) werden oft die Anforderungen an die einzelnen Komponenten separiert, z.B. durch entsprechende Strukturierung des Systemanforderungsdokuments oder durch Aufteilung in verschiedene Dokumente.

Exkurs: System

Die meisten Assessments beginnen inhaltlich mit der Frage: »Wie definieren wir den Begriff System?« Wird diese Frage nicht eindeutig geklärt, führt das im weiteren Verlauf immer wieder zu Verwirrung und behindert den Ablauf. Selbst die AUTOSIG (Automotive Special Interest Group) hat für die Diskussion und eindeutige Festlegung zwei Tage benötigt. Eine genaue Definition ist wichtig, weil die nachfolgenden Schritte (z.B. ENG.4 Softwareanforderungsanalyse) auf der Systemdefinition aufbauen und daher zumindest eine eindeutige Abgrenzung von Hardware und Software erfolgt sein sollte.

[IEEE 610] definiert ein System als »Sammlung von Komponenten, die angeordnet sind, um eine spezielle Funktion oder eine Menge von Funktionen auszuführen«. [DIN EN 61508] definiert das System als »Menge von Elementen, die nach einem Entwurf in gegenseitiger Beziehung stehen. Ein Element eines Systems kann zugleich ein anderes System sein, genannt Teilsystem, welches ein steuerndes oder ein gesteuertes System sein kann und Hardware, Software und menschliche Eingriffe beinhalten kann«. Systeme in der Automobilindustrie können aus verschiedenen Mechanik-, Hardware- und Softwarebestandteilen bestehen. Möglich sind u.a. folgende Systemdefinitionen:

- Das Kraftfahrzeug mit all seinen einzelnen Bestandteilen, die wiederum selbst noch feiner, z.B. in weitere Subsysteme, untergliedert werden können.
- Zusammenbauteil oder Modul bestehend aus einem Mechanikanteil (z.B. Lenkungsmechanik), Steuergerätehardware und einem Softwareanteil. Diese Definition entspricht der AUTOSIG-Definition.
- Steuergerät bestehend aus Mechanik (Gehäuse), Hardware (Leiterplatte, elektronische Bauelemente) und Software. Diese Definition bezieht sich rein auf das elektronische Steuergerät und ist damit eine Unterform der Definition Zusammenbauteil/Modul.
- Fahrzeugfunktion verteilt über mehrere Zusammenbauteile, Module oder Steuergeräte. In diesem Fall wird die Systembetrachtung im Verlauf eines Assessments beliebig komplex.
- Softwarefunktion, die über mehrere Steuergeräte verteilt ist.

2.4.3 Basispraktiken

BP1: Identifiziere Systemanforderungen. *Nutze die Kundenanforderungen als Basis, um die geforderten Funktionen und Fähigkeiten des Systems zu identifizieren, und dokumentiere diese in einer Systemanforderungsspezifikation.*

Anmerkung: Systemanforderungen beinhalten: Funktionen und Fähigkeiten des Systems, geschäftliche, organisatorische und Kundenanforderungen, Anforderungen bezüglich Sicherheit, Schutz, menschlicher Faktoren, Engineering (Ergonomie), Schnittstellen, Betrieb und Wartung sowie Designeinschränkungen und Qualifikationsanforderungen (ISO/IEC 12207).

Anmerkung: Für Systemanforderungsspezifikationen könnte der IEEE-Standard 1233-1998, Leitfaden für die Entwicklung von Systemanforderungsspezifikationen genutzt werden.

Basierend auf den Kundenanforderungen aus ENG.1 werden die Systemanforderungen abgeleitet. Oft werden Funktions-[23] oder Featurelisten erstellt, die die Grundlage für die spätere Systemanforderungsspezifikation bilden. Zunächst wird meist noch nicht festgelegt, wie Systemanforderungen zu realisieren sind. Entsprechend der ersten Anmerkung umfasst die Systemanforderungsanalyse nicht nur die Funktionsanforderungen, sondern wird auch um weitere Faktoren, die für den Kunden und damit auch für den Endkunden wichtig sind, erweitert. Mit geringerem Aufwand läuft die Systemanforderungsanalyse ab, wenn die Anforderungen toolunterstützt erhoben wurden und entsprechend ausgewertet werden können. Generell ist ein eindeutiger Trend in diese Richtung erkennbar, Standardwerkzeug der deutschen Automobilhersteller ist aktuell DOORS.

Ergebnis einer Systemanforderungsanalyse ist eine Baseline der Systemanforderungen (z.B. als Version einer Systemanforderungsspezifikation), die im weiteren Projektablauf fortgeschrieben und aktualisiert wird. Eine »Baseline«[24] stellt eine abgestimmte Arbeitsgrundlage für die nachfolgenden Entwicklungsphasen dar und wird zu bestimmten Meilensteinen oder definierten Terminen im Projekt erstellt. Die Baselines der Systemanforderungen sollten unter Konfigurationskontrolle stehen oder zumindest versioniert werden. In Bezug auf das System sollten folgende Anforderungen betrachtet werden:

- Funktionale Anforderungen und Fähigkeiten
- Schnittstellen, System-Performance, Timing-Verhalten, Anforderungen für den Betrieb und Designeinschränkungen
- Nicht funktionale Anforderungen; diese haben keinen direkten Zusammenhang mit der technischen Funktion von Systemelementen. Dazu gehören z.B. Anforderungen an die Qualität, Änderbarkeit, Testbarkeit, Wartbarkeit und

23. Siehe auch die Funktionsliste in Abbildung 2–19 bei MAN.3.
24. Siehe auch SUP.8.

Zuverlässigkeit, Dokumentation, Kommentierung und Verifikation (z.B. aus Codierrichtlinien), wirtschaftliche Randbedingungen (wie z.B. geschäftliche und organisatorische Anforderungen des Kunden), betriebswirtschaftliche Aspekte, Marktanforderungen, Time-to-Market, Wiederverwendung, Wartung und Produktpflege.

- Technische Randbedingungen
- Zu beachtende Normen (ISO, DIN etc.), z.B. zur Funktionssicherheit [DIN EN 61508], Standards des Kunden (z.B. technische Richtlinien)
- Datensicherheit
- Ergonomie

Bevor Anforderungen festgeschrieben werden, muss ggf. deren Machbarkeit untersucht werden (siehe dazu BP2).

BP2: Analysiere die Systemanforderungen. *Analysiere die identifizierten Systemanforderungen bezüglich technischer Machbarkeit, Risiken und Testbarkeit.*

Anmerkung: Die Ergebnisse der Analyse können für die Kategorisierung der Anforderungen verwendet werden (siehe auch ENG.2 BP4).

Die in BP1 ermittelten Systemanforderungen werden auf Machbarkeit, Risiken und Testbarkeit analysiert. Im Zentrum der fachlichen Machbarkeitsanalyse stehen die Systemanforderungen, die auf die Spezifikation des Kunden (meist in Form des/der Lastenhefte(s) zurückgehen. Die an der Entwicklung beteiligten Fachabteilungen des Lieferanten bewerten die Machbarkeit des Projekts, d.h., es wird untersucht, inwieweit die Systemanforderungen aus fachlicher Hinsicht realisierbar sind. Die Überlegungen zur Machbarkeit umfassen u.a. folgende Fragen:

- Sind die Systemanforderungen und sonstige Annahmen realistisch?
- Gibt es alternative Lösungsansätze und unter welchen Voraussetzungen?
- Welche fachlichen Risiken bestehen?

Basierend auf dem Ergebnis der Machbarkeitsanalyse wird über die Fortführung des Projektes entschieden (weitere Bewertungen siehe BP5). Die Ergebnisse werden dokumentiert.

Die Risikoanalyse (siehe MAN.5 bzw. auch die Hazard-Analyse, siehe hierzu Exkurs bei ENG.4 BP3) ist ein Instrument zur Schadensvorsorge und wird meist in Form eines Risikoworkshops durchgeführt, bei dem auch weitere Aspekte, wie z.B. Risiken aus Softwareanforderungen, betrachtet werden. Im Fokus stehen technische Risiken. Weitere (nicht technische) Risiken werden in kleinen Projekten in der Regel im gleichen Zug ermittelt. In großen Projekten werden meistens mehrere Risikoworkshops durchgeführt. Die Ergebnisse müssen dann von der Projektleitung zusammengeführt werden.

Bezüglich Testbarkeit wird untersucht, ob eine Anforderung überhaupt testbar ist bzw. mit welchem Aufwand. Für die Untersuchung auf Testbarkeit sind die Verifikationskriterien die wesentliche Grundlage. Verifikationskriterien geben an, was erfüllt sein muss, damit eine Anforderung als erfolgreich verifiziert gelten kann. Die Entwicklung der Verifikationskriterien[25] erfolgt im Rahmen von BP2. Diese Forderung ergibt sich aus der dritten Anmerkung[26] der ENG.2-Prozessergebnisse.

Die Beurteilung der Testbarkeit erfordert bereits eine erste Kenntnis der Systemarchitektur bzw. weiterer Systemeigenschaften und kann nicht alleine anhand von Anforderungen beurteilt werden. Als Ergebnis dieser Untersuchung entstehen wertvolle Hinweise sowohl für die Präzisierung der Systemanforderungen als auch ggf. für ein bezüglich Testbarkeit optimiertes Systemdesign. Die Beurteilung der Testbarkeit zu diesem Zeitpunkt ist daher sehr sinnvoll, denn die Testbarkeit bestimmt den späteren Testaufwand bzw. den Grad, zu dem ein System testbar ist. Der Testaufwand hängt von weiteren Einflüssen ab wie Qualitätsanforderungen und der einzusetzenden Testumgebung. Bezüglich Anforderungen wird der Testaufwand beeinflusst durch:

- Überflüssige Anforderungen, die überflüssige Tests verursachen
- Unklare Anforderungen, die eine Definition von Testfällen erschweren oder verhindern
- Nicht testbare Anforderungen, denen quantifizierbare Kriterien fehlen
- Fehlende Anforderungen, z.B. weil Schnittstellen nicht adressiert sind

Bei der Bewertung der Testbarkeit ist es sinnvoll, die Anforderungen entsprechend ihrer Testbarkeit zu bewerten (z.B. A = »testbar«, B = »testbar unter gewissen Bedingungen«, C = »nicht testbar«). Diese Bewertung kann im Rahmen von Reviews erfolgen. Sinnvoll ist auch, im Rahmen dieser Untersuchung bereits eine erste Version des Testplans[27] zu erzeugen.

BP3: Bestimme die Auswirkungen auf die Betriebsumgebung. *Bestimme die Schnittstellen zwischen den Systemanforderungen und anderen Elementen der Betriebsumgebung und die Auswirkungen, die diese Anforderungen haben werden.*

Im Rahmen der Systemanforderungsanalyse werden die direkte Betriebsumgebung sowie die Betriebsbedingungen des Systems betrachtet. Die identifizierten Systemanforderungen sowie die Ergebnisse von Machbarkeitsanalyse, Risikoanalyse und Analyse der Testbarkeit haben ggf. Auswirkungen auf andere Systeme in der direkten Umgebung. Diese bilden die direkte Betriebsumgebung des Systems und sind daher zu betrachten. Beispiel: Das Motorsteuergerät kann vor Motorstart den Status der Wegfahrsperre prüfen. Interessant, gerade bei stark

25. Siehe hierzu Exkurs »Verifikationskriterien« in Abschnitt 2.24.
26. Die dritte Anmerkung lautet: »Die Analyse der Systemanforderungen auf Testbarkeit beinhaltet die Entwicklung von Verifikationskriterien.«
27. Siehe Exkurs »Testdokumentation« bei ENG.6.

vernetzten Steuergeräten, ist auch die Frage, welches Verhalten das System unter bestimmten Betriebsbedingungen zeigt, z.B. mögliches Fehlerverhalten bei inplausiblen Nachrichten auf dem Bus. Die Bestimmung der Auswirkungen auf die Betriebsumgebung kann z.B. im Rahmen der Risikoanalyse erfolgen (siehe BP2) oder z.B. in Form einer »Hazard and Operability Study« (HAZOP, siehe Exkurs bei ENG.4 BP3) auf Systemebene durchgeführt werden. Die Ergebnisse der HAZOP werden dann bei der weiteren Entwicklung berücksichtigt.

Anforderungen können auch Wechselwirkungen mit den Betriebsbedingungen des Systems besitzen. Hierzu gehören z.B. die klimatischen Bedingungen, Kraftstoffqualität, Einbauorte des Systems etc.

BP4: Priorisiere und kategorisiere Systemanforderungen. *Priorisiere und kategorisiere die identifizierten und analysierten Systemanforderungen und ordne diese künftigen Releases des Systems zu.*

Anmerkung: Siehe Prozess SPL.2 (Produktrelease)

Die Priorisierung und Kategorisierung der Systemanforderungen sind die Grundlage für die Releaseplanung (Level 2). Bei dieser werden Anforderungen einzelnen Releases und Auslieferungen zugeordnet. Die Priorisierung der Anforderungen ist eine Grundlage für die Abstimmung des Arbeitsumfangs und für die Planung des Projekts. Niedrig priorisierte Anforderungen werden evtl. angesichts knapper Ressourcen fallen gelassen bzw. auf spätere Releases[28] verschoben. Eine Priorisierung der Systemanforderungen kann z.B. aufgrund folgender Kriterien durchgeführt werden:

- Schnelle Entwicklung eines Prototyps
- Schnelle Realisierung einer Basisfunktionalität
- Termingerechte Realisierung der mit dem Auftraggeber vereinbarten Auslieferungen und des Produktionsbeginns
- Bereitstellen von Schnittstellen zu anderen Systemen oder Komponenten zu bestimmten Zeitpunkten
- Kosten-Nutzen-Betrachtung
- Wunsch des Kunden

Für die Kategorisierung kommt in erster Linie die Einteilung nach Systemkomponenten (Software, Hardware, Mechanik) oder nach Teilprojekten bzw. Teams in Frage.

28. In der Releaseplanung wird festgelegt, wann bzw. in welcher Version des Produkts bestimmte Eigenschaften realisiert werden. Auf dieser Basis kann man im Projektmanagement den Entwicklungsablauf strukturieren und die Arbeiten priorisieren (siehe SPL.2).

***BP5: Evaluiere und aktualisiere Systemanforderungen.** Evaluiere die Systemanforderungen und Änderungen gegenüber der Kundenanforderungs-Baseline bezüglich ihrer Kosten, zeitlichen und technischen Auswirkungen. Genehmige die Systemanforderungen und alle Änderungen an diesen und aktualisiere die Systemanforderungsspezifikation.*

Die technische Machbarkeitsbewertung der Systemanforderungen (Machbarkeit, Risiko und Testbarkeit) ist bereits in BP2 gefordert. Hier wird nun zusätzlich die Untersuchung technischer Auswirkungen gefordert. Wird z.B. ein sicherheitsrelevantes System entwickelt, muss eine Betrachtung der Anforderungen bzgl. ihrer Auswirkungen auf die funktionale Sicherheit erfolgen.

Aber auch andere Stellen des Lieferanten, wie z.B. Controlling, Management oder Vertrieb, führen eine Bewertung der Systemanforderungen durch. Dabei wird z.B. in einer Frühphase des Projekts anhand der auf den Systemanforderungen basierenden Kostenschätzung des Projektleiters (siehe MAN.3) bewertet, ob das Projekt wirtschaftlich sinnvoll durchführbar ist. Zusammen mit dem Ergebnis der Bewertung aus BP2 kann dann über die Fortführung des Projektes entschieden werden, z.B. ob ein Angebot abgegeben wird und, wenn ja, zu welchem Preis.

Werden im Laufe des Projektes Änderungen an Systemanforderungen oder neue Systemanforderungen vorgeschlagen, muss ein geregelter Ablauf von Analyse, Genehmigung oder Zurückweisung und Aktualisierung der betreffenden Punkte in der Systemanforderungsspezifikation erfolgen (analog der Beschreibung bei ENG.1 BP5).

Für die geforderte Genehmigung ist zu Beginn typischerweise das Management zuständig, während dies später bei Änderungen oft von einem Steuerkreis oder Change Request Board (CRB, siehe SUP.10 BP6) übernommen wird.

***BP6: Stelle die Konsistenz und bilaterale Traceability zwischen Kundenanforderungen und Systemanforderungen sicher.** Stelle die Konsistenz zwischen Kundenanforderungen und Systemanforderungen einschließlich Verifikationskriterien sicher. Konsistenz wird unterstützt durch Erstellen und Aufrechterhalten von bilateraler Traceability zwischen den Kundenanforderungen und den Systemanforderungen einschließlich Verifikationskriterien.*

Die in ENG.1 ermittelten Kundenanforderungen sind Grundlage der Systemanforderungsanalyse. Konsistenz bedeutet in diesem Zusammenhang, dass zwischen Kundenanforderungen und Systemanforderungen Widerspruchsfreiheit besteht. Um diese Konsistenz überhaupt beurteilen zu können, muss bekannt sein, welche Systemanforderung mit welchen Kundenanforderungen in inhaltlicher Verbindung steht und umgekehrt (= bilaterale Traceability). Traceability besteht allerdings meistens nur für einen Teil der Systemanforderungen, da viele Systemanforderungen andere Quellen haben (z.B. hauseigene Anforderungen, die sich aus Produktpolitik und -architektur oder Plattformstrategien ableiten). Da diese Quellen auch als »Kunden« gelten können, ist hier ebenfalls Traceability herzustellen.

Die Forderung nach Traceability erstreckt sich auch auf die in den Systemanforderungen enthaltenen Verifikationskriterien[29]. Die Konsistenzprüfung mit den Kundenanforderungen erfolgt zweckmäßigerweise durch ein Review.

BP7: Kommuniziere Systemanforderungen. Etabliere Kommunikationsmechanismen für die Verbreitung der Systemanforderungen und deren Aktualisierung an alle relevanten Parteien.

Der geforderte Mechanismus muss sicherstellen, dass die im Projekt beteiligten Personen, die Informationen zu den Anforderungen und zu den Änderungen für ihre Arbeit benötigen, sie auch unaufgefordert erhalten. Dazu muss zuerst einmal ermittelt werden, wer diese Informationen braucht. Bewährt hat sich hier die Erstellung eines Kommunikationsplans (siehe Abb. 3–5). Dort wird bestimmt, welche Rollen generell und im Änderungsfall zu informieren sind. Die Verantwortung, dass diese Information auch tatsächlich fließt, muss ebenfalls festgelegt werden. Diese Anforderung ist in den Prozessen ENG.2 – ENG.4 in ähnlicher Form enthalten.

Realisiert wird dies oft dadurch, dass Anforderungsdokumente und Änderungsmitteilungen an eindeutiger Stelle im Datei- oder Konfigurationsmanagementsystem abgelegt werden und für alle Beteiligten zugreifbar sind. Die zweckmäßige Bereitstellung einer geeigneten Infrastruktur zur Veröffentlichung von Informationen, wie z.B. die Systemanforderungen, ist ebenfalls von Bedeutung. Dazu können auch datenbankbasierte Lösungen mit HTML-Oberfläche, eingebunden ins jeweilige Firmen-Intranet, eingesetzt werden. Änderungen, die in Projektsitzungen durchgesprochen werden, können zusätzlich per E-Mail (z.B. über das Sitzungsprotokoll) verteilt werden.

Hinweis für Assessoren

Nachgewiesen wird das Funktionieren dieser Mechanismen z. B. durch Belege in entsprechenden Tools und Systemen bzw. durch erfolgten Schriftverkehr mit entsprechendem Verteiler.

---

29. Dass diese typischerweise in den Systemanforderungen enthalten sind, wird in der zweiten Anmerkung der Prozessergebnisse von ENG.2 ausgesagt. Verifikationskriterien können jedoch auch im Testplan enthalten sein, siehe Exkurs »Testdokumentation« bei ENG.6.

2.4.4 Ausgewählte Arbeitsprodukte

13-22 Traceability record – Traceability-Aufzeichnung

Mit dieser Aufzeichnung wird die Verbindung (vorwärts und rückwärts) zwischen Anforderungen, Designelementen, Code etc. über die einzelnen Entwicklungsstufen dargestellt. In der Praxis werden z.B. Mappingtabellen oder Traceability-Matrizen verwendet, um diesen Zusammenhang aufzuzeigen (siehe auch Abschnitt 2.24).

Hinweis für Assessoren

Automotive SPICE beschreibt, dass die Traceability der Anforderungen und deren Umsetzung über verschiedene Phasen des Lebenszyklus in beide Richtungen (vorwärts und rückwärts) erfolgen soll und daher an jeder Stelle des Lebenszyklusmodells und in beide Richtungen möglich sein muss. Im Assessment werden dazu stichprobenartig einzelne Arbeitsprodukte und deren Zusammenhänge mit vorherigen und späteren Arbeitsprodukten über verschiedene Entwicklungsstufen betrachtet.

17-08 Interface requirements – Schnittstellenanforderungen

Anforderungen an Schnittstellen beziehen sich typischerweise auf Datenformate, Timing, Aufrufhierarchie, Interrupts etc. Dabei wird zwischen internen und externen Schnittstellen unterschieden. Interne Schnittstellen beschreiben die Interaktion zwischen Systemelementen. Externe Schnittstellen bestehen zu anderen Systemen in der Betriebsumgebung und zu Benutzern.

17-12 System requirements – Systemanforderungen

Systemanforderungen werden gesammelt oder aus Anforderungsdokumenten des Auftraggebers (z.B. Lastenheft) abgeleitet und in einem Systemanforderungsdokument (z.B. Pflichtenheft) niedergeschrieben. Eine Systemanforderung beschreibt Funktionen und Fähigkeiten eines Systems. Kategorien von Anforderungen sind z.B. Funktionalität, Anforderungen seitens der Organisation, Sicherheitsaspekte, Ergonomie, Schnittstellen, Betriebs- und Wartungsanforderungen sowie Designzwänge. Das Systemanforderungsdokument gibt auch einen Überblick über das Gesamtsystem und über die Beziehungen seiner Bestandteile, insbesondere auch der Systemelemente mit der Software.

Gestaltungshinweise und Qualitätskriterien für solche Dokumente gibt z.B. IEEE 830-1998 (Recommended Practice for Software Requirements Specifications), die auch sinngemäß für Systemanforderungen anwendbar ist ([IEEE 830], siehe auch Abb. 2–4).

2.4.5 Besonderheiten Level 2

Zum Management der Prozessdurchführung

Die Analyse der Systemanforderungen aus den Anforderungen des Auftraggebers muss systematisch erfolgen und bedarf einer entsprechenden Planung. Zur Planung des Prozesses gehört z.B. auch die terminliche Festlegung von Anforderungsbaselines und von Anforderungsreviews. Die Aktualisierung der Systemanforderungen nach Änderungen der Anforderungen des Auftraggebers hat meistens asynchronen Charakter. Die beschlossenen Änderungen sind u.a. in Termin- und Ressourcenplanung zu berücksichtigen.

Zum Management der Arbeitsprodukte

Die Anforderungen von Prozessattribut PA 2.2 gelten insbesondere für die Systemanforderungsdokumentation (z.B. das Pflichtenheft). Dazu gehört beispielsweise, dass die Systemanforderungen ein Review durchlaufen und durch den Auftraggeber abgenommen oder bestätigt werden. Baselines enthalten die jeweils gültigen Anforderungsdokumente sowohl auf Kunden- als auch auf Lieferantenseite.

2.5 ENG.3 Systemarchitekturdesign

2.5.1 Zweck

Zweck des Prozesses ist es zu ermitteln, welche Systemanforderungen welchen Systemelementen zugeordnet werden sollen.

Die Systemarchitektur beschreibt auf oberster Ebene alle Systemelemente und ihre Beziehungen und Schnittstellen. Für jedes Systemelement muss bekannt sein, welche Systemanforderungen zugeordnet wurden.

2.5.2 Besonderheiten in der Automobilindustrie

Im Rahmen der Festlegung der Systemarchitektur wird entschieden, welche Funktionen in Hardware oder Software umgesetzt werden. Beispiel: Es ist zu entscheiden, ob eine Anzeigefunktion mittels Softwareansteuerung eines bereits vorhandenen LCD-Displays oder mit einer separaten LED realisiert wird.

Bei komplexen Systemen geschieht die Trennung des Systems in seine Systemelemente oft in mehreren Schritten bzw. Beschreibungsebenen. Die Beschreibung besteht dann aus mehreren zusammenhängenden Dokumenten mit unterschiedlichem Detaillierungsgrad. Ein Beispiel für eine Systemarchitektur im frühen Stadium zeigt Abbildung 2–5. Abbildung 2–6 enthält ein Beispiel einer tiefer liegenden Beschreibungsebene.

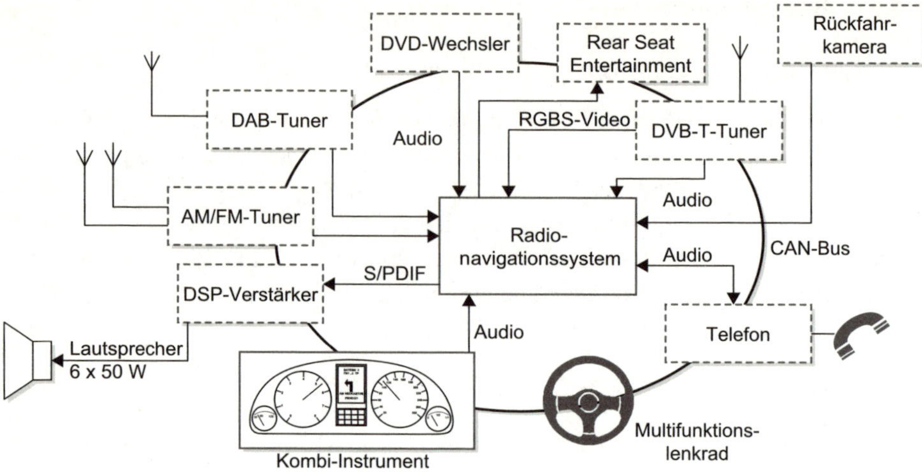

Abb. 2–5 *Beispiel einer obersten Systemarchitektur für ein Radionavigationssystem*

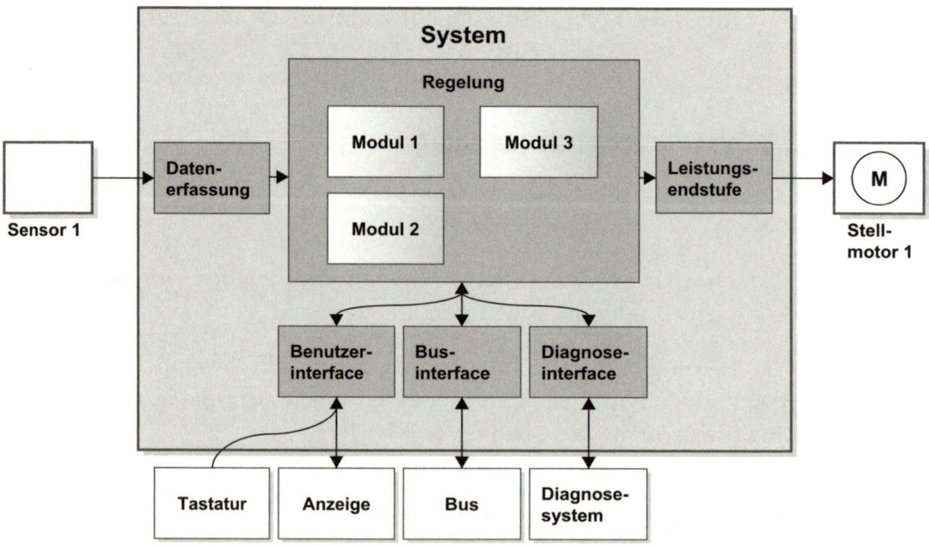

Abb. 2–6 *Beispiel einer tieferen Beschreibungsebene einer Systemarchitektur*

2.5.3 Basispraktiken

BP1: Definiere die Systemarchitektur. *Erstelle die Systemarchitektur, die die Elemente des Systems bezüglich der funktionalen und nicht funktionalen Systemanforderungen identifiziert.*

Anmerkung: Falls nötig, kann das System in mehrere Subsysteme auf unterschiedlichen Systemebenen untergliedert werden.

Die Systemarchitektur ist die oberste, allgemeinste Beschreibungsebene in Form von Übersichtsbildern, Listen und Beschreibungen von Systemelementen. Sie besteht aus Elementen, die entsprechend den umzusetzenden Systemanforderungen identifiziert wurden. Bei der Erstellung der Systemarchitektur sind auch deren Verifikationskriterien[30] zu entwickeln. Diese Forderung ergibt sich aus einer Anmerkung zu den Prozessergebnissen von ENG.3[31]. Die Verifikationskriterien geben an, was erfüllt sein muss, damit die Systemarchitektur – in erster Linie im Rahmen der Integrationstests – als erfolgreich verifiziert gelten kann.

BP2: Ordne Systemanforderungen zu. *Ordne alle Systemanforderungen den Elementen der Systemarchitektur zu.*

Die identifizierten funktionalen und nicht funktionalen Systemanforderungen werden – soweit möglich – den Bestandteilen der Systemarchitektur zugeordnet. Ziel ist es, möglichst alle Anforderungen zuzuordnen, um ein fehlerfreies Zusammenspiel der Systemelemente unter Berücksichtigung aller Randbedingungen zu ermöglichen und Iterationsschleifen zu vermeiden. Bei komplexen Systemen, die aus vielen zusammenhängenden Subsystemen oder Systemelementen bestehen, ist diese Zuordnung zunächst nicht immer möglich. Der Grund liegt meistens darin, dass zu diesem frühen Zeitpunkt detaillierte Designentscheidungen noch ausstehen und über die Relevanz der betreffenden Anforderungen noch nicht entschieden werden kann. Die Zuordnung muss dann zu einem späteren Zeitpunkt geschehen. Manche (insbesondere nicht funktionale) Anforderungen gelten für das Gesamtsystem, sodass eine Zuordnung zu einzelnen Systembestandteilen nicht möglich ist.

Diese Zuordnung kann z.B. dadurch realisiert werden, dass die Systemanforderungsbeschreibung (z.B. das Pflichtenheft) bereits mit Blick auf die Systemarchitektur gegliedert wird. Ergebnis der Zuordnung ist die Traceability zwischen Systemanforderungen und Systemarchitektur.

BP3: Definiere Schnittstellen. *Identifiziere, entwerfe und dokumentiere die internen und externen Schnittstellen jedes Systemelementes.*

Auf der obersten Ebene wird festgelegt und beschrieben, wie die Systemelemente interagieren und wie das System im Zusammenspiel mit anderen Systemen funktioniert, um die geforderten Systemfunktionen (ermittelt in ENG.2) zu realisieren.

Dabei wird zwischen internen und externen Schnittstellen unterschieden. Schnittstellen nach innen beschreiben die Interaktionen zwischen den einzelnen Systemelementen. Schnittstellenbeschreibungen können entweder in der Systemarchitektur selbst oder in separaten Dokumenten dokumentiert werden. Oft wer-

30. Siehe hierzu den Exkurs »Verifikationskriterien« in Abschnitt 2.24.
31. Die betreffende Forderung lautet: »Die Definition der Systemarchitektur beinhaltet die Entwicklung von Verifikationskriterien.«

den hier Besonderheiten beschrieben, die zum Beispiel bei der Programmierung hardwarenaher Schichten oder bei der Verwendung existierender Treiber oder Betriebssysteme zu beachten sind.

Externe Schnittstellen sind Schnittstellen des Systems zu anderen Systemen, z.B. zur Datenübertragung, zu Anzeigen und Bedienelementen oder zu Sensoren/Aktuatoren.

BP4: Verifiziere die Systemarchitektur. *Stelle sicher, dass die Systemarchitektur alle Systemanforderungen erfüllt.*

Die Prüfung der Systemarchitektur gegen die Systemanforderungen kann verschiedene Formen annehmen. Neben Abstimmungsgesprächen mit verschiedenen Teilnehmerkreisen empfiehlt es sich, ein Architekturreview durchzuführen und dessen Ergebnisse zu dokumentieren. In der Praxis ist es oft zunächst schwierig, alle zu berücksichtigenden Faktoren schriftlich in Systemanforderungen abzubilden. Eine breit angelegte Abstimmung ist daher wichtig.

Diese Abstimmungen tragen dazu bei, das Risiko für konzeptionelle und damit tendenziell kostenintensive Änderungen zu einem späteren Zeitpunkt im Projekt stark zu verringern. Abstimmungsbedarf besteht nach innen wie auch nach außen zu externen Partnern. Nach innen erfolgt die Abstimmung mit allen intern am Projekt beteiligten Personen. Dazu gehören:

- Die Beschaffung, weil z.B. zuzukaufende Systembestandteile (z.B. Standardsoftware, elektronische Bauelemente) abgestimmt und beschafft werden müssen. Abstimmungsbedarf besteht besonders bzgl. der Vereinheitlichung von Zukaufprodukten, der Absicherung der Liefertreue etc.
- Fachverantwortliche zur Abstimmung von strategischen Entwicklungsthemen
- Verantwortliche aus anderen oder parallelen Projekten, aus denen Elemente im Zuge von Plattformentwicklungen übernommen werden
- Designer, Entwickler und Tester, die mit der Systemarchitektur arbeiten müssen

Der Abstimmungsbedarf nach außen ist z.B. erforderlich:

- wenn Schnittstellen des Systems nach außen explizit mit dem Auftraggeber festgelegt und abgestimmt werden müssen, weil das zu entwickelnde System meist in eine Umgebung integriert werden soll, die aus anderen (ggf. gleichberechtigt agierenden) Systemen besteht,
- wenn der Auftraggeber bei der Systemarchitektur mitredet, weil er bestimmte Systembestandteile vorschreibt (z.B. Betriebssystem oder spezielle Treiber) oder verbietet.

BP5: Stelle die Konsistenz und bilaterale Traceability zwischen Systemanforderungen und Systemarchitektur sicher. *Stelle die Konsistenz der Systemanforderungen inklusive Verifikationskriterien zur Systemarchitektur inklusive Verifikationskriterien sicher. Konsistenz wird unterstützt durch Erstellen und Aufrechterhalten von bilateraler Traceability zwischen den Systemanforderungen inklusive Verifikationskriterien und der Systemarchitektur inklusive Verifikationskriterien.*

Grundlage dieser Prüfung ist die Traceability zwischen Systemanforderungen und Systemarchitektur, siehe BP2. Es muss sichergestellt werden, dass jede Systemanforderung in der Systemarchitektur berücksichtigt ist, dass für jedes Element der Systemarchitektur die relevanten Systemanforderungen bekannt sind und dass die Systemanforderungen und die Systemarchitektur konsistent (d.h. widerspruchsfrei) sind. Im Laufe des Projekts muss darauf geachtet werden, dass die Traceability korrekt erhalten bleibt. Es dürfen also keine anforderungsrelevanten Änderungen an der Systemarchitektur vorgenommen werden, ohne dass entsprechende Schritte der Systemanforderungsanalyse erneut durchlaufen werden und umgekehrt. Bei Designanforderungen, die nicht auf Systemanforderungen beruhen, ist es empfehlenswert (jedoch nicht gefordert), deren Herkunft und Erfordernis zu dokumentieren.

Die Forderung nach Traceability erstreckt sich auch auf die Verifikationskriterien[32] für die Systemarchitektur. Die Konsistenzprüfung mit den Systemanforderungen erfolgt zweckmäßigerweise durch ein Review. Dabei ist besonders auf Konsistenz der beiden Arten von Verifikationskriterien zu achten, damit Systemtest und Systemintegrationstest gut aufeinander abgestimmt werden können bzw. dort keine Widersprüche entstehen.

BP6: Kommuniziere die Systemarchitektur. *Stelle einen Kommunikationsmechanismus für die Verteilung der Systemarchitektur an alle Beteiligten bereit.*

Damit soll sichergestellt werden, dass der Personenkreis, der an der Systemarchitektur arbeitet oder von Änderungen betroffen ist, über diese informiert wird, um dann ggf. darauf reagieren und diese bei der eigenen Arbeit berücksichtigen zu können. Die bereits in ENG.2 BP7 bezüglich Kommunikationsmechanismen getroffenen Aussagen gelten analog auch hier.

32. Verifikationskriterien können im Testplan enthalten sein, siehe Exkurs »Testdokumentation« bei ENG.6. Ansonsten siehe Exkurs »Verifikationskriterien« in Abschnitt 2.24.

2.5.4 Ausgewählte Arbeitsprodukte

04-06 System architecture design – Systemarchitektur

Die Systemarchitektur gibt einen Überblick über die Struktur des Gesamtsystems und beschreibt das Zusammenspiel einzelner Elemente, auch mit der Software. Das Gesamtsystem besteht meist aus ein oder mehreren »Blockschaltbildern« der Systemelemente und der Wiedergabe ihrer Zusammenhänge und Datenflüsse. Diese Übersichtsbilder werden oft noch durch technische Beschreibungen (wie z.B. Schnittstellenbeschreibungen) ergänzt. Bei komplexen Systemen kann die Beschreibung aus mehreren zusammenhängenden Dokumenten unterschiedlichen Detaillierungsgrades bestehen. Wichtig ist dabei die Nachverfolgbarkeit von Anforderungen/Funktionen über mehrere Detaillierungsstufen (siehe Beispiele in Abb. 2–5 und 2–6).

13-22 Traceability record – Traceability-Aufzeichnung

Siehe bei ENG.2

13-25 Verification results – Verifikationsergebnisse

Die Ergebnisse der Verifikation der Systemarchitektur gegen die Systemanforderungen (siehe BP4) sind z.B. Review- oder Besprechungsprotokolle, ausgefüllte Checklisten und Prüfprotokolle (weitere Erläuterungen dieses Arbeitsprodukts siehe bei SUP.2).

2.5.5 Besonderheiten Level 2

Zum Management der Prozessdurchführung

Die Erstellung der Systemarchitektur muss systematisch erfolgen. In der Praxis werden die »kleinen« Arbeitsschritte, die sich in vielen Iterationen wiederholen, normalerweise nicht im Detail geplant. Die »größeren« Arbeitsschritte (z.B. Meilensteine, wann verschiedene Versionen der Systemarchitektur vorliegen sollen) hingegen sind sehr wohl zu planen und z.B. in den Projektplänen zu dokumentieren. Sind Aktualisierungen der Systemarchitektur vorhersehbar, z.B. an Meilensteinen, sind diese in der Projektplanung zu berücksichtigen.

Zum Management der Arbeitsprodukte

Die Anforderungen von Prozessattribut PA 2.2 gelten insbesondere für die Systemarchitektur. Dazu gehört z.B. auch, dass die Systemarchitektur ein Review durchlaufen hat und ggf. durch den Auftraggeber abgenommen wird. Baselines enthalten die jeweils gültige Systemarchitektur.

2.6 ENG.4 Softwareanforderungsanalyse

2.6.1 Zweck

Zweck des Prozesses ist es, die Softwareanforderungen des Systems zu ermitteln.

Nachdem in ENG.3 die Systemelemente, bestehend aus Hard- und Software, bestimmt wurden, werden ab diesem Prozess bis ENG.8 ausschließlich die Softwareanteile in Form der Softwareelemente des Systems betrachtet. Die Softwareanforderungsanalyse ist der Zwischenschritt zwischen ENG.3 Systemarchitekturdesign und ENG.5 Softwaredesign. In ENG.4 werden die Anforderungen an die Softwareelemente ermittelt. Softwareanforderungen werden in funktionale und nicht funktionale Anforderungen unterschieden.

2.6.2 Besonderheiten in der Automobilindustrie

In der Praxis verlaufen die Übergänge der Prozesse ENG.2 bis ENG.5 meist fließend und sind iterativer und rekursiver Natur. Der Code muss neben den funktionalen Anforderungen weiteren, nicht funktionalen Anforderungen genügen, die im Rahmen der Softwareanforderungsanalyse ermittelt werden. Neben der Einhaltung von Codierrichtlinien, wie z.B. MISRA Rules [MISRA], werden weitere Qualitätsanforderungen (z.B. in Form von Metriken) für den Sourcecode festgelegt, die Qualitätseigenschaften der Software wie z.B. Analysierbarkeit, Änderbarkeit, Stabilität und Testbarkeit positiv beeinflussen.

In letzter Zeit werden immer stärker formale Methoden zur Softwareanforderungsanalyse angewendet. Eine Formalisierung der Anforderungsermittlung, nicht nur für System-, sondern auch für die Softwareumfänge lässt sich z.B. durch die Erstellung von Use-Case-Diagrammen erreichen. Use-Case-Diagramme sind eine grafische und textliche Darstellung der abzubildenden Funktionalität. Als Beschreibungssprache wird z.B. UML[33] verwendet. Diese formale Vorgehensweise bietet Vorteile bzgl. Eindeutigkeit, Verständlichkeit, Kommunikation von Inhalten, Unabhängigkeit von der Implementierung, Nachvollziehbarkeit, Wiederverwendbarkeit, Fehlererkennung und des Nachweises der Korrektheit.

33. Unified Modeling Language; UML™ ist eine durch die Object Management Group (OMG) standardisierte grafische Beschreibungsform für objektorientierte Modelle.

2.6.3 Basispraktiken

BP1: Ermittle die Softwareanforderungen. *Verwende die Systemanforderungen und die Systemarchitektur als Grundlage für die Ermittlung von funktionalen und nicht funktionalen Softwareanforderungen. Dokumentiere die Softwareanforderungen in einer Softwareanforderungsspezifikation.*

Anmerkung: Im Falle einer reinen Softwareentwicklung beziehen sich die Systemanforderungen und die Systemarchitektur auf eine bestehende Betriebsumgebung (siehe auch Anmerkung bei BP3). In diesem Fall sollten die Kundenanforderungen als Grundlage für die Ermittlung der geforderten Funktionen und Fähigkeiten der Software genutzt werden.

Funktionale und nicht funktionale Anforderungen an die Software werden ermittelt und den einzelnen Softwareelementen zugeordnet. Funktionale und nicht funktionale Anforderungen an die Software können zum Teil direkt aus der Systemanforderungsspezifikation übernommen werden, zum Teil bedarf es einer inhaltlichen Transformation. Automotive SPICE fordert explizit, dass eine Softwareanforderungsspezifikation (z. B. ein Softwarepflichtenheft) erstellt wird.

Hinweis für Assessoren

In vielen Projekten wird keine separate Softwareanforderungsspezifikation erstellt, sondern alle relevanten Anforderungen (funktionale und nicht funktionale System- und Softwareanforderungen) sind in einem einzigen Dokument (z. B. im Pflichtenheft) beschrieben. Der Grund ist oft, dass die Systemfunktionalität zwar hauptsächlich durch Software bestimmt ist, aber von der Hardwarefunktionalität nicht sinnvoll zu trennen ist. Die Bewertung dieser Basispraktik sollte dann abhängig vom Projektkontext und von der Projektgröße erfolgen. Zur vollständigen Erfüllung sollte nachgewiesen werden, dass die funktionalen und nicht funktionalen Anforderungen für Software eindeutig spezifiziert wurden und für den Funktionsumfang angemessen sind. Das heißt, es müssen sowohl die Aspekte der Systemebene als auch die der Softwareebene erkennbar sein, egal ob in einem Dokument oder in mehreren getrennten Dokumenten.

BP2: Analysiere die Softwareanforderungen. *Analysiere die ermittelten Softwareanforderungen im Hinblick auf technische Machbarkeit, Risiken und Testbarkeit.*

Anmerkung: Verifikationskriterien sollten für alle Softwareanforderungen für die spätere Entwicklung der Softwaretestfälle definiert werden.

Anmerkung: Die Ergebnisse der Analyse können zur Kategorisierung der Anforderungen genutzt werden.

Für die Analyse der Softwareanforderungen gelten die Ausführungen bei ENG.2 BP2 analog. Softwarespezifische Risiken können z. B. sein:

- Verwendung nicht ausreichend erprobter technischer Lösungen oder Tools, z.B. zur automatischen Codegerierung
- Vorgesehene Entwicklungstoolkette- bzw. Testsuites sind lückenhaft.
- Nicht funktionale Softwareanforderungen können aufgrund von gefordertem Tooleinsatz nicht eingehalten werden (z.B. bei autogeneriertem Code passt der Code nicht in das EEPROM).
- Erhöhter Testaufwand bei autogeneriertem Code

Auch hier ist die Entwicklung der Verifikationskriterien im Rahmen dieser Basispraktik durch eine Anmerkung bei den Prozessergebnissen gefordert.

BP3: Bestimme den Einfluss auf die Betriebsumgebung. *Bestimme Schnittstellen zwischen den Softwareanforderungen, den Systemanforderungen und/oder anderen Elementen der Betriebsumgebung sowie die Auswirkungen, die die Anforderungen haben werden.*

Anmerkung: Die Betriebsumgebung ist als das System definiert, auf dem die Software läuft (Hardware, Betriebssystem usw.).

Für diese Basispraktik gelten die Ausführungen bei ENG.2 BP3 analog, jedoch eingeschränkt auf die direkte Betriebsumgebung der Software, also auf die Systemkomponente(n), auf denen die Software läuft. Softwareanforderungen haben Auswirkungen auf andere Softwareteile (z.B. das Betriebssystem) oder die Hardware in der direkten Umgebung, z.B. den Controller, Speicher. Eine wichtige Frage dabei ist, welches (Fehl-)Verhalten die Software unter bestimmten Betriebsbedingungen zeigt. Dazu kann z.B. eine Situationsanalyse in Form einer »Hazard and Operability Study« (HAZOP) durchgeführt werden (siehe nachfolgenden Exkurs).[34] Die Ergebnisse der Situationsanalyse werden dann bei der weiteren Entwicklung berücksichtigt.

Exkurs: Beispielmethode Hazard and Operability Study (HAZOP)

Die HAZOP wurde in den siebziger Jahren in der chemischen Industrie entwickelt und erst in den neunziger Jahren für die Softwareentwicklung erweitert.

Ziel ist es, das Verhalten einer Softwarefunktion in einer qualitativen Analyse (in einer virtuellen Umgebung) unter verschiedenen Betriebsbedingungen zu analysieren und die Abweichungen vom Sollzustand zu ermitteln. Damit sollen Gefahren und schwerwiegende Fehler, die z.B. durch ein unvorhergesehenes Ereignis auftreten können, erkannt und vermieden werden. Als Ergebnis der HAZOP können Softwareanforderungen oder die Architektur akzeptiert oder zurückgewiesen werden, was zu einer Überarbeitung des Entwurfes führt.

34. HAZOP ist hier nur beispielhaft angegeben und wird von SPICE nicht gefordert.

Eine HAZOP wird im Team durchgeführt. Eine Softwarefunktion wird mit sogenannten Leitwörtern versehen. Beispiel: Die Softwarefunktion »Sende Message« erhält die Leitwörter: zu oft, zu früh, zu spät, zu wenig usw. Die Erkenntnisse werden in einer Tabelle (Abb. 2–7) zusammengetragen. Ein Leitwort beschreibt dabei eine hypothetische Abweichung von normalerweise erwarteten Eigenschaften. Anhand dieser Leitwörter werden Fehlerursachen und ihre Auswirkungen aufgelistet. Die so aufgelisteten Abweichungen werden diskutiert, und es werden Maßnahmen vorgeschlagen, um die Wahrscheinlichkeit des Auftretens der Fehlerursache zu verringern oder ihre Auswirkungen zu minimieren.

Leitwort	Abweichung	Mögliche Ursache	Folgen	Maßnahmen
Zu oft	Hohe Buslast	Nichteinhaltung der Bus-Spec, Teilnehmer sendet auch, wenn niemand hört	Kommunikationsabriss, Messages gehen verloren	1. Sicherstellen, dass die Bus-Spec bekannt ist 2. Sicherstellen, dass die Bus-Spec verstanden wird 3. Überprüfung durch Designreview 4. Implementierung von speziellen Buslasttests
Zu selten	Gestörte Kommunikation	Nichteinhaltung der Bus-Spec, Teilnehmer sendet nicht, wenn jemand hört	Kommunikationsabriss, Messages fehlen	Siehe oben

Abb. 2–7 *Beispiel einer HAZOP-Tabelle*

BP4: Priorisiere und kategorisiere Softwareanforderungen. *Priorisiere und kategorisiere die ermittelten und analysierten Softwareanforderungen und ordne sie künftigen Releases zu.*

Anmerkung: Siehe auch SPL.2 Produktrelease.

Die Ausführungen bei ENG.2 BP4 gelten hier analog. Aus der Releaseplanung ist jetzt ersichtlich, welche Softwareanforderungen wann bzw. zu welcher Auslieferung umgesetzt sind. Dabei fließen bereits Softwarearchitekturfragen in die Releaseplanung ein, da es neben der funktionalen Priorisierung auch eine technisch sinnvolle Reihenfolge bei der Umsetzung der Anforderungen gibt. So werden typischerweise Anforderungen, die system- oder hardwarenahe Schichten betreffen, früher umgesetzt, da diese Grundlage für weitere Funktionen sind. Für die Kategorisierung kommt in erster Linie die Einteilung nach Komponenten der Softwarearchitektur oder nach Softwareteilprojekten in Frage.

BP5: Evaluiere und aktualisiere Softwareanforderungen. *Evaluiere die Softwareanforderungen und Änderungen an den Systemanforderungen und/oder der Systemarchitektur bezüglich ihrer Kosten, des Zeitplans und der technischen Auswirkungen. Genehmige die Softwareanforderungen und aktualisiere die Softwareanforderungsspezifkation.*

Es gelten analog die Ausführungen bei ENG.2 BP5 mit dem Zusatz, dass auch Änderungen an der Systemarchitektur Evaluierungs- und ggf. Änderungsbedarf bei den Softwareanforderungen verursachen können.

BP6: Stelle die Konsistenz und bilaterale Traceability zwischen Systemanforderungen und Softwareanforderungen sicher. *Stelle die Konsistenz der Systemanforderungen inklusive Verifikationskriterien zu den Softwareanforderungen inklusive Verifikationskriterien sicher. Konsistenz wird unterstützt durch Erstellen und Aufrechterhalten von bilateraler Traceability zwischen den Systemanforderungen inklusive Verifikationskriterien und den Softwareanforderungen inklusive Verifikationskriterien.*

Anmerkung: Im Fall einer reinen Softwareentwicklung beziehen sich Systemanforderungen und Systemarchitektur auf eine vorhandene Betriebsumgebung (siehe Anmerkung bei BP3). In diesem Fall werden Konsistenz und Traceability zwischen Kundenanforderungen und Softwareanforderungen hergestellt.

Die Ausführungen bei ENG.2 BP6 und ENG.3 BP5 gelten hier analog. Auch hier können Softwareanforderungen hinzukommen, die nicht aus Systemanforderungen abgeleitet wurden, sondern andere Quellen haben (z.B. hauseigene Anforderungen, die sich aus Produktpolitik, Softwarearchitektur oder Softwareplattformstrategien ableiten). Es ist empfehlenswert, auch zu diesen Quellen Traceability herzustellen.

BP7: Stelle die Konsistenz und bilaterale Traceability zwischen Systemarchitektur und Softwareanforderungen sicher. *Stelle die Konsistenz zwischen Systemarchitektur inklusive Verifikationskriterien und Softwareanforderungen inklusive Verifikationskriterien sicher. Konsistenz wird unterstützt durch Erstellen und Aufrechterhalten von bilateraler Traceability zwischen der Systemarchitektur inklusive Verifikationskriterien und den Softwareanforderungen inklusive Verifikationskriterien.*

Anmerkung: Im Fall einer reinen Softwareentwicklung siehe Anmerkung bei BP6.

Analog zu BP6 muss Konsistenz und Traceability zwischen Systemarchitektur und Softwareanforderungen herrschen. Bezüglich Traceability muss klar sein, welche Softwareanforderung zu welcher Komponente der Systemarchitektur gehört und umgekehrt. Enthält die Systemarchitektur nur eine Softwarekomponente, ist dies trivial. Enthält sie mehrere Softwarekomponenten, müssen die

Softwareanforderungen entsprechend eindeutig untergliedert werden, damit die Zuordnung zu diesen klar ist.

BP8: Kommuniziere Softwareanforderungen. *Etabliere Kommunikationsmechanismen für die Verbreitung der Softwareanforderungen und Aktualisierungen von Anforderungen an alle relevanten Parteien.*

Die Ausführungen zu ENG.2 BP7 gelten hier analog.

2.6.4 Ausgewählte Arbeitsprodukte

13-22 Traceability record – Traceability-Aufzeichnung

Siehe bei ENG.2

17-11 Software requirements – Softwareanforderungen

Softwareanforderungen sind Vorgaben für die Softwareerstellung, die die Qualität und Brauchbarkeit der Software wesentlich beeinflussen. Dabei werden u.a. berücksichtigt: die Kundenanforderungen, Systemanforderungen, Systemarchitektur, zu beachtende Normen, Einschränkungen, Beziehungen der Softwareelemente zueinander, Performanzcharakteristiken, erforderliche Softwareschnittstellen, Sicherheitscharakteristiken, das Verhalten in Fehlerfällen und die Wiederherstellung nach Fehlerfällen (bezüglich der Struktur eines Anforderungsdokumentes in Anlehnung an IEEE Std 830 siehe Abb. 2–4).

2.6.5 Besonderheiten Level 2

Die Aussagen im korrespondierenden Abschnitt bei ENG.2 gelten hier analog.

2.7 ENG.5 Softwaredesign

2.7.1 Zweck

Zweck des Prozesses ist es, ein Softwaredesign bereitzustellen, das die Anforderungen an die Software umsetzt und das gegen die Softwareanforderungen verifiziert werden kann.

Mit dem Softwaredesign wird dargestellt, wie die Softwareanforderungen im Code umgesetzt werden sollen und aus welchen Bestandteilen die Software besteht. Funktion, Wirkungsweise und Interaktion der Bestandteile werden beschrieben. Das Softwaredesign setzt auf den Softwareanforderungen auf und liefert die Vorgaben für die Codierung. Der Designprozess verläuft oft in mehreren Iterationsschritten, in denen das Design von der Softwarearchitektur ausgehend bis hin zum Feinentwurf mehrfach detailliert und weiter ausgearbeitet wird. Zwischen Systemarchitektur und Softwarearchitektur gibt es einen Überlappungsbereich, da z.B. Bestandteile der Softwarearchitektur in der Systemarchitektur aufgeführt werden und umgekehrt.

In vielen Fällen ist die zu erstellende Software eine Kombination aus Plattformbestandteilen (wiederverwendetem Code) und neuem Code. Häufig wiederverwendete Design- und Codeelemente müssen erhöhte Anforderungen erfüllen, was zum Beispiel im Rahmen von Designreviews überprüft werden kann. In Designreviews können auch designrelevante Fragen zur Fehlertoleranz betrachtet und beantwortet werden:

- Werden Fehlerzustände erkannt und wie?
- Wie werden Fehlerzustände klassifiziert?
- Wie verhält sich das System im Fehlerfall?

Aussagen zur Robustheit des Designs können spätere Stresstests liefern wie z.B. hinsichtlich Sensorausfällen, Kabelbrüchen, Startup-Verhaltens oder dem sprunghaften Anstieg der Interrupts. Hardwarenahe Tests können sinnvollerweise erst im Systemtest (siehe ENG.10) durchgeführt werden.

2.7.2 Besonderheiten in der Automobilindustrie

Die Softwareentwicklung in der Automobilindustrie erfolgt oft sehr hardwarenah, d.h., es müssen auch weitere, über die reine Funktionsentwicklung hinausgehende Punkte im Design berücksichtigt werden, z.B. das Zeitverhalten (Interrupts und Zeitscheiben) und Kommunikationsprotokolle. Beim Zeitverhalten sind u.a. die Reaktionen und das Zusammenspiel der beteiligten Komponenten wie z.B. der Prozessoren, Speicherbausteine und Buscontroller zu beachten. Dabei werden mögliche Zustände beschrieben (z.B. von der Initialisierung über den Betrieb bis hin zum Erreichen des Sleep-Modus) und bei Bedarf auch Fehlerszenarien[35]. Beim Kommunikationsverhalten werden im Wesentlichen die Abfolge und Inhalte von Kommunikationsbotschaften festgelegt und in Abhängigkeit von Ereignissen beschrieben. In der Praxis erfolgen die Designbeschreibung und -modellierung (z.B. mittels Zustandsdiagrammen) immer häufiger toolbasiert. Das bietet mehrere Vorteile. Zum einen, falls das Tool dieses unterstützt, können formale Kriterien (wie z.B. Konsistenz des Designs) sichergestellt werden, andererseits können bestimmte Funktionen und Zustände bereits vor dem eigentlichen Codiervorgang am PC simuliert und bewertet werden. Zudem unterstützen neuere Werkzeuge in der Regel auch Codegenerierung.

---

35. Design-FMEAs liefern typischerweise einen Input für Fehlerszenarien, dabei wird die Auftrittswahrscheinlichkeit von Fehlern unter den zugehörigen Randbedingungen betrachtet und bewertet.

2.7.3 Basispraktiken

BP1: Entwickle die Softwarearchitektur. *Benutze die funktionalen und nicht funktionalen Softwareanforderungen, um eine Softwarearchitektur zu entwickeln, die die oberste Struktur*[36] *und alle Softwarekomponenten inklusive der für Wiederverwendung verfügbaren Softwarekomponenten beschreibt.*

Anmerkung: Siehe auch REU.2 Wiederverwendungsmanagement

Die in ENG.4 ermittelten Anforderungen an die Software werden in eine Softwarearchitektur (auch Grobdesign genannt) als Beschreibung auf oberster Ebene überführt und dokumentiert. Hier werden die notwendigen zentralen Entwurfsentscheidungen vorgenommen. Idealerweise sind die Komponenten der Softwarearchitektur stabil über den Entwicklungsverlauf, sodass sie bzw. ihre Schnittstellen im Verlauf der weiteren Entwicklung nicht mehr geändert werden müssen. Dieser Schritt ist die Vorstufe zum Softwarefeinentwurf (siehe BP6) und muss zu diesem konsistent sein.

In der Praxis sind meist mehrere Sichten auf die Softwarearchitektur zur vollständigen Abbildung notwendig. Das können z. B. folgende sein:

- Struktursicht (Architektur, verwendete Architektur-Pattern)
- Verhaltens-/Zustandssicht (Sleep-Modus, Startup, Shutdown, Beschreibung Bootblock, Monitoringtechniken usw.)
- Use-Case-Sicht (Umsetzung der Use Cases in der Architektur)
- Prozesssicht (Taskdesign, Timing, Speicherlayout)
- BIOS- und Services-Sicht (CAN- und LIN-Treiber, Hardware Abstraction Layer, Watchdog, Betriebssystemintegration usw.)
- Aufrufhierarchie z. B. als Blockschaltbild
- Ressourcensicht (geplanter RAM/ROM-Verbrauch)

Bei schwierigen oder folgenschweren Architekturentscheidungen ist es sinnvoll, mehrere Architekturvorschläge zu erstellen und nach den genannten Kriterien zu bewerten. Getroffene Architekturentscheidungen sollten dann nachvollziehbar dokumentiert werden, sodass diese zu einem späteren Zeitpunkt im Projekt nachvollzogen werden können und erneute Revidierungen vermieden werden. Zunehmend an Bedeutung gewinnende Kriterien sind der Wiederverwendungsanteil bei der Architektur sowie die Eignung zur Wiederverwendung für die Zukunft.

BP2: Weise die Softwareanforderungen zu. *Weise alle Softwareanforderungen den Softwarekomponenten aus der Softwarearchitektur zu.*

Alle für die Softwarearchitektur relevanten Softwareanforderungen werden den Softwarekomponenten der Softwarearchitektur zugewiesen, z. B. Anforderungen bezüglich Bedatung, der Forderung nach einer Startup-Task, Schnittstellenanfor-

36. Sogenannte Top-Level-Architektur.

derungen auf hoher Abstraktionsebene. Dazu gehören nicht spezielle Funktionsanforderungen, die innerhalb von Softwarekomponenten zu realisieren sind.

Dies kann z.B. in der Traceability-Matrix (siehe Abschnitt 2.24) durch einfaches Eintragen bzw. Markieren der entsprechenden Softwarekomponenten geschehen. Alternativ kann z.B. die Softwareanforderungsspezifikation entsprechend der Softwarearchitektur gegliedert werden, um die Vollständigkeit der Umsetzung aller Anforderungen zu überprüfen und als Vorarbeit für den Feinentwurf.

BP3: Definiere die Schnittstellen. *Identifiziere, entwickle und dokumentiere die internen Schnittstellen zwischen den Softwarekomponenten und die externen Schnittstellen der Softwarekomponenten.*

Die Schnittstellenbeschreibung besteht aus der Definition der auszutauschenden Informationen nach außen (z.B. zu anderen Systemen, Peripherie, Benutzern) und nach innen (zwischen einzelnen Softwarekomponenten). Meist wird hier auch die BIOS- und Services-Sicht inklusive dem Hardware Abstraction Layer und der Integration des Betriebssystems spezifiziert. Das Zeitverhalten der Interaktionen der Schnittstelle wird in BP4 spezifiziert. Die Schnittstellenbeschreibung sollte mindestens die zwei folgenden Punkte beinhalten:

- Übersichtsdarstellung der betrachteten Schnittstelle und der beteiligten Softwarekomponenten inkl. BIOS- und Services-Sicht
- Auflistung der über die Schnittstelle ausgetauschten Daten und deren Spezifikation (z.B. Name, Wertebereich, Kommunikationsprotokoll)

BP4: Beschreibe das dynamische Verhalten. *Bewerte und dokumentiere das dynamische Verhalten der und die Interaktion zwischen den Softwarekomponenten.*

Anmerkung: Dynamisches Verhalten wird durch Betriebsarten (z.B. Hoch- und Herunterfahren, normaler Betrieb, Kalibrierungsmodus, Diagnosemodus), Prozesse und Interprozesskommunikation, Tasks, Threads, Zeitscheiben, Interrupts usw. bestimmt.

Ein Softwaresystem wird insbesondere durch das dynamische Verhalten charakterisiert. Das Zeitverhalten und die Interaktionen der Softwarekomponenten sind somit ein wesentlicher Bestandteil der Softwarearchitektur. Die Schnittstellenbeschreibung aus BP3 sollte ggf. um die folgenden Punkte erweitert werden:

- Übersichtsdarstellung der betrachteten Schnittstelle (z.B. mittels Interaktionsdiagramm) und der beteiligten Softwarekomponenten
- Darstellung der verschiedenen Betriebsarten (z.B. Startup, Shutdown, normaler Betrieb, Kalibrierungsmodus, Diagnosemodus, Monitoringtechniken) inklusive der dafür notwendigen Prozesse und Interprozesskommunikation bzw. Tasks oder Threads
- Darstellung der Interaktion, z.B. Zeitverhalten, Aufrufhierarchie, Interrupts.

Die Beschreibung des dynamischen Verhaltens der Software kann z. B. auch mithilfe eines dynamischen Modells erfolgen. Dabei werden die Änderungen der Objekte und ihrer Beziehungen untereinander über die Zeit betrachtet. Wesentliche Bestandteile sind:

- Kontrollfluss
- Interaktionen von Objekten
- Steuerung von Abläufen der gleichzeitig aktiven Objekte eines Sofwaresystems

Während des Programmablaufs reagieren einzelne Objekte auf Ereignisse, führen entsprechende Aktionen aus und verändern ihren Zustand. Die Beschreibung eines dynamisch arbeitenden Objektes erfolgt durch die Begriffe »Zustand – Ereignis – Bedingung – Aktion – Folgezustand«. Das gesamte dynamische Modell des Softwaresystems besteht aus beliebig vielen solchen Objekten, das Modell zeigt dabei die Summe der Aktivitäten für ein ganzes System. Alle dynamischen Objekte arbeiten parallel und können unabhängig voneinander ihre Zustände ändern. Diese dynamische Modellierung erfolgt unabhängig von der Implementierung auf dem Zielsystem.

Auf dem Markt verfügbar sind Tools, die diesen Ansatz unterstützen. Sie decken die Gebiete Entwurf, Codierung, Test und Dokumentation ab. Dynamische Objekte werden als Zustandsautomaten dargestellt, Zustände, Ereignisse und Aktionen können beliebig erstellt und für nachfolgende Arbeitsschritte (z. B. Simulationen) weiter bearbeitet werden. Für die so entstehenden Objekte bzw. Zustände bestehen immer aktuell verschiedene Darstellungsmöglichkeiten (z. B. als Zustandsdiagramm). Mithilfe eines ggf. integrierten Simulators kann man bereits im Entwurfsstadium Sequenzdiagramme des dynamischen Verhaltens erzeugen.

BP5: Definiere die Ziele für den Ressourcenverbrauch. *Bestimme und dokumentiere die Ziele für den Ressourcenverbrauch für alle Softwarekomponenten.*

Anmerkung: Ressourcenverbrauch wird typischerweise für Ressourcen wie Speicher (ROM, RAM, externes/internes EEPROM), CPU-Auslastung usw. bestimmt.

In der Automobilindustrie sind die Ressourcen meist knapp bemessen und ein relevanter Kostenfaktor. Es ist damit unerlässlich, frühzeitig zu planen, zu messen und zu dokumentieren, wie sich die Ziele für den Ressourcenverbrauch wie z. B. Auslastung für ROM, RAM, externes/internes EEPROM und ggf. CPU-Auslastung[37] im Verlauf der Entwicklung entwickeln. Zu empfehlen ist trotz Kostendruck ein gewisser Vorhalt an Ressourcen zum Ende der Entwicklung, damit spätere Änderungen noch eingearbeitet werden können. Die Softwarearchitektur sollte mindestens um die folgenden Punkte erweitert werden:

---

37. Im Umfeld der Telematik ist eine CPU-Auslastung von 100% nicht ungewöhnlich. Hier werden dann meist Antwortzeiten und eine prozentuale Zielerreichung definiert.

- Übersichtsdarstellung der geplanten und verbrauchten Ressourcen der definierten Softwarekomponenten für jeden Entwicklungsstand
- Darstellung des Speicherlayouts der Komponente

BP6: Entwickle einen Feinentwurf. *Zerlege die Softwarearchitektur für jede Softwarekomponente in einen Feinentwurf, der alle Softwaremodule und deren Schnittstellen beschreibt.*

Anmerkung: Die Task-Ausführungszeit hängt in hohem Maße vom Target[38] *und von der Auslastung des Targets ab, was berücksichtigt und dokumentiert werden sollte.*

Basierend auf der Softwarearchitektur wird der Feinentwurf entwickelt, oft in einem iterativen Prozess. Bei komplexen Systemen entstehen dabei meist mehrere Beschreibungsebenen. Ziel ist es, ein genügend präzises und gut spezifiziertes Design zu erhalten, das in der nachfolgenden Implementierungsphase programmiert bzw. mithilfe eines Codegenerators umgesetzt werden kann.

Im Softwarefeinentwurf enthalten sind die detaillierten Funktionen, zu implementierende Algorithmen, Eingangs- und Ausgangsgrößen, verwendete Datenstrukturen und ggf. der Ressourcenverbrauch (z.B. Speicherbelegung). Bei der Erstellung des Softwaredesigns entsteht oft Klärungs- und Präzisierungsbedarf bei den Anforderungen bzw., es werden Schwächen und Inkonsistenzen bei den Anforderungen erkannt.

BP7: Entwickle Verifikationskriterien. *Definiere, basierend auf der Softwarearchitektur, die Verifikationskriterien für jede Softwarekomponente unter Berücksichtigung des dynamischen Verhaltens, der Schnittstellen und des Ressourcenverbrauchs.*

Siehe hierzu Abschnitt 2.24, Exkurs »Verifikationskriterien«. Die Verifikationskriterien sind die Basis für die Spezifikation der nachfolgenden Tests, insbesondere für ENG.7.

BP8: Verifiziere das Softwaredesign. *Stelle sicher, dass das Softwaredesign alle Softwareanforderungen erfüllt.*

Für die Untersuchung des Designs auf Korrektheit wird meistens ein Designreview eingesetzt, das auch die Untersuchung auf Testbarkeit unterstützt. Ein weiteres Mittel zur Überprüfung der Testbarkeit sind letztendlich die Testplanung und die Ausarbeitung der Testfälle. Für die Testbarkeit der Softwarekomponenten spielen typischerweise folgende Bewertungskriterien eine Rolle:

- Komplexität des Softwaredesigns[39] (Anzahl und Größe der Module, Aufrufhierarchie, Abhängigkeiten, Rekursionen, Variablenverwendung usw.)

---

38. Gemeint ist das Ziel-Steuergerät.
39. Zum Beispiel quantifizierbar mit McCabe-Komplexitätsmetrik.

- Festlegungen zu Schnittstellen und zur Kommunikation
- Modularität des Softwaredesigns, Kapselung

Zur Testbarkeit siehe ansonsten auch ENG.2 BP2. Abhängig vom Ergebnis des Designreviews wird das Softwaredesign überarbeitet. Bei größeren Änderungen muss das Designreview wiederholt werden. Entsprechende Reviewergebnisse und getroffene Entscheidungen werden dokumentiert.

BP9: Stelle Konsistenz und bilaterale Traceability zwischen Softwareanforderungen und Softwarearchitektur sicher. *Stelle die Konsistenz zwischen Softwareanforderungen inklusive Verifikationskriterien zu der Softwarearchitektur inklusive Verifikationskriterien sicher. Konsistenz wird unterstützt durch Erstellen und Aufrechterhalten von bilateraler Traceability zwischen Softwareanforderungen inklusive Verifikationskriterien und der Softwarearchitektur inklusive Verifikationskriterien.*

Konsistenz bedeutet in diesem Zusammenhang, dass zwischen den Softwareanforderungen und der Softwarearchitektur Widerspruchsfreiheit besteht. Dazu gehört, dass die Softwareanforderungen (falls relevant) korrekt in die Softwarearchitektur umgesetzt wurden und dass sich alle relevanten Softwareanforderungen in der Softwarearchitektur wiederfinden.

Um die Konsistenz beurteilen zu können, muss bekannt sein, welche Softwareanforderungen in die jeweiligen Architekturelemente eingeflossen sind. Die Konsistenzprüfung kann z.T. im Rahmen des Aufstellens von Traceability erfolgen, das primäre Mittel ist jedoch das bereits in BP8 aufgeführte Designreview. Insgesamt wird hier ein Teil der »vertikalen« Traceability erzeugt. Es gelten analog die Aussagen aus dem Abschnitt 2.24 »Traceability in Automotive SPICE«.

BP10: Stelle Konsistenz und bilaterale Traceability zwischen Softwarearchitektur und Softwarefeinentwurf sicher. *Stelle die Konsistenz zwischen Softwarearchitektur inklusive Verifikationskriterien und dem Softwarefeinentwurf inklusive Verifikationskriterien sicher. Konsistenz wird unterstützt durch Erstellen und Aufrechterhalten von bilateraler Traceability zwischen Softwarearchitektur inklusive Verifikationskriterien und dem Softwarefeinentwurf inklusive Verifikationskriterien.*

Konsistenz bedeutet, wie auch schon bei BP9, dass zwischen der Softwarearchitektur und dem Softwarefeinentwurf Widerspruchsfreiheit besteht. Wiederum ist das primäre Mittel das bereits in BP8 aufgeführte Designreview. Mit der Umsetzung der Traceability wird die »vertikale« Traceability vervollständigt. Jetzt sind die Softwareanforderungen vertikal über die Softwarearchitektur bis hin zum Softwarefeinentwurf beiderseitig nachzuvollziehen. Es gelten analog die Aussagen aus dem Abschnitt 2.24 »Traceability in Automotive SPICE«.

2.7.4 Ausgewählte Arbeitsprodukte

04-04 High level software design – Softwarearchitektur[40]

Die Softwarearchitektur gibt einen Überblick über die Struktur des Softwaregesamtsystems und beschreibt das Zusammenspiel der verschiedenen Elemente. Sie besteht meist aus einem oder mehreren »Blockschaltbildern« mit den Softwareelementen und ihren Zusammenhängen und Datenflüssen (siehe Abb. 2–8). Diese Übersichtsbilder werden oft noch durch technische Beschreibungen (wie z.B. Schnittstellenbeschreibungen) ergänzt. Bei komplexen Softwaresystemen kann die Beschreibung aus mehreren, zusammenhängenden Dokumenten unterschiedlichen Detaillierungsgrades bestehen.

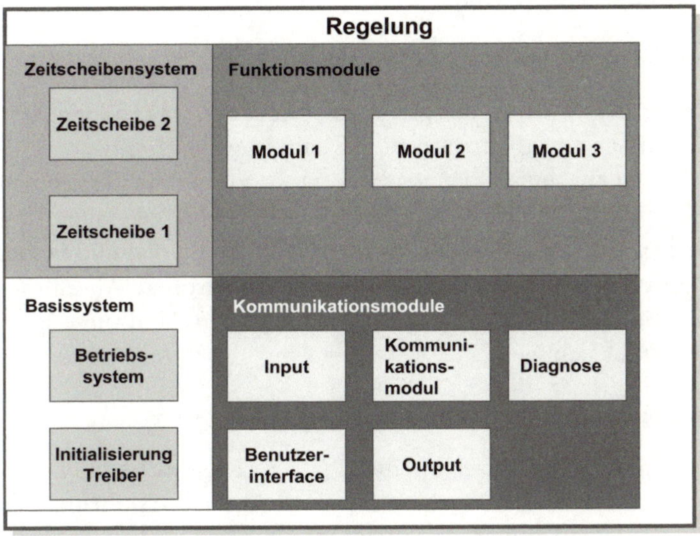

Abb. 2–8 *Beispiel einer Softwarearchitektur auf oberster Beschreibungsebene*

04-05 Low level software design – Softwarefeinentwurf

Der Softwarefeinentwurf liefert die detaillierte Spezifikation der Softwareelemente, ihre Interaktion, Schnittstellenbeschreibungen (Eingangs- und Ausgangsdaten), Algorithmen, Speicherbelegung, Spezifikation von Datenablagen und Spezifikationen zur Programmstruktur. Neben Beschreibungen in natürlicher Sprache sind verschiedene weitere Formen gebräuchlich, z.B. Flussdiagramme, symbolische Programmiersprachen, Zustandsautomaten, State Charts, Message Sequence Charts oder Datenbeziehungsmodelle. Der Softwarefeinentwurf beinhaltet z.B. auch die Definition von Namenskonventionen, Formate von erforderlichen Datenstrukturen, Datenfelder und den Zweck jedes benötigten Daten-

40. Übersetzung in Anlehnung an den in BP1 gebrauchten Begriff

elementes. In der Praxis wird der Softwarefeinentwurf oft toolbasiert erstellt, mit dem späteren Ziel, Sourcecode automatisch zu generieren. Die Modellierung und Simulation einzelner Funktionen erfolgen dabei am PC. So werden z.B. Zustandsautomaten mit einem grafischen Editor dargestellt und bearbeitet. Erlaubte Zustandsübergänge werden durch Ereignisse und Bedingungen spezifiziert. Die erzeugten Modelle können in Hardware-in-the-Loop- oder Rapid-Control-Prototyping-Systeme integriert werden, um weitere Arbeiten durchzuführen.

13-22 Traceability record – Traceability-Aufzeichnung

Siehe bei ENG.2

2.7.5 Besonderheiten Level 2

Zum Management der Prozessdurchführung

Die Erstellung des Softwaredesigns muss systematisch erfolgen. In der Praxis werden die »kleinen« Arbeitsschritte, die sich in vielen Iterationen wiederholen, normalerweise nicht im Detail geplant. Die »größeren« Arbeitsschritte (z.B. Designreview sowie Meilensteine, wann verschiedene Versionen des Softwaredesigns vorliegen sollen) hingegen sind sehr wohl zu planen und in Dokumenten, wie z.B. dem Projektplan, zu dokumentieren. Sind größere Aktualisierungen des Softwaredesigns vorhersehbar, z.B. an Meilensteinen, sind diese in der Projektplanung zu berücksichtigen.

Zum Management der Arbeitsprodukte

Die Anforderungen von Prozessattribut PA 2.2 gelten insbesondere für die Softwaredesigndokumente. Dazu gehört z.B. auch die Durchführung eines Designreviews und dass das Softwaredesign ggf. durch den Kunden abgenommen wird. Baselines enthalten die jeweils gültigen Designdokumente.

2.8 ENG.6 Softwareerstellung

2.8.1 Zweck

Zweck des Prozesses ist es, verifizierte Softwaremodule zu erstellen, die das Softwaredesign korrekt widerspiegeln.

Basierend auf dem in ENG.5 erstellten Softwaredesign wird nun die Software entwickelt. In der Praxis verläuft der Vorgang der Codeerstellung iterativ in mehreren aufeinander folgenden Zyklen von Codierung, Fehlersuche und Fehlerbehebung und ist stark verzahnt mit anderen Entwicklungstätigkeiten wie z.B. dem Softwaredesign oder dem Modultest[41].

2.8.2 Besonderheiten in der Automobilindustrie

Die Programmierung in der Automobilindustrie berücksichtigt die Anforderungen der verwendeten Hardware in starkem Maße. Insbesondere bei hardwarenahen Schichten, wie Betriebssystem oder Gerätetreiber, ist der erzeugte Code oft nur für einen Microcontroller oder bestenfalls eine Controllerfamilie verwendbar. Ähnlich sieht es für die Werkzeuge zur Codeerzeugung aus (z.B. bei Compilern), die nicht universell einsetzbar sind. Gängige Programmiersprachen sind C, Assembler oder für nicht hardwarenahe Schichten auch C++. Werden Modellierung, Simulation und Designbeschreibung der Software mithilfe von Tools durchgeführt, geschieht die Codeerzeugung meistens per Knopfdruck im nachfolgenden Arbeitsschritt. Dieser automatisch erzeugte Code genügt den Anforderungen des Projektes aber oft nur teilweise. Oft sind die Ausführungszeiten nicht optimal, und häufig übersteigt der Speicherbedarf des Autocodes die zur Verfügung stehende Speicherkapazität. Die Kosten für den Speicher sind meist nicht zu vernachlässigen, daher folgen in der Praxis oft weitere Optimierungsarbeiten zur Speicherbedarfsreduzierung. Die Ausprägungen bezüglich der Codegenerierung sind in einzelnen Unternehmen völlig unterschiedlich und reichen von kompletten Toolketten, die die gesamte Softwareentwicklung von der Anforderungsdefinition bis zum Softwaretest und unterstützende Aktivitäten (z.B. Konfigurationsmanagement) beinhalten, bis hin zur völlig heterogenen Struktur mit teilweise selbst entwickelten Tools und größeren Lücken in der Toolkette.

Hinweis für Assessoren

Tools an sich sind im Assessment auf Level 1 und 2 nicht bewertungsrelevant (z.B., wie gut diese sind), da Automotive SPICE hierzu keine Forderungen stellt (explizite Forderungen bezüglich adäquater Infrastruktur gibt es jedoch auf Level 3). Bewertungsrelevant ist jedoch sehr wohl, ob durch Tools bzw. deren Handhabung Beeinträchtigungen bei Praktiken entstehen. Es kann daher z.B. untersucht werden, ob das Tool zweckmäßig eingesetzt und administriert wird (z.B. Zugriffsrechte eines KM-Tools), die Eingangs- und Ausgangsbedingungen der Toolnutzung im Projekt, d. h. der Übergang von der »Handarbeit« zur Toolnutzung und umgekehrt, definiert sind und ob diesbezügliche Vorgaben eingehalten werden.

2.8.3 Basispraktiken

BP1: Entwickle eine Strategie zur Verifikation der Softwaremodule. *Entwickle eine Strategie, um Softwaremodule zu verifizieren und zu re-verifizieren. Diese Strategie sollte definieren, wie die gewünschte Qualität mit den verfügbaren Techniken erreicht werden soll.*

41. Der Modultest ist nicht zu verwechseln mit der entwicklungsbegleitenden Fehlersuche (engl. debugging), siehe BP4.

Anmerkung: Mögliche Techniken sind statische/dynamische Analyse, Code-inspektion/-review, White/Black-Box-Testen, Testabdeckungsanalyse[42] *etc.*

Die angesprochene Verifikationsstrategie[43] ist typischerweise Teil einer gesamtheitlichen Verifikationsstrategie für die Prozesse ENG.6 bis ENG.10, in denen jeweils ebenfalls eine solche Strategie gefordert wird. Diese gesamtheitliche Verifikationsstrategie (vergleiche auch SUP.2 BP1 und Arbeitsprodukt 19-10 »Verification Strategy«) muss insbesondere die Abstimmung und Koordinierung der verschiedenen Methoden (Reviews, Tests ...) und der Verifikationstätigkeiten auf den Entwicklungsstufen (Codierung, Integration, Softwaretest ...) leisten. Grund für diesen Abstimmungsbedarf ist, dass die verschiedenen Verifikationsmethoden sich sowohl überschneiden als auch ergänzen. So können z.B. in Modultests Defekte gefunden werden, die man in Codereviews nicht findet und umgekehrt. Daneben gibt es zwischen beiden Methoden einen Überschneidungsbereich. Ähnliches gilt für die Abstimmung der verschiedenen Teststufen. Die klassische Arbeitsteilung zwischen Modultest, Integrationstest und Softwaretest ist zum Beispiel, dass der Modultest auf die Sicherstellung der Funktionsfähigkeit des einzelnen Moduls gemessen am Softwaredesign abzielt, der Integrationstest auf die Schnittstellen und Interaktionen gemessen an der Softwarearchitektur und der Softwaretest auf die Gesamtfunktionalität gemessen an den Softwareanforderungen. Diese klassische Arbeitsteilung wird in der Automobilindustrie gerade bei kleineren Systemen oft durchbrochen, indem diese Tests aus Aufwands- und Praktibilitätsgründen zu einem gemeinsamen Test zusammengefasst werden. Dagegen ist aus Sicht von Automotive SPICE nichts einzuwenden, solange die Intentionen der jeweiligen Prozesse erfüllt werden.

Hinweis für Assessoren

Es besteht kein Zwang, die Automotive SPICE-Prozesse jeweils separat 1:1 umzusetzen. Die Organisation muss eine für ihre Verhältnisse sinnvolle Prozessgestaltung vornehmen. Aufgabe eines Assessmentteams ist es, die Korrespondenz zwischen den Prozessen der Organisation und den Forderungen von Automotive SPICE herzustellen und deren Erfüllung zu beurteilen. Bei zusammengefassten Teststufen sind aber sehr wohl die unterschiedlichen Aspekte der verschiedenen Teststufen zu beachten.Werden diese nicht berücksichtigt, so ist auch bei kleinen Organisationen eine Abwertung durchzuführen.

42. »code coverage« im Original, siehe Erläuterung im Glossar.
43. Eine »Strategie« ist ein längerfristig ausgerichtetes planvolles Anstreben eines Ziels. Diese kann z. B. in einer Prozessbeschreibung dargelegt sein oder auch in einem Plan. Das Vorhandensein eines Plans wird jedoch erst auf Level 2 durch Prozessattribut PA 2.1 gefordert.

Weiterer Konzeptionsbedarf besteht bei der Re-Verifikation. Re-Verifikation bezeichnet die erneute Verifikation, nachdem an einem Softwaremodul Veränderungen vorgenommen wurden. Bei den Prozessen ENG.7 bis ENG.10 gibt es jeweils eine explizite Forderung nach einer »Regressionsteststrategie« (siehe auch die Ausführungen hierzu bei ENG.7 BP8). Neben Regressionstests kommen bei ENG.6 jedoch weitere Methoden für die Re-Verifikation in Frage, sodass hier Abstimmungsbedarf entsteht: Bei welcher Art von Änderung wird mit welcher Methode re-verifiziert?

Eine Verifikation erfolgt immer gegen Vorgaben, typischerweise aus der vorangegangenen Entwicklungsphase. Automotive SPICE fordert im Prozesszweck Verifikation gegen das Design. In der Praxis spielen für Code weitere Vorgaben eine Rolle, insbesondere Dokumentations- und Programmierrichtlinien (z.B. MISRA-Regeln[44]). Weitere Vorgaben entstehen aus der oben angeführten Strategie.

In BP1 ist ferner von der »gewünschten Qualität« die Rede. Hier bietet sich an, verschiedene Qualitätsstufen für die verschiedenen Arten von Lieferungen an den Auftraggeber zu vereinbaren. Manche OEMs fordern beispielsweise die Lieferung von Softwareständen in kürzesten Zeitabständen (im Extremfall z.B. in wöchentlichen Inkrementen). Es ist klar, dass diese Inkremente nicht die gleiche Qualität haben können wie z.B. spätere, seriennahe Ablieferungsstände. Weitere mögliche Qualitätsvorgaben (nicht notwendigerweise auf der Ebene des einzelnen Softwaremoduls) sind:

- Software Integrity Levels gemäß [IEEE 1012] zur Spezifikation der Kritikalität eines Systemteils im Hinblick auf das Gesamtsystem; derartige Stufen können einen wichtigen Beitrag zur Aufwandsoptimierung der Verifikationsaktivitäten liefern, indem kritische Systemteile intensiver verifiziert werden als weniger kritische.
- Safety Integrity Levels gemäß [IEC 61508], die ebenfalls die Art und Weise und Intensität der Verifikation beeinflussen

Als mögliche Verifikationsmethoden nennt BP1:

- Statische Analysen (siehe auch Glossar): Bei einer statischen Codeanalyse[45] wird der Code mithilfe von Tools auf Konsistenz und auf Einhaltung von Regeln und Konventionen geprüft. In Assessments werden hierzu durch die OEMs oftmals Prüfprotokolle gesichtet im Hinblick auf die Einhaltung der bereits erwähnten MISRA-Regeln.
- Dynamische Analysen (siehe auch Glossar): Diese umfassen alle Prüfmethoden, bei denen der Code ausgeführt wird, also insbesondere verschiedene Formen von Tests. Modultests werden typischerweise in Form von White-Box-

44. Auch wenn in Automotive SPICE nur als Möglichkeit angeführt, wird die Beachtung der MISRA-Regeln von den meisten OEMs gefordert.
45. Diese gehören zur Gruppe der White-Box-Tests.

Tests durchgeführt. Neben der Sicherstellung der Funktion sind bei den Tests auch (soweit im Modultest möglich) Zeitverhalten, Kommunikation und die Erfüllung nicht funktionaler Anforderungen zu berücksichtigen (siehe auch den Exkurs »Testmethoden« bei ENG.8).

- Codeinspektion und Codereview (siehe auch Glossar): Diese Prüftechniken existieren in vielen verschiedenen Varianten. Typischerweise wird dabei der Code durch einen oder mehrere fachkundige Kollegen im Vorfeld analysiert, und in einer Reviewsitzung werden deren Befunde durchgesprochen. Typische Prüfpunkte sind z.B. die Programmlogik und die Übereinstimmung mit den Programmierrichtlinien. Häufig werden Checklisten eingesetzt, die heikle Punkte enthalten und aus Fehlerschwerpunkten früherer Projekte gewonnen wurden.
- White-Box-Tests und Black-Box-Tests (siehe auch Glossar): Siehe hierzu den Exkurs »Testmethoden« bei ENG.8.
- Testabdeckungsanalyse (siehe Glossar)

BP2: Entwickle die Verifikationskriterien für die Softwaremodule. *Entwickle und dokumentiere als Teil der Verifikationstrategie die Kriterien zur Verifikation, dass jedes Softwaremodul seinem Design entspricht und seine funktionalen und nicht funktionalen Anforderungen erfüllt.*

Anmerkung: Die Verifikationskriterien sollten Modultestfälle, Modultestdaten, Vorgaben zur Programmierung und Ziele hinsichtlich Testabdeckungsmaße beinhalten.

Anmerkung: Die Vorgaben zur Programmierung sollten die Benutzung der MISRA-Regeln und der definierten Programmierrichtlinien beinhalten.

Verifikationskriterien spezifizieren, was erfüllt sein muss, damit das Softwaremodul als erfolgreich verifiziert gilt. Die Verifikationskriterien für ein Softwaremodul sind umfassender als die in BP5-7 referenzierten Verifikationskriterien, die sich jeweils nur auf eine Anforderung beziehen (siehe hierzu Abschnitt 2.24, Exkurs »Verifikationskriterien«). BP2 spezifiziert in den Anmerkungen einige typische Verifikationskriterien:

- Modultestfälle, die erfolgreich absolviert werden sollen; siehe hierzu die Definition von »Testfall« im Exkurs »Testdokumentation« am Ende dieses Abschnitts.
- Modultestdaten: Gemeint sind die Eingabewerte für ein Testobjekt und die erwarteten Ergebniswerte und deren Beziehungen untereinander (z.B. Timing) und die Sollwerte nach Ausführung des betreffenden Testfalls, inklusive Toleranzen, Antwortzeit etc. Diese Daten sind Teil der Beschreibung eines Testfalls (siehe oben).
- Vorgaben zur Programmierung: Die MISRA-Regeln wurden bereits bei BP1 angesprochen. Programmierrichtlinien definieren typischerweise Festlegun-

gen wie Dateinamenskonventionen, Dateiorganisation, Kommentierung, Layout, Namenskonventionen, Deklarationen.

BP3: Entwickle die Softwaremodule. *Entwickle und dokumentiere die ausführbaren Softwaremodule.*

Anmerkung: Bei der Entwicklung der Softwaremodule können Codegeneratoren benutzt werden, um den manuellen Codierungsaufwand zu reduzieren.

Die Softwaremodule werden programmiert, Fehler werden gesucht[46] und beseitigt, bis der Code aus Sicht des Entwicklers die geforderten Leistungsmerkmale erfüllt. Wird der Funktionsumfang schrittweise iterativ erweitert, wird auch der Zyklus von Codierung, Fehlersuche und Fehlerbeseitigung mehrfach durchlaufen.

Wichtig ist, dass bei der Programmierung die vorliegenden Regelungen, wie z.B. Programmierrichtlinien, oder andere nicht funktionale Anforderungen eingehalten werden. Von der Einhaltung dieser Vorgaben hängen später nicht nur die Lesbarkeit, Verständlichkeit und ggf. Wiederverwendbarkeit des Codes ab, sondern auch Stabilität, Testbarkeit, Änderbarkeit und Wartbarkeit.

Die Dokumentation geschieht zumindest im Code selbst (Kommentare, Erläuterungen, Änderungshistorie) und ggf. in weiteren Dokumenten (z.B. »Release Notes«). In einem erweiterten Sinne kann hierzu auch die Designdokumentation gerechnet werden sowie die Benutzerdokumentation (Installations-, Betriebs- und Wartungsdokumentation).

Hinweis für Assessoren

Wichtig für die Qualität des Codes sind die Qualität und Verständlichkeit der Arbeitsergebnisse der vorangegangenen Entwicklungsphasen, d.h. der Anforderungs- und Designdokumente. Günstig ist hier, wenn die Entwickler bereits in die Anforderungs- und Designphase mit einbezogen waren. Andernfalls muss der Informationsfluss bzw. Know-how-Transfer auf andere Weise sichergestellt werden. Dies sollte hinterfragt werden. Des Weiteren sollte geprüft werden, ob die Entwicklungsorganisation geeignete technische Voraussetzungen für eine zweckmäßige und wirtschaftliche Codeerzeugung geschaffen hat (Infrastruktur, Tooleinsatz etc.).

BP4: Verifiziere die Softwaremodule. *Verifiziere die ausführbaren Softwaremodule gegen das Softwaredesign gemäß der Verifikationsstrategie.*

Der erzeugte Code wird gemäß der Verifikationsstrategie geprüft, und die gefundenen Fehler werden beseitigt. Ziel der Verifikation ist es, mit vertretbarem Aufwand nachzuweisen, dass die Software ihren Vorgaben entspricht und sich die

46. Meist als »Debugging« bezeichnet und durch Entwicklungswerkzeuge unterstützt, die es erlauben, die Ausführung an Haltepunkten zu unterbrechen und sich z.B. Variablenwerte anzuschauen. Zur davon abgegrenzten Thematik des Modultests siehe BP2 und BP4.

Risiken in Bezug auf die korrekte Funktion der Softwaremodule in sinnvollen Grenzen halten.[47]

Hinweis für Assessoren

Das Vorhandensein einer separaten Teststufe für Modultests ist nicht zwingend erforderlich, wenn deren Zweck durch zusammengefasste Teststufen erfüllt ist, siehe auch BP1.

BP5: Zeichne die Ergebnisse der Modulverifikation auf. *Dokumentiere die Ergebnisse der Modulverifikation und kommuniziere sie an alle relevanten Parteien.*

Als Dokumentation ist hier zumindest ein Testprotokoll sowie Problemberichte zu erwarten (siehe Exkurs »Testdokumentation« am Ende des Abschnitts). Die Ergebnisse werden typischerweise innerhalb des Teams kommuniziert, z.B. an die Personen, die Defekte beseitigen sollen, an Integrationsverantwortliche und an den (Teil-)Projektleiter.

BP6: Stelle Konsistenz und bilaterale Traceability zwischen Softwarefeinentwurf und Softwaremodulen sicher. *Stelle die Konsistenz zwischen Softwarefeinentwurf einschließlich Verifikationskriterien und den Softwaremodulen einschließlich Verifikationskriterien sicher. Konsistenz wird unterstützt durch Erstellen und Aufrechterhalten von bilateraler Traceability zwischen dem Softwarefeinentwurf einschließlich Verifikationskriterien und den Softwaremodulen einschließlich Verifikationskriterien.*

Es muss sichergestellt werden, dass jedes erstellte Softwaremodul zum Softwaredesign konsistent (d.h. widerspruchsfrei) ist. Durch eine Konsistenzprüfung muss sichergestellt werden, dass

- es kein Softwaremodul gibt, das im Softwaredesign nicht beschrieben ist, und auch umgekehrt kein Designelement, zu dem kein Softwaremodul existiert, und
- jedes Softwaremodul seinen Designvorgaben entspricht und
- die Verifikationskriterien des Softwaredesigns sich korrekt in den Modultestfällen widerspiegeln.

---

47. In der Praxis gibt es keine fehlerfreie Software, und man kann durch Prüfmethoden auch keine Fehlerfreiheit nachweisen, sondern lediglich Risiken verringern. Die einzige Möglichkeit, die Fehlerfreiheit wirklich zu beweisen, ist die formale Verifikation der Software. Leider ist das Kosten-Nutzen-Verhältnis dieser sehr aufwendigen Methode schlecht, und selbst wenn die Software formal verfiziert wäre, so müssten der Compiler, das Betriebssystem und die Hardware auf die gleiche Art untersucht werden, um Fehlerfreiheit wirklich zu garantieren. Aus diesen Gründen wird die formale Verifikation in der Automobilindustrie nur sehr selten bei zentralen, sicherheitskritischen Algorithmen angewendet.

Ein geeignetes Hilfsmittel zur Konsistenzprüfung ist das Codereview und das Review der Modultestfälle. Durch das Aufstellen der vertikalen, bilateralen Traceability wird diese Konsistenzprüfung ermöglicht, da dadurch die für das jeweilige Softwaremodul gültigen Designvorgaben vollständig bekannt sind. Die Traceability muss natürlich auch während der Entwicklung entsprechend fortgeschrieben werden (zur Traceability siehe auch Abschnitt 2.24).

BP7: Stelle Konsistenz und bilaterale Traceability zwischen Softwareanforderungen und Softwaremodulen sicher. *Stelle die Konsistenz zwischen Softwareanforderungen einschließlich Verifikationskriterien und den Softwaremodulen einschließlich Verifikationskriterien sicher. Konsistenz wird unterstützt durch Erstellen und Aufrechterhalten von bilateraler Traceability zwischen den Softwareanforderungen einschließlich Verifikationskriterien und den Softwaremodulen einschließlich Verifikationskriterien.*

Anmerkung: Konsistenz und bilaterale Traceability zwischen Softwareanforderungen und Softwaremodulen müssen nur hergestellt werden für Anforderungen, die nicht im Softwarefeinentwurf adressiert werden können (z.B. nicht funktionale Anforderungen oder Attribute).

BP7 ist nur relevant, soweit die Forderung nach Konsistenz und Traceability nicht bereits über BP6 abgedeckt ist bzw. soweit die betreffende Anforderung nicht im Softwarefeinentwurf sich niederschlägt (siehe Anmerkung). In diesem Fall muss gewährleistet werden, dass jedes erstellte Softwaremodul mit den Softwareanforderungen konsistent (d.h. widerspruchsfrei) ist. Durch eine Konsistenzprüfung muss dann sichergestellt werden, dass

- bei den Testfällen für den Modultest alle für das betreffende Modul relevanten Anforderungen berücksichtigt wurden und
- dass für jede Anforderung die zugehörigen Verifikationskriterien (siehe ENG.4 BP2) bei der Gestaltung der Testfälle beachtet wurden.

Ein geeignetes Hilfsmittel zur Konsistenzprüfung ist das Review der Modultestfälle. Durch das Aufstellen von bilateraler Traceability wird diese Konsistenzprüfung erleichtert, da dadurch die für das jeweilige Softwaremodul gültigen Anforderungen vollständig bekannt sind. Die Existenz der – in diesem Fall vertikalen – Traceability hat auch weitere Vorteile:

- Die Anforderungen sowie deren Verifikationskriterien können bereits während der Codierung als Hintergrundinformation herangezogen werden, oder es wird keine Anforderung übersehen.
- Die Verifikationskriterien können schon bei der Erzeugung von Modultestfällen zu Rate gezogen werden.
- Die Prüfung, ob alle Anforderungen durch Modultests abgedeckt sind, wird erleichtert.

- Bei Änderungen an Anforderungen können die betroffenen Softwaremodule einfacher ermittelt werden.

Die Traceability muss natürlich auch während der Entwicklung entsprechend fortgeschrieben werden (zur Traceability siehe auch Abschnitt 2.24).

BP8: Stelle Konsistenz und bilaterale Traceability zwischen den Softwaremodulen und den Testspezifikationen der Softwaremodule sicher. *Stelle die Konsistenz zwischen den Softwaremodulen einschließlich Verifikationskriterien und den Testspezifikationen der Softwaremodule einschließlich Testfällen der Softwaremodule sicher. Konsistenz wird unterstützt durch Erstellen und Aufrechterhalten von bilateraler Traceability zwischen den Softwaremodulen einschließlich Verifikationskriterien und den Testspezifikationen der Softwaremodule einschließlich Testfällen der Softwaremodule.*

Typischerweise existiert für ein Modul eine ganze Reihe von Tests. Diese Basispraktik soll sicherstellen, dass die Verifikationskriterien eines Softwaremoduls konsistent mit seiner Testspezifikation ist. Der Begriff »Testspezifikation«[48] (siehe Arbeitsprodukt 08-50) bezeichnet eine ganze Reihe von Inhalten. Dazu gehören, verkürzt ausgedrückt, das Konzept, wie ein Softwaremodul zu testen ist, wie Testfälle auszuführen sind, und die einzelnen Testfälle inklusive der Regressionstestfälle.

Durch das Aufstellen von horizontaler, bilateraler Traceability wird diese Konsistenzprüfung ermöglicht, da dadurch die für das jeweilige Softwaremodul gültigen Tests und Testfälle vollständig bekannt sind. Enthält ein Softwaremodul mehrere Funktionen, wird die Traceability zweistufig (Softwaremodul – Funktion – Testfälle). Die Traceability muss natürlich auch während der Entwicklung entsprechend fortgeschrieben werden (zur Traceability siehe Abschnitt 2.24).

Ein weiteres wichtiges Hilfsmittel zur Konsistenzprüfung ist die Testabdeckungsanalyse (siehe Glossar), um die Einhaltung der Ziele hinsichtlich Testabdeckungsmaße zu prüfen.

2.8.4 Ausgewählte Arbeitsprodukte

08-50 Test specification – Testspezifikation

Siehe bei ENG.8

08-52 Test plan – Testplan

Siehe bei ENG.8

---

48. Das Vorhandensein einer Testspezifikation wird indirekt durch BP8 gefordert, deren Erstellung ist in ENG.6 nicht beschrieben.

11-05 Software unit – Softwaremodul

Ein Softwaremodul ist ein abgeschlossenes Stück Code, in dem Operationen und Daten zur Realisierung einer weitgehend abgeschlossenen Aufgabe enthalten sind. Ein Softwaremodul ist abhängig vom Softwaredesign, von der Programmiersprache und der Applikation. Die Kommunikation mit der Außenwelt erfolgt nur über definierte und eindeutig spezifizierte Schnittstellen. Das Softwaremodul ist in Automotive SPICE der kleinste Baustein der Software.

13-22 Traceability record – Traceability-Aufzeichnung

Siehe bei ENG.2

13-50 Test result – Testergebnis

Siehe bei ENG.8

2.8.5 Besonderheiten Level 2

Zum Management der Prozessdurchführung

Die Erstellung eines einzelnen Softwaremoduls erfolgt auf Basis des Softwaredesigns und besteht in der Regel aus einer Vielzahl von kleinen, iterativen Arbeitsschritten, sodass eine Prozessplanung im Detail nicht sinnvoll ist. Oft werden daher nur Start und Ende pro Softwaremodul geplant. Hat ein Entwickler mehrere kleinere Softwaremodule (z.B. mit einem Aufwand von jeweils wenigen Tagen) zu erstellen, genügt auch eine gröbere Planung. Zur Steuerung des Prozesses gehören die Planung und Verfolgung der eingesetzten Ressourcen und der Termine.

Zum Management der Arbeitsprodukte

Die Anforderungen von Prozessattribut PA 2.2 gelten insbesondere für das Hauptarbeitsprodukt des Prozesses, den erstellten Code. Dessen Verifikation erfolgt bereits durch die Basispraktiken. Anforderungen an weitere Arbeitsprodukte wie z.B. Verifikationsverfahren, Testfälle und Testergebnisse können durch definierte Entwicklungsprozesse und Dokumentenvorlagen abgedeckt werden, und deren Prüfung kann durch Reviews erfolgen. Die Arbeitsprodukte, insbesondere der Code und die dazugehörige Dokumentation, stehen unter Konfigurationskontrolle, und für jede Baseline sind die zugehörigen Arbeitsprodukte festgelegt.

Exkurs: Testdokumentation nach IEEE-Standard 829-1998 (Software Test Documentation)

Der IEEE-Standard 829 hat sich als Industriestandard etabliert, und die dort verwendeten Begriffe sind in der Praxis weitverbreitet. Auch bei Automotive SPICE wurde bei einigen Arbeitsprodukten auf die IEEE-Definition verwiesen. Wir geben nachfolgend einen kurzen Überblick über die Begriffe der IEEE 829 und verweisen in Klammern auf die WP-ID.

- Testplan (Test Plan, WP-ID 08-52): Planung der Testtätigkeiten insgesamt; der Testplan enthält u.a. zu testende Komponenten, zu testende Funktionen, nicht zu testende Funktionen, Vorgehensweise, Kriterien zum Bestehen der Tests, Produkte, Testtätigkeiten, Testumgebung, Zuständigkeiten, Personal und Zeitplan.
- Testdesign (Test Design Specification, WP-ID 08-50): Konzept, wie eine Komponente getestet werden soll; die Testspezifikation enthält u.a. zu testende Funktionen, Testverfahren, Kriterien zum Bestehen der Tests, Überblick über die zugehörigen Testabläufe und Testfälle.
- Testprozedur (Test Procedure Specification, WP ID-08-50): Beschreibung, wie Testfälle auszuführen sind; die Testprozedur enthält u.a. Zweck und Auflistung der zugehörigen Testfälle, Voraussetzungen und vorbereitende Schritte sowie Anleitung zur Durchführung der Testfälle (z.B. auch Reihenfolge).
- Testfall (Test Case Specification, WP-ID 08-50): Beschreibung, wie ein einzelnes Testobjekt (z.B. zu testende Funktion) getestet werden soll; der Testfall enthält u.a. die Angabe des Testobjekts, Bedingungen/Umgebung, Stimuli, Eingabedaten, erwartetes resultierendes Verhalten und Ausgabedaten.
- Lieferdokumentation[49] (Test Item Transmittal Report): Beschreibung der (z.B. an das Testteam oder den Kunden) gelieferten Software; die Lieferdokumentation enthält u.a. den genauen Inhalt der Lieferung mit Versionen der einzelnen Bestandteile, zugehörige Dokumentation, zuständige Ansprechpartner, Übergabeform der Software, Änderungen gegenüber der letzten Lieferung, bekannte Fehler und Genehmigung.
- Testprotokoll (Test Log, Teil von WP-ID 13-50): Enthält getestete Version, Testumgebung, Auflistung der Testfälle (Tester, Datum, Ergebnis, evtl. unerwartete Ereignisse).
- Problembericht (Test Incident Report, Teil von WP-ID 13-50): Beschreibung eines beim Testen gefundenen Problems[50]; der Problembericht enthält die gleichen Daten wie das Testprotokoll, jedoch detaillierter, um die Ursachenanalyse zu unterstützen. Er wird mittels des Problemlösungsmanagementprozesses (SUP.9) weiterbearbeitet.

---

49. Auch als »Release Notes« geläufig. Automotive SPICE übernimmt hier nicht die IEEE-Definition, sondern besitzt eigene Definitionen in SPL.2 BP12 und WP-ID 11-03.

- Testabschlussbericht (Test Summary Report, Teil von WP-ID 13-50): Gibt dem Projekt und dem Management einen Überblick über die Testergebnisse; enthält u.a. was und wie getestet wurde, Zusammenfassung der Ergebnisse und deren Bewertung (bestanden/nicht bestanden, Fehlerrisiken etc.).

2.9 ENG.7 Softwareintegrationstest

2.9.1 Zweck

Zweck des Prozesses ist es, Softwaremodule[51] zu größeren Einheiten zu integrieren, um so die integrierte Software, die konsistent zum Softwaredesign ist, zu erstellen und das Zusammenspiel der Softwarebausteine zu testen.

Der Zusammenbau der Software sollte schrittweise und mit begleitenden Tests erfolgen. Die Tests ergänzen die vorangegangenen Modultests. Dieses schrittweise Vorgehen bei der Integration hilft, besonders bei komplexen Systemen, Fehler so früh wie möglich zu identifizieren und abzustellen. So wird der »Baufortschritt« der Software abgesichert und das funktionelle Wachstum während der Integration bleibt beherrschbar. Bezüglich der verwendeten Dokumente orientiert sich Automotive SPICE inhaltlich an den IEEE-Begriffen (siehe auch den Exkurs »Testdokumentation« beim ENG.6-Prozess.

2.9.2 Besonderheiten in der Automobilindustrie

In Automotive SPICE werden Integrationsaspekte außer in ENG.7 auch noch in ENG.9 (Systemintegration) beschrieben. Wird in dem Projekt ein integriertes System, bestehend aus Hard- und Softwarekomponenten, entwickelt, so wird die reine Softwareintegration in ENG.7 und die Software-Hardware-Integration in ENG.9 beschrieben. In manchen Fällen findet nur eine einzige Integration statt: Die Hardware liegt bereits als fertiges Produkt vor (wie z.B. ein Steuergerät in der Automobilentwicklung), und die verschiedenen Softwaremodule werden direkt auf dieser Zielhardware integriert.

50. Ein Problem muss nicht notwendigerweise auf einen Fehler der Software zurückzuführen sein. Ursachen können z. B. sein: unterschiedliche Interpretation von Vorgaben bei Entwickler und Tester, unterschiedliche System- und Testumgebung bei Entwickler und Tester, Fehler im Testfall.
51. In Automotive SPICE: »software units«.

Hinweis für Assessoren

Verschmelzen ENG.7 und ENG.9, können die Integrationstätigkeiten sowohl bei ENG.7 als auch bei ENG.9 bewertet werden. Beide (identisch) zu bewerten, macht wenig Sinn. Meistens wird die Bewertung nur einmal bei ENG.9 vorgenommen und ENG.7 als nicht anwendbar erklärt. Zu beachten sind dabei die unterschiedlichen Aspekte der jeweiligen Integrationsstufen. Werden z. B. bei der Systemintegration hauptsächlich Schnittstellen zwischen Hardware und Software betrachtet, so werden bei der Softwareintegration Schnittstellen zwischen Softwarekomponenten untersucht.

Viele Unternehmen arbeiten mit einer hohen Wiederverwendungsrate, z.B. indem eine vorhandene Plattformsoftware im Projekt zugrunde gelegt wird und nach den Projektbedürfnissen angepasst und erweitert wird. Bei der Weiterentwicklung der Plattformsoftware selbst bestehen – im Vergleich zu einer rein projektspezifischen Entwicklung – erhöhte Sorgfaltspflichten hinsichtlich der Qualitätssicherung. Diese gelten für den ENG.7-Prozess sowie auch für alle anderen Engineering-Prozesse. Im Fall, dass ein Modellierungswerkzeug für die modellbasierte Entwicklung des Softwaredesigns verwendet wird, kann die Softwareintegration direkt im Modellierungswerkzeug durchgeführt werden. Bei Integrationstests im Modellierungswerkzeug wird im Allgemeinen von Software-In-the-Loop-Tests (SIL[52]-Tests) gesprochen.

2.9.3 Basispraktiken

BP1: Entwickle eine Strategie für die Softwareintegration. *Entwickle eine Strategie und eine Integrationsreihenfolge, um die Softwareeinheiten in Übereinstimmung mit der Releasestrategie zu integrieren.*

Eine solche Strategie spezifiziert die Reihenfolge, in der die Softwaremodule schrittweise unter Berücksichtigung der Releasestrategie (siehe SPL.2[53]) zu immer größeren integrierten Softwareeinheiten zusammengebaut werden. Die integrierten Softwareeinheiten entsprechen ab einer bestimmten Aggregationsstufe den Elementen der Softwarearchitektur. Die Integrationsstrategie muss daher mit dem Softwaredesign und der Softwarearchitektur kompatibel bzw. aus diesen abgeleitet sein. Es sind, je nach Produkt, verschiedene Strategien zur Integration sinnvoll, wobei alle Strategien unterschiedliche Ansätze zur Integration von geänderten bzw. neuen Softwareeinheiten berücksichtigen sollten:

---

52. Nicht zu verwechseln mit SIL = Safety Integrity Level (siehe Kap. 5).
53. Der Begriff »Releasestrategie« wird in Automotive SPICE zwar verwendet, jedoch nicht definiert (siehe stattdessen »Releaseplanung«).

- Bottom-up, beginnend mit hardwarenaher Software (siehe auch Abb. 2–9)
- Top-down, beginnend mit der Benutzerschnittstelle
- Beginnend mit einer Rumpfsoftware, dann Integration kritischer Module/Einheiten
- Integration in beliebiger Reihenfolge, z.B. nach Verfügbarkeit
- Integration aller Teile in einem Schritt

Die letztgenannte Möglichkeit wird auch etwas abfällig »Big Bang« genannt. Sie macht nur in flachen Architekturen Sinn, wo wenige koexistierende und funktional nicht zusammenhängende Module mit einer Rumpfsoftware zusammengefügt werden. Bei großen, komplexen Systemen und/oder bei einer verteilten Entwicklung mit unterschiedlichen Entwicklungsteams ist diese Strategie fragwürdig.

Umgekehrt macht eine spezifische Integrationsreihenfolge z.B. dann Sinn, wenn man nach dem »Zwiebelschalenprinzip« von innen nach außen vorgehen muss, weil Funktionen in einer Schale nur sinnvoll getestet werden können, wenn die Funktionen der darunter liegenden Schalen bereits zuverlässig funktionieren.

Hinweis für Assessoren

Wird die Softwareintegration in einem Projekt als »Big Bang« durchgeführt, muss durch das Projekt zweifelsfrei nachgewiesen werden, warum diese Methode hier die zweckmäßigste ist. Dabei dürfen nicht alleine Kostengründe oder Termindruck angeführt werden. Kommt das Assessorenteam zur Auffassung, dass »Big Bang« nicht die geeignete Methode ist oder sich negativ auf die Produktqualität auswirken kann, sollten die entsprechenden Praktiken abgewertet und dies begründet werden.

Weiterhin wird die Reihenfolge spezifiziert, in der die zu integrierenden Softwareeinheiten integriert werden. Die Integrationsstrategie muss daher auch mit Prioritäten bezüglich der Softwareanforderungen verträglich sein, z.B. mit einer Releasestrategie, die angibt, welche Anforderungen in welchen Releases realisiert werden sollen. Mit dem Funktionszuwachs und eventuellen strukturellen Änderungen im Laufe des Projekts muss die Integrationsreihenfolge möglicherweise angepasst werden.

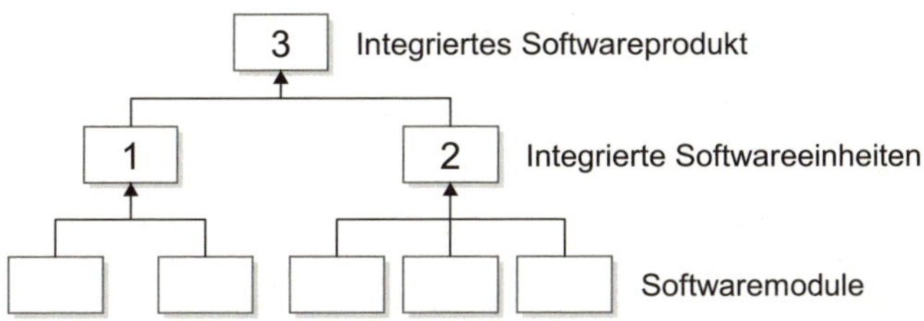

Abb. 2–9 *Integrationsreihenfolge bei einer Bottom-up-Strategie*

Diese Integrationsstrategie kann in verschiedenen Formen definiert sein. In manchen Fällen ist auch eine schriftliche Form nicht erforderlich, z.B. beim »Big Bang« oder wenn es nur wenige Stufen gibt und es aufgrund der Architektur völlig unzweifelhaft ist, welche Module zu welcher Stufe gehören und diese Reihenfolge im Team »eingeschliffen« ist.[54]

BP2: Entwickle eine Strategie für den Softwareintegrationstest. *Entwickle eine Strategie, um die integrierten Softwareeinheiten zu testen. Ermittle die Testschritte in Übereinstimmung mit der in der Integrationsstrategie festgelegten Integrationsreihenfolge.*

Anmerkung: Der Integrationstest konzentriert sich hauptsächlich auf die Schnittstellen, den Datenfluss, die Funktionalität der Softwareeinheiten usw.

Anmerkung: Der Softwareintegrationstestprozess sollte mit dem Beginn des Softwareentwicklungsprozesses starten. Beim Entwickeln der Testfälle und von testbaren Anforderungen besteht eine enge Verbindung zur Softwareanforderungsanalyse (ENG.4), zum Softwaredesign (ENG.5) oder zur Anforderungserhebung (ENG.1).

Anmerkung: Die Softwareintegrationsstrategie enthält unterschiedliche Ansätze für die Integration der Softwareeinheiten, abhängig von der Art der Änderungen (z. B. neue Softwaremodule oder veränderte Softwaremodule). Die Integrationsstrategie umfasst auch die am besten geeigneten Testmethoden, die bei jedem Integrationsansatz anzuwenden sind.

Anmerkung: Die identifizierten Softwareeinheiten und die Integrationsreihenfolge beeinflussen die Integrationsteststrategie.

Der Schwerpunkt des Integrationstests sind die Schnittstellen zwischen den Softwareeinheiten, der Datenfluss dazwischen und (soweit nicht durch ENG.6 abgedeckt) die übergreifende Funktionalität. Integrationstests werden also primär gegen die Vorgaben der Softwarearchitektur durchgeführt. Die Funktionalität der einzelnen Softwaremodule wird bereits im Modultest (ENG.6), die Funktionalität der integrierten Software im Softwaretest (ENG.8) getestet.

Eine Integration wird – naturgemäß – in jedem Projekt durchgeführt, die Integrationstests als eigene Teststufe hingegen fehlen manchmal. Dies kann bei einfachen Softwarearchitekturen im Rahmen einer Zusammenfassung von Teststufen durchaus sinnvoll sein (siehe hierzu ENG.6 BP1), wenn die Integrationstests dort explizit berücksichtigt sind.

54. Bei OEM-Assessments in der Automobilindustrie werden jedoch meist dokumentierte Nachweise erwartet. Auf Level 2 ist eine schriftliche Fixierung zumindest in Form der Terminplanung zu erwarten.

Hinweis für Assessoren

Das Vorhandensein einer separaten Teststufe für Integrationstests ist nicht zwingend erforderlich, jedoch muss der eigentliche Zweck von Integrationstests (siehe oben) erfüllt sein. Dies kann z.B. durch einen entsprechend gestalteten Softwaretest erfüllt sein, in dem Integrationstestaspekte abgedeckt sind (siehe hierzu auch die Ausführungen bei ENG.6 BP1).

Die Integrationsteststrategie sollte schon zu Beginn des Softwareentwicklungsprozesses bei der Anforderungserhebung (ENG.1), der Softwareanforderungsanalyse (ENG.4) und dem Softwaredesign (ENG.5) berücksichtigt werden. Damit können dann schon zu einem frühen Zeitpunkt für den Integrationstest geeignete Verifikationskriterien erstellt werden. Die Art der Änderungen an den einzelnen Softwareeinheiten beeinflusst die Art des Integrationstests – bei neuen Softwareeinheiten müssen die Integrationstests vollständig durchgeführt werden, bei geänderten nur die Teile, die auch in der Regressionsteststrategie festgelegt wurden (siehe BP8). Die vorhandenen Softwareeinheiten und die Integrationsreihenfolge beeinflussen ebenfalls die Integrationsteststrategie dadurch, dass die Integrationsreihenfolge auch im Wesentlichen die Testreihenfolge widerspiegelt. Unabhängige Softwareeinheiten können natürlich bereits vor der Integration vorintegriert und getestet werden. Die natürliche Integrationstestreihenfolge entspricht aber der Integrationsreihenfolge.

Hinweis für Assessoren

Die Teststrategien der Testaktivitäten aus ENG.6, ENG.7, ENG.8, ENG.9 und ENG.10 können zweckmäßigerweise im Rahmen einer Gesamtteststrategie aufeinander abgestimmt und gemeinsam dokumentiert werden. Es ist nicht notwendig, jeweils ein eigenes Strategiedokument vorzulegen. Liegt eine Gesamtteststrategie vor, so müssen aber alle Aspekte der relevanten Teilprozesse inkl. der Regression berücksichtigt werden.

Die Teststrategie wird in Automotive SPICE im Rahmen des Testplans beschrieben. In diesem (siehe Exkurs »Testdokumentation« bei ENG.6) sollten u.a. folgende Punkte enthalten sein:

- Was muss wie getan werden? Dazu gehören z.B. Planung der Testtätigkeiten, Teststrategien, Testmethoden, Testreihenfolgen, Regressionstests, zu testende Komponenten, zu testende Funktionen, nicht zu testende Funktionen und Einbettung in den Softwareentwicklungsprozess.
- Welcher Qualitätsstandard soll erreicht und/oder befolgt werden (z.B. Definition von Testendekriterien)?

- Wie viel Zeit und Personal wird benötigt bzw. steht zur Verfügung?
- Welche Hilfsmittel stehen zum Testen zur Verfügung?
- Welche Risiken und welche Abhilfemaßnahmen gibt es?

BP3: Entwickle Testspezifikation für die Softwareintegrationstests. *Entwickle die Testspezifikation für den Softwareintegrationstest inklusive der Testfälle zur Anwendung auf jede integrierte Softwareeinheit. Die Testfälle sollen die Übereinstimmung der den Softwareeinheiten zugehörigen Softwarearchitektur und des zugehörigen Softwaredesigns zeigen.*

Für jede integrierte Softwareeinheit muss spezifiziert sein, welche Tests auf welche Weise durchgeführt werden.[55] Dazu gehört eine schriftliche Beschreibung der Tests in einer Art und Weise, dass der Tester eindeutig verstehen kann, wie der Test durchzuführen ist, also z.B. Umgebungskonstellation, Bedienvorgänge und einzugebende oder zu verwendende Daten sowie eine Beschreibung der zu erwartenden Ergebnisse bzw. des zu erwartenden Verhaltens. Hier werden die Vorarbeiten, z.B. die Verifikationskriterien aus dem Prozess ENG.5, verwendet und weiter detailliert. Der Schwerpunkt der Integrationstests liegt auf dem Testen des Zusammenspiels der Softwaremodule/-einheiten. Getestet werden also hauptsächlich modulübergreifende Funktionen, Schnittstellen, Datenflüsse etc., um nachzuweisen, dass die Designanforderungen erfüllt wurden. Diese Tests finden typischerweise in einer Laborumgebung statt. Da diese Tests gute Kenntnisse der inneren Struktur der Software voraussetzen, werden hier hauptsächlich sogenannte White-Box-Tests[56] und Grey-Box-Tests eingesetzt.

Die Tests werden meistens von den Entwicklern der jeweiligen Softwaremodule/-einheiten im integrierten Zustand durchgeführt. Ab einer bestimmten Größenordnung des Projekts, insbesondere aber, wenn an mehreren Standorten verteilt entwickelt wird, gibt es die Rolle eines »Integrators« oder eines »Integrationsverantwortlichen«. Häufig steht dann auch zusätzliches Testpersonal für eine Integrationstestgruppe zur Verfügung.

Beispiele für Verifikationskriterien für Code sind:

- Erfüllung der Softwareanforderungen
- Erfüllung von Codierungsrichtlinien
- Konsistenz mit dem Softwaredesign
- Konsistenz der Schnittstellen nach außen
- Konsistenz intern zwischen Softwaremodulen/-einheiten
- Erfüllung von Kriterien bezüglich des Testabdeckungsgrads

---

55. Inhaltlich entspricht dies den IEEE-Begriffen Testdesign, Testprozedur und Testfall (siehe Exkurs »Testdokumentation« bei ENG.6).
56. Siehe Exkurs »Testmethoden« bei ENG.8.

BP4: Integriere die Softwaremodule und die Softwareeinheiten. *Integriere die Softwaremodule zu Softwareeinheiten und die Softwareeinheiten zur integrierten Software entsprechend der Softwareintegrationsstrategie.*

Anmerkung: Die Softwaremodule werden zu Softwareeinheiten und die Softwareeinheiten zur integrierten Software integriert.

Anmerkung: Bei der Integration der Softwaremodule und der Softwareeinheiten werden auch die Daten mit integriert. Daten können Kalibrierungsdaten und Variantencodierungsdaten sein.

Die Integration wird entsprechend der Integrationsstrategie und dem Projektplan durchgeführt. Die Integration der zugehörigen Kalibrierungsdaten und Variantencodierungsdaten[57] spielen im automotiven Umfeld eine wichtige Rolle, da die Funktionalität der Software stark von diesen Daten abhängig ist. Insbesondere die Kalibrierungsdaten entstehen bzw. reifen erst während der Projektlaufzeit im Rahmen der Fahrzeugerprobung, in manchen Projekten werden sie auch ganz oder teilweise durch den OEM erstellt.

Hinweis für Assessoren

Die Integration von Daten/Software ist ein integraler Bestandteil des Integrationsprozesses, muss somit untersucht werden und ist bewertungsrelevant.

BP5: Verifiziere die integrierte Software. *Verifiziere, gemäß der Softwareintegrationsteststrategie, jede integrierte Softwareeinheit gegen die Testfälle des Softwareintegrationstests.*

Anmerkung: Durch die Verifikation der integrierten Software entstehen Testprotokolle.

Die Tests werden entsprechend der Integrationsteststrategie durchgeführt und deren Ergebnis in Form von Testprotokollen dokumentiert. Ein positives Testergebnis wird erreicht, wenn die erzielten und die erwarteten (geplanten) Ergebnisse identisch sind. Bei Abweichungen von den erwarteten Ergebnissen oder komplett anderen Ergebnissen gilt der Testfall als negativ bzw. als nicht bestanden. Zu den entstehenden Testprotokollen (Teil von WP-ID 13-50) siehe Exkurs »Testdokumentation« bei ENG.6. Zu einem ordentlichen Testprotokoll gehört zumindest Folgendes:

---

57. Gemeint sind Daten, die die Ausführung der Software beeinflussen. Kalibrierungsdaten (oft auch als »Applikationsdaten« bezeichnet) dienen zur Feinabstimmung des Fahrzeugverhaltens (z.B. Anfahrverhalten, ESP-Eingriff) und werden während Erprobungsfahrten ermittelt. Variantencodierungsdaten erlauben die Verwendung derselben Software für unterschiedliche Karosserietypen, Ländervarianten, Rechts-/Linkslenker etc.

- Wer hat wann welche Softwareversion in welcher Testumgebung getestet.
- Welche Testfälle wurden in welcher Reihenfolge durchgeführt und was war das jeweilige Ergebnis (z.B. positiv, negativ oder evtl. unerwartet).
- Bei gefundenen Fehlern, d.h. bei nicht bestandenen Tests: Erstellung eines Problemberichts mit Angabe der Fehler-ID, unter der dieser im Fehlermanagement verfolgt wird (siehe dazu BP6).

BP6: Zeichne die Ergebnisse des Softwareintegrationstests auf. *Dokumentiere die Ergebnisse des Softwareintegrationstests und kommuniziere diese an alle relevanten Parteien.*

Anmerkung: Die Problemberichte und der Testabschlussbericht basieren auf den Testprotokollen.

Basierend auf den Testprotokollen aus BP5 werden für Testfälle mit negativem Ergebnis Problemberichte (Teil von WP-ID 13-50) und für den Gesamttest ein Testabschlussbericht (Teil von WP-ID 13-50) erstellt.

Dem Problembericht muss nicht unbedingt ein Fehler im getesteten System zugrunde liegen. Es kann unterschiedliche Ursachen für die Diskrepanz zwischen Ist- und Sollergebnis geben. Es könnten z.B. die erwarteten Werte falsch sein, der Testfall falsch durchgeführt oder die Anforderungen falsch verstanden worden sein, da sie noch Interpretationsspielräume enthalten. Ein Problembericht umfasst zumindest die folgenden Informationen (siehe auch SUP.9):

- Alle verfügbaren Details, d.h. das zugrunde liegende Testprotokoll inklusive erwarteten und Istwerten
- Angabe einer Fehler-ID
- Wenn möglich, eine Analyse der Auswirkungen des Problemfalls auf andere Testfälle
- Zusätzliche Informationen, die bei der Ursachenanalyse helfen

Es besteht keine 1:1-Beziehung zwischen den Testprotokollen und den Problemberichten. Ein negativer Test kann mehrere Ursachen haben und insofern auch mehrere Problemberichte nach sich ziehen. Andererseits können mehrere negative Tests auch auf eine Ursache zurückzuführen sein. In diesem Fall ist es wichtig, die Problemberichte getrennt nach betroffenen Funktionen zu erstellen, da meist in einem Projekt Verantwortliche für Funktionen existieren. Nur so können die betroffenen Fehler konsistent verfolgt und behoben werden. Im Testabschlussbericht werden alle wichtigen Informationen über den Softwareintegrationstest zusammengefasst. Zu einem ordentlichen Testabschlussbericht gehört zumindest:[58]

---

58. Siehe Exkurs »Testdokumentation« bei ENG.6.

- Datum, Dauer und Umfang bzw. Aufwand des Softwareintegrationstests
- Die Anzahl der bestandenen und nicht bestandenen Testfälle inklusive der Anzahl und Priorität der beim Test identifizierten Problemfälle
- Die Anzahl der geplanten und durchgeführten Tests (z.B. Anzahl Iterationen und notwendige Regressionstests)
- Eine Einschätzung, wie gut der Softwareintegrationstest durchgeführt wurde und wie die Qualität der Software ist
- Zusammenfassung und Bewertung der Ergebnisse und ob der Test insgesamt als bestanden gilt oder nicht

Anhand des Testabschlussberichtes wird letztendlich entschieden, ob die Qualität der integrierten Software ausreichend ist, um mit dem nächsten Prozessschritt ENG.8 (Softwaretest) fortzufahren.

Aufzeichnungen zu den Testergebnissen werden oft auch vom Kunden gefordert, weil sie z.B. im Rahmen der Fehlernachverfolgung betrachtet werden oder z.B. für gemeinsame Projektmeetings verwendet werden. Außerdem sind Testaufzeichnungen ein Tätigkeitsnachweis, dienen zur Fortschrittskontrolle und werden i.Allg. als Nachweis während der Entwicklung von sicherheitsrelevanten Systemen gefordert. Zudem sind sie die Grundlage für noch anstehende Reparaturarbeiten und Überarbeitungen.

BP7: Stelle Konsistenz und bilaterale Traceability zwischen Softwarearchitektur sowie Softwarefeinentwurf und der Testspezifikation des Softwareintegrationstests sicher. *Stelle die Konsistenz zwischen Softwarearchitektur sowie Softwarefeinentwurf und der Testspezifikation des Softwareintegrationstests inklusive Testfällen sicher. Konsistenz wird unterstützt durch Erstellen und Aufrechterhalten von bilateraler Traceability zwischen Softwarearchitektur sowie Softwarefeinentwurf und der Testspezifikation des Softwareintegrationstests inklusive Testfällen.*

Die Konsistenz der Softwareintegrationstests zum Softwaredesign wird in erster Linie sichergestellt durch eine »horizontale« Traceability (siehe auch Abschnitt 2.24) zwischen der Softwarearchitektur und der Testspezifikation bzw. den Testfällen des Softwareintegrationstests. Das heißt, es muss spezifiziert sein, welches Architekturelement mit welchen Testfällen der Softwareintegrationstests getestet wurde und umgekehrt. Die Traceability muss während der gesamten Projektdauer – insbesondere auch nach Änderungen – aufrechterhalten werden.

BP8: Entwickle eine Regressionsteststrategie und führe Regressionstests durch. *Entwickle eine Strategie, um die Softwareeinheiten erneut zu testen, wenn geänderte Softwareeinheiten integriert werden. Führe Regressionstests wie in der Regressionsteststrategie beschrieben durch und dokumentiere die Ergebnisse.*

Regressionstests sind notwendig, um nach Änderungen am Code (z.B. infolge von Fehlerbeseitigung oder Funktionserweiterungen) abzusichern, dass bereits durch vorangegangene Tests abgesicherte Eigenschaften weiterhin vorhanden sind.[59]

Im trivialsten Fall besteht die Regressionsteststrategie darin, eine Sammlung von Testfällen zu pflegen, die standardmäßig nach Änderungen am Code erneut getestet werden[60], und zwar zusätzlich zu den neu entwickelten Tests, die auf die erfolgten Änderungen abzielen. Derartige Testfallsammlungen sind meistens sehr umfangreich, und ihre Abarbeitung ist mit viel Aufwand verbunden, falls keine Testautomatisierung betrieben wird. Bei iterativen Entwicklungsmodellen gehören Änderungen und insbesondere funktionale Erweiterungen zum Alltag, daher sind intelligentere Strategien notwendig, z. B.:

- Es werden nur definierte Untermengen der Testfallsammlung getestet, in Abhängigkeit davon, *wo* die Änderung/Erweiterung vorgenommen wurde.
- Es werden nur definierte Untermengen der Testfallsammlung getestet, in Abhängigkeit davon, *um welche Art von Auslieferung es sich handelt.*

Hinweis für Assessoren

Im Assessment ist beurteilungsrelevant, ob im erforderlichen Umfang Regressionstests durchgeführt werden, und nicht, wie intelligent bzw. arbeitssparend die zugrunde liegende Strategie ist.

Die Regressionsteststrategie sollte normalerweise schriftlich im Testplan fixiert sein, auch in Trivialfällen, wenn z. B. immer ein erneuter 100%-Test durchgeführt wird.

Da die Regressionsteststrategie in verschiedenen Prozessen (ENG.7 bis ENG.10) gefordert ist, ist es sinnvoll, eine gemeinsame Regressionsteststrategie für alle Engineering-Prozesse aufzustellen. Auch wenn dies in Automotive SPICE nicht explizit erwähnt ist, werden Durchführung und Ergebnisse von Regressionstests selbstverständlich dokumentiert.

Fallbeispiel: Softwareintegration bei der XY AG

Zum besseren Verständnis der Zusammenhänge dieses Prozesses haben wir eine typische Vorgehensweise für Softwareintegration, Integrationstest und Regressionstest in Form eines Fallbeispiels dargestellt:

Die Integrationsstrategie bei der XY AG ist zweistufig: An jedem Entwicklungsstandort (Stufe 1) sowie bei der Entwicklungszentrale (Stufe 2) gibt es eine exakt schriftlich festgelegte Reihenfolge der Integration sowie eine Beschreibung

59. Mit anderen Worten: Funktioniert das, was vor der Änderung schon nachweislich funktionierte, heute immer noch?
60. Mit anderen Worten: Alle vorhergehenden Tests werden erneut durchgeführt.

der für jede Integrationsstufe durchzuführenden Tests, die sogenannte »Test-Spec«. Diese enthält die jeweilige Testmethode und eine Sammlung von Testfällen. Die Test-Spec hat eine Spalte für die Beschreibung des Testergebnisses, die beim Durchführen der Tests von Hand ausgefüllt wird und anschließend eingescannt und im Konfigurationsmanagementsystem abgelegt wird. Zusätzlich wird eine »Test summary documentation« mit einer quantitativen Auswertung der Ergebnisse erstellt (wie viele Tests, wie viele bestanden/nicht bestanden, kurze verbale Zusammenfassung) und ebenfalls im KM-System abgelegt. In den Designdokumenten werden die Codefiles namentlich referenziert und in den Codefiles die Designelemente. Für Regressionstests gibt es eine weitere Spalte in der Test-Spec, dort kann die Zugehörigkeit des Testfalls zu entweder einem Kurztest oder einem Langtest spezifiziert werden. In der Regressionsteststrategie (zentrales Dokument gültig für alle Standorte) ist festgelegt, dass für die wöchentlichen Releases ein Kurztest und für die monatlichen Releases sowie für Kundenauslieferungen ein Langtest durchzuführen ist. Die Test-Specs werden laufend ergänzt, um erweiterte oder neue Funktionalitäten abzudecken.

An jedem Standort sowie in der Zentrale gibt es einen Integrationsmanager. Für jeden Standort ist die Dauer sowie der Personalaufwand für die Integration genau geplant. Alle Testfälle der Test-Spec müssen jeweils bestanden sein. Die Zeitpunkte der Tests der Integrationsstufen an den Standorten und die Zieltermine für die Zulieferungen an die Zentrale sind in einem gemeinsamen MS-Project-Plan spezifiziert und werden vom lokalen bzw. zentralen Integrationsmanager überwacht. Außerdem finden tägliche Telefonkonferenzen statt. Verantwortlich sind die Integrationsmanager sowie weitere Mitarbeiter, alle Verantwortlichkeiten sind im MS-Project-Plan dokumentiert. Die externen Firmen werden über jeweils einen fest zugeordneten Mitarbeiter (»Subcontract Manager«) in der Zentrale gesteuert, der in engem Kontakt mit der jeweiligen Firma steht. Deren Zulieferungen gehen nur zu festgelegten Meilensteinen in die Releases ein. Die Subcontract Manager werden ansonsten wie die Integrationsmanager der Entwicklungsstandorte behandelt.

2.9.4 Ausgewählte Arbeitsprodukte

01-03 Software item – Softwareeinheit

Eine Softwareeinheit besteht aus integrierten Softwaremodulen, Konfigurationsdateien, Daten und der zugehörigen Dokumentation (siehe Abb. 2–2 und die Erläuterungen dazu).

01-50 Integrated Software – integrierte Software

Unter integrierter Software wird eine Aggregation von Softwareeinheiten, die Menge von ausführbaren Dateien für eine spezielle Steuergerätekonfiguration und etwaige damit verbundene Dokumentation und Daten verstanden (siehe Abb. 2–2 und die Erläuterungen dazu).

08-50 Test specification – Testspezifikation

Siehe bei ENG.8

08-52 Test plan – Testplan

Siehe bei ENG.8

13-22 Traceability record – Traceability-Aufzeichnung

Siehe bei ENG.2

13-50 Test result – Testergebnis

Siehe bei ENG.8

17-02 Build list – Build-Liste

Die Build-Liste dient primär zur Identifikation von Aggregaten der Software bzw. zur Identifikation erforderlicher Systemelemente (Parametereinstellungen, Makrobibliotheken, Datenbanken, Kommandosprachen, identifizierte Input- und Outputquellbibliotheken etc.). Weiterhin wird die zur Zusammenstellung der Software erforderliche Reihenfolge der Aktionen bzw. Aktivitäten dokumentiert.

2.9.5 Besonderheiten Level 2

Zum Management der Prozessdurchführung

Planung und Verfolgung der Softwareintegration werden mit den im Projekt praktizierten Projektmanagementmethoden durchgeführt. Bei kleineren Projekten sollten zumindest die Integrationsphasen zeitlich und kapazitätsmäßig eingeplant sein. Bei großen Projekten ist es darüber hinaus erforderlich, die einzelnen Integrationsschritte detailliert zu planen.

Zum Management der Arbeitsprodukte

Die Anforderungen von Prozessattribut PA 2.2 gelten insbesondere für die Testpläne, die Testspezifikationen und die Testergebnisse. Baselines werden entsprechend der Planung erzeugt.

2.10 ENG.8 Softwaretest

2.10.1 Zweck

Zweck des Prozesses ist es zu bestätigen, dass die integrierte Software den definierten Softwareanforderungen entspricht.

Durch Tests wird sichergestellt, dass die integrierte Software den in ENG.4 ermittelten Softwareanforderungen entspricht. Gemeint ist das integrierte Softwareprodukt, das nach Abschluss der Integration (ENG.7) zustande gekommen ist. Es kann durchaus mehrere parallele Softwareprodukte geben, die auf unterschiedlichen Prozessoren laufen und die später im Rahmen der Systemintegration (ENG.9) mit anderen Systemkomponenten (d.h. auch Hardware, Mechanik) zusammengeführt werden.

2.10.2 Besonderheiten in der Automobilindustrie

In der Regel wird in der Automobilindustrie ein integriertes System entwickelt, bestehend aus Hardware-, Software- und Mechanikkomponenten.[61] Bei einem Assessment stellt sich dann die Frage, wie die diversen im Projekt durchgeführten Tests den in Frage kommenden Prozessen (ENG.7, ENG.8, ENG.9, ENG.10) zugeordnet werden. Trivial ist die Zuordnung dann, wenn es explizite Softwareanforderungen sowie genau darauf abzielende Tests gibt. Die Realität ist aber oft anders: Anforderungen beschreiben Funktionalitäten, die durch ein Zusammenspiel von Hard- und Software realisiert werden, die dann auch später im integrierten Zustand getestet werden.

Hinweis für Assessoren

In der Assessmentpraxis hat sich dann häufig folgende Zuordnung der Tests herauskristallisiert:

- ENG.7: Softwareintegrationsbegleitende Tests
- ENG.8: Tests des fertigen Softwareprodukts vor Integration mit der Hardware, wobei die Zielhardware durch Software und/oder Hardware-Laboraufbauten emuliert wird. Der Laboraufbau kann z.B. auch das fertige Steuergerät umfassen.
- ENG.9: Systemintegrationsbegleitende Tests von Software- und Hardwarekomponenten
- ENG.10: Tests des integrierten Systems auf der Zielhardware

---

61. Es gibt allerdings auch Projekte, die ein reines Softwareprodukt liefern, das dann z. B. erst in einem anderen Unternehmen (z. B. beim Kunden) in ein Komplettsystem aus Hardware, Software und Mechanik integriert wird.

Es kommt auch häufig folgende Konstellation vor: Die Zielhardware liegt bereits fertig vor, und alle Tests werden direkt auf der Zielhardware durchgeführt. ENG.7/ENG.8 und ENG.9/ENG.10 sind dann größtenteils redundant. In der Assessmentpraxis wird dann in der Regel auf die doppelte Bewertung verzichtet und Integration und Test nur bei ENG.9/ENG.10 bewertet, und ENG.7/ENG.8 wird als nicht anwendbar (»not applicable«) deklariert. Zu beachten sind dabei die unterschiedlichen Aspekte der jeweiligen Integrationsstufen: Es müssen die Testfälle, die auf ENG.4/ENG.5 basieren, in ENG.9/ENG.10 durchgeführt werden, d.h., die Konformität zu den Softwareanforderungen und zur Softwarearchitektur muss nun auf der Systemebene nachgewiesen werden. Geschieht dies nicht, hat es negative Folgen bei der Bewertung von ENG.9/ENG.10.

Wird ein Prototyp ausgeliefert (z.B. frühe Muster), der nicht die komplette Funktionalität beinhaltet, müssen die Softwaretests sicherstellen, dass die ausgelieferten (Teil-)Funktionen entsprechend den Anforderungen arbeiten. Eine weitere Besonderheit ist, dass sich Hardwarenähe und Realzeitverhalten (siehe auch ENG.5, Abschnitt 2.7.2 »Besonderheiten in der Automobilindustrie«) stark auf die Art der Tests und die Testumgebung (oft die Zielhardware und Zielumgebung) auswirken.

2.10.3 Basispraktiken

BP1: Entwickle eine Softwareteststrategie. *Entwickle eine Strategie, um die Softwaretests konsistent mit der Releasestrategie durchzuführen.*

Vor dem Test der Gesamtsoftware müssen zuerst die Ziele und Rahmenbedingungen für den Softwaretest in einem Testplan[62] (siehe Exkurs »Testdokumentation« bei ENG.6) dokumentiert werden. In der Releasestrategie ist definiert, wann welche Funktionalität zur Verfügung steht, und damit, wann welche Tests durchgeführt werden können und müssen.

BP2: Entwickle eine Testspezifikation für den Softwaretest. *Entwickle eine Testspezifikation inklusive der Testfälle für den Softwaretest, die für integrierte Software angewendet werden soll. Die Testfälle sollten die Übereinstimmung mit den Softwareanforderungen zeigen.*

Anmerkung: Der Softwaretestprozess sollte mit dem Beginn des Softwareentwicklungsprozesses starten. Beim Entwickeln der Testfälle und von testbaren Anforderungen besteht eine enge Verbindung zur Softwareanforderungsanalyse (ENG.4), zum Softwaredesign (ENG.5) oder zur Anforderungserhebung (ENG.1).

62. Verschiedene Elemente des Testplans nach IEEE werden von Automotive SPICE erst auf Level 2 durch die generischen Praktiken von PA 2.1 adressiert.

Die durchzuführenden Tests müssen spezifiziert sein. Dies entspricht dem Informationsgehalt der Dokumente Testdesign, Testprozedur und Testfall (Bestandteile der Testspezifikation, WP-ID 08-50). Ebenso können Teile des Testplans aus BP1 ergänzt werden. Erforderlich ist insgesamt also:

- Wie wird getestet? (Methoden, Gruppen von Tests, Anleitung zur Durchführung der Tests, Testreihenfolge, Testendekriterien usw.)
- Welche Umgebung/Bedingungen, Aktionen und Eingangsdaten verwendet der jeweilige Test?
- Welche Anforderungen werden durch den jeweiligen Test geprüft?
- Welches Verhalten (z.B. in Form von Ausgangsdaten, gezeigtem Verhalten) wird von dem integrierten Softwareprodukt erwartet, damit der jeweilige Test als bestanden gilt?

Insgesamt muss die Gesamtheit der Tests geeignet sein, um nachzuweisen, dass die Gesamtheit der Softwareanforderungen umgesetzt wurde. Methodisch könnten hier sowohl White-Box- als auch Black-Box-Tests eingesetzt werden. In der Praxis werden hier meist funktionale Tests, d.h. Black-Box-Tests, durchgeführt. Der Softwaretestprozess inklusive der Teststrategie sollte vorbereitend schon zu Beginn des Entwicklungsprozesses starten und mit wachsenden Erkenntnissen aus der Anforderungsanalyse weiter verfeinert werden. Damit können dann schon zu einem frühen Zeitpunkt für den Softwaretest geeignete Verifikationskriterien erstellt werden.[63]

BP3: Verifiziere die integrierte Software. *Verifiziere die integrierte Software anhand der Testfälle für den Softwaretest gemäß der Softwareteststrategie.*

Anmerkung: Bei der Verifikation der integrierten Software werden die Testprotokolle erzeugt.

Anmerkung: Die Tests sollten aus Effizienzgründen so weit wie möglich automatisiert werden.

Die geplanten Tests werden durchgeführt, und die Testprotokolle werden erzeugt. Zur Dokumentation der Testergebnisse siehe auch die Ausführungen bei ENG.7 BP5 sowie den Exkurs »Testdokumentation« bei ENG.6.

---

63. Das frühzeitige Ableiten von Verifikationskriterien aus den Anforderungen kann als Qualitätssicherung für die Anforderungen gesehen werden. Es werden dadurch häufig frühzeitig Inkonsistenzen und Interpretationsspielräume gefunden.

BP4: Zeichne die Ergebnisse des Softwaretests auf. *Dokumentiere die Ergebnisse des Softwaretests und kommuniziere diese an alle relevanten Parteien.*

Anmerkung: Die Problemberichte und der Testabschlussbericht basieren auf den Testprotokollen.

Die Ergebnisse von Softwaretests werden in den Testprotokollen und Problemberichten dokumentiert. Diese fließen in einen Testabschlussbericht ein (analog ENG.7 BP6). Anhand des Testabschlussberichtes kann entschieden werden, ob die Qualität der Software ausreichend ist, um mit dem nächsten Prozessschritt der Systemintegration (ENG.9) fortzufahren. Falls im Rahmen der Fehlerbehebung erforderlich, müssen die zugrunde liegenden Spezifikationen des Softwaretests (BP2) und ggf. auch die Anforderungsspezifikationen nachgeführt werden.

BP5: Stelle Konsistenz und bilaterale Traceability zwischen den Softwareanforderungen und der Testspezifikation des Softwaretests sicher. *Stelle die Konsistenz zwischen Softwareanforderungen und der Testspezifikation des Softwaretests inklusive Testfällen sicher. Konsistenz wird unterstützt durch Erstellen und Aufrechterhalten von bilateraler Traceability zwischen Softwareanforderungen und der Testspezifikation des Softwaretests inklusive Testfällen.*

Anmerkung: Konsistenz kann durch Reviewprotokolle nachgewiesen werden.

Die Konsistenz der Softwareanforderungen zur Spezifikation des Softwaretests wird durch die »horizontale« Traceability (siehe auch Abschnitt 2.24) zwischen Softwareanforderungen und der Spezifikation des Softwaretests sichergestellt. Das heißt, es muss zu jeder Anforderung der Software spezifiziert sein, durch welche Softwaretests diese abgedeckt wird, und bei den Softwaretests angegeben werden, welche Anforderungen damit getestet werden. Der Nachweis dieser Abdeckung kann durch Reviews und entsprechende Reviewprotokolle geführt werden. Die Traceability muss auch hier während der ganzen Projektdauer – insbesondere auch nach Änderungen – aufrechterhalten werden.

BP6: Entwickle eine Regressionsteststrategie und führe Regressionstests durch. *Entwickle eine Strategie, um die integrierte Software erneut zu testen, wenn sich eine Softwareeinheit ändert. Im Falle von Änderungen an Softwareeinheiten führe Regressionstests wie in der Regressionsteststrategie beschrieben durch und dokumentiere die Ergebnisse.*

Diese Praktik fordert Regressionstests für die komplette, integrierte Software auf der Basis der Änderungen an den Softwareeinheiten. Zur prinzipiellen Thematik der Regressionstests siehe ENG.7 BP8.

Exkurs: Kurzer Überblick über Testmethoden

- Statische Analyse: Analyse des Codes mithilfe der Entwicklungsumgebung oder mittels kommerzieller Tools, um z.B. »tote« Codestücke, unendliche Schleifen, nicht initialisierte Variablen, Verstöße gegen Programmierungskonventionen etc. zu entdecken. »Statisch« heißt diese Analyse, weil der Code bei der Analyse nicht ausgeführt wird.
- Dynamische Verfahren: Bei dynamischen Testverfahren wird der Code in einer Testumgebung ausgeführt. Man unterscheidet folgende Tests:
  - White-Box-Tests (auch »strukturbasierte Tests« genannt) werden aus Kenntnis der inneren Struktur der Software basierend auf dem Programmcode, dem Design, Schnittstellenbeschreibungen etc. abgeleitet. Sie werden meist von den Softwareentwicklern selbst durchgeführt, da diese die innere Struktur der Softwareeinheiten sehr gut kennen. Ein Risiko ist die »Betriebsblindheit« der Softwareentwickler.
  - Black-Box-Tests (auch »funktionale Tests« genannt) vergleichen das nach außen beobachtbare Verhalten an den äußeren Schnittstellen der Software (ohne Kenntnis von deren Aufbau) mit dem gewünschten Verhalten. Black-Box-Tests können durch ein gesondertes Testteam oder durch einen externen Tester durchgeführt werden. Ein Vorteil ist die Gewährleistung des »Vier-Augen-Prinzips«.
  - Grey-Box-Tests (Kombination Black-/White-Box-Test) werden meist auch durch die Softwareentwickler erstellt, zielen aber wie Black-Box-Tests auf das nach außen beobachtbare Verhalten der Software ab. Mit Kenntnis der inneren Strukturen einer Softwareeinheit können Tests effizienter gestaltet werden.

Exkurs: Einige Methoden zur Ableitung von Testfällen

- Basierend auf der Verarbeitungslogik: Die Verarbeitungslogik bezeichnet die Folgen von Aktionen und Entscheidungen (sog. Pfade), wobei Entscheidungen aufgrund von Bedingungen zustande kommen. Diese Methodik greift sowohl für White-Box-Tests (dann basierend auf dem Programmcode) als auch für Black-Box-Tests (dann basierend auf dem Design). Man unterscheidet verschiedene Testabdeckungsgrade, dieser bestimmt sich z.B. nach:
  - Anweisungsüberdeckung (C0-Maß): Jede Aktion (=Anweisung) wird mindestens einmal ausgeführt.
  - Zweigüberdeckung (C1-Maß): Jede Aktion wird mindestens einmal ausgeführt, und jede mögliche Entscheidung mindestens einmal herbeigeführt.
  - Bedingungsüberdeckung: Jede Aktion wird mindestens einmal ausgeführt, und jedes mögliche Resultat einer Bedingung mindestens einmal herbeigeführt.

- Äquivalenzklassen: Einteilung von Eingabewerten in Klassen, von denen jeder Wert die gleiche Wahrscheinlichkeit hat, einen Fehler zu finden.
- Grenzwertanalyse: Erfahrungsgemäß gibt es um die Grenzen von Äquivalenzklassen herum eine erhöhte Fehlerwahrscheinlichkeit. Dies kann z.B. durch je einen Wert kurz vor der Grenze, genau auf der Grenze und kurz hinter der Grenze geprüft werden.

2.10.4 Ausgewählte Arbeitsprodukte

Zusammenfassung der für Tests relevanten Arbeitsprodukte

Wir fassen hier, der besseren Übersichtlichkeit halber, die für Tests relevanten Arbeitsprodukte zusammen. In Automotive SPICE gibt es drei zentrale Arbeitsprodukte für die Testprozesse: die Testspezifikation, den Testplan und die Testergebnisse. Diese Arbeitsprodukte sind im Wesentlichen auf die in der IEEE definierten Begriffe zurückzuführen (siehe Exkurs »Testdokumentation« bei ENG.6):

08-50 Test specification – Testspezifikation

Die Testspezifikation von Automotive SPICE beinhaltet Folgendes:

- Das Testdesign (IEEE Test Design Specification)
- Die Testprozeduren (IEEE Test Procedure Specification)
- Die Testfälle (IEEE Test Case Specification)
- Eine Kennzeichnung der Regressionstestfälle gemäß IEEE

Und zusätzlich für Integrationstests:

- Die Identifikation der zu integrierenden Systemelemente
- Die Integrationsreihenfolge

08-52 Test plan – Testplan

Der Automotive SPICE-Testplan setzt sich aus folgenden Bestandteilen zusammen:

- Dem Testplan (IEEE Test Plan)
- Der Teststrategie, z.B. Black-/White-Box-Tests, Äquivalenzklassentests, Regressionsteststrategien

13-50 Test result – Testergebnis

Das Automotive SPICE Testergebnis beinhaltet Folgendes:

- Die Testprotokolle (IEEE Test Logs)
- Die Problemberichte (IEEE Test Incident Report)
- Die Testabschlussberichte (IEEE Test Summery Report)

2.10.5 Besonderheiten Level 2

Zum Management der Prozessdurchführung

Der konzeptionelle Teil der Testplanung (d.h. was wird wie getestet) ist durch BP1 abgedeckt, die zeitliche Ausplanung und Verfolgung der einzelnen Testaktivitäten wird durch die generischen Praktiken von Level 2 bzw. durch den Projektmanagementprozess gefordert. In kleineren Projekten erfolgt die Testplanung i.Allg. durch die Projektleitung. Bei größeren Projekten gibt es meistens ein eigenes Teilprojekt für die Tests, und die Planung und Verfolgung geschieht dann durch die Teilprojektleitung im Detail und nur grob durch die Projektleitung.

Zum Management der Arbeitsprodukte

Die Anforderungen von Prozessattribut PA 2.2 gelten insbesondere für den Testplan, die Testspezifikation und die Testergebnisse. Anforderungen an die Arbeitsprodukte (z.B. an die Testpläne) und Qualitätskriterien (z.B. für Reviews) sind definiert. Relevante Dokumente wie z.B. Testfälle stehen unter Konfigurationskontrolle, Reviews werden durchgeführt und sind nachweisbar. Änderungen an Arbeitsprodukten werden nachweislich beherrscht, dazu gehört z.B. die geordnete Änderung/Ergänzung von Testplänen und Testfällen zur Absicherung von Softwareänderungen.

2.11 ENG.9 Systemintegrationstest

2.11.1 Zweck

Zweck des Prozesses ist es, die Systemelemente zu integrieren, um so ein integriertes System zu erzeugen, das der Systemarchitektur und den in den Systemanforderungen ausgedrückten Kundenanforderungen entspricht.

An dieser Stelle werden die Systemelemente, also Software, Hardware und Mechanik, zusammengebracht, um die für das System geforderte Funktionalität abzubilden. Jetzt zeigt sich auch, inwieweit diese Komponenten zusammenpassen. Der Systemintegrationstestprozess ENG.9 ist methodisch bis auf wenige Besonderheiten identisch zum Softwareintegrationstestprozess ENG.7, bezieht sich jedoch auf andere Objekte. Die nachfolgenden Ausführungen fokussieren im Wesentlichen auf die Unterschiede zu ENG.7.

2.11.2 Besonderheiten in der Automobilindustrie

Die Integration von Hardware, Software und Mechanik zu einem System vollzieht sich im einfachsten Fall (eine Software, eine Hardware, eine Mechanik) in einem einzigen Schritt durch mechanische Integration (z.B. Musterbau) sowie durch Beschreiben eines Speichers (sog. »Flashen«) mit anschließenden Tests. Bei komplexen Produkten (Mehrprozessorarchitekturen, mehrere Hardware- und Mechanikkomponenten, mehrere Softwarekomponenten) erfolgt in der Regel eine schrittweise Integration.

Schwierig ist die Definition und Abgrenzung des Systembegriffes (siehe auch Abschnitt 2.4.2), hängt das doch vom Anwendungsbereich der Prozesse ab. Auf oberster Ebene (OEM) ist das System das Fahrzeug plus eventuell weitere externe Systeme (z.B. für Telematik). Für eine einzelne Fahrzeugkomponente wie z.B. ein Steuergerät samt Peripherie sind es deren einzelne Elemente plus die Schnittstellen zu anderen Fahrzeugkomponenten. Für die Mechanik des Steuergerätes bestehen diese Schnittstellen aus den Befestigungen und dem Einbauraum, für die Hardware sind es die Kabel und Stecker, für die Software sind es die Kommunikationsprotokolle. In der Praxis sind besonders zwei Faktoren problematisch:

- Die Verantwortung für die Integration zwischen OEM/Lieferant oder Tier-one-/Tier-two-Lieferant ist nicht präzise definiert bzw. abgegrenzt.
- Aufgrund der simultanen Entwicklung stehen normalerweise für die Integration nicht die fertigen Fremdkomponenten zur Verfügung, da an diesen ebenfalls noch gearbeitet wird. Bei Versuchsfahrzeugen unterscheiden sich außerdem meistens die Konfigurationen der beteiligten Parteien (OEM, Lieferanten) aufgrund unterschiedlicher Hard- und Softwarestände. Die Folge ist, dass Fehler bei Partei A auftreten und bei Partei B nicht und umgekehrt.

Bei iterativer Entwicklung erhöht sich die Menge der implementierten Funktionen von Auslieferungstermin zu Auslieferungstermin. Zwischen diesen Terminen liegen allerdings oft Wochen oder Monate. Das Projekt muss diese Arbeitsweise z.B. durch eine passende Releaseplanung von Hardware, Mechanik und Software unterstützen, um sicherzustellen, dass funktionstüchtige Zwischenversionen entsprechend den Vereinbarungen ausgeliefert werden und der Kunde eigene Erprobungen der Musterstände durchführen kann. Das Projekt kann dadurch die Qualität und Anwendungstauglichkeit des fertig entwickelten Gesamtsystems deutlich steigern (siehe auch die Ausführungen in den Abschnitten 2.9.2 und 2.10.2 »Besonderheiten in der Automobilindustrie« bei den Prozessen ENG.7 und ENG.8).

2.11.3 Basispraktiken

BP1: Entwickle eine Strategie für die Systemintegration. *Entwickle eine Strategie, um die Hardwarekomponenten und die integrierte Software in Übereinstimmung mit der Releasestrategie und der Integrationsreihenfolge zu integrieren.*

Die Ausführungen bei ENG.7 BP1 gelten hier analog. Zu integrierende bzw. zu testende Objekte sind nun jedoch sowohl Software- als auch Hardwareelemente[64] und ihre verschiedenen Integrationsstufen. Im einfachsten Fall wird parallel eine Software und eine Hardware entwickelt und anschließend integriert. In komplexeren Fällen besteht das Gesamtsystem aus einer Aggregation von mehreren elektromechanischen und elektronischen Elementen (letztere mit Softwareanteilen), sodass mehrere separate Hardwareintegrationen und Hard- und Softwareintegrationen stattfinden[65]. Erhöhte Anforderungen an diese Strategien bestehen insbesondere, wenn die Systemelemente von verschiedenen Entwicklungspartnern stammen. Selbstverständlich können die entsprechenden Forderungen in ENG.7 und ENG.9 in einer gemeinsamen Integrationsstrategie realisiert werden.

BP2: Entwickle eine Strategie für den Systemintegrationstest. *Entwickle eine Strategie, um das integrierte System zu testen. Ermittle die Testschritte in Übereinstimmung mit der in der Integrationsstrategie festgelegten Integrationsreihenfolge.*

Anmerkung: Der Integrationstest konzentriert sich hauptsächlich auf die Schnittstellen, den Datenfluss, die Funktionalität der Systemelemente usw.

Anmerkung: Der Systemintegrationstestprozess sollte mit dem Beginn des Systementwicklungsprozesses starten. Beim Entwickeln der Testfälle und von testbaren Anforderungen besteht eine enge Verbindung zur Systemanforderungsanalyse (ENG.2), zur Systemarchitektur (ENG.3) oder zur Anforderungserhebung (ENG.1).

Anmerkung: Die Systemintegrationsstrategie beinhaltet unterschiedliche Ansätze für die Integration der Systemelemente, abhängig von der Art der Änderungen (z. B. geänderte Hardwareelemente, neue integrierte Software). Die Integrationsstrategie umfasst auch die geeignetsten Testmethoden, die bei jedem Integrationsansatz anzuwenden sind.

Anmerkung: Die identifizierten Systemelemente und die Integrationsreihenfolge beeinflussen die Systemintegrationsteststrategie.

Die Ausführungen von ENG.7 BP2 gelten hier ebenfalls analog. Die Elemente, die nun getestet werden, sind Hardwareeinheiten und die integrierte Software, statt nur integrierte Softwareeinheiten. Ebenso sollte die Systemintegrationsteststrategie schon während der Systemanforderungsanalyse/-architektur begonnen werden. Die Teststrategie wird auch hier im Rahmen des Testplans dokumentiert – eine Gesamtstrategie über alle Tests ist empfehlenswert.

64. Mechanik wurde hier zwar nicht erwähnt, ist aber ebenfalls zu integrieren.
65. Reine Softwareintegrationen sind in ENG.7 beschrieben.

BP3: Entwickle eine Testspezifikation für die Softwareintegration. *Entwickle die Testspezifikation inklusive der Testfälle für die Systemintegration zur Anwendung auf jedes integrierte Systemelement. Die Testfälle sollten die Übereinstimmung mit der Systemarchitektur zeigen.*

Analog gelten die bereits für Software gemachten Ausführungen (ENG.7 BP3). Dabei sollte auch spezifiziert werden, welche anderen Systemelemente in Hard- und/oder Software vorhanden sein müssen, um ein bestimmtes Systemelement testen zu können.

BP4: Integriere die Systemelemente. *Integriere die Systemelemente entsprechend der Systemintegrationsstrategie zu einem integrierten System.*

Anmerkung: Die Systemintegration kann schrittweise durchgeführt werden, indem die Hardwareelemente als Prototypenhardware, Peripheriegeräte (Sensoren und Aktoren) und integrierte Software integriert werden, um ein System zu erstellen, das mit der Priorisierung und Kategorisierung der Systemanforderungen übereinstimmt.

Die Integration wird entsprechend der Systemintegrationsstrategie und dem Projektplan schrittweise, d.h. gemäß der Releaseplanung (siehe SPL.2), auf Systemebene durchgeführt.

BP5: Verifiziere das integrierte System. *Verifiziere, gemäß der Systemintegrationsteststrategie, jedes integrierte Systemelement gegen die Testfälle des Systemintegrationstests. Weise nach, dass ein vollständiger Satz an verwendbaren und auslieferfertigen Systemelementen vorhanden ist.*[66]

Anmerkung: Durch die Verifikation des integrierten Systems entstehen die Testprotokolle.

Anmerkung: Die Verifikation des integrierten Systems kann durch Simulationsmethoden (z.B. Hardware-in-the-Loop, Restbussimulation) durchgeführt werden.

Die Tests werden entsprechend der Integrations- und Regressionsteststrategie durchgeführt und deren Ergebnisse dokumentiert (siehe hierzu auch ENG.7 BP5). Die in der Automobilbranche üblichen Vorgehensweisen für den Systemintegrationstest nutzen Simulationen wie den Teilaufbau des Fahrzeugs an einem oder mehreren Hardware-in-the-Loop-Testständen (HIL) oder Restbussimulationen, bei der die nicht verfügbaren Komponenten softwaremäßig simuliert werden. Daneben kommen auch Systemintegrationstests in Versuchsfahrzeugen in Frage, z.B. mit dem Fokus auf Schnittstellen.

---

66. Der englische Originalsatz ist grammatikalisch fehlerhaft. Die Bestätigung der Auslieferbarkeit erfolgt außerdem erst in ENG.10.

BP6: Zeichne die Ergebnisse des Systemintegrationstests auf. *Dokumentiere die Ergebnisse des Systemintegrationstests und kommuniziere diese an alle relevanten Parteien.*

Anmerkung: Die Problemberichte und der Testabschlussbericht basieren auf den Testprotokollen.

Die Ausführungen bei ENG.7 BP6 gelten hier analog.

Hinweis für Assessoren

Selbstverständlich ist hier der Kreis der relevanten Parteien, an die die Ergebnisse kommuniziert werden müssen, ein anderer als beim Softwareintegrationstest (ENG.7). Dies ist besonders zu beachten, wenn ENG.7 und ENG.9 zusammengelegt werden.

BP7: Stelle Konsistenz und bilaterale Traceability zwischen der Systemarchitektur und der Testspezifikation des Systemintegrationstests sicher. *Stelle die Konsistenz zwischen der Systemarchitektur und der Testspezifikation des Systemintegrationstests inklusive Testfällen sicher. Konsistenz wird unterstützt durch Erstellen und Aufrechterhalten von bilateraler Traceability zwischen Systemarchitektur und der Testspezifikation des Systemintegrationstests inklusive Testfällen.*

Die Konsistenz der Systemintegrationstests zur Systemarchitektur wird, wie schon in ENG.7 BP7 analog dargestellt, in erster Linie sichergestellt durch eine »horizontale« Traceability (siehe auch Abschnitt 2.24) zwischen den Elementen der Systemarchitektur und den Elementen der Systemintegrationstestspezifikation. Das bedeutet, es muss spezifiziert sein, welches Element der Systemarchitektur inklusive der Verifikationskriterien mit welchen Elementen der Testfälle der Systemintegrationstests getestet wird und umgekehrt. Die Traceability muss auch hier während der gesamten Projektdauer – insbesondere auch nach Änderungen – aufrechterhalten werden.

BP8: Entwickle eine Regressionsteststrategie und führe Regressionstests durch. *Entwickle eine Strategie, um die Systemelemente erneut zu testen, wenn geänderte Hardware oder integrierte Software integriert werden. Führe Regressionstests, wie in der Regressionsteststrategie beschrieben, durch und dokumentiere die Ergebnisse.*

Durch Regressionstests wird nach erfolgten Änderungen an Systemelementen (z.B. infolge von Fehlerbeseitigung oder Funktionserweiterungen) sichergestellt, dass bereits durch vorangegangene Tests abgesicherte Eigenschaften weiterhin vorhanden sind (für weitere Details siehe ENG.7 BP8).[67]

2.11.4 Ausgewählte Arbeitsprodukte

08-50 Test specification – Testspezifikation

Siehe bei ENG.8

08-52 Test plan – Testplan

Siehe bei ENG.8

11-06 System – System

Unter dem System wird die vollständig konfigurierte und integrierte Menge der Elemente des Produkts verstanden (siehe Abb. 2–2 und Erläuterungen dazu), z.B. die benötigte Hardware, Mechanik, Software und Daten inklusive der Dokumentation.

13-22 Traceability record – Traceability-Aufzeichnung

Siehe bei ENG.2

13-50 Test result – Testergebnis

Siehe bei ENG.8

2.11.5 Besonderheiten Level 2

Zum Management der Prozessdurchführung

Systemintegration ist eine interdisziplinäre Tätigkeit und geschieht in der Regel durch das Zusammenwirken verschiedener Teams/Teilprojekte (z.B. Softwareentwicklung, Elektronikentwicklung, Leiterplattenlayout, mechanische Konstruktion) innerhalb des Gesamtprojekts. Meistens folgen die Teilprojekte eigenen Teilprojektplänen, die auf der Gesamtprojektebene koordiniert und abgestimmt werden. Dies ist erfahrungsgemäß nicht unproblematisch und bedarf besonderer Anstrengungen, insbesondere, wenn die Teilprojekte auf verschiedene Entwicklungsstandorte verteilt sind. Die Projektverfolgung ist entsprechend anspruchsvoll. In der Praxis bewährt haben sich Projektleitungsteams, in denen Vertreter bzw. Teilprojektleiter aus allen Disziplinen eng zusammenarbeiten und zu regelmäßigen Sitzungen zusammenkommen (ansonsten siehe auch die entsprechenden Ausführungen bei ENG.7 bezüglich des Managements der Arbeitsprodukte).

---

67. Mit anderen Worten: Funktioniert das, was vor der Änderung schon nachweislich funktionierte, heute immer noch?

2.12 ENG.10 Systemtest

2.12.1 Zweck

Zweck des Prozesses ist es, sicherzustellen, dass die Implementierung jeder Systemanforderung auf Erfüllung getestet wird und dass das System fertig zur Auslieferung ist.

Das Gesamtsystem, bestehend aus Hardware, Software und Mechanik, wird getestet. Wie die Analogie des Systemintegrationstestprozesses ENG.9 zum Softwareintegrationstestprozess ENG.7, so ist der Systemtestprozess ENG.10 bis auf wenige Einzelheiten methodisch identisch zum Softwaretestprozess ENG.8. Die nachfolgenden Ausführungen fokussieren daher im Wesentlichen auf die Unterschiede zu ENG.8. Der Systemtest in späten Phasen (kurz vor SOP – Start of Production) wird auch manchmal »Auslieferungstest« genannt.

2.12.2 Besonderheiten in der Automobilindustrie

Implementierungen dieses Prozesses haben häufig starken Validierungscharakter und gehen auch ansonsten über die Forderungen von Automotive SPICE hinaus, da es nicht ausreicht, nur die Systemanforderungen zu testen. Der Grund dafür ist, dass in der Praxis Systemlastenhefte und -pflichtenhefte nicht die wünschenswerte Qualität und Vollständigkeit haben. Außerdem entziehen sich in manchen Domänen die Systemanforderungen einer exakten Beschreibbarkeit. Dies trifft in der Automobilentwicklung z.B. bei der Feinabstimmung der Fahrwerkselektronik zu. Statt eines klassischen Systemtests finden hier langwierige Erprobungen mit Testfahrern in Zusammenarbeit mit Entwicklungsingenieuren statt, die die Fahrwerksparameter so lange feinjustieren, bis alle Seiten zufrieden sind (siehe auch die Ausführungen zu »Besonderheiten in der Automobilindustrie« bei den Prozessen ENG.7, ENG.8. und ENG.9).

2.12.3 Basispraktiken

BP1: Entwickle eine Systemteststrategie. *Entwickle eine Strategie, um die Systemstests konsistent mit der Releasestrategie durchzuführen.*

Siehe hierzu die Ausführungen bei ENG.8 BP1. Anhand der Verifikationskriterien der Systemanforderungen kann bestimmt werden, wann der betreffende Test als bestanden gilt. Bei funktionalen Tests beispielsweise beschreiben diese das erwartete Systemverhalten im Detail. Die Systemtestfälle werden idealerweise zeitnah zur Anforderungsanalyse entwickelt (siehe ENG.2). Ziel sollte es sein, eine 100%ige Abdeckung der existierenden Systemanforderungen durch entsprechende Testfälle zu erreichen, um dadurch nachzuweisen, dass die Systemanforderungen erfüllt wurden. Die Releasestrategie mit den in der Automobilindustrie üblichen Musterphasen (siehe SPL.2 zur Erläuterung der Musterphasen) ist Grundlage der Systemteststrategie.

BP2: Entwickle eine Testspezifikation für den Systemtest. *Entwickle die Testspezifikation inklusive der Testfälle für den Systemtest zur Anwendung auf das integrierte System. Die Testfälle sollten die Übereinstimmung mit den Systemanforderungen zeigen.*

Anmerkung: Der Systemtestprozess sollte mit dem Beginn des Systementwicklungsprozesses starten. Beim Entwickeln der Testfälle und von testbaren Anforderungen besteht eine enge Verbindung zur Systemanforderungsanalyse (ENG.2), zur Systemarchitektur (ENG.3) oder zur Anforderungserhebung (ENG.1).

Die Ausführungen von ENG.8 BP2 gelten hier analog. Die Anforderungen des Systemtestprozesses sollten, wie auch die Anforderungen des Systemintegrationstestprozesses ENG.9, schon während der Systemanforderungsanalyse für die passende Auslegung der Verifikationskriterien berücksichtigt werden. Die Teststrategie wird auch hier im Rahmen des Testplans dokumentiert – eine Gesamtstrategie über alle Tests ist auch hier empfehlenswert.

BP3: Verifiziere das integrierte System. *Verifiziere das integrierte System anhand der Testfälle für den Systemtest und gemäß der Systemteststrategie.*

Anmerkung: Bei der Verifikation des integrierten Systems werden die Testprotokolle erzeugt.

Anmerkung: Die Tests sollten aus Effizienzgründen so weit wie möglich automatisiert werden.

Die Tests werden durchgeführt und deren Ergebnis in den Testprotokollen dokumentiert. Zur Dokumentation der Testergebnisse mittels Testprotokollen siehe auch die Ausführungen bei ENG.7 BP5/BP6 sowie den Exkurs »Testdokumentation« bei ENG.6.

BP4: Zeichne die Ergebnisse des Systemtests auf. *Dokumentiere die Ergebnisse des Systemtests und kommuniziere diese an alle relevanten Parteien.*

Anmerkung: Die Problemberichte und der Testabschlussbericht basieren auf den Testprotokollen.

Analog zu ENG.7 BP6 werden basierend auf den Testprotokollen die Problemberichte und der Testabschlussbericht für das integrierte System erstellt. Anhand des Testabschlussberichtes und insbesondere der Ergebnisse des Auslieferungstests und des Kundenakzeptanztests kann entschieden werden, ob die Qualität des Systems ausreichend ist, um an den Kunden ausgeliefert zu werden.

Hinweis für Assessoren

In der Praxis werden auf Wunsch des Kunden, z. B. im Fall einer dringend benötigten Fehlerkorrektur für frühe Musterstände und Zwischenstände, die Systemtests ganz oder teilweise weggelassen. Dies ist bei der Dokumentation der Musterlieferung ausdrücklich anzugeben und die Risiken sind auszuweisen. Ein minimales Testszenario könnte sich z.B. an der Regressionsteststrategie orientieren.

Ebenso wie bei ENG8.BP4 müssen, falls im Rahmen eines Fehlers erforderlich, die Spezifikationen bis hin zur Systemebene nachgezogen werden.

BP5: Stelle Konsistenz und bilaterale Traceability zwischen den Systemanforderungen und der Testspezifikation des Systemtests sicher. *Stelle die Konsistenz zwischen den Systemanforderungen und der Testspezifikation des Systemtests inklusive Testfällen sicher. Konsistenz wird unterstützt durch Erstellen und Aufrechterhalten von bilateraler Traceability zwischen den Systemanforderungen und der Testspezifikation des Systemtests inklusive Testfällen.*

Anmerkung: Konsistenz kann durch Reviewprotokolle nachgewiesen werden.

Diese Basispraktik verhält sich analog zu ENG.8 BP5, d.h., die Konsistenz der Systemanforderungen zur Spezifikation des Systemtests wird durch die »horizontale« Traceability (siehe auch Abschnitt 2.24) zwischen Systemanforderungen und Spezifikation des Systemtests sichergestellt. Das heißt, es muss zu jeder Anforderung des Systems spezifiziert sein, durch welche Systemtests diese abgedeckt wird, und bei den Systemtests muss angegeben werden, welche Anforderungen damit getestet werden. Der Nachweis dieser Abdeckung kann durch Reviews und entsprechende Reviewprotokolle geführt werden. Die Traceability muss auch hier während der gesamten Projektdauer – insbesondere auch nach Änderungen – aufrechterhalten werden.

BP6: Entwickle eine Regressionsteststrategie und führe Regressionstests durch. *Entwickle eine Strategie, um das integrierte System erneut zu testen, wenn sich ein Systemelement ändert. Im Falle von Änderungen an Systemelementen führe Regressionstests wie in der Systemregressionsteststrategie definiert durch und dokumentiere die Ergebnisse.*

Diese Praktik fordert Regressionstests für das Komplettsystem (zur Thematik der Regressionstests siehe ENG.7 BP8).

2.12.4 Ausgewählte Arbeitsprodukte

08-50 Test specification – Testspezifikation

Siehe bei ENG.8

08-52 Test plan – Testplan

Siehe bei ENG.8

13-50 Test result – Testergebnis

Siehe bei ENG.8

2.12.5 Besonderheiten Level 2

Siehe hierzu die analogen Ausführungen bei ENG.8.

2.13 SUP.1 Qualitätssicherung

2.13.1 Zweck

Zweck des Prozesses ist es, durch eine unabhängige Instanz sicherzustellen, dass Arbeitsprodukte und Prozesse vorab definierten Vorschriften und Plänen entsprechen.

Qualitätssicherungsprozesse und -praktiken sind an mehreren Stellen in Automotive SPICE definiert. Diese bilden ein (gewollt) redundantes System:[68] [69]

Generische Praktiken GP 2.2.1 und 2.2.4

Um Level 2 für einen Prozess zu erreichen, muss ein Minimum an Qualitätssicherung für die Arbeitsprodukte des Prozesses gewährleistet sein, auch wenn keiner der nachfolgend beschriebenen qualitätssichernden Prozesse implementiert ist.

SUP.1 Qualitätssicherung

SUP.1 ist der grundlegende Qualitätssicherungsprozess auf Projektebene. Im Unterschied zu den generischen Praktiken wird hier nicht nur die Arbeitsproduktqualität, sondern auch die Qualität von Prozessen adressiert. SUP.1 koordiniert und überwacht die Aktivitäten von SUP.2, SUP.3 und SUP.5.

---

68. Auch wenn ein Unternehmen in seinen Prozessen die genannten SUP-Prozesse nicht berücksichtigt hat, werden QS-Praktiken dennoch auf Level 1 durch die Engineering-Prozesse und auf Level 2 durch die generischen Praktiken GP 2.2.1 und 2.2.4 gefordert.
69. Einige der hier aufgeführten Prozesse sind nicht in Automotive SPICE enthalten, können jedoch bei Bedarf aus der ISO/IEC 15504 herangezogen werden.

SUP.2 Verifikation

SUP.2 stellt systematisch sicher, dass jedes Arbeitsprodukt eines Prozesses oder eines Projekts die vorgeschriebenen Anforderungen ordnungsgemäß widerspiegelt. Dazu gehört auch, dass Verifikationskriterien ermittelt werden, Defekte entdeckt, protokolliert und verfolgt werden und die Ergebnisse dem Kunden und anderen Beteiligten zur Verfügung gestellt werden.

Verifikationsaktivitäten in ENG.6 – ENG.10

In diesen Engineering-Prozessen werden zahlreiche Verifikationsaktivitäten für die Arbeitsprodukte gefordert, die eng in die Entwicklungsaktivitäten eingebunden sind. Die Qualitätssicherung überwacht die Durchführung der Maßnahmen, auch wenn sie diese nicht in jedem Einzelfall selbst durchführt. Durch diese Maßnahmen, die zeitnah nach Erstellung der Arbeitsprodukte durchgeführt werden sollten, können Folgefehler verhindert bzw. Prüfkosten in späteren Phasen reduziert werden. Diese Verifikationsaktivitäten greifen bereits auf Level 1 und wenn keine der anderen hier genannten qualitätssichernden Tätigkeiten implementiert ist.

SUP.4 Gemeinsame Reviews

Der Fokus von SUP.4 ist, die am Projekt Beteiligten zu synchronisieren und deren Interessen und Belange zu erfüllen. Die dort spezifizierten gemeinsamen Reviews mit beteiligten Personen und Gruppen (»Stakeholder«) umfassen sowohl Managementreviews als auch technische Reviews. Insbesondere Letztere stellen qualitätssichernde Maßnahmen dar.

SUP.5 Audit

Ähnlich wie SUP.1 stellt SUP.5 sicher, dass Arbeitsprodukte und Prozesse Qualitätsanforderungen genügen. Der entscheidende Unterschied ist, dass dies durch Prüfung von unabhängiger Stelle geschehen muss.

MAN.4 Qualitätsmanagement

MAN.4 fordert ein Qualitätsmanagementsystem, das durch die Überwachung von Produkt- und Dienstleistungsqualität systematisch Kundenzufriedenheit sicherstellt. MAN.4 bezieht sowohl die Projekt- als auch die Organisationsebene mit ein und bildet eine Art von Dach für alle anderen qualitätssichernden Aktivitäten.

2.13.2 Besonderheiten in der Automobilindustrie

Bei der Entwicklung von Systemen aus Hard- und Software ist das technische Domänen-Know-how oft so speziell und setzt langjährige Erfahrung voraus, sodass die Definition und Umsetzung von Qualitätsanforderungen an Arbeitsprodukte von technischen Prozessen (z.B. Brems- und Fahrwerksregelungssysteme, Motorsteuerungen) nur durch Fachspezialisten sichergestellt werden können. Aufgrund der Interdisziplinarität und insbesondere in großen Organisationen wird Qualitätssicherung in der Regel durch verschiedene Personengruppen betrieben. Die praktische Umsetzung des SUP.1-Prozesses muss daher die Koordination der beteiligten Personen sicherstellen.

Klassische Qualitätsthemen, definiert und abgebildet z.B. in DIN EN ISO 9001, EFQM oder ISO/TS 16949, sind in Produktion und Massenfertigung schon jahrelang bekannt und in den Organisationen etabliert. Mit neuen Methoden wird hier versucht, die statistischen Fertigungskennzahlen weiter zu verbessern, gleichwohl hier nur noch kleinere Verbesserungen zu erwarten sind. Leider hat das Thema Qualitätssicherung für die Entwicklung nicht immer den notwendigen, angemessenen Stellenwert und benötigtes Personal oder Infrastruktur wird nicht immer ausreichend bereitgestellt. Kleine Organisationen mit bis zu 50 Entwicklern verfügen meist nur über einen Mitarbeiter für die Qualitätssicherung in der Entwicklung, der oft neben seinen QS-Aufgaben noch selbst entwickelt oder testet.

Wenn dann versucht wird, die »klassischen« QS-Ansätze in der Entwicklung anzuwenden, ist dies in der Regel nicht zielführend, weil sich die Methoden, Vorgehensweisen und Inhalte voneinander unterscheiden. Diese Unterschiede in der Organisation klar und verständlich darzustellen und das Commitment des Managements für die Unterstützung der Qualitätssicherung in der Entwicklung einzuholen, ist eine wichtige Voraussetzung zur zweckmäßigen Implementierung dieses Prozesses.

2.13.3 Basispraktiken

BP1: Entwickle eine Vorgehensweise für Qualitätssicherung im Projekt. *Eine Vorgehensweise zur Durchführung von Qualitätssicherung auf Projektebene ist entwickelt. Diese Strategie ist mit der Qualitätsmanagementstrategie der Organisation konsistent.*

Anmerkung: Der Qualitätssicherungsprozess kann mit den verwandten Prozessen SUP.2 Verifikation, SUP.4 Gemeinsame Reviews, Validierung und Audit koordiniert werden.

Eine solche Vorgehensweise wird typischerweise als Teil eines Qualitätssicherungsplans dokumentiert (siehe BP3). Die Strategie gibt dabei die grundsätzliche Richtung vor, während der Plan die konkrete planerische Ausgestaltung enthält. Sind weitere QS-Prozesse implementiert (z.B. SUP.2, SUP.3, SUP.4, SUP.5), so müssen sie im Rahmen der Strategie in diese Vorgehensweise eingebunden und koordiniert werden.

Sinnvoll (jedoch unterhalb von Level 3 nicht gefordert) ist, eine solche Vorgehensweise organisationsweit festzulegen. Die Organisation kann dann Mindestanforderungen für qualitätssichernde Maßnahmen in den Projekten festlegen und deren Einbettung in das Gesamtsystem der übergeordneten Aktivitäten beschreiben. Dazu gehören u. a.:

- Nennung von Qualitätszielen der Organisation in der Qualitätspolitik des Unternehmens
- Erfüllung der internen und externen Qualitätsanforderungen (und z. B. auch Ableitungen aus Standards und Normen)
- Beschreibung der generellen Vorgehensweise bzgl. der Durchführung von QS-Aktivitäten in Projekten (inkl. Verantwortlichkeiten)
- Beschreibung der Aufgaben zur Koordination aller relevanten QS-/QM-Aktivitäten und deren Zusammenspiel (integriertes Managementsystem)
- Akzeptanz von Qualitätsnormen des Auftraggebers als vertraglicher Bestandteil der (Software-)Entwicklung
- Information aller betroffenen Mitarbeiter über die Qualitätsstrategie
- Existenz eines Qualitätssicherungsplans als Basis für weitere Pläne (z. B. Verifikation)
- Detaillierte Beschreibung von QS-Maßnahmen entsprechend der QS-Strategie

Die Qualitätspolitik des Unternehmens sollte sich dann in den Entwicklungsaktivitäten der Projekte widerspiegeln. Die Koordination aller QS/QM-Aktivitäten kann durch ein integriertes Managementsystem, bestehend aus Arbeitssicherheit, Umweltschutz, Qualitätssicherung für Serienfertigung und Entwicklungsumfänge, geschehen.

BP2: Entwickle und erhalte eine Organisationstruktur, die sicherstellt, dass Qualitätssicherung unabhängig durchgeführt wird und berichtet. *Zur Qualitätssicherung gehörende Teammitglieder sind der Projektorganisation gegenüber nicht direkt verantwortlich – sie arbeiten unabhängig von ihr.*

Die Organisationsstruktur muss die Arbeit der Qualitätssicherung in den Projekten unterstützen. Dazu ist es notwendig, dass die Mitarbeiter der Qualitätssicherung unabhängig von projektinternen Zwängen arbeiten können. Dies ist typischerweise durch eine von der Entwicklung unabhängige Organisationseinheit gewährleistet, der die QS-Mitarbeiter fachlich und disziplinarisch unterstellt sind. Kennzeichen dafür sind:

- Existenz einer unabhängigen Organisationsstruktur, die intern bekannt und auch nach außen sichtbar ist
- Ein definiertes, unabhängiges Berichtswesen in die oberste Führungsebene des Unternehmens

Hinweis für Assessoren

In manchen Projekten wird die Rolle des Qualitätssicherers einem Entwickler zusätzlich übertragen. Die betreffende Person übt dann diese Rolle als »add on« zu ihren eigentlichen Hauptaufgaben, z. B. Codieren oder Testen, aus und bleibt organisatorisch dem Projektleiter unterstellt. Diese Umsetzung ist nicht Automotive SPICE-konform, i.d.R. besteht hier ein Interessenkonflikt zwischen Entwicklungs- und QS-Aufgaben.

BP3: Entwickle und implementiere einen Plan für die Qualitätssicherung im Projekt auf Basis der Qualitätssicherungsstrategie

Anmerkung: Der Qualitätssicherungsplan kann qualitätssichernde Aktivitäten, eine zeitliche Planung von Aktivitäten, zugewiesene Verantwortungen, benötigte Ressourcen, Richtlinien und Qualitätsstandards für Anforderungen, Design-, Codierungs- und Testarbeitsprodukte umfassen.

Der Qualitätssicherungsplan ist das zentrale Dokument für die Planung von qualitätssichernden Aktivitäten im Projekt. Ohne schriftliche Dokumentation ist es kaum glaubhaft, dass geforderte Aktivitäten auch tatsächlich und zeitnah ausgeführt werden oder die Anforderungen der Qualitätssicherung berücksichtigt werden. Sind weitere Prozesse, die einen Bezug zu SUP.1 haben, implementiert, so müssen sie in diese Planung eingebunden und alle Aktivitäten gemeinsam koordiniert werden. Der Qualitätssicherungsplan wird regelmäßig bzw. bei Bedarf aktualisiert und fortgeschrieben. Inhaltliche Mindestanforderungen an einen Qualitätssicherungsplan sind:

- Was wird geprüft?
  Welche Arbeitsprodukte und Prozesse sollen geprüft werden? Es ist unrealistisch, in einem Projekt *jedes* Arbeitsprodukt und *jeden* Prozessteilschritt zu prüfen. Daher muss eine sinnvolle Auswahl getroffen werden, die sich nach den Projektgegebenheiten richtet. Dabei kann z.B. festgelegt werden, dass bestimmte zentrale Punkte bei jeder Prüfung untersucht werden, andere nur stichprobenartig und weitere überhaupt nicht.
- Wer prüft und welche Ressourcen werden zur Prüfung benötigt?
  Es wird festgelegt, welche Organisationseinheit oder Rolle für die jeweilige Prüfung verantwortlich ist bzw. welche Qualifikation vorhanden sein muss. Im Projekt werden den einzelnen Aktivitäten meist Mitarbeiter namentlich zugeordnet. Des Weiteren wird der Bedarf an Personal- und Infrastrukturressourcen geplant.

- Gegen was wird geprüft?
  Was sind die Grundlagen für die jeweiligen Prüfungen?
  - Bei Arbeitsprodukten z.B. Prüfung inhaltlicher Anforderungen (z.B. bei einem Codemodul gegen Design und Anforderungen) und formaler Kriterien (z.B. Einhaltung von Codierungsrichtlinien), aber auch Normen, Standards, Gesetzesvorgaben usw.
  - Bei Prozessen in der Regel gegen die Prozessbeschreibung
- Wie wird geprüft und wie werden Abweichungen abgestellt?
  Auf welche Weise wird geprüft, wie werden die Ergebnisse dokumentiert, wie wird sichergestellt, dass Abweichungen beseitigt werden?
- Wie oft wird geprüft?
  Um den Zweck des Prozesses zu erfüllen, müssen regelmäßige Prüfungen (z.B. an »Quality Gates«) stattfinden. Für die Häufigkeit gibt es keine festen Regeln. Eine oft verwendete Strategie ist z.B., die Häufigkeit von der Prozesskonformität abhängig zu machen (d.h., bei guter Prozesskonformität in einem Projekt oder einem Teil der Organisation wird die Häufigkeit reduziert). In der Regel finden Prüfungen zu definierten Meilensteinen im Projekt, z.B. vor Auslieferungen an den Auftraggeber, statt. In einem Assessment wird diese Frage danach beurteilt, ob nach den Umständen des Projekts und der Organisation eine Erfüllung des Prozesszwecks glaubhaft ist.
- Welche Konsequenz hat das Ergebnis der Prüfung?
  Kann die nächste Phase des Projekts begonnen werden, eventuell nur mit Auflagen, oder sind spezielle Maßnahmen nötig, wenn die Qualitätssicherung ihre Freigabe verweigert? Es muss eine Vorgehensweise bei festgestellter Nichterfüllung von Anforderungen festgelegt werden.

Der Personal- und Infrastrukturaufwand für die Durchführung der Aktivitäten des QS-Plans ist zu planen. Das erfolgt entweder im QS-Plan selbst, im Gesamtprojektplan oder in den Teilprojektplänen. Ist die Planung auf mehrere Dokumente aufgeteilt, sind die Pläne untereinander konsistent zu halten.

Die Erfüllung der Anforderungen aus dem Qualitätssicherungsplan ist letztendlich auch ein Kriterium, mit dessen Hilfe die Qualitätssicherung ihre Freigaben z.B. für Auslieferungen an den Auftraggeber erteilt oder nicht. Die Veröffentlichung des Plans in der Organisation ist notwendig, damit alle am Projekt Beteiligten Kenntnis über die Vorgehensweise und den Inhalt haben.

BP4: Bewahre Nachweise der Qualitätssicherung auf. *Definiere Aufzeichnungen und bewahre diese auf, um nachzuweisen, dass geplante Qualitätssicherungsaktivitäten umgesetzt wurden.*

Es ist definiert, welche QS-Aufzeichnungen im Projekt erzeugt werden, diese werden aktuell gehalten. Dazu gehört u.a.:

- Die Festlegung, welche Aufzeichnung für welche QS-Maßnahme/Aktivität erstellt wird
- Nachweis, dass QS-Aktivitäten entsprechend Planung durchgeführt wurden

Im Assessment wird überprüft, ob Nachweise zu QS-Aktivitäten vorliegen. Diese Dokumente sind ein Indikator für deren Durchführung und werden stichprobenweise begutachtet. Insbesondere an dieser Stelle gilt nur als durchgeführt, was auch dokumentiert wurde. Im Projekt sollte definiert werden, welche Aufzeichnungen einmalig erstellt und welche fortgeschrieben werden. Verschiedene Arten von Aufzeichnungen sind möglich.

BP5: Stelle die Qualität von Arbeitsprodukten sicher. *Führe die Aktivitäten entsprechend dem Qualitätssicherungsplan aus, um sicherzustellen, dass die Arbeitsprodukte die Qualitätsanforderungen erfüllen.*

Anmerkung: Qualitätssichernde Aktivitäten für das Produkt können Reviews, Audits, Problemanalysen, Berichte und Erfahrungsberichte enthalten, die die Arbeitsprodukte bzgl. ihrer weiteren Nutzung verbessern.

Anmerkung: Abweichungen, die an den Arbeitsprodukten festgestellt werden, können in den Problemlösungsmanagementprozess (SUP.9) aufgenommen werden, um das Problem zu dokumentieren, zu analysieren, zu lösen, abzuschließen und es künftig zu vermeiden.

Entsprechend der in BP1 (Strategie) und BP3 (QS-Plan) spezifizierten Vorgehensweise werden Prüfungen an Arbeitsprodukten durchgeführt und dokumentiert. Die Verantwortung der Qualitätssicherung im Projekt besteht i.d.R. nicht darin, technische Prüfungen (z.B. Tests) selbst durchzuführen, sondern dafür zu sorgen, dass die im Qualitätssicherungsplan festgelegten Aktivitäten entsprechend Terminplan ausgeführt werden, die erwarteten Ergebnisse erzielt wurden und somit Konformität zu den Anforderungen nachgewiesen wird.

Zum Nachweis konformer Arbeitsprodukte werden diese üblicherweise zusammen mit den Projektmitarbeitern begutachtet. Trotz der Ausführungen im vorherigen Absatz ist hilfreich, wenn Mitarbeiter der Qualitätssicherung über Fach-Know-how (z.B. in den Engineering-Prozessen) verfügen, selbst wenn Tests oder projektinterne Reviews[70] z.B. entweder durch die Entwickler selbst oder durch erfahrenes, projektunabhängiges Personal einer Testabteilung durchgeführt werden. Die letztendliche Bewertung, ob die Arbeitsprodukte anforderungskonform erstellt wurden oder nicht, sollte durch die Qualitätssicherung im Rahmen einer Freigabe (z.B. zur Auslieferung oder zu wichtigen Meilensteinen) erfolgen. Den formalen[71] Nachweis über die Konformität (zwischen Ergebnis und Anforderung) führt die QS.

---

70. Zu gängigen Prüfmethoden siehe die Ausführungen bei SUP.2.
71. Der inhaltliche Nachweis kann durch andere erfolgen, unter anderem auch deswegen, da hierzu in der Regel spezielle fachliche Kenntnisse notwendig sind.

Um den Nachweis der anforderungsgerechten Durchführung qualitätssichernder Maßnahmen wie geplant zu erbringen, wird meist keine 100%ige Prüfung/Sichtung aller Ergebnisse möglich sein. Vielmehr wird eine intelligente und flexible Stichprobenstrategie mit hoher Abdeckung benötigt. Die »Stellschrauben« dieser Strategie wurden in BP3 genannt (Was wird durch wen geprüft? Wie intensiv wird jeweils geprüft? Wie oft wird geprüft?) und richten sich danach, wie viel Vertrauen in das betrachtete Projekt jeweils vorhanden ist. Ein Review kurz vor der Auslieferung an den Auftraggeber sollte umfangreicher und detaillierter sein als bei einem internen Arbeitsprodukt.

Hinweis für Assessoren

Festgestellte Abweichungen an den Arbeitsprodukten müssen bis zur ihrer Abstellung weiterverfolgt und bearbeitet werden (z. B. durch den Problemlösungsmanagementprozess (SUP.9)). Um deren erneutes Auftreten möglichst zu vermeiden, sollte die Organisation geeignete Mittel und Methoden für die Prävention bereitstellen.

BP6: Stelle die Qualität von Prozessaktivitäten sicher. *Führe die Aktivitäten entsprechend dem Qualitätssicherungsplan aus, um sicherzustellen, dass die Prozesse die im Projekt definierten Anforderungen erfüllen.*

Anmerkung: Probleme, die in der Prozessdefinition oder -implementierung festgestellt werden, sollten in den Prozess Prozessverbesserung (PIM.3) aufgenommen werden, um diese zu beschreiben, aufzuzeichnen, zu analysieren, zu lösen, bis zum Abschluss zu verfolgen und künftig zu vermeiden.

Anmerkung: Aktivitäten zur Absicherung der Prozessqualität können Prozess-Assessments und -Audits, Problemanalysen, regelmäßige Überprüfungen von Methoden, Tools, Dokumenten und die Einhaltung definierter Prozesse, Berichte und Erfahrungsberichte enthalten, mit deren Hilfe die Prozesse für künftige Projekte verbessert werden.

Anmerkung: Für den Fall, dass Lieferanten beteiligt sind, sollte deren Qualitätssicherung mit der Qualitätssicherung des Kunden und allen anderen beteiligten Parteien zusammenarbeiten.

Entsprechend der in BP1 (Strategie) und BP3 (QS-Plan) spezifizierten Vorgehensweise werden Prüfungen zu Prozessen durchgeführt und dokumentiert. Um sicherzustellen, dass die im Projekt gehandhabten Prozesse den definierten Anforderungen genügen und zweckmäßig implementiert sind, werden Prozesskonformitätsprüfungen durchgeführt. SUP.1 ist die einzige Stelle in Automotive SPICE, an der derartige Prüfungen gefordert werden. Dadurch kommt SUP.1 eine besondere Bedeutung zu, denn durch derartige Prüfungen wird sichergestellt, dass die von der Organisation gewünschten Anforderungen an die Arbeitsabläufe[72] auch tatsächlich in den Projekten umgesetzt werden. Prozesskonformitätsprüfungen können nicht durch die ausführenden Mitarbeiter erfolgen, auch andere (nicht direkt an diesem Prozess beteiligte) Projektmitarbeiter sind in dieser Rolle wenig glaubhaft. In der Regel werden hierfür vom Projekt unabhängige Mitarbeiter (z.B. QS-Personal) eingesetzt. Für die Prüfungen werden üblicherweise Interviews mit den Projektmitarbeitern durchgeführt und zusätzlich Arbeitsprodukte begutachtet (z.B. in Form von »internen Reviews« oder »internen Audits«).

Die Festlegung von Prozessanforderungen für das Projekt erfolgt normalerweise durch Vorgaben des Managements, welche Prozesse in welchen Organisationseinheiten und Projekttypen verpflichtend sind. Abweichungen davon werden oftmals durch die QS genehmigt. Auf Level 3 kommen außerdem Abweichungen in Form von Tailoring hinzu, die durch Tailoring-Regeln spezifiziert sind. Den formalen Nachweis über die Konformität von Prozessanforderung und Prozessimplementierung im Projekt führt die Qualitätssicherung.

Festgestellte Abweichungen an den Prozessen müssen bis zur ihrer Abstellung weiterverfolgt und bearbeitet werden. Ihr erneutes Auftreten ist möglichst zu vermeiden, dazu sollte die Organisation geeignete Mittel und Methoden für die Prävention bereitstellen, z.B. mithilfe einer (S)EPG ((Software) Engineering Process Group). Während des Assessments kann dazu anhand von Beispielen nachvollzogen werden, ob und wie z.B. festgestellte Abweichungen zu Änderungen in der Prozessdefinition oder -implementierung führen. Die Konsistenz und Traceability der verarbeiteten Daten und Informationen ist dabei zu beachten.

Bei entsprechenden Prüfungen im Projekt sind die Prozessschnittstellen nach außen (z.B. zu anderen Teilprojekten oder zum Kunden) mit zu betrachten und zu bewerten. Nach Erfahrung der Autoren beruhen viele Probleme im Projekt darauf, dass Schnittstellen in Prozessdefinitionen nur ungenügend beschrieben bzw. betrachtet werden und daher entsprechend rudimentär implementiert sind.

Automotive SPICE empfiehlt in einer Anmerkung eine direkte Zusammenarbeit zwischen den beteiligten QS-Organisationen. Es ist zweckmäßig, qualitätssichernde Maßnahmen gemeinsam festzulegen, zu planen und ggf. auch durchzuführen, um die Schnittstellenverluste zu reduzieren, den gleichen Informationsstand aller Beteiligten zu erreichen und Doppelarbeit zu vermeiden. Gleichzeitig sollte die interne Wirkung der Qualitätssicherung im jeweiligen Haus und der unabhängige Berichtsweg genutzt werden, um Probleme kurzfristig abzustellen.

BP7: Verfolge die Aktivitäten der Qualitätssicherung und zeichne diese auf. *Aufzeichnungen zu qualitätssichernden Aktivitäten werden erzeugt und aufbewahrt.*

Die Aktivitäten der Qualitätssicherung werden verfolgt, überwacht und aufgezeichnet. Damit wird einerseits sichergestellt, dass Qualitätssicherung in den Projekten wie geplant stattfindet, andererseits, dass die Qualitätssicherung bei all

72. In der Regel ausgedrückt durch Prozessbeschreibungen.

ihren Aufgaben auch einer gewissen Kontrolle unterliegt und sich nicht verselbstständigt. Die Verantwortung für das Überwachen der Qualitätssicherung hat das Management.

Bereits die [DIN EN ISO 9001] definiert die »Verantwortung der Leitung« unter 5.6.1 wie folgt: »Die oberste Leitung muss das Qualitätsmanagementsystem der Organisation in geplanten Abständen bewerten, um dessen fortdauernde Eignung, Angemessenheit und Wirksamkeit sicherzustellen.« Gleiches gilt analog für die Qualitätssicherung in den Entwicklungsprojekten.

Die Verfolgung der QS-Aktivitäten, d.h., ob sie (zeitgerecht) durchgeführt werden, geschieht in der Regel durch eine Managementfunktion innerhalb der QS-Organisation selbst. Zusätzlich erfolgen meistens externe Auditierungen, die die Wirksamkeit und Angemessenheit dieses Verfolgungsmechanismus sowie des QS-Systems insgesamt sicherstellen.

Über alle Aktivitäten der Qualitätssicherung müssen Nachweise geführt werden. Für die Dokumentation der QS-Aktivitäten gelten die Anforderungen für die Lenkung von Dokumenten z.B. bzgl. Versionierung (siehe auch DIN EN ISO 9001 und SUP.7). Dazu gehört u.a.:

- Nachweise, dass QS-Aktivitäten entsprechend Planung vollständig und »just in time« durchgeführt wurden (z.B. vor wichtigen Meilensteinen)
- Aufzeichnungen müssen vollständig vorliegen.
- Aufzeichnungen müssen reproduzierbar sein.
- Festlegungen, wie Aufzeichnungen archiviert und reproduziert werden

BP8: Berichte Aktivitäten und Ergebnisse der Qualitätssicherung. *Berichte die Durchführung, Abweichungen und Trends der Qualitätssicherungsaktivitäten regelmäßig allen relevanten Parteien zur Information und für weitere Maßnahmen.*

Anmerkung: Die Qualitätssicherung kann einen unabhängigen Berichtsweg nutzen, um regelmäßig die Ergebnisse zum Management und anderen relevanten Stakeholdern zu melden.

Die Qualitätssicherung informiert turnusmäßig alle relevanten Parteien/Personen über Aktivitäten und Ergebnisse von QS-Maßnahmen. Dazu gehört u.a.:

- Berichtsintervalle und Verteiler sind festgelegt.
- Informationen werden veröffentlicht.
- Meldung von Abweichungen zu vorgegebenen Qualitätszielen (z.B. zur Fehlerentwicklung im Projekt über die Zeit durch Metriken. Dadurch werden z.B. Schätzungen ermöglicht, wie lange es dauert, alle Fehler abzuarbeiten.)
- Meldung zu durchgeführten QS- oder Abstellmaßnahmen in den Projekten
- Regelmäßige Berichte ans Management

Voraussetzung für das Berichten von Aktivitäten ist, dass Aktivitäten der Qualitätssicherung aufgezeichnet werden (siehe BP7). Berichte gehen an Personen, die direkt am Projekt beteiligt sind, sowie an Manager, (S)EPG und ggf. weitere Personen.

Abbildung 2–10 zeigt beispielhaft einen Qualitätsbericht. Darin enthalten sind sowohl ein quantitativer Überblick über den Abarbeitungsstatus von QS-Befunden (linke Skala, senkrechte Balken) als auch eine Prozesskonformitätsrate (rechte Skala in Prozent, waagrechte Linien) als Ergebnis von Prozesskonformitätsprüfungen. Diese macht deutlich, wie viel Prozent aller Praktiken der Prozesse vorgabegerecht implementiert sind bzw. wie viele noch nicht umgesetzt sind. Die Darstellung erfolgt über 12 Monate eines Jahres: Die vertikalen Balken in der Abbildung zeigen den Bearbeitungszustand von QS-Befunden (z.B. gefundene Probleme/Fehler) kumuliert in absoluten Zahlen. Die waagrechten Striche in der Abbildung zeigen die Ergebnisse von drei durchgeführten Prozesskonformitätsprüfungen in Form einer Prozesskonformitätsrate.

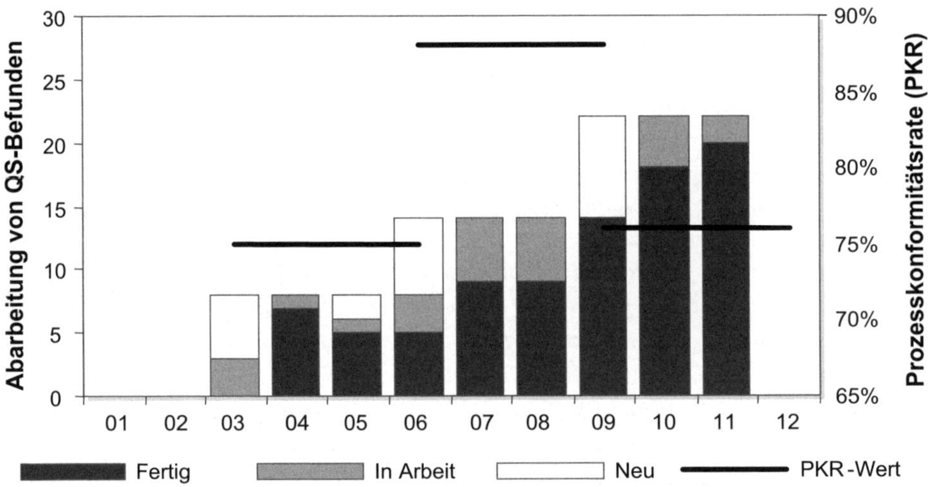

Abb. 2–10 *Beispiel eines QS-Berichtes an das Management: Abarbeitungsstatus von QS-Befunden und Prozesskonformitätsrate*

BP9: Stelle sicher, dass Abweichungen abgestellt werden. *Abweichungen, die während der qualitätssichernden Aktivitäten bzgl. Prozess oder Produkt festgestellt werden, sollten analysiert, korrigiert und künftig vermieden werden.*

Identifizierte Abweichungen werden zuverlässig und vollständig abgestellt. Hierzu spricht der Prüfer die Abweichungen mit den zuständigen Personen durch und vereinbart Maßnahmen zu deren Abstellung. Die Überwachung der Abstellung ist Aufgabe der Qualitätssicherung und geschieht in der Regel durch den Prüfer. Erfolgt die Abstellung nicht wie vereinbart, wird eskaliert (siehe BP10).

Darüber hinaus wird die Entstehungsursache von Nichtkonformitäten bzw. Abweichungen analysiert, um das erneute Auftreten zu verhindern. Zur Analyse, Korrektur und Vermeidung muss die Qualitätssicherung Informationen sammeln und auswerten. Typische Auswertungen sind Ursachenanalysen (»Was war der Grund?«) und statistische Analysen (»Was sind häufige Ursachen von Abweichungen?«). Daraus können dann Maßnahmen abgeleitet werden, um die Ursachen projektseitig oder organisationsseitig abzustellen. Typische Maßnahmen auf Organisationsebene sind z.B. Behebung von Know-how-Defiziten durch Schulungen oder Verbesserungen an Methoden, Prozessen, Tools, Templates, Checklisten etc. Maßnahmen auf Organisationsebene werden zweckmäßigerweise durch den Prozess PIM.3 (Prozessverbesserung) behandelt, Maßnahmen auf Projektebene durch den Prozess SUP.9 (Problemlösungsmanagement).

In der Praxis lassen sich projektbezogene Maßnahmen gerade im Prozessumfeld meist nur mit Organisationsunterstützung im Projekt und/oder mittels organisationsweiter Maßnahmen durchführen. Beispiele aus aktuellen Entwicklungsprojekten belegen, dass dieses Thema häufig keine angemessene Bedeutung erfährt. Fehler wiederholen sich, die Lernkurve neuer Projekte beginnt häufig wieder von vorne und hilfreiche Maßnahmen im Vorgängerprojekt sind mit neuem Projektteam und anderen Randbedingungen wieder vergessen. Gerade deswegen wird Prävention zur Fehlervermeidung in der Automobilindustrie unabhängig von der Reifegradstufe gefordert.

BP10: Richte einen Eskalationsmechanismus ein. *Entwickle einen Eskalationsmechanismus, der sicherstellt, dass die Qualitätssicherung Probleme an die geeignete Managementebene zur Lösung eskalieren kann und erhalte diesen aufrecht.*

Falls Nicht-Konformitäten/Abweichungen nicht abgestellt oder im Projekt selbst nicht gelöst werden können, muss das Management informiert werden, um die Lösung zu unterstützen oder herbeizuführen. Dazu gehört u.a.:

- Festlegung/Beschreibung von Eskalationsmechanismen/-stufen (bis zum Topmanagement)
- Nachweis, dass Eskalationsmechanismen funktionieren
- Definition der Verantwortung und Befugnisse der einzelnen Eskalationsstufen (Adressat/Absender)

Hinweis für Assessoren

Ein Organigramm als Nachweis des Eskalationspfades reicht in den meisten Fällen nicht aus, es sei denn, die betreffende Organisation ist sehr klein. Im Assessment sind daher geeignete stichprobenartige Nachweise, wie z.B. Schriftverkehr, beizubringen, dass der Eskalationsmechanismus funktioniert.

2.13.4 Ausgewählte Arbeitsprodukte

08-13 Quality plan – Qualitätssicherungsplan

Der Qualitätssicherungsplan enthält die in BP3 aufgeführte Vorgehensweise und Maßnahmen sowie ab Level 2 auch einige der in PA 2.1 geforderten planerischen Elemente.

Beispielhafter Aufbau eines Qualitätssicherungsplans

1. Geltungsbereich
2. Zuständigkeit und Befugnisse des QS-Personals
3. Benötigte Ressourcen
4. Budgetierung der QS-Aktivitäten
5. Qualitätssichernde Maßnahmen und Zeitplan
6. Bei den Prüfungen zugrunde zu legende Normen und Verfahren
7. Verfahren zur Behandlung von Abweichungen (inklusive Eskalation zum Management)
8. Zu erstellende Dokumentation
9. Art und Weise des Feedbacks an das Projektteam

13-07 Problem record – Problemaufzeichnung

Siehe bei SUP.9. Problemaufzeichnungen können eingesetzt werden, um die in BP3 festgestellten Abweichungen zu dokumentieren. Manchmal werden die Problemaufzeichnungen mit den Qualitätsaufzeichnungen kombiniert (siehe WP-ID 13-18). Abbildung 2–12 zeigt ein Beispiel einer Problemaufzeichnung integriert in eine Qualitätsaufzeichnung.

13-18 Quality record – Qualitätsaufzeichnung

Die Qualitätsaufzeichnung dient dazu, die in BP5 und 6 geforderten Prüfmaßnahmen zu dokumentieren, die Abbildungen 2–11 und 2–12 zeigen ein Beispiel eines solchen Berichts. Manchmal werden darin auch die Inhalte der Problemaufzeichnungen und die Auflistung der Korrekturaktionen in Listenform festgehalten (siehe Abb. 2–12).

QS-Konformitätsprüfung	
Projekt:	
Datum der Prüfung:	
Objekt der Prüfung:	
Reviewer:	
Teilnehmer:	
Ergebnisse:	
O Abweichungen (ja/nein):	
O Anzahl von Abweichungen:	
Status der Maßnahmenabarbeitung:	
Zusammenfassung der Ergebnisse:	

Abb. 2–11 *Beispiel einer Qualitätsaufzeichnung (Titelseite)*

Abweichungen und Maßnahmen										
ID	Evaluiertes Objekt	Gesamteindruck	Anzahl Abweichungen	Abweichungen im Einzelnen	Maßnahmen-ID	Maßnahme im Detail	Wann wurde Maßnahme initiiert	Verantwortung für Maßnahme	Zieldatum	Bearbeitungsstatus, Kommentare

Abb. 2–12 *Schema einer Qualitätsaufzeichnung (Maßnahmenseite)*

14-02 Corrective action plan – Auflistung der Korrekturaktionen

Durch die Auflistung der Korrekturaktionen sollen die in den Problemaufzeichnungen adressierten Punkte einer Lösung zugeführt werden, d.h., sie müssen Verantwortliche, Lösungsvorschlag (Maßnahmenkatalog zur Lösung des Problems), Termine (Datum von Eröffnung und Abschluss der Korrekturmaßnahme), Status und nachfolgende Überprüfungen spezifizieren. In der Praxis werden diese Angaben oft in der Qualitätsaufzeichnung (s.o.) direkt festgehalten.

Hinweis für Assessoren

Bei diesem Prozess ist insbesondere zu prüfen:

- ob ausreichend Prüfungen eingeplant wurden,
- ob geplante Prüfungen auch tatsächlich stattgefunden haben,
- ob die Prüfergebnisse dokumentiert wurden,
- ob Maßnahmen genügend zeitnah definiert wurden,
- ob Maßnahmen tatsächlich erfolgreich durchgeführt und abgenommen wurden,
- ob adäquate Berichtsaktivitäten vorliegen,
- ob Eskalationen zur Lösung von Problemen führten.

2.13.5 Besonderheiten Level 2

Zum Management der Prozessdurchführung

Die Planung der Qualitätssicherungsaktivitäten erfolgt im Wesentlichen im Qualitätssicherungsplan, wobei einzelne Prüfaktivitäten und deren Termine und durchführende Personen meistens im Projektplan abgebildet sind. Die Verfolgung der Aktivitäten geschieht typischerweise auf drei Ebenen:

- Der Projektleiter verfolgt und steuert prinzipiell alle QS-Aktivitäten mit Ausnahme der Prozesskonformitätsprüfungen[73].
- Prozesskonformitätsprüfungen werden in der Regel durch projektunabhängiges QS-Personal durchgeführt. Die Überwachung, dass diese in ausreichender Zahl und auf ordnungsgemäße Weise durchgeführt werden, obliegt daher typischerweise einem Linienvorgesetzten der Qualitätssicherung.
- Den Qualitätsstatus des Projektes insgesamt zu verfolgen, z.B. durch Kennzahlen und Diagramme im Rahmen regelmäßiger Statusberichte, liegt in der Verantwortung des Managements.

Qualitätssicherung auf Projekt- und auf Organisationsebene sowie auf den verschiedenen Reifegradstufen

Ein wesentliches Element einer wirksamen Qualitätssicherung sind die Prozesskonformitätsprüfungen. Diese benötigen jedoch projektunabhängiges (QS-)Personal und damit entsprechende Strukturen der Organisation. Rein mit projekteigenen Ressourcen ist eine derartige Qualitätssicherung nicht machbar. Eine zweite Voraussetzung für die Durchführung von Prozesskonformitätsprüfungen ist, dass die Prozesse und Vorgaben, gegen die geprüft wird, definiert sein müssen. Dies ist typischerweise auf Level 1 nicht oder nur sehr rudimentär gegeben. Aufgrund des

73. Da die Projektleitungstätigkeit selbst von Prozesskonformitätsprüfungen betroffen ist.

Charakters solcher Prozesskonformitätsprüfungen wird in der Regel auch ein standardisierter QS-Prozess benötigt, was Elemente von Level 3 erfordert.

Die Quintessenz ist, dass SUP.1 Elemente von Level 2 und 3 und bestimmte organisatorische Voraussetzungen benötigt. Dies kann bei Assessments zu dem Problem führen, dass auf Level 1 – ohne solche Elemente – die Erfüllung des Prozesszwecks nur schwer oder gar nicht nachgewiesen werden kann.

»Qualitätssicherung der Qualitätssicherung«

Auf Level 2 wird durch GP 2.2.4 eine Art »Qualitätssicherung der Qualitätssicherung« implementiert. Konkret bedeutet dies, dass die Implementierung und Wirksamkeit des Prozessses periodisch auditiert wird. Hierzu werden zentrale Arbeitsprodukte von SUP.1 wie z.B. der Qualitätssicherungsplan oder Stichproben von Abweichungsberichten durch eine unabhängige Stelle untersucht, z.B. durch externe Auditoren oder durch Personen aus der QS-Organisation, die genügend Distanz zur operativen Ebene von SUP.1 besitzen.

2.14 SUP.2 Verifikation

2.14.1 Zweck

Zweck des Prozesses ist es, zu bestätigen, dass jedes Arbeitsprodukt eines Prozesses oder Projektes den spezifizierten Anforderungen entspricht.

Verifikation wird in der Fachwelt üblicherweise als ein entwicklungsphasenspezifischer Prozess verstanden (vgl. z.B. [Spillner et al. 2005]), in dem die Korrektheit und Vollständigkeit von Arbeitsprodukten dieser Phase im Hinblick auf die direkten Vorgaben[74] an das jeweilige Arbeitsprodukt geprüft werden. So wird z.B. bei der Verifikation einer Softwarekomponente schwerpunktmäßig gegen deren Designvorgaben und gegen Programmierrichtlinien geprüft. Verifikation beantwortet also sozusagen die Frage »Baue ich das System richtig?«, d.h., entspricht es der Vorgabe?

Validierung hingegen beantwortet die Frage »Baue ich das richtige System?«, d.h., ist es geeignet für die vorgesehene Nutzung? Es wird also geprüft, ob ein System für seinen Einsatzzweck tauglich ist. Dies geschieht in erster Linie durch eine Erprobung des Systems in der Praxis und in zweiter Linie durch Prüfung gegen die Kunden- und Systemanforderungen.

Die meisten gängigen Prüfmethoden können in der Praxis sowohl für Verifikations- als auch Validierungszwecke eingesetzt werden, haben jedoch klare Schwerpunkte:

---

74. Im Prozesszweck wird dies als »Anforderungen« bezeichnet. Gemeint sind jedoch Anforderungen im allgemeinen Sinne, nicht ausschließlich die ursprünglichen Kundenanforderungen.

- Für Verifikation werden hauptsächlich Reviews, Walkthroughs, die Tests auf den unterschiedlichen Ebenen und statische Codeanalysen eingesetzt.
- Für Validierung ist die vorherrschende Methode die praktische Erprobung, aber auch der Black-Box-Test oder verschiedene Spezialtests wie z.B. Stresstests, Performanztests, Lasttests werden eingesetzt. Auch Simulationen eignen sich für frühzeitige Validierung.

In Automotive SPICE sind Verifikations- und Validierungsaktivitäten bereits an zahlreichen Stellen beschrieben (vergleiche auch die Übersicht beim SUP.1-Prozess), u.a. bei den Engineering-Prozessen sowie in Prozessattribut PA 2.2. Wird der Verifikationsprozess SUP.2 implementiert, kann er in folgenden Punkten darüber hinausgehen:

1. SUP.2 beschreibt – über die oben genannten hinaus – zusätzliche Maßnahmen, die parallel zur Entwicklung laufen und führt für diese eine gemeinsame Planung und Koordinierung durch.
2. SUP.2-Aktivitäten besitzen einen gewissen Grad an Unabhängigkeit zu den Entwicklungsaktivitäten.

SUP.2 hängt, wie bereits erwähnt, eng mit dem Validierungsprozess[75] (ISO/IEC 15504-5 SUP.3) zusammen. Sowohl die einzusetzenden Prüfmethoden als auch die Prozessmethodik sind sehr ähnlich. Daher werden in vielen Prozessrealisierungen die Verifikations- und Validierungsaktivitäten eng koordiniert, beispielsweise durch einen gemeinsamen Verifikations- und Validierungsplan (»V&V-Plan«).

Verifikation ist ein inkrementeller Prozess, der sich durch das gesamte Projekt hindurchzieht, beginnend mit der Verifikation der Anforderungen. Es folgt dann die Verifikation der in den nachfolgenden Entwicklungsphasen entstehenden Arbeitsprodukte und verschiedener Prototypversionen des Produkts.

2.14.2 Besonderheiten in der Automobilindustrie

In der Automobilindustrie wird für die Verifikationsaktivitäten sehr spezifisches und detailliertes Know-how und Erfahrung benötigt. Es liegt daher nahe, dass diese Aktivitäten entweder von den Entwicklern selbst oder von speziell ausgebildetem, erfahrenem Fachpersonal durchgeführt werden.

75. Der Validierungsprozess SUP.3 wurde aufgrund der Assessmenterfahrung der Mitglieder der Automotive SIG nicht als automotive-spezifischer Prozess in Automotive SPICE umgesetzt. Sollte der Validierungsprozess in einem Assessment gefordert sein, so ist der Prozess aus der ISO/IEC 15504-5 zu verwenden.

2.14.3 Basispraktiken

BP1: Entwickle eine Verifikationsstrategie. *Entwickle und implementiere eine Verifikationsstrategie mit Verifikationsaktivitäten mit zugeordneten Methoden, Techniken und Tools, zu verifizierenden Arbeitsprodukten oder Prozessen, Grad der Unabhängigkeit für die Verifikation und Zeitplan für die Verifikationsaktivitäten.*

Anmerkung: Die Verifikationsstrategie wird mittels eines Plans umgesetzt.

Anmerkung: Software- und Systemverifikation kann objektive Nachweise liefern, dass die Outputs einer bestimmten Phase des Softwareentwicklungslebenszyklus (z. B. Anforderungs-, Design-, Implementierungs-, Testphase) alle für diese Phase spezifizierten Anforderungen erfüllen.

Anmerkung: Verifikationsmethoden und -techniken können Inspektionen, Peer Reviews (siehe auch SUP.4), Audits, Walkthroughs und Analysen beinhalten.

SUP.2 lässt prinzipiell die einzusetzenden Verifikationsmethoden offen. Typische, in der Praxis eingesetzte Methoden sind z. B.:

- Testen
- Statische Codeanalysen
- Reviews, Inspektionen, Walkthroughs
- Simulation
- Traceability-Analyse
- Assessments[76], Audits

Die genannten Methoden eignen sich zum Teil für die Verifikation von Arbeitsprodukten, zum Teil für die Verifikation von zentralen, qualitätsrelevanten Prozessen (z. B. in Form von Konfigurationsaudits für den Konfigurationsmanagementprozess bzw. dessen Arbeitsprodukte), zum Teil für beides.

Jede der genannten Methodengruppen hat ihr eigenständiges Profil bezüglich der typischerweise damit zu findenden Defekte und der Einsatzbereiche und -zeitpunkte. Die Verifikationsstrategie sollte daher eine sinnvolle, gesamtheitliche Vorgehensweise mit Aktivitäten, assoziierten Methoden, den vorgesehenen Einsatzzeitpunkten im Lebenszyklusmodell und dem konkreten Zeitplan spezifizieren. Sie kann den gesamtheitlichen Rahmen für die in den ENG-Prozessen geforderten Teststrategien bilden.

In der Praxis ist es nicht möglich und nicht sinnvoll, *jedes* Arbeitsprodukt zu verifizieren, es muss also eine sinnvolle Auswahl getroffen werden[77]. Bei dieser Auswahl kann auch eine Risikoabschätzung hinzugezogen werden, um z. B. kriti-

76. Assessments im allgemeinen Sprachgebrauch, nicht notwendigerweise eingeschränkt auf Assessments im Sinne von Automotive SPICE.

77. Dies steht leider im Gegensatz zu der unrealistischen Formulierung im Prozesszweck (»jedes Arbeitsprodukt«).

sche Systemteile einer Verifikation zu unterziehen. Ein wichtiges Kriterium ist auch, dass frühe Arbeitsprodukte im Lebenszyklus vorzuziehen sind, wenn dadurch Folgefehler vermieden werden können (z.B. durch Review von Systemanforderungen gegen die Kundenanforderungen). Wichtige Elemente der Strategie sind auch:

- Zu spezifizieren, welche Verifikationsmethoden in welchen Phasen des Projekts auf welches Arbeitsprodukt anzuwenden sind
- Die jeweilige Verifikationsumgebung (z.B. Testtreiber, Werkzeuge) zu spezifizieren
- Eine Priorisierung der Verifikationsaktivitäten vorzunehmen, falls aus Zeitgründen nicht alle durchgeführt werden können
- Bei inkrementeller Entwicklung die unterschiedliche Verifikationsintensität einzelner Inkremente (z.B. Testtiefe) festzulegen

Hinweis für Assessoren

In einem Assessment ist darauf zu achten, dass die vorhandene Strategie fortlaufend an die sich ändernden Randbedingungen des Projektes angepasst wird. Diese Anforderung ist in den Prozessergebnissen spezifiziert (somit verbindlich), wurde jedoch in BP1 vergessen.

Hat die Organisation sowohl den SUP.2-Prozess als auch die Engineering-Prozesse (die ja ebenfalls Verifikationsaktivitäten enthalten) implementiert, so muss in der Strategie auch die Abstimmung der verschiedenen Prüfaktivitäten erfolgen. Bei der Verifikation wird in der Regel ein gewisser Grad der Unabhängigkeit[78] der Verifikations- von den Entwicklungsaktivitäten angestrebt. Man unterscheidet (siehe hierzu auch [IEEE 1012]):

- Technische Unabhängigkeit: Die Verifikationsaktivitäten werden von anderen Personen als den unmittelbar an der Entwicklung Beteiligten durchgeführt (auch als »Vier-Augen-Prinzip« geläufig). Der Vorteil ist die Vermeidung von »Betriebsblindheit«.
- Organisatorische Unabhängigkeit: Die Verifikationsaktivitäten sind in einer separaten Organisationseinheit angesiedelt und stehen unter einer eigenen Leitung. Der Vorteil ist, dass Verifikation ohne Restriktionen oder Druck seitens der Entwicklung stattfinden kann.
- Finanzielle Unabhängigkeit: Die Verifikationsaktivitäten verfügen über ein eigenes Budget, unabhängig von der Entwicklung. Der Vorteil ist, dass Verifikation zumindest nicht seitens der Entwicklung durch Budgetkürzungen bzw. -umwidmungen eingeschränkt werden kann.

78. Automotive SPICE macht hier keine konkreten Vorgaben, der Grad der Unabhängigkeit muss lediglich spezifiziert werden.

Bezüglich dieser drei Parameter sind verschiedene Kombinationen möglich und üblich: von der klassischen Form (Unabhängigkeit bezüglich aller drei Parameter) bis hin zur eingebetteten Form, d.h., Entwicklung und Verifikation stehen unter einer gemeinsamen Leitung, besitzen ein gemeinsames Budget und einen gemeinsamen Pool von Personal.

BP2: Entwickle Kriterien für die Verifikation. *Entwickle die Kriterien für die Verifikation für alle erforderlichen technischen Arbeitsprodukte.*

Kriterien für die Verifikation geben an, welche Bedingungen erfüllt sein müssen, damit ein technisches Arbeitsprodukt (wie z.B. eine Fahrzeugkomponente) als erfolgreich verifiziert angesehen werden kann. Sie sind abhängig vom Typ des jeweiligen Arbeitsprodukts und der einzusetzenden Verifikationsmethode. Die Kriterien ergeben sich aus den für das jeweilige Arbeitsprodukt zu erfüllenden Vorgaben. Diese Vorgaben sind in erster Linie durch Arbeitsergebnisse unmittelbar vorangegangener Entwicklungsphasen gegeben. Zum Beispiel sind die Kundenanforderungen Vorgaben für die Produktanforderungen, die Produktanforderungen Vorgaben für das Produktdesign, das Produktdesign Vorgabe für die Codierung etc. Aus einzuhaltenden Entwicklungsprozessen, aus geltenden Normen und gesetzlichen Anforderungen entstehen in der Regel weitere Kriterien für die Verifikation. Kriterien für die Verifikation bedürfen in der Regel noch weiterer Konkretisierung, zum Beispiel:

- Jede Kundenanforderung muss sich in mindestens einer Produktanforderung niederschlagen.
- Inwieweit ist bei Prüfungen von den Entwicklern unabhängiges Personal einzusetzen.
- Kriterien bezüglich Testfällen, z.B.:
  - Alle Inputs sind sowohl durch korrekte als auch inkorrekte Werte zu testen.
  - Alle Inputs sind sowohl durch Extremwerte als auch durch Normalwerte zu testen.
  - Testfälle sind so zu konstruieren, dass für alle Outputs sowohl Extremwerte als auch Normalwerte erzeugt werden.
  - Für jede Systemfunktion muss mindestens ein Testfall existieren.
  - Für jeden Menüpunkt muss mindestens ein Testfall existieren.
- Testabdeckungsmaße: Bei White-Box-Tests sind bestimmte Vorschriften bezüglich der Vollständigkeit der Testfälle einzuhalten (siehe Exkurs »Ableitung von Testfällen« bei ENG.8).
- Bei Reviews sind Checklisten zu verwenden.
- Für Code sind statische Analysewerkzeuge zu benutzen.

Hinweis für Assessoren

Die Kriterien zur Verifikation von Arbeitsprodukten sind unterschiedlich zu den Verifikationskriterien aus den ENG-Prozessen (siehe hierzu Abschnitt 2.24): Ein Verifikationskriterium bezieht sich immer auf eine einzelne Anforderung. Im Gegensatz dazu beziehen sich die Kriterien zur Verifikation auf die Erfolgskriterien für den gesamten Verifikationsschritt.

BP3: Führe Verifikation durch. *Verifiziere die festgelegten Arbeitsprodukte gemäß der festgelegten Strategie und den entwickelten Kriterien zur Verifikation, um zu bestätigen, dass die Arbeitsprodukte ihre festgelegten Anforderungen erfüllen. Die Ergebnisse der Verifikationsmaßnahmen werden protokolliert.*

Die jeweilige Verifikation wird gemäß der Strategie und den definierten Kriterien der Verifikation durchgeführt und die Ergebnisse werden protokolliert (siehe Exkurs »Testdokumentation« bei ENG.6). Das könnte beispielsweise bedeuten, dass ein schriftlicher und zusammenfassender Nachweis existiert, dass alle in einem Entwicklungszyklus veränderten Softwaremodule vollständig und unter der Verwendung der projektspezifischen Checklisten reviewt, entsprechende Ergebnisprotokolle erstellt und alle Befunde adäquat eingearbeitet wurden.

BP4: Bestimme und verfolge Aktionen für die Verifikationsergebnisse. *Bei der Verifikation gefundene Probleme sollten an den Problemlösungsmanagementprozess (SUP.9) übergeben werden, damit die Probleme beschrieben, aufgezeichnet, analysiert, gelöst, bis zum Abschluss verfolgt und ein erneutes Auftreten verhindert wird.*

Bei der Verifikation ermittelte Probleme werden in einer Problemaufzeichnung festgehalten und einer systematischen Problembehebung zugeführt, idealerweise in Form des Problemlösungsmanagementprozesses SUP.9, falls dieser implementiert ist. Genau genommen werden bei bestimmten Verifikationsmethoden (z.B. bei Tests) oft nicht direkt Defekte gefunden, sondern Abweichungen zwischen beobachtetem Verhalten und erwartetem Verhalten. Hier bedarf es häufig noch einer Ursachenklärung, ob dieses abweichende Verhalten tatsächlich auf einen Defekt zurückzuführen ist, oder ob andere Gründe dafür vorliegen (z.B. Ungenauigkeiten der Spezifikation, Verfälschungen aufgrund der Testmethodik, Fremdeinflüsse in der Testumgebung durch mit dem getesteten Produkt verbundene Systeme wie z.B. Sensoren oder andere Systeme). Die Ursachenanalyse kann z.T. sehr aufwendig sein, z.B. wenn das abweichende Verhalten sporadisch auftritt und nicht zuverlässig reproduziert werden kann.

BP5: Berichte die Verifikationsergebnisse. *Die Verifikationsergebnisse sollten an alle beteiligten Parteien berichtet werden.*

Die Information der beteiligten Parteien geschieht im einfachsten Fall direkt, wenn z. B. in einem Review der Autor des Arbeitsprodukts anwesend ist. Auf jeden Fall muss jede beteiligte Partei einen Bericht bzw. ein Protokoll über die Prüfergebnisse erhalten. Der Bericht kann verschiedene Formen annehmen (siehe Exkurs »Testdokumentation« bei ENG.6):

- Für die Entwickler: Problembericht, Testprotokoll
- Für die Projektleitung: Testabschlussbericht
- Für den Kunden: Lieferdokumentation

2.14.4 Ausgewählte Arbeitsprodukte

13-07 Problem record – Problemaufzeichnung

Siehe bei SUP.1

13-25 Verification results – Verifikationsergebnisse

Die Ergebnisse der Verifikation beinhalten zumindest:

- Objekte, die die Verifikation bestanden haben
- Objekte, die die Verifikation nicht bestanden haben
- Objekte, die noch nicht verifiziert wurden
- Während der Verifikation erkannte Probleme
- Eventuell Ergebnisse einer Risikoanalyse
- Empfehlung für Maßnahmen
- Schlussfolgerungen aus der Verifikation

14-02 Corrective action register – Auflistung der Korrekturaktionen

Siehe bei SUP.1

19-10 Verification strategy – Verifikationsstrategie

In der Verifikationsstrategie werden die Verifikationsmethoden, -verfahren und -tools für die Durchführung der einzelnen Verifikationsschritte und die Arbeitsprodukte bzw. die Prozesse, die der Verifikation unterliegen, beschrieben. Des Weiteren wird der Grad der Unabhängigkeit bei der Verifikation und ein Zeitplan für die Durchführung der Verifikationsaktivitäten angegeben. Es werden auch anhand von Einschränkungen und Risiken Kriterien zur Verifikation beschrieben, die z. B. Kriterien für den Testbeginn, das Testende, den Testabbruch sowie für die Testwiederaufnahme beinhalten.

2.14.5 Besonderheiten Level 2

Zum Management der Prozessdurchführung

Planung und Verfolgung der Verifikationsaktivitäten richten sich danach, inwieweit diese durch Projektpersonal oder sonstiges Personal erfolgen. Im ersten Fall geschieht die Planung und Verfolgung mittels der im Projekt praktizierten Projektmanagementmethoden. Ansonsten wird in der Regel ein separater Plan erstellt, eng mit dem Projektplan abgestimmt und durch projektunabhängiges Personal verfolgt.

Zum Management der Arbeitsprodukte

Aufgrund der großen Bedeutung der Verifikationsstrategie sollte insbesondere diese reviewt werden.

2.15 SUP .4 Gemeinsame Reviews

2.15.1 Zweck

Zweck des Prozesses ist es, mit den Stakeholdern ein gemeinsames Verständnis für den Fortschritt der Ziele der Vereinbarung aufrechtzuhalten, und was getan werden sollte, um sicherzustellen, dass ein Produkt entwickelt wird, das die Stakeholder zufriedenstellt. Gemeinsame Reviews gibt es sowohl auf Projektmanagementebene als auch auf technischen Ebenen, sie werden während der gesamten Projektdauer durchgeführt.

Unter Review wird die Prüfung von Reviewobjekten (z.B. Entwicklungsergebnisse in Form von Dokumenten oder Code) gegenüber Vorgaben und gültigen Richtlinien durch geeignete Prüfer verstanden. Diese Prüfung hat das Ziel, Fehler, Schwächen und Lücken des Reviewobjekts aufzuzeigen, zu kommentieren und zu dokumentieren sowie den Reifegrad des Objekts festzustellen.

Der Begriff Review wird in Literatur und Praxis meist mit sehr unterschiedlichen Bedeutungen verwendet. Automotive SPICE geht nicht weiter auf die verschiedenen Reviewmethoden wie Inspektion, Walkthrough, »Schreibtischtest«, Peer-Review etc. ein. Als Referenz kann hierzu [IEEE 1028] herangezogen werden, weiterführende Informationen gibt es z.B. bei [Gilb 1993] und [Freedman et al. 1990].

Gerade in frühen Phasen eines Projekts stellen Reviews ein wirksames und kostengünstiges Mittel dar, um die Qualität von z.B. Konzepten oder Kundenanforderungen zu überprüfen und um ein gemeinsames Problemverständnis im Projekt zu erzeugen. In späteren Entwicklungsphasen werden dann Entwicklungsergebnisse wie Designdokumente, Code oder Testfälle in Reviews überprüft. SUP.4 adressiert die folgenden Reviews:

- (Projekt-)Managementreviews: Eine systematische Untersuchung mit Managementbeteiligung (Projektmanagement oder Linienmanagement), evtl. auch mit Beteiligung von Kundenvertretern. Reviewobjekt ist dann meist der Projektstatus (Überprüfung des Projektfortschritts) oder es werden wichtige Entwicklungsergebnisse geprüft und abgestimmt.
- Meilensteinreviews: Zu wichtigen Projektmeilensteinen werden der Projektstatus und die zu diesem Meilenstein fertigen Entwicklungsergebnisse gegen definierte Kriterien überprüft, typischerweise auch mit Managementbeteiligung (s.o.).
- Technische Reviews: Überprüfung von Entwicklungsdokumenten durch Experten mit technischem Fokus. Überprüft werden laut SUP.4 zum Beispiel die Auslastung von Hardwareressourcen, neue Anforderungen und der Einsatz von neuen Technologien und die damit verbundenen Entwicklungsergebnisse.

Reviews können mehr oder weniger aufwendig durchgeführt werden. Eine relativ aufwendige und nach strengen Regeln durchgeführte Form ist die »Inspektion«. Diese wird unter geplanter Leitung eines Moderators durchgeführt, erlaubt den Prüfern vorab eine Begutachtung des Reviewobjekts und trägt in der Inspektionssitzung nur die Ergebnisse zusammen (siehe auch [Gilb 1993]). Derartige Methoden werden manchmal als »formale Reviews« bezeichnet. Andere Methoden verzichten auf den ein oder anderen Bestandteil (z.B. keine Eingangsprüfung des Reviewobjekts durch den Moderator, keine Vorbereitungszeit der Prüfer, keine Sitzung, sondern nur schriftliche Kommentare) oder Aufwandstreiber (Verzicht auf Moderatorenrolle, geringere Anzahl von Prüfern, z.B. nur Autor plus Kollege). In jedem Fall müssen die durchzuführenden Schritte und Verantwortlichkeiten präzise definiert sein (im Reviewprozess) und ggf. unterstützende Materialien (z.B. Checklisten und Templates) zur Verfügung stehen.

Jede der genannten Formen hat ihre Berechtigung und besitzt Vor- und Nachteile. Durch langjährige Untersuchungen ist beispielsweise nachgewiesen, dass mittels Inspektionen die meisten Probleme gefunden werden. Inspektionen bieten sich daher für wichtige, zentrale Dokumente (wie z.B. Anforderungsdokumente, Architektur, Design) an. Bei in großer Anzahl durchgeführten kleinen Reviews (z.B. für Code) reicht vielleicht ein Peer-Review nur mit Autor und Kollege. In der Praxis verfügen die Unternehmen daher meistens über ein Spektrum von Reviewprozessen für verschiedene, festgelegte Einsatzzwecke.

Aus Sicht von Automotive SPICE ist allerdings darauf zu achten, dass Assessment-taugliche Nachweise von Reviews vorliegen. Empfehlenswert ist daher mindestens Folgendes:

- Planung, Identität der beteiligten Personen, das Vorgehen bezüglich Verteilung der Reviewobjekte, Termine etc. sind nachvollziehbar.
- Die Reviewergebnisse sind dokumentiert.
- Die Mängelbeseitigung ist nachweisbar.

2.15.2 Besonderheiten in der Automobilindustrie

Keine

2.15.3 Basispraktiken

BP1: Bestimme die Reviewelemente. *Bestimme den Zeitplan, Umfang und die Teilnehmer von Managementreviews und technischen Reviews basierend auf den Projektbedürfnissen. Vereinbare alle notwendigen Ressourcen, um das Review durchzuführen (dies beinhaltet Personal, Ort und Einrichtungen). Lege Reviewkriterien fest für die Problemidentifizierung und -lösung sowie für die Einigung unter den Reviewern.*

Im Rahmen der Reviewplanung werden die Reviewobjekte, die Teilnehmer und die benötigten Ressourcen, der zeitliche Rahmen (z.B. Reviewphasen, d.h. notwendige Vorbereitungszeiten, maximale Dauer eines Reviews und Nachbereitungszeiten), Örtlichkeiten, evtl. notwendiges Referenzmaterial sowie geeignete Richtlinien (z.B. Reviewprozess, Checklisten) festgelegt.

Im Vorfeld des Reviews müssen auch die Reviewkriterien zusammengestellt werden, gegen die das Reviewobjekt geprüft wird. Reviewkriterien für die Problemidentifizierung geben an, in welchem Fall ein Problem vorliegt. Bei technischen Reviews können beispielsweise Defektklassen vorgegeben werden, wie schwerwiegende Defekte (»Majors«, z.B. inhaltliche Probleme) und geringfügige Defekte (»Minors«, z.B. Rechtschreibfehler). In diesem Fall geben die Reviewkriterien an, wie diese Klassen definiert sind. Außerdem muss definiert sein, wann genau ein Problem vorliegt (»Abweichung gegen was?«). Hierzu müssen Kriterien in Form von einzuhaltenden Vorschriften, Normen, Vorgabedokumenten, Kundenanforderungen, Prozessanforderungen (z.B. inhaltliche und strukturelle Anforderungen an Dokumente, die im Rahmen der Prozessausführung erzeugt werden) vorhanden sein. Empfehlenswert ist auch, diese Kriterien für die wichtigsten Reviewobjekte in Form von Checklisten zusammenzustellen.

Reviewkriterien für die Problemlösung spezifizieren, was zur Abstellung der Probleme getan werden muss, z.B. dass ein schwerwiegender Defekt in einem technischen Review binnen x Tagen vom Autor zu beheben ist und die Behebung vom Reviewmoderator zu überprüfen ist. Reviewkriterien für die Problemeinigung legen fest, wie der Einigungsprozess unter den Reviewer abläuft (z.B. Abstimmung oder Konsensbildung).

BP2: Lege ein Verfahren fest zur Handhabung der Reviewergebnisse. *Lege ein Verfahren fest, um sicherzustellen, dass die Reviewergebnisse allen betroffenen Parteien zur Verfügung gestellt werden. Lege ein Verfahren fest, um sicherzustellen, dass im Review entdeckte Probleme gekennzeichnet und aufgezeichnet werden. Lege ein Verfahren fest, um sicherzustellen, dass ermittelte Aktionspunkte für eine Nachbehandlung aufgezeichnet werden.*

Diese sowie weitere Forderungen aus anderen Basispraktiken von SUP.4 werden normalerweise nicht individuell für jedes Projekt festgelegt, sondern zweckmäßigerweise organisationsweit geregelt in Form von Richtlinien oder Prozessbeschreibungen[79]. In einer Prozessbeschreibung können z.B. folgende Inhalte definiert sein:

- Rollen im Reviewprozess (in der Regel Reviewmoderator, Prüfer, Protokollant, Autor)
- Planungsinhalte des Reviews (Reviewobjekt, Termine und Ort, Prüfer, Prüfkriterien, Eingangs- und Ausgangskriterien für das Review)
- Durchführung des Reviews (individuelle Vorbereitung der Prüfer, Reviewsitzung, Vorgehen bei verteilten Reviews: Nutzung von z.B. Videokonferenzen)
- Dokumentation der Reviewergebnisse (bestanden/ nicht bestanden, Mängelliste mit Aktionspunkten, nächste Schritte)
- Problemklassen (z.B. »Majors« für kritische Mängel, »Minors« für unkritische/formale Mängel) sowie Reviewkriterien zwecks Einordnung der Befunde in die Klassen: Wie ist der zeitliche Rahmen zur Abarbeitung einzelner Klassen (z.B. kritische Befunde werden sofort, unkritische im nächsten Stand behoben); ab welcher Anzahl von Befunden gilt ein Review als nicht bestanden und muss wiederholt werden, z.B. »ab drei kritischen Befunden«.
- Verteilung und Kommunikation der Reviewergebnisse
- Prüfung der Erledigung der Überarbeitung
- Prüfung der Effektivität und Effizienz von Reviews

Zusätzlich zu einem definierten Reviewprozess würde in einer Level-3-Organisation auch Folgendes zur Verfügung stehen:

- Begleitende Schulungen für Reviewleiter und Prüfer
- Unterstützende Templates für Einladung, Reviewprotokoll, Mängelliste etc.
- Checklisten mit den Reviewkriterien
- Unterstützung durch Experten in der Durchführung von Reviews

Abbildung 2–13 stellt einen beispielhaften Reviewprozess im Überblick dar.

79. Jedoch unterhalb von Level 3 nicht gefordert.

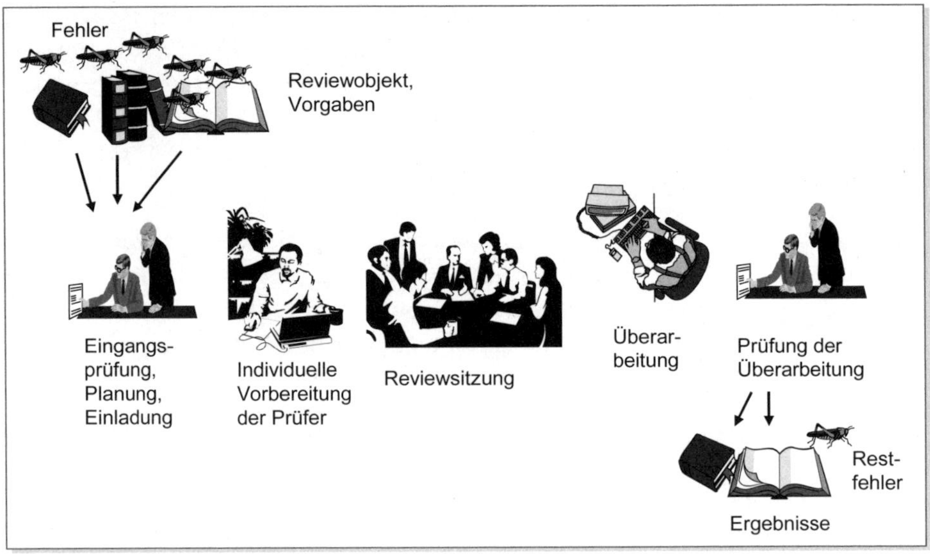

Abb. 2–13 *Beispiel eines Reviewprozesses*

BP3: Bereite ein gemeinsames Review vor. *Sammle und plane das Reviewmaterial in Vorbereitung des Reviews, bereite das Reviewmaterial vor und verteile es, falls erforderlich.*

Anmerkung: Die folgenden Punkte können adressiert werden: Umfang und Zweck des Reviews; zu reviewende Produkte und Probleme; Eingangs- und Ausgangskriterien; Agenda, Rollen und Teilnehmer; Verteilerliste; Verantwortlichkeiten; Ressourcen- und Einrichtungsanforderungen; zu nutzende Tools (Checklisten, Szenarien für perspektivenbasierte Reviews[80] *etc.)*

Gemäß Reviewplanung werden die Reviewobjekte durch den Reviewleiter gesammelt und an die Prüfer verteilt. Je nach Erfordernis des Reviewprozesses prüft der Reviewleiter zumindest stichprobenhaft (Eingangsprüfung), ob die Reviewobjekte eine ausreichende Qualität besitzen, um das Review durchzuführen. Ist dies nicht der Fall, sagt er das Review ggf. im Vorfeld ab oder der Termin wird verschoben, um eine effiziente Durchführung zu ermöglichen.

BP4: Führe die gemeinsamen Reviews aus. *Führe die Managementreviews und technischen Reviews wie geplant durch. Zeichne die Reviewergebnisse auf.*

Die Reviews werden gemäß Reviewplanung durchgeführt und die Ergebnisse werden dokumentiert (siehe Reviewaufzeichnungen, WP-ID 13-19). Neben allge-

80. Bei perspektivenbasierten Reviews wird das Prüfobjekt aus unterschiedlichen Sichten geprüft. Dazu erhält jeder Prüfer ein Szenario, das seine Perspektive beschreibt (z. B. aus Sicht des Testingenieurs).

meinen Informationen wie Datum, Reviewobjekt, Teilnehmer und Ergebnis des Reviews müssen insbesondere die gefundenen Mängel festgehalten werden.

Automotive SPICE fokussiert auf die Identifizierung von Problemen. [IEEE 1028] spricht allgemeiner von »Anomalien«. Neben Problemen und Defekten werden in Reviews nämlich häufig auch offene Punkte, Unklarheiten und Verbesserungsvorschläge identifiziert. Auch diese sollten ebenfalls dokumentiert und nach dem Review behandelt werden.

Bei formalen Reviews besteht die eigentliche Reviewausführung meist aus zwei Schritten:

1. Individuelle Vorbereitung der Prüfer: Die Prüfer bereiten sich einzeln vor und prüfen das Reviewobjekt – mit dem Ziel, so viele Mängel wie möglich zu finden. Je nach Methode und Prozess werden dazu die eingeplanten Hilfsmittel wie Checklisten und Szenarien eingesetzt.
2. Reviewsitzung: Unter Moderation des Reviewmoderators werden die gefundenen Mängel besprochen – mit dem Ziel, die Mängel eindeutig und klar verständlich zu benennen, sodass der Autor diese später beheben kann. Die Mängel werden klassifiziert und ggf. priorisiert.

In der Theorie vieler Reviewmethoden sollen sich die Teilnehmer in der Reviewsitzung auf die Problemidentifikation beschränken. Lösungsdiskussionen sind aus der Reviewsitzung auszuschließen, um langwierige Reviewsitzungen zu vermeiden[81]. Es ist jedoch menschlich, dass man bei wichtigen Problemen gerne auch über mögliche Lösungen diskutiert. Daher ist es hilfreich, im Anschluss an die Reviewsitzung noch einen Termin zur Lösungsfindung für komplexere Probleme zu vereinbaren (z.B. eine halbstündige Brainstormingsitzung). Nach Durchführung des Reviews wird das Reviewergebnis festgelegt. Möglich sind z.B.:

- Review ohne Einwände bestanden
- Review bestanden, wenn die identifizierten Mängel bis zum ... behoben sind
- Reviewwiederholung notwendig

BP5: Verteile die Ergebnisse. *Die Reviewergebnisse werden dokumentiert und allen betroffenen Parteien zur Verfügung gestellt.*

Die Reviewergebnisse werden allen betroffenen Parteien mitgeteilt. Dies kann umfassen:

- Die Verteilung des ausführlichen Reviewprotokolls gemäß Verteiler (mindestens an alle Teilnehmer, ggf. auch an die Qualitätssicherung, Projektleitung und Teams, die vom dem überarbeiteten Reviewgegenstand betroffen sind[82])
- Die Verteilung einer Zusammenfassung an das Management[83]

81. Ein Erfahrungswert ist, dass eine Reviewsitzung die Dauer von zwei Stunden nicht überschreiten sollte, da ansonsten die Effektivität und Akzeptanz abnimmt.

***BP6: Bestimme Maßnahmen aufgrund der Reviewergebnisse.** Die Reviewergebnisse werden verteilt und analysiert. Lösungen für die Reviewergebnisse werden vorgeschlagen. Prioritäten für Maßnahmen werden bestimmt.*

Die Verteilung wurde bereits in BP5 erläutert. Im Review wurde beschlossen, welche Mängel behoben werden müssen (siehe BP4). Nun müssen der Reviewgegenstand überarbeitet und die Mängel abgestellt werden. Dies ist normalerweise Aufgabe des Autors, in diesem Zuge erfolgen auch die Analyse der Ergebnisse und die Erarbeitung von Lösungen. Eine Priorisierung geschieht bereits durch die Klassifizierung, ggf. können in der Reviewsitzung darüber hinaus explizite Prioritäten festgesetzt werden.

***BP7: Verfolge Maßnahmen bezüglich der Reviewergebnisse.** Verfolge die Maßnahmen zur Abstellung der im Review entdeckten Probleme bis zum Abschluss.*

Nach erfolgter Mängelbehebung (siehe BP6) sollte überprüft werden, ob die identifizierten Mängel auch tatsächlich behoben sind. Dies geschieht, je nach Vorgaben des Reviewprozesses, durch den Reviewmoderator oder durch den Autor selbst.

***BP8: Identifiziere Probleme und zeichne sie auf.** Ermittle die in den Reviews entdeckten Probleme und zeichne diese gemäß den festgelegten Verfahren auf.*

Die Aufzeichnung der in Reviews identifizierten Probleme wurden bereits in BP4 und BP5 beschrieben. Darüber hinaus kommt ggf. eine Aufzeichnung auf Organisationsebene für Zwecke der Prozessverbesserung in Frage.

2.15.4 Ausgewählte Arbeitsprodukte

13-19 Review records – Reviewaufzeichnungen

Neben allgemeinen Informationen wie Datum, Reviewobjekt, Teilnehmer, Ergebnis des Reviews[84] und Aufwand müssen insbesondere die gefundenen Mängel festgehalten werden. Dazu bietet sich ein sogenanntes Review Log an (siehe Abb. 2–14). Des Weiteren sollten auch im Review ggf. ermittelte Verbesserungsvorschläge aufgezeichnet werden. Bei mehr informellen Reviewmethoden wird

82. Zum Beispiel muss das Testteam informiert werden über Änderungen, die sich aufgrund des Reviews eines Anforderungsdokuments ergeben, um Testfälle anzupassen.
83. Je nach Kultur des Unternehmens kann die Verteilung an das Management auch problematisch sein, wenn daraufhin Leistungsbeurteilungen vorgenommen werden und dadurch Ängste bei den Entwicklern entstehen. In der Folge werden Probleme nicht mehr zugegeben, Streitereien in Reviewsitzungen entstehen und aufwendige »Privat-Reviews« vor dem eigentlichen Review werden veranstaltet.
84. Mögliche Ergebnisse sind z. B. »Review ohne Einwände bestanden«, »Review bestanden, wenn die identifizierten Mängel bis zum ... behoben sind« oder »Reviewwiederholung notwendig«.

manchmal auf ein Review Log verzichtet. Wenn es in diesem Fall z.B. handschriftliche Aufzeichnungen der Reviewergebnisse gibt (z.B. Notizen auf einem Ausdruck des Reviewgegenstandes), so sollten diese als Nachweis aufbewahrt werden.

Review Issue Log

Objekt:	
Version:	
Reviewer:	
Datum:	

#	Dokumentname – Referenz	Wo (Seite/ Kapitel/Zeile)	Issue Schwere	Issue Typ	Checkliste	Kurze Beschreibung des Issues	Weitere Kommentare	Issue-Bewertung durch Autor
1								
2								
3								
4								
5								
6								
7								
8								
9								
10								
11								

Legende	Beschreibung
Dokumentname – Referenz	Der Name des Dokuments
Wo (Seite/Kapitel/Zeile)	Zu welchem Teil des Dokuments ist die Bemerkung.
Issue Schwere	Maj: Major Min: Minor
Issue Typ	V: Verbesserungsvorschlag ?: Frage an Autor F: Fehler
Checkliste	Verweis auf Checkpunkt der vewendeten Checkliste
Kurze Beschreibung des Issues	Worum geht es?
Weitere Kommentare	Weitere Kommentare – Verbesserungsvorschläge, Änderungsvorschläge, Klärungsbedarf
Issue-Bewertung durch Autor	Kommentar, welche Bemerkungen/Klassifizierungen wurden bei der Analyse des Issues gemacht

Abb. 2–14 *Beispielstruktur eines Review Log*

2.15.5 Besonderheiten Level 2

Zum Management der Prozessdurchführung

Die Planung von Reviews erfolgt auf zwei Ebenen:

1. Auf Projektebene: Pro Projekt wird festgelegt, welche Reviews durchzuführen sind. Die Reviews sind dann z.B. im Terminplan des jeweiligen Projekts enthalten. Bei umfangreichen Projekten mit vielen Reviews wird ggf. auch ein gesonderter Reviewplan erstellt.
2. Pro Review: Geplant werden pro Review die Reviewobjekte, die Teilnehmer und die benötigten Ressourcen, der zeitliche Rahmen, Örtlichkeiten, das Referenzmaterial sowie geeignete Richtlinien (Reviewprozess, Checklisten).

Zum Management der Arbeitsprodukte

Die Anforderungen von Prozessattribut PA 2.2 gelten insbesondere für die Reviewplanung auf Projektebene sowie die Reviewaufzeichnungen. Wie bei BP7 beschrieben, sollte nach einem Review überprüft werden, ob die identifizierten Mängel auch tatsächlich behoben sind.

2.16 SUP.8 Konfigurationsmanagement

2.16.1 Zweck

Zweck des Prozesses ist es, die Integrität[85] aller Arbeitsprodukte eines Prozesses bzw. eines Projekts herzustellen, aufrechtzuerhalten und diese allen betroffenen Parteien zur Verfügung zu stellen.

Beim Konfigurationsmanagement (KM) hat das Konfigurationsmanagementsystem eine zentrale Bedeutung. Darunter verstehen wir die Kombination aus einem (oder mehreren) KM-Werkzeug(en) (d.h. Software, die die physische Speicherung und Handhabung unterstützt) und den damit verbundenen Regeln (Vorschriften, Prozessen, Konventionen, z.B. für Änderungsmanagement, Versionierung oder Zugangsbeschränkung). Das KM-Werkzeug muss nicht unbedingt eine spezielle Konfigurationsmanagementsoftware sein. Es kann sich auch z.B. um eine Ablage auf einem Dateisystem handeln. Je weniger Möglichkeiten das KM-Werkzeug bietet, umso mehr muss dies durch entsprechende Regeln unterstützt werden.[86]

2.16.2 Besonderheiten in der Automobilindustrie

Durch die gleichzeitige Entwicklung in verschiedenen Disziplinen (Hardware, Mechanik, Software etc.) liegt hier eine heterogene Werkzeugumgebung vor: Für Software wird meistens eines der üblichen KM-Werkzeuge eingesetzt. Werkzeuge für mechanische Konstruktion (CAD) und Leiterplattenlayout enthalten normalerweise ein eigenes Versionierungssystem. Stücklisten werden z.B. über SAP verwaltet. Oft wird eine Reihe von Dokumenten (z.B. Pflichtenhefte, Designdokumente) absichtlich nicht in einem KM-Werkzeug gehalten, sondern auf dem Dateisystem z.B. unter Windows abgelegt. Der Grund dafür ist typischerweise, dass nicht alle Projektbeteiligten Zugriff auf ein KM-Werkzeug haben oder nicht in der Nutzung geschult sind.

Diese Konstellation macht Konfigurationsmanagement schwieriger als in einem reinen Softwareprojekt: Die Organisation muss eine Systematik schaffen, die es erlaubt, zu bestimmten Zeitpunkten (z.B. Liefertermine von Prototypen) die einen Entwicklungsstand umfassenden Konfigurationselemente (z.B. Dokumente, Codemodule, Daten, Entwicklungsumgebungen) als zusammengehörig zu kennzeichnen (eine sogenannte Baseline). Dies kann dadurch geschehen, dass in jedem der Werkzeuge eine lokale Baseline gezogen wird und die Zusammengehö-

85. Integrität bedeutet umgangssprachlich Unversehrtheit und Vollständigkeit. Unter Datenintegrität versteht man in der Informatik Korrektheit und Konsistenz (Widerspruchsfreiheit). Nach IEEE Std. 610.12-1990 wird unter Integrität das Verhindern von unerlaubtem Zugriff und unerlaubter Änderung von Daten verstanden.

86. Bei der Ablage auf einem Dateisystem fehlt z. B. die automatische Versionierung. Die Versionierung wird dann manuell vorgenommen nach genau festgelegten Regeln.

rigkeit z.B. in einer Tabelle spezifiziert wird. Alternativ können Daten vom Verantwortlichen im KM-Werkzeug abgelegt und von dort automatisch auf eine allgemein zugängliche Dateiablage gespiegelt werden. Die meisten KM-Werkzeuge unterstützen dieses Vorgehen. In der Praxis sind bei Konfigurationsmanagement in der Automobilindustrie oft Schwächen bei der Koordination der Disziplinen anzutreffen.

Hinweis für Assessoren

In diesem Prozess sollte zumindest Folgendes geprüft werden:

- Falls es verschiedene Disziplinen im Projekt gibt (Hardware, Mechanik, Software etc.), existiert dann ein überzeugendes Konzept für ein werkzeugübergreifendes KM? Sind insbesondere die Brüche zwischen den Entwicklungswerkzeugen kompensiert worden?
- Ist die grundsätzliche Auswahl der KM-Elemente ausreichend, um eine Baseline vollständig zu beschreiben? Das heißt, kann man anhand der KM-Elemente einen Entwicklungsstand vollständig rekonstruieren?
- Werden Änderungen nachvollziehbar dokumentiert?
- Finden Konsistenzprüfungen der einzelnen KM-Elemente und Baselines (zumindest vor Auslieferungen) statt?

Es sollte auf jeden Fall Einblick in das KM-Werkzeug genommen werden und dabei u.a. stichprobenartig Änderungen an KM-Elementen in Hinblick auf die Nachvollziehbarkeit von Änderungshistorien begutachtet werden.

2.16.3 Basispraktiken

BP1: Entwickle eine Konfigurationsmanagementstrategie*[87]*. Entwickle eine Konfigurationsmanagementstrategie mit KM-Aktivitäten, einem Lebenszyklusmodell, Verantwortlichkeiten und Ressourcen zur Durchführung dieser Aktivitäten.

Anmerkung: Die Konfigurationsmanagementstrategie sollte in einem KM-Plan dokumentiert werden.

Anmerkung: Die Konfigurationsmanagementstrategie sollte auch die Handhabung von Produkt- und Softwarevarianten unterstützen.

Hierzu gehört die prinzipielle Vorgehensweise bezüglich Konfigurationsmanagement, d.h. die Aktivitäten und deren Zeitpunkte, wie z.B.:

- Ab wann wer was (d.h. welche KM-Elemente) unter KM zu stellen hat (z.B. ab welchem Meilenstein oder welchem Reifegrad des Konfigurationselements).

87. *Anmerkung:* Auf Level 1 werden durch diese Basispraktik bereits grundlegende Planungselemente gefordert, während auf Level 2 mit den generischen Praktiken von Prozessattribut PA 2.1 weitere hinzukommen.

- Welche KM-Werkzeuge zum KM-System gehören.
- Wie Baselines erzeugt werden; dies ist insbesondere wichtig bei heterogenen Werkzeugumgebungen (vergleiche Abschnitt 2.16.2), wenn z.B. eine Baseline werkzeugübergreifend in einer Tabelle spezifiziert wird.
- Wie Varianten des Produktes und der Software gehandhabt werden.
- Wie Integrationen durch KM unterstützt werden.
- Welche Schritte notwendig sind, um Produktversionen mithilfe des KM-Werkzeugs zu erstellen.
- Wie Freigaben im Zusammenhang mit Auslieferungen erfolgen (d.h., ob das Produkt die richtigen Bestandteile enthält, ob z.B. die vorgeschriebenen Tests durchgeführt wurden, durch wen und wie die Autorisierung zur Auslieferung erfolgt etc.).

Die Ergebnisse werden üblicherweise in einem KM-Plan dokumentiert.[88]

BP2: Bestimme die Konfigurationselemente. *Bestimme die Konfigurationselemente (KM-Elemente) gemäß der Konfigurationsmanagementstrategie, die gespeichert, getestet, reviewt, genutzt, geändert, ausgeliefert und/oder gepflegt werden müssen.*

Anmerkung: Zu den Elementen, die Konfigurationsmanagement erfordern, sollten die Produkte gehören, die an den Kunden ausgeliefert werden, ausgewählte interne Arbeitsprodukte, erworbene Produkte, Werkzeuge und andere Elemente, die für die Erstellung und Beschreibung dieser Arbeitsprodukte benutzt werden.

Anmerkung: Typische Konfigurationselemente bei der Softwareentwicklung sind z.B.:

- *Konfigurationsmanagementplan (KM-Plan)*
- *Anforderungsdokumente, Architektur- und Designdokumente*
- *Softwareentwicklungsumgebung*
- *Softwareentwicklungsplan*
- *Lieferantenverträge*
- *Qualitätssicherungsplan (QS-Plan)*
- *Softwaremodule (Sourcecode) inklusive der Dokumentation*
- *Testfälle, Testergebnisse und Reviewdokumentation*
- *Build-Liste, Integrationsberichte*
- *Kundenhandbücher*

Anmerkung: Zu den Elementen, die unter Konfigurationsmanagement gestellt werden sollten, können auch Arbeitsprodukte aus der Hardwareentwicklung (Layouts, Zeichnungen, Platinen, Materiallisten usw.) und aus der Mechanikentwicklung gehören.

KM-Elemente sind die Elemente (z.B. Dateien), die unter KM gestellt werden. Was alles unter KM gestellt werden soll, wird im KM-Plan spezifiziert, dabei wird

88. Der KM-Plan enthält normalerweise noch weitere Planungselemente, die aber in dieser BP nicht gefordert werden, sondern erst auf Level 2 (siehe auch vorige Fußnote).

natürlich nicht jede einzelne Datei, sondern nur der Dateityp festgelegt (also z. B. Sourcecode und nicht Codefile xyz).

Meistens werden nicht alle Arbeitsprodukte unter KM gestellt, sondern nur eine Auswahl. Diese Auswahl muss so getroffen werden, dass eine qualifizierte Baselinebildung (siehe BP5) möglich ist, d. h., dass auch tatsächlich alle einen Entwicklungsstand beschreibenden Elemente (Anforderungs- und Designdokumente, Entwicklungsumgebungen, Änderungsanträge, Testfälle, Testdokumentation, evtl. wichtige Zwischenarbeitsprodukte etc.) im KM-System vorhanden sind und zur Baselinebildung zur Verfügung stehen. Damit können einzelne Entwicklungsstände jederzeit vollständig reproduziert werden, sozusagen »per Knopfdruck«. Entwicklungsstände sind sowohl solche mit internem Charakter als auch die, aus denen Auslieferungen an den Kunden resultieren.

Ein weit verbreitetes Problem in der Praxis ist zum Beispiel bei Softwareprojekten, dass nur Code unter KM gestellt wird, nicht aber die sonstigen zugehörigen Dokumente und Dateien (s. o.). Der Standard fordert jedoch in BP5 das Baselining derartiger Arbeitsprodukte.

BP3: Richte ein Konfigurationsmanagementsystem ein. *Richte ein Konfigurationsmanagementsystem ein, das ein effizientes Hilfsmittel für die Handhabung der Konfigurationselemente bietet.*

Anmerkung: Ein Konfigurationsmanagementsystem kann Speichermedien, Strukturen und Hierarchien, definierte Vorgehensweisen, Zugangskontrollen und geeignete Werkzeuge für den Zugriff auf die Konfigurationselemente beinhalten.

Wie bereits beschrieben hat das Konfigurationsmanagementsystem (KM-System) eine zentrale Bedeutung, um effizient Konfigurationsmanagement durchführen zu können. Je weniger Automatisierung, desto höher ist im Allgemeinen der Aufwand für den KM-Verantwortlichen, um z. B. die Korrektheit und Vollständigkeit von Baselines oder die Einhaltung von manueller Versionierung auf einer Dateiablage zu überprüfen. Weitere wichtige Aspekte eines KM-Systems sind ggf. die Unterstützung einer verteilten Entwicklung bzw. die Kopplung unterschiedlicher KM-Systeme zwischen Lieferanten und OEMs. Bei einer verteilten Entwicklung ist auf jeden Fall ein gemeinsam nutzbares KM-Werkzeug oder zumindest eine gemeinsam nutzbare Dateiablage von Vorteil. Zu beachten ist dabei jedoch, wie auch bei der Kopplung der KM-Systeme zwischen Lieferant und OEM, der Zugriffschutz. Für ein gemeinsames KM-System sind folgende Fragen wichtig:

- Wer darf auf welche KM-Elemente, z. B. auf den Sourcecode oder auf Projektplanungsdokumente, prinzipiell zugreifen?
- Wie ist die Rolle des Systemadministrators besetzt und welche Rechte hat er?
- Ist die Geschwindigkeit und Verfügbarkeit ausreichend?
- Wie wird das gemeinsame Arbeiten synchronisiert (Sperrmechanismen, Semaphore)?

Bei ungekoppelten KM-Systemen sind zumindest die folgenden Fragen zu beantworten:

- Wann wird was ausgetauscht?
- Wo liegt der Master für welche KM-Elemente?
- Gibt es übergreifende Baselines und wie werden diese gebildet bzw. behandelt?
- Wie fließen die ausgetauschten Informationen/Dateien in das lokale KM-System ein?
- Wie wird sichergestellt, dass Änderungen konsistent (ggf. in lokalen Kopien) eingearbeitet werden?
- Und ebenso wie bei einem gemeinsamen KM-System: Wie wird das gemeinsame Arbeiten synchronisiert (Sperrmechanismen, Semaphore)?

Bei beiden Ansätzen ist ggf. eine Strategie für Verzweigungen (siehe BP4) zu berücksichtigen.

BP4: Entwickle eine Strategie für das Verzweigungsmanagement[89]*. Entwickle, wenn notwendig, eine Verzweigungsmanagementstrategie für parallele Entwicklungstätigkeiten an den gleichen Objekten.*

Anmerkung: Die Verzweigungsmanagementstrategie umfasst Verzweigungsmanagement, Merging-Strategien, Versionierung von KM-Elementen in einem sich verzweigenden System, Zweig-Stamm-Strategien und Kennzeichnungsstrategien.

Anmerkung: Die Verzweigungsmanagementstrategie definiert, warum und wann Verzweigungen erstellt werden, welche Aktivitäten in den Verzweigungen stattfinden und wie die Verzweigungen enden und/oder zurück in den Stamm migriert werden.

Es gibt Fälle, in denen parallele Entwicklungen an ein und demselben KM-Element stattfinden, z.B. wenn mehrere Entwickler an einer Codekomponente gleichzeitig arbeiten. Dies geschieht häufig, wenn Entwickler parallel weiterentwickeln und Fehler beheben. Die Entwickler arbeiten dann an physisch getrennten Kopien des ursprünglichen Konfigurationselements, d.h. an einer Abzweigung bzw. an einem Zweig (ein sogenannter »Branch«) vom Stamm des KM-Elements. Abschließend müssen die Änderungen wieder zusammengeführt werden (sogenanntes »Merging«). Die Merging-Funktionalität verhindert allerdings nicht, dass sich durch die Parallelentwicklung Fehler eingeschlichen haben können. In solchen Fällen bestehen erhöhte Anforderungen an die Qualitätssicherung des betreffenden Konfigurationselements. Die Strategie könnte daher beispielsweise vorschreiben, dass nach erfolgtem Merging ein Review stattzufinden hat.

Es sollte also festgelegt werden, ob und in welchen Fällen Verzweigungen erlaubt sind, wie die Kopien des Konfigurationselements benannt und versioniert werden, wie die Zusammenführung geschieht, welche Verifikationsschritte (z.B.

89. Engl. branch management.

Reviews, Tests) erforderlich sind und wie das Zusammenspiel mit den Baselines ist. Leistungsfähige KM-Werkzeuge in Softwareentwicklungsumgebungen unterstützen Verzweigungen durch automatische Versionierung und automatische Zusammenführung, wobei auch Konflikte aufgezeigt werden.

BP5: Erzeuge Baselines. *Erzeuge interne und externe (Auslieferungs-)Baselines gemäß der Konfigurationsmanagementstrategie.*

Anmerkung: In komplexen Softwaresystemen mit vielen Arbeitsprodukten kann die Erstellung einer externen Baseline (zwecks Auslieferung) durch die angemessene Verwendung mehrerer interner Zwischenbaselines unterstützt werden. [90]

Anmerkung: Bei offenen Punkten zu Baselines siehe den Prozess Produktrelease (SPL.2).

Unter einer Baseline versteht man eine Gruppierung von KM-Elementen, die einen bestimmten Entwicklungsstand beschreiben. Die dazugehörigen Konfigurationselemente werden entsprechend gekennzeichnet. Von jedem Konfigurationselement wird eine ganz bestimmte Version genommen, diese Version selbst kann nicht mehr geändert werden, sondern es können nur neuere Versionen davon erzeugt werden. Dadurch werden sie gegen Änderungen geschützt und der Entwicklungsstand als Ganzes oder in Teilen kann jederzeit rekonstruiert werden. Die zu einer Baseline gehörenden Elemente müssen miteinander konsistent sein (siehe auch BP10).

Baselines sollten insbesondere dann gebildet werden, wenn es um Auslieferungen (d.h. Releases) geht. Zusätzlich sollten Baselines auch für interne Zwecke erzeugt werden, z.B. wenn die Anforderungen stabil sind, wenn das Design ausgereift ist oder wenn ein Release für Tests oder Erprobungen hergestellt wird.

Viele KM-Werkzeuge bieten zur Kennzeichnung von Baselines den Mechanismus des »Labels« an, d.h., an allen Versionen der betroffenen KM-Elemente wird ein gleichlautender Bezeichner, z.B. »3ter Auslieferungsstand« angebracht. Man unterscheidet »floating« und »fixed« Label. Ein Floating Label hängt immer an der neuesten Version eines KM-Elementes, d.h., er verschiebt sich automatisch an die neueste Version. Dadurch kann man sehr einfach den aktuellen Entwicklungsstand identifizieren. Ein Fixed Label dagegen ist nicht verschiebbar, d.h. fest. Damit kann man KM-Elemente »einfrieren« zum Zwecke der Baselinebildung.

90. Besteht das Projekt aus Teilprojekten, werden häufig für einzelne Systemteile separate Baselines gebildet. Soll dann z. B. eine Version des Gesamtprodukts erzeugt werden, ist es notwendig, eine »übergeordnete« Baseline zu bilden. Untergeordnete Baselines können z. B. existieren in Teilsystemen, anderen Disziplinen (Hardware, Software etc.), anderen KM-Werkzeugen ...

BP6: Pflege die Beschreibung eines Konfigurationselements. *Pflege eine aktuelle Beschreibung jedes KM-Elements.*

Anmerkung: Die Beschreibung sollte Folgendes ausweisen:

- *Eine Zerlegung in KM-Elemente niedrigerer Ebenen*[91]
- *Wer verantwortlich für jedes KM-Element ist.*
- *Wann es unter Konfigurationsmanagement gestellt wird.*

Derartige Beschreibungen sind in der Praxis meistens an verschiedenen Stellen abgelegt, z.B. im KM-Werkzeug oder in Dokumenten selbst. Beispiele für solche Beschreibungen sind:

- Beschreibung/Erläuterung eines KM-Elements inkl. Einordnung in einer evtl. vorhandenen KM-Elemente-Hierachie zusammengesetzter bzw. aufeinander aufbauender KM-Elemente
- Beschreibung einer Veränderung eines Konfigurationselements (z.B. im KM-Werkzeug vor dem Einchecken) oder im Konfigurationselement selbst (in einer Änderungshistorie)
- Verantwortlichkeit für ein KM-Element, Autor etc.

Unabhängig von einzelnen KM-Elementen werden z.T. Beschreibungen auch in Prozessbeschreibungen oder im KM-Plan abgelegt, z.B.:

- Beschreibung eines KM-Element-Typs
- Festlegung, wann ein Typ von Arbeitsprodukt erstmals unter KM zu stellen ist (z.B. ab einer bestimmten Entwicklungsphase oder ab einem bestimmten Reifegrad des Arbeitsprodukts).

Für diese Beschreibungen müssen Regelungen (z.B. im KM-Plan oder in Prozessbeschreibungen) getroffen werden wie z.B.:

- Wie die Änderungshistorie in Dokumenten geführt wird.
- Wie Änderungen im KM-System dokumentiert werden.
- Wie versioniert wird (insbesondere wenn das KM-Werkzeug diese Funktionalität nicht bietet).

BP7: Steuere Änderungen und Releases[92]*. Richte Verfahren ein zur Bestimmung von zu ändernden KM-Elementen, Check-in/out, Zugriffsgenehmigungen auf KM-Elemente, Versionskennung und -änderung, Kommentierung von Änderungen sowie Sperrung/Freigabe von KM-Elementen.*

---

91. Das heißt die Zerlegung in kleinere KM-Elemente mit niedrigerer Aggregationsstufe.
92. Wir interpretieren hier die Releases im Sinne von Produktreleases mit entsprechenden Baselines, d.h. auch als ein KM-Element. Deren Planung (Termine, Inhalte) erfolgt im Rahmen der Projektplanung. Weitere Praktiken sind in SPL.2 Produktrelease beschrieben.

Zu ändernde KM-Elemente müssen markiert werden können, z.B. durch das Setzen eines Status »In Überarbeitung«, und aus einem KM-Werkzeug entnommen und wieder eingestellt werden können (engl. check in, check out). Ist ein KM-Element entnommen, sollte es entweder für andere Benutzer gesperrt sein, also nur zur Ansicht verfügbar sein, oder aber unter Eröffnung einer Verzweigung (siehe BP4) zu entnehmen sein. Beim Wiedereinstellen eines geänderten KM-Elements muss eine neue Versionsnummer vergeben werden und das KM-Elelemt ist wieder freigegeben. Unerlaubte Zugriffe sind zu verhindern. Die bei der Bearbeitung erfolgten Änderungen gegenüber dem vorherigen Zustand müssen beschrieben werden (in der Regel sowohl im KM-System als auch im KM-Element). Alle Aktionen sind vom System zu protokollieren.

Bei vielen KM-Werkzeugen (z.B. für Software, CAD, Leiterplattenlayout) sind diese Verfahren durch das Werkzeug vorgegeben, d.h. aber noch lange nicht, dass sie von den Mitarbeitern auch genutzt werden (sind z.B. sinnvolle Kommentare beim Wiedereinchecken eingegeben worden?). Schwieriger wird es bei den Arbeitsprodukten, die im Dateisystem liegen, denn dort müssen die Verfahren von Hand nachgebildet werden (eindeutige Versionierung im Dateinamen, Änderungshistorie im Dokument, Zugriffsrechte etc.). Entsprechende Regelungen für eine solche Nachbildung müssen z.B. im KM-Plan getroffen werden.

BP8: Pflege eine Historie des Konfigurationselements. *Pflege eine Historie jedes KM-Elements mit genügend Details, um bei Bedarf dieses KM-Element aus einer früheren Baseline wiederherstellen zu können.*

Gemeint ist die Historie der Änderungen an dem KM-Element. Es gibt zwei Stellen, um die Änderungshistorie zu führen:

- Im KM-Werkzeug
- Im Arbeitsprodukt selbst

Was sinnvoll ist, das ist im Einzelfall und auch von Arbeitsprodukt zu Arbeitsprodukt unterschiedlich. Steht das Arbeitsprodukt im KM-Werkzeug, sollten auf jeden Fall dessen Funktionen zum Dokumentieren von Änderungen genutzt werden. Ist dies nicht der Fall, sollte das Arbeitsprodukt selbst eine Änderungshistorie enthalten. Die einzelnen Änderungsvermerke müssen jedoch ausführlich genug sein, um die Änderungen nachvollziehen zu können. Insbesondere wichtig ist der Vermerk von Änderungs-IDs im Rahmen eines Änderungsmanagements (siehe SUP.10).

Häufig anzutreffende Schwachstellen sind fehlende oder nichtssagende Änderungsvermerke oder gar die völlig fehlende Versionierung und Änderungsdokumentation. Letzteres findet man häufig bei Arbeitsprodukten, die mehrmals geändert werden (z.B. Terminplan), dort gibt es oft nur eine einzige Version (die gerade aktuelle) und Änderungen wurden nicht dokumentiert.

BP9: Berichte den Konfigurationsstatus. *Berichte den Status jedes KM-Elements.*
Anmerkung: Eine regelmäßige Auswertung über den Status einer Konfiguration (z.B. wie viele KM-Elemente derzeit bearbeitet, eingecheckt, getestet, freigegeben werden) unterstützt die Aktivitäten des Projektmanagements und bestimmter Projektphasen wie z.B. die Softwareintegration.

Der Bearbeitungszustand der KM-Elemente einer Konfiguration soll aufgezeigt werden, um die Projektverfolgung zu unterstützen. Typische Zustände sind z.B. fehlerhaft, gesperrt, in Bearbeitung, reviewt, getestet, freigegeben usw. Diese Basispraktik ist umso wichtiger, je größer und unübersichtlicher das Projekt ist. Relevant ist sie hauptsächlich für folgende Aktivitäten:

- Integrationsaktivitäten: Der Integrationsverantwortliche verschafft sich einen Überblick über den Arbeitsfortschritt der einzelnen Entwickler. Diese Information liefert ein KM-Werkzeug meistens auf Knopfdruck.
- Änderungsmanagementaktivitäten: Wie viele Änderungsanträge sind z.B. für ein bestimmtes Release noch unerledigt? Wird ein an ein KM-Werkzeug angeschlossenes Change-Management-Werkzeug verwendet, können meistens die Zustände der Änderungsanträge (z.B. beantragt, in Prüfung, in Bearbeitung, in Test) auf Knopfdruck dargestellt werden.
- Projektmanagementaktivitäten: Wie ist der aktuelle Arbeitsfortschritt im Projekt?

BP10: Verifiziere Informationen über Konfigurationselemente. *Verifiziere, dass die aus Statusberichten resultierenden Informationen über KM-Elemente, ihre Strukturen und Baselines vollständig sind und dass die KM-Elemente und Baselines konsistent sind.*

Es müssen Prüfungen und daraus resultierende Korrekturmaßnahmen erfolgen, um die Konsistenz der KM-Elemente, der Baselines und des KM-Systems sicherzustellen. Eine wichtige Frage ist, wie sichergestellt wird, dass eine Baseline korrekt gebildet wurde (insbesondere, wenn es sich um einen Auslieferstand handelt). Sind die korrekten Files eingebunden (besonders relevant, wenn es Parallelentwicklungen, Varianten, verteilte Entwicklung oder Toolbrüche gab)? Sind alle für die Auslieferung vorgesehenen Änderungen auch tatsächlich enthalten? Wurde geprüft, ob die KM-Elemente auch tatsächlich laut Plan getestet wurden? Für diese Überprüfung ist auch die Bezeichnung »KM-Audit« oder »Baseline Audit« geläufig.

Unter einem KM-Audit versteht man eine entsprechende Überprüfung des *gesamten* KM-Systems, seiner Strukturen, die stichprobenartige Prüfung von Konventionen etc. Die Ergebnisse dieser Prüfungen müssen den relevanten Personen im Projekt (z.B. dem KM-Verantwortlichen und dem Projektleiter) berichtet werden.

Ungenügende Verifikationsmaßnahmen sind daran zu erkennen, dass bereits behobene Fehler gelegentlich wieder auftauchten oder dem Kunden zugesagte Funktionen dann doch nicht im Auslieferstand waren[93] (und auch kein Hinweis darauf gegeben wurde).

BP11: Manage Datensicherung, Speicherung, Archivierung, Handhabung und Auslieferung von Konfigurationselementen. *Stelle Integrität und Konsistenz der KM-Elemente sicher durch geeignete Planung und Ressourcenbereitstellung von bzw. für Datensicherung, Aufbewahrung und Archivierung. Steuere die Handhabung und Auslieferung von KM-Elementen.*

Wichtige Fragestellungen sind:

- Sind Backups (regelmäßig, z.B. wöchentlich) und Archivierung (nach Projektende) sichergestellt? (Beispiel einer typischen Schwachstelle: Es werden zwar regelmäßig Backups gemacht, aber auf ein rollierendes System von Bändern. Z.B. wird jede Woche ein Band gezogen, es gibt aber nur 20 Bänder, nach der 20. Woche wird wieder Band 1 beschrieben. Das Projekt läuft aber wesentlich länger und im Bedarfsfall ist eine Wiederherstellung älterer Versionen nicht möglich.)
- Sind alle an den Kunden gelieferten Arbeitsprodukte (z.B. Software, Hardware, Entwicklungsdokumentation, Prüfberichte) untereinander konsistent? Identifiziert sich die Software korrekt wie in der deklarierten Version?
- Bei Lieferung eines Produkts bestehend aus Software und Hardware: Wie kommen Software und Hardware zusammen? Welche Softwareversion passt zu welcher Hardwareversion? Wie und von wem wird die Software auf die Hardware aufgespielt? Welche Prüfschritte sind abschließend zu absolvieren? Wie wird z.B. sichergestellt, dass Versionsinformationen übereinstimmen (Aufdruck auf dem Gerät, Identifizierung der Software, angekündigte Version laut Begleitdokumenten etc.)?

Für die genannten Fragestellungen müssen genügend Ressourcen (d.h. Personal und technische Infrastruktur) zur Verfügung stehen. Die zugehörigen Aktivitäten müssen zeitlich geplant werden.

2.16.4 Ausgewählte Arbeitsprodukte

01-00 Configuration item – Konfigurationselement

Unter Konfigurationselementen (KM-Elementen) sind Objekte zu verstehen, die mit dem Konfigurationsmanagement verwaltet werden. Diese können softwarenahe Elemente, wie z.B. Softwaremodule, Subsysteme und Bibliotheken, sein, es

93. Solche Symptome deuten allerdings darauf hin, dass darüber hinaus noch weitere Schwächen im KM-System existieren.

kann sich aber auch um Testfälle, Compiler, Daten, Dokumentation, physikalische Medien und externe Schnittstellen handeln. Zumindest eine Versionskennung sollte gepflegt werden und eine Beschreibung mit z.B. Typ, Verantwortlichem, Statusinformation und Beziehungen zu anderen KM-Elementen vorhanden sein. Meist existieren unter den KM-Elementen Abhängigkeiten, z.B. zwischen Softwaremodulen eines Subsystems zu denen eines anderen. Diese Abhängigkeiten erleichtern die Integration, die Fehlerbehebung, Änderungen und unterstützen die Traceability.

08-04 Configuration management plan – Konfigurationsmanagementplan

Der KM-Plan ist ein zentrales Planungsinstrument des KM. In ihm werden die wesentlichen Festlegungen getroffen, die aus KM-Sicht für das Projekt wichtig sind. Die konkrete Zeitplanung für KM-Aktivitäten findet sich normalerweise in anderen Planungsdokumenten (z.B. im Projektterminplan). Viele Organisationen stellen einen generischen KM-Plan zur Verfügung, der projektspezifische KM-Plan wird aus diesem abgeleitet.

Beispielgliederung eines KM-Plans

1 Rollen und Befugnisse für KM

2 Beteiligte Personen

3 Projektstruktur aus Sicht von KM

4 Produktstruktur aus Sicht von KM

5 KM-Elemente

  5.1 Typen von KM-Elementen
  5.2 Namenskonventionen für KM-Elemente
  5.3 Entwicklungswerkzeuge unter KM

6 Baselines und Releases

  6.1 Namenskonventionen von Baselines und Releases
  6.2 Geplante Baselines und Releases

5 Der Build-Prozess

  5.1 Reproduktion einer Konfiguration
  5.2 Beschreibung des Build-Prozesses

7 KM-Umgebung

  7.1 KM-Werkzeug(e)
  7.2 Physische Ablage(n)
  7.3 Strukturen der KM-Bibliothek(en) und Zusammenwirken
  7.4 Zugriffsrechte
  7.5 Datensicherung der KM-Bibliothek(en)
  7.6 Konsistenzprüfungen

8 Change Management

9 Archivierung von Releases

16-03 Configuration management library – Konfigurationsmanagementbibliothek (Konfigurationsmanagement-Repository)

Es existieren zwei unterschiedliche Sichtweisen für eine Konfigurationsmanagementbibliothek (KM-Bibliothek). Hauptsächlich wird darunter die zentrale Ablage des projektspezifischen KM-Systems verstanden, aus der jederzeit die korrekten Produkte inklusive Release- und Testkonfigurationen wiederhergestellt werden können und über die der Status der KM-Elemente zu erkennen ist. Die KM-Bibliothek kann aber auch projektübergreifend als Werkzeug zur Wiederverwendung dienen und enthält dann eine Bibliothek wiederverwendbarer Softwaremodule, Funktionsbeschreibungen, Testfälle etc.

2.16.5 Besonderheiten Level 2

Zum Management der Prozessdurchführung

KM-Planung nach Automotive SPICE vollzieht sich in zwei Stufen: Auf Level 1 werden durch einige Basispraktiken, z.B. BP1, BP2, BP4, BP11, bereits grundlegende Planungselemente gefordert, nämlich die prinzipielle Vorgehensweise, Ressourcenbereitstellung und ein Zeitplan für KM-Aktivitäten. Auf Level 2 kommen mit den generischen Praktiken von Prozessattribut PA 2.1 weitere Planungsanforderungen hinzu, z.B. bezüglich der Regelung von Verantwortlichkeiten und der Planung von Ressourcen (siehe Abschnitt 3.3.3, Ausführungen zu PA 2.1).

Zur Problematik der Zeitplanung: Eine Zeitplanung ist für viele KM-Aktivitäten (wie z.B. das häufige Ein- und Auschecken von Konfigurationselementen) nicht sinnvoll. Vernünftig planbar sind jedoch z.B. die Tätigkeiten in Zusammenhang mit der Erzeugung von Releases oder KM-Audits.

Zum Management der Arbeitsprodukte

GP 2.2.3 fordert Merkmale von Konfigurationsmanagement für den Konfigurationsmanagementprozess selbst. Während sich der Konfigurationsmanagementprozess den Arbeitsprodukten des Projekts als Ganzes widmet, zielt GP 2.2.3 auf die Arbeitsprodukte des Prozesses ab. Letzteres bedeutet z.B., dass der KM-Plan als zentrales Arbeitsprodukt des Prozesses selbst unter KM zu stellen ist, d.h. zumindest versioniert und mit einer Änderungshistorie versehen werden muss.

2.17 SUP.9 Problemlösungsmanagement

2.17.1 Zweck

Zweck des Prozesses ist es, sicherzustellen, dass alle entdeckten Probleme ermittelt, analysiert und bis zu ihrer Behebung gemanagt und überwacht werden.

Beim Problemlösungsmanagement geht es um das Vermögen der Organisation, Probleme in einer strukturierten, nachvollziehbaren Art und Weise zu erfassen, zu analysieren, zu überwachen, zu steuern und abzustellen. In der Praxis wird bei der Implementierung dieses Prozesses oft ein Statusmodell zugrunde gelegt. Ein solches Modell enthält die verschiedenen Zustände eines Problems (z.B. akzeptiert, in Bearbeitung, in Untersuchung, siehe Abb. 2–15) sowie die Bedingungen für die Zustandsübergänge. Das Erheben von statistischen Daten, wie z.B. über die Verweildauer eines Problems in einem bestimmten Status sowie die Auswertung dieser Daten in Form von Trendanalysen, hilft dabei, die Verbesserung oder Verschlechterung in der Problembearbeitung im Projekt über die Zeit festzustellen, Trends abzuleiten und falls nötig gegenzusteuern. Problemlösungsmanagement kann für Probleme und Fehler aller Art angewendet werden und trägt wesentlich zur Kundenzufriedenheit bei. Dieser Prozess hängt eng mit dem Änderungsmanagementprozess (SUP.10) zusammen. SUP.10 beschreibt den Ablauf innerhalb des Änderungsmanagements für alle Arten von Änderungen, nicht nur für Probleme. Aus Sicht des Änderungsmanagements werden Probleme und sonstige Änderungen (z.B. Anforderungsänderungen, Designänderungen) in gleicher Weise verwaltet, bearbeitet und verfolgt. SUP.9 konzentriert sich auf die speziell für Problemlösung erforderlichen Arbeitsschritte und hat in BP7 eine klare Schnittstelle zu SUP.10: Ein diagnostizierter Fehler ist der Ausgangspunkt für Änderungen an Arbeitsprodukten und wird im Änderungsmanagement weiter bearbeitet.

Hinweis für Assessoren

Aufgrund ähnlicher Prozessanforderungen, gleicher Bearbeitung und gleicher Verantwortlichkeit werden die Interviews beider Prozesse häufig zusammengefasst. Zu beachten ist dabei das Zusammenspiel der beiden Prozesse: SUP.9 ist ein möglicher Inputgeber für SUP.10.

2.17.2 Besonderheiten in der Automobilindustrie

Bei der Entwicklung von Systemen für das Automobil gibt es einen Produktionsbeginn, zu dem das Produkt (ein System aus Hard- und Software) zu 100% fertig und fehlerfrei sein soll. Jeder danach entdeckte Fehler führt zu Reparaturen oder Rückrufaktionen und damit verbunden zu hohen Kosten und Imageverlusten des

Unternehmens. Einem gut funktionierenden Problemlösungsmanagement kommt daher im Vergleich zu einer kommerziellen Anwendungsentwicklung (bei der Fehlerbehebung im Rahmen sukzessiver Softwarereleases problemlos möglich ist) eine erhöhte Bedeutung zu.

Komplexe Automobilkomponenten bestehen aus zahlreichen Teilsystemen mit verteilten Funktionen. Ein Problem, das an einer bestimmten Stelle im System aufgetreten ist, muss nicht zwangsläufig an dieser Stelle verursacht worden sein. Die Lokalisierung von Problemen wird dadurch erschwert.

2.17.3 Basispraktiken

BP1: Entwickle eine Problemlösungsmanagementstrategie. *Entwickle eine Problemlösungsmanagementstrategie einschließlich Problemlösungsmanagementaktivitäten, eines Lebenszyklusmodell sowie Zuständigkeiten und Ressourcen für die Durchführung dieser Aktivitäten.*

Minimalbestandteile dieser Strategie sind:

- Festlegungen zur Problemhandhabung einschließlich der benötigten Aktivitäten (Problembeschreibung und -erfassung, Datensammlung, Analyse, Korrektur usw.)
- Verantwortliche für die Durchführung der Aktivitäten
- System zur Problemverfolgung (Lebenszyklus inklusive Problemstatus, Problempriorisierung)
- Zeitvorgaben zur Bearbeitung (maximale Zeit für einen Statusübergang)
- Vorgaben zum Feedback an die Beteiligten (Problemmelder, Projektmitarbeiter, Management)

Die Problemlösungsmanagementstrategie kann Bestandteil eines Problemmanagementplans sein (Level 2) und sollte mit der Änderungsmanagementstrategie (SUP.10, BP1) zusammenspielen.

BP2: Lege eine einheitliche und definierte Vorgehensweise für das Problemlösungsmanagement fest. *Eine einheitliche und definierte Vorgehensweise für das Problemlösungsmanagement wird festgelegt, mit der gewährleistet wird, dass – basierend auf der Problemlösungsmanagementstrategie – Probleme einheitlich und nachvollziehbar erkannt, beschrieben, aufgezeichnet, untersucht, gelöst und zukünftig verhindert werden. Schnittstellen zu betroffenen Parteien werden definiert und gepflegt.*

Eine auf der Problemlösungsmanagementstrategie basierende Vorgehensweise muss festgelegt und dokumentiert werden (z.B. in Form eines Problemmanagementplans). Sie beginnt meist mit der Meldung und Erfassung des Problems und endet bei dessen endgültiger, nachgewiesener Abstellung. Es ist notwendig, die

Wege der Problemmeldung zu kanalisieren. Dazu sollte ein zentraler Ansprechpartner im Projekt benannt und wie die übrigen Verantwortlichkeiten im Projekt dokumentiert werden. Eine gute Toolunterstützung ist sinnvoll, z.B. über Änderungsmanagementsysteme oder eine über das Intranet oder Internet verfügbare Datenbank.

In größeren Projekten mit Teilprojekten ist es oft schwierig, zu bestimmten Terminen (z.B. vor Auslieferungen) einen Überblick über alle offenen Probleme und deren Bearbeitungsstand zu erhalten. Um das aufwendige Zusammentragen der Informationen von Hand zu umgehen, empfiehlt es sich, ein Problemlösungsmanagementsystem aufzubauen, das folgende Anforderungen erfüllen sollte:

- Informationen zur Problembeschreibung werden möglichst genau erfasst. Dazu gehören neben der inhaltlichen Beschreibung auch die Bedingungen, unter denen das Problem aufgetreten ist, das zugehörige Datum, die meldende Person etc.
- Jedes Problem wird eindeutig gekennzeichnet, z.B. mithilfe eines Nummerierungsschemas.
- Jedes Problem wird einer Person zur Analyse, Bearbeitung usw. zugewiesen. Die Verantwortlichkeiten bzgl. der verschiedenen resultierenden Arbeitsschritte sind eindeutig zugeordnet.
- Verschiedene Problemstatus werden unterschieden. Dadurch kann genau bestimmt werden, in welchem Status sich welches Problem gerade befindet und wie lange es dort schon verweilt. Überschreitet die Verweildauer in einem Status die Vorgabe, kann dieses schnell erkannt und darauf reagiert werden. Es kann beispielsweise festgelegt werden, dass ein Kunde maximal 3 Tage

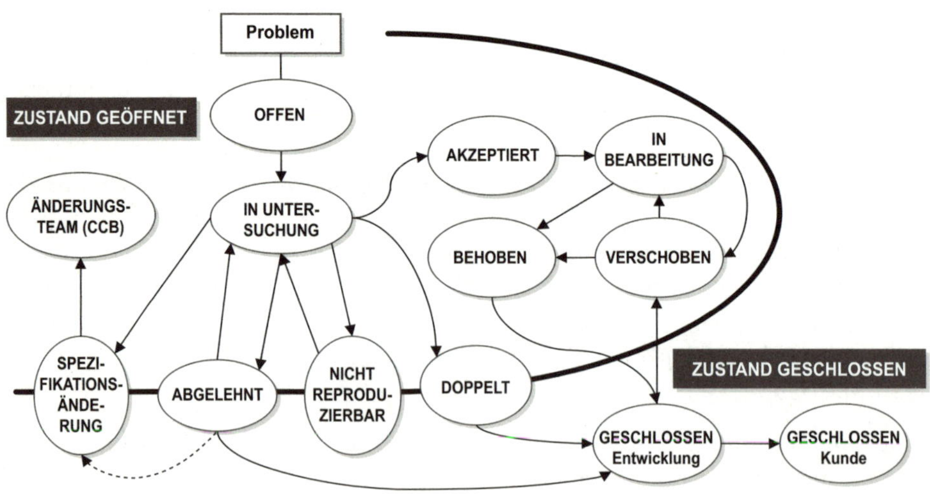

Abb. 2–15 *Beispiel für Problemstatus*

nach der Meldung eine Mitteilung über die Lösung inklusive Kurzbeschreibung der Ursache und Datum der Abstellung erhält. Wie in Abbildung 2–15 dargestellt, wird mit dem Auffinden eines Problems oder Fehlers der Status generell auf geöffnet gesetzt. Zentral für die weitere Abarbeitung ist hier die Problem- bzw. Fehleranalyse (Status »In Untersuchung«). Aufgrund der Ergebnisse werden weitere Schritte eingeleitet, die letztendlich zur Problemlösung führen. Der Status wird auf geschlossen gesetzt.

- Prioritäten für die Abarbeitung werden zugewiesen (siehe hierzu auch SUP.9 BP4).
- Terminliche Festlegungen werden getroffen (z.B. Festlegung Abschlusstermin der Problemlösung). Auftraggeber und Endkunden bzw. Problemmelder erwarten eine Rückinformation zu ihrem Problem. Daher wird festgelegt, wann bzw. wie oft der Problemmelder eine Rückmeldung über den Stand der Abarbeitung seines Problems erhält. Als gute Praxis hat sich die folgende Ausprägung eines kundenorientierten Zeitmanagements erwiesen:
  - Sofortige Mitteilung an den Problemmelder, dass seine Mitteilung erfasst wurde inklusive Mitteilung seiner Bearbeitungsnummer (ID) für eventuelle Rückfragen,
  - Rückmeldung über voraussichtlichen Behebungstermin (sobald geklärt) und
  - Rückmeldung über erfolgreichen Abschluss inklusive des Aufzeigens der Auswirkungen bzw. Änderungen.

BP3: Identifiziere das Problem und zeichne es auf. *Jedes Problem ist eindeutig identifiziert und aufgezeichnet.*

Anmerkung: Probleme werden typischerweise in einer Datenbank erfasst. Die für die Unterstützung der Problemdiagnose erforderlichen Zusatzinformationen müssen zur Verfügung gestellt werden.

Anmerkung: Eine eindeutige Identifikation unterstützt die Nachverfolgbarkeit zu durchgeführten Änderungen.

Voraussetzung für die Lösung eines Problems ist dessen Beschreibung. Je konkreter und detaillierter diese Beschreibung ist, desto einfacher ist die Fehlersuche im Anschluss. Probleme müssen, schon wegen der Nachverfolgbarkeit und späteren Auffindbarkeit, nach ihrer Erfassung eindeutig (z.B. mittels ID) gekennzeichnet und zentral (z.B. mithilfe einer Datenbank) verwaltet werden. Häufig werden Probleme[94] und sonstige Änderungen gemeinsam verwaltet. Dagegen ist nichts einzuwenden, wenn die spätere Trennung beider Umfänge (z.B. für eine statis-

94. Ein Problem ist kein Fehler. Ein Problem kann viele Ursachen haben, ein Fehler ist eine davon. Ein Problem führt daher nicht zwangsläufig zu einer Änderung.

tische Auswertung) möglich ist. Außerdem führt nicht jedes anerkannte Problem zwangsläufig zu einer Änderung.

Die Aufzeichnung und Verwaltung der gewünschten Probleme erfolgt in einem Problemlösungsmanagementsystem oder in Listen, die alle notwendigen Informationen einer Problemaufzeichnung enthalten, wie z.B:

- Problemnummer (ID)
- Priorität
- Datum (der Meldung)
- Betroffene Hardwareversion, betroffene Softwareversion
- Problemmelder
- Beschreibung des Problems inkl. Randbedingungen und allen verfügbaren Zusatzinformationen, die die Problemdiagnose unterstützen
- Analyseergebnis
- Auswirkungen des Problems auf andere Systeme/Bereiche
- Durchzuführende Maßnahmen und Änderungen inklusive eindeutiger Änderungs-ID
- Verantwortlich (für die Ausführung)
- Zielrelease
- Termin

Abbildung 2–16 zeigt ein Beispiel einer Problem- oder Änderungsmeldung.

BP4: Untersuche und diagnostiziere die Ursache und die Auswirkung des Problems. *Untersuche und diagnostiziere die Ursache und die Auswirkung des Problems, um geeignete Maßnahmen und eine Problemklassifizierung zu bestimmen.*

Anmerkung: Eine Problemklassifizierung (z. B. A, B, C, leicht, mittel, schwer) kann auf Schwere, Auswirkung, Kritikalität, Dringlichkeit, Bedeutung etc. beruhen.

Die Probleme werden nach ihrem Eingang klassifiziert (siehe auch Abbildung 2–17). Zusätzlich erfolgt ein zeitnahes Feedback an den Problemmelder. Voraussetzung ist, dass die zur Problembearbeitung und Problemklassifizierung nötigen Informationen vollständig vorliegen oder zeitnah beschafft werden können (d.h. ggf. durch Rückfragen beim Problemmelder). Die Klassifizierung der Probleme dient dazu, die Probleme zu priorisieren und daraus eine Reihenfolge der Abarbeitung festzulegen. Kriterien für die Priorisierung sind z.B. Kritikalität, Dringlichkeit, zu erwartende Auswirkungen für den Auftraggeber oder Endkunden.

<table>
<tr><td colspan="3">Problem- oder Änderungsmeldung</td></tr>
<tr><td colspan="2">Projekt: 210815</td><td rowspan="2">Problem-/Änderungsnummer: 018
Priorität: A</td></tr>
<tr><td colspan="2">Meldender: Willi Winzmann (Star AG)</td></tr>
<tr><td>Problemmeldung: ( )
Änderungsantrag: (X)</td><td>Datum: 23.02.07
Datum:</td><td>Betroffene Hardwareversion:
Betroffene Softwareversion: 2311</td></tr>
<tr><td colspan="3">Bezeichnung:
Überarbeitung und Aktualisierung des Auditierungstools entsprechend der neuesten Version der DIN/ISO 9001</td></tr>
<tr><td colspan="3">Beschreibung des Problems der Änderung:
Antrag von Herrn Winzmann: Er würde gerne das Auditierungstool überarbeiten lassen und danach eine Review-Arbeitssitzung (Dauer 2 – 3 Stunden) mit dem gesamten QS-Team zu o.a. Thema durchführen. Die Änderungen im Tool werden dabei diskutiert und in die Erkenntnisse online protokolliert. Sich daraus ergebende weitere Änderungen werden ebenfalls in das Auditierungstool eingearbeitet. Herr Lehmann soll dabei die Rolle des DIN/ISO 9001-Experten wahrnehmen. Zu klären ist, ob noch weitere Tätigkeiten (Vorbereitung, Nachdokumentation, Sitzungen) notwendig sind. Wenn ja, kommen hier ca. 2 Stunden pro weiterer Sitzung hinzu.</td></tr>
<tr><td colspan="3">Zielsetzung/Begründung:
Ergebnisse und Inhalte sind notwendig für die normkonforme Auditdurchführung.
Analyseergebnis:</td></tr>
<tr><td colspan="3">Konsequenz bei Nicht-Änderung: Künftige Auditierungen finden nicht statt.</td></tr>
<tr><td colspan="3">Durchzuführende Maßnahmen: Tool wird überarbeitet.</td></tr>
<tr><td colspan="2">Verantwortlich: H. Stenzel</td><td></td></tr>
<tr><td colspan="2">Realisierungsaufwand: geschätzt:
2 Sitzungen à 3 Stunden (inkl. Vorbereitung = 6 Stunden, bei Vor- und Nachbereitung durch Star AG + weitere 10 Stunden)</td><td>Zieladresse: 2911
Termin: 20.10.2007</td></tr>
<tr><td colspan="2">Kosten: Entsprechende Leistungen z.B. bei den Reviews entfallen.</td><td>Nutzen: Überarbeitetes und erweitertes Tool und Dokumentation werden verfügbar.</td></tr>
<tr><td colspan="2">Projektinterne Konsequenzen (inklusive Liste der zu ändernden Dokumente/Arbeitsergebnisse):
keine</td><td>Projektexterne Konsequenzen:
keine</td></tr>
<tr><td colspan="3">Freigabe des Steuerungsteams (ggf. Verweis auf Beschluss der Steuerungsteamsitzung):
Nicht notwendig</td></tr>
<tr><td colspan="2">Fachl. Freigabe Projektleiter Bert Bauer, QS (Datum/Unterschrift):</td><td>Fachl. Freigabe Projektleiter Willi Winzmann (Datum/Unterschrift):</td></tr>
</table>

Abb. 2–16 *Beispiel einer Problem- oder Änderungsmeldung*

<table>
<tr><th>Beanstandungs-kategorie</th><th colspan="3">A-Beanstandung</th><th colspan="3">B-Beanstandung</th><th colspan="3">C-Beanstandung</th></tr>
<tr><th>Beanstandungs-punkte</th><th>> 100</th><th>90</th><th>70</th><th>60</th><th>50</th><th>40</th><th>30</th><th>20</th><th>10</th></tr>
<tr><td>Beanstandungs-bewertung</td><td>Sicher-heitsrisiko unverkäuf-liches Fahrzeug
Liegen-bleiber</td><td colspan="2">nicht annehmbar, führt mit Sicherheit zu Kunden-beanstandungen
extreme Oberfächen-beanstandungen</td><td colspan="3">unangenehm, störend, Reklamation ist auch vom Durchschnittskunden zu erwarten,
Qualitätsmangel vorhanden</td><td>verbesserungs-bedürftig
Beanstandung vom anspruchsvollen Kunden zu erwarten
Qualitätsanspruch ist nicht erfüllt</td><td colspan="2">bei Häufung
Beanstandungen von anspruchsvollem Kunden zu erwarten</td></tr>
<tr><td>Auswirkung auf den Kunden</td><td>Fahrzeug nicht verfügbar</td><td colspan="2">Fahrzeug muss außerplanmäßig in die Werkstatt</td><td colspan="3">Kunde wird die Beanstandung beim nächsten geplanten Werkstattaufenthalt abstellen lassen</td><td>Kunde erwartet teilweise eine Korrektur der Beanstandung</td><td colspan="2">Kunde bemängelt Qualitätslevel</td></tr>
<tr><td rowspan="3">Feststellbar</td><td colspan="3">von allen Kunden</td><td colspan="6"></td></tr>
<tr><td colspan="6">vom Durchschnittskunden</td><td colspan="3"></td></tr>
<tr><td colspan="9">von anspruchsvollen Kunden und ausgebildeten Auditoren unter Berücksichtigung der internen Qualitätsmaßstäbe</td></tr>
<tr><td>Behebung der Beanstan-dungen</td><td colspan="6">Beanstandung muss behoben werden,
Sicherstellen, dass kein Fahrzeug mit dieser Beanstandung den Kunden erreicht</td><td colspan="3"></td></tr>
<tr><td>Korrekturmaß-nahmen in der Serie</td><td colspan="6">Einleiten von Maßnahmen zur Abstellung der Ursache damit sich die Beanstandung nicht wiederholt</td><td colspan="2">bei Häufung der Beanstandung Einleiten von Abstellmaßnahmen</td><td>beobachten, Verschlechterung vermeiden</td></tr>
</table>

Abb. 2–17 *Beispiel eines Problemklassifizierungsschemas*

Insbesondere müssen besonders dringliche Sofortmaßnahmen (siehe BP5) erkannt werden. Bevor Maßnahmen zur Problemabstellung ergriffen werden, wird normalerweise eine Analyse durchgeführt. Das liegt daran, dass in der Regel nur Symptome oder Auswirkungen eines Problems gemeldet werden, die nicht direkt auf die Ursache schließen lassen. Die Analyse eines Problems wird in der Praxis meist dem für den vermuteten Fehlerumfang verantwortlichen Entwickler zugewiesen. Er ist für die genaue Untersuchung und Analyse, die Dokumentation, die Statusaktualisierung und nicht zuletzt für die Einhaltung der Terminvorgaben verantwortlich. Dies bedeutet jedoch nicht zwingend, dass er alle diese Tätigkeiten selbst durchführen muss.

Viele Probleme besitzen eine lokale Ausprägung und lassen sich mit geringem Aufwand abstellen. Manche Probleme benötigen jedoch zu ihrer Behebung Eingriffe an verschiedenen Teilen des Gesamtsystems. Die so festgestellten Auswirkungen liefern wichtige Informationen für Regressionstests. Wieder andere Probleme gehen über das Projekt hinaus: Ist z.B. ein Fehler in einer oft verwendeten Softwareeinheit (z.B. Treiber, Plattformsoftware) entdeckt worden, so sind i.d.R. weitere Projekte betroffen bzw. sogar bereits ausgelieferte Produkte. In diesen Fällen sind sehr viel umfangreichere Maßnahmen notwendig.

Ergänzend könnte hier auch eine »Root Cause Analysis« (RCA) durchgeführt werden, um im Sinne einer Prozessverbesserung nicht nur das Problem zu beheben, sondern auch dessen Ursachen (z.B. Prozesslücke, Toolproblem) zu analysieren und zu beheben. Nur so kann langfristig das Wiederauftreten des Problems verhindert werden.

BP5: Führe Sofortmaßnahmen zur Lösung durch, falls nötig. *Wenn das Problem eine sofortige Lösung im Rahmen einer aktuellen Änderung rechtfertigt, wird eine Autorisierung für eine sofortige Behebung eingeholt.*

Anmerkung: Nach Sofortmaßnahmen sollte ein Vorgehen im Rahmen des Problemlösungsmanagements gemäß BP2 festgelegt und gemäß BP3, BP4, BP7 und BP8 durchgeführt werden.

Bei schwerwiegenden Problemen mit erheblicher Auswirkung (z. B. schwerwiegende Funktionsfehler oder Gebrauchsmängel, Systemstillstand, das System kann nicht in Betrieb genommen werden oder es besteht gar Gefahr von Leib und Leben) ist es notwendig, Sofortmaßnahmen durchzuführen. Bestenfalls liegen Notfallpläne in der Schublade, die unverzüglich umgesetzt werden können.

Mögliche Sofortmaßnahmen sind z. B. sofortige Behebung der Fehlerursache, evtl. in Verbindung mit der Außerbetriebnahme bereits in Betrieb befindlicher Systeme. Mögliche nach außen gerichtete Sofortmaßnahmen können z. B. Gebrauchswarnung oder Rückruf sein. Derartige Maßnahmen bedürfen einer Autorisierung durch das Management. Die meisten Sofortmaßnahmen betreffen das gesamte Projekt, d. h. sowohl den Lieferanten als auch den OEM.

Damit das Projekt oder die Organisation mit der Durchführung von Sofortmaßnahmen nicht überfordert ist, müssen hierfür im Vorfeld im Rahmen der Problemlösungsmanagementstrategie Regeln und Rahmenbedingungen geschaffen werden (Notfallpläne). Diese legen z. B. Folgendes fest:

- Vordefinierte Dringlichkeitsstufen im Unternehmen
- Klare Aufteilung der Zuständigkeiten und Aufgaben im Notfall zwischen Lieferanten und OEMs
- Entscheidungsbefugnisse bzw. Eskalationswege in Abhängigkeit der Dringlichkeitsstufe
- Wie der weitere Ablauf ist, z. B.:
  - Ein Expertenteam wird zur Klärung zusammengestellt.
  - Eine Klärung mit höchster Dringlichkeit wird durchgeführt.
  - Ein Maßnahmenpaket oder auch mehrere Optionen werden erarbeitet und gemäß der Entscheidungsbefugnisse beschlossen.
  - Ein Nachweis der Wirksamkeit wird erbracht.
  - Im Anschluss an die Sofortmaßnahmen finden eine ausführliche Analyse und Ursachenbehebung statt, die eine dauerhafte, korrekte Fehlerbehebung ermöglichen (siehe Anmerkung).

BP6: Gebe Alarmmitteilungen aus, falls nötig. *Falls das Problem schwerwiegend ist und andere Systeme oder Benutzer betroffen sind, kann es notwendig sein, im Vorfeld einer Fehlerbehebung oder Änderung eine Alarmmitteilung herauszugeben.*

Anmerkung: Nach Alarmmitteilungen sollte ein Vorgehen im Rahmen des Problemlösungsmanagements gemäß BP2 festgelegt und gemäß BP3, BP4, BP7 und BP8 durchgeführt werden.

Auftraggeber, Benutzer, Endkunden, andere Projekte und sonstige Betroffene müssen umgehend benachrichtigt werden. Dies gilt verstärkt, wenn das Produkt schwerwiegende Mängel hat oder von diesem oder dessen Nutzung eine Gefahr ausgeht (siehe auch BP5). Dadurch soll ein möglicher Schaden vermieden werden. Das Vorgehen dazu ist in der Problemlösungsmanagementstrategie zu dokumentieren.

BP7: Veranlasse einen Änderungsantrag. *Veranlasse einen Änderungsantrag*[95] *für diagnostizierte Probleme.*

Anmerkung: Die Umsetzung des Änderungsantrags erfolgt im Änderungsmanagementprozess (SUP.10).

Ist das Problem auf einen Fehler zurückzuführen und wurde die Fehlerbeseitigung beschlossen[96], müssen Aktionen zu dessen Behebung initiiert werden. Die Behebung geschieht im Rahmen des SUP.10-Prozesses (falls dieser implementiert ist) und wird an diesen in Form von einem oder mehreren Änderungsaufträgen übergeben. Änderungen werden meistens an einer ganzen Reihe von Arbeitsprodukten vorgenommen (z.B. Code, Designdokumente, Testdokumente), eventuell auch an Prozessen und Abläufen.

BP8: Verfolge die Probleme bis zum Abschluss. *Verfolge den Status aller gemeldeten Probleme bis zu deren Abschluss. Vor dem Abschluss muss eine formale Abnahme autorisiert werden.*

Über die Probleme und deren Status muss sorgfältig Buch geführt werden. Dabei muss erkannt werden, wenn Probleme zu lange in einem bestimmten Status verweilen (z.B. Analyse dauert zu lange), es dürfen keine Probleme verloren bzw. vergessen werden und es muss sichergestellt sein, dass zugesagte Fertigstellungstermine eingehalten werden (z.B. Zuordnung zu einem bestimmten Release). Hilfreich dafür ist, dass eine Person oder Gruppe (Projektleiter, Änderungsmanager, Change Request Board (siehe SUP.10 BP6)) darüber Aufsicht führt und der Status regelmäßig (z.B. auf Projektsitzungen) durchgesprochen wird. Außerdem

95. Engl. change request.
96. Unter Umständen wird bei geringfügigen Fehlern auf eine Beseitigung verzichtet, um das Risiko von Folgefehlern im Rahmen der Fehlerbeseitigung zu vermeiden.

nützlich ist eine gute Toolunterstützung, z.B. in Form eines Änderungsmanagementsystems in Verbindung mit dem Konfigurationsmanagementsystem. Derartige Systeme verfügen oft über eine Workflow-Komponente, mit der einzelnen Bearbeitern ein Auftrag zugestellt werden kann und die die Statusübergänge automatisch verwaltet. Meistens werden auch statistische Auswertungen der Status unterstützt und die momentanen Status und deren zeitliche Entwicklung können über Diagramme verfolgt werden. Dies ist beispielhaft in Abbildung 2–18 dargestellt.

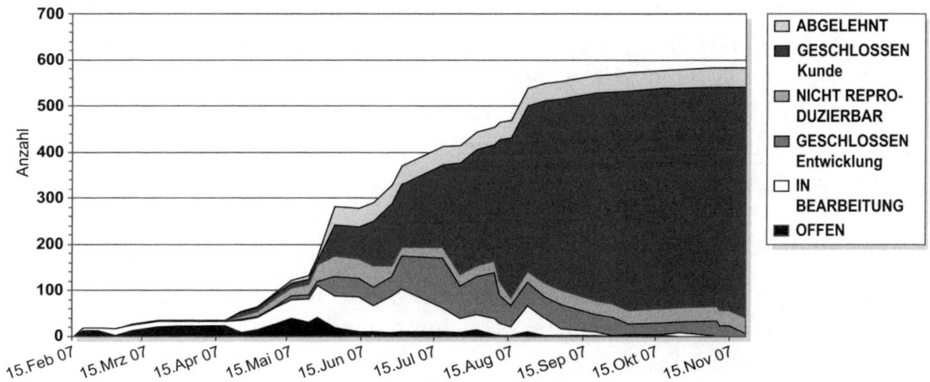

Abb. 2–18 *Beispiel Problem- und Abarbeitungsverfolgung über die Zeit*

Bevor ein Problem endgültig geschlossen wird, sollte eine formale Abnahme durch autorisierte Personen stattfinden (siehe hierzu auch SUP.10 BP.11). Das Ergebnis des Reviews wird dokumentiert.[97]

BP9: Analysiere Problemtrends. *Sammle und analysiere die Daten aus dem Problemmanagementsystem (Auftreten, Entdeckung, betroffenes Ausmaß etc.), ermittle Trends und leite wenn nötig Maßnahmen ein.*

Gute Praxis ist es, die Daten zum Problemstatus und zur Abarbeitung auf verschiedenen Ebenen, wie z.B. der Produkt-, Prozess-, Projekt- und Organisationsebene, zu erheben und auszuwerten, um Trends bei Problemen bzw. Fehlern zu identifizieren.

Personen und Organisation lernen aus Problemen und Fehlern und das systematische Eliminieren von Fehlerquellen, z.B. geänderte und verbesserte Prozesse, bessere Toolunterstützung, verbesserte Anleitungen oder speziell problemgeschulte Mitarbeiter, eröffnet Möglichkeiten zur Kostenreduktion und Qualitätssteigerung. Der Prozess SUP.9 bietet eine hervorragende Datenquelle, die im Rahmen des Prozessverbesserungsprozesses (PIM.3) ausgewertet werden kann. Dies

97. Dies ist u. a. aus rechtlichen Gründen (Produkthaftung) wichtig.

gilt insbesondere, wenn statistische Auswertungen zu Fehlerkategorien, Fehlerentstehungszeitpunkten und betroffenen Produktteilen vorliegen.

2.17.4 Ausgewählte Arbeitsprodukte

08-27 Problem management plan – Problemmanagementplan

Der Problemmanagementplan definiert und beschreibt Aktivitäten der Problemlösung von der Meldung (Identifizierung), Aufzeichnung, Beschreibung und Klassifizierung bis hin zur Lösung. Er enthält auch Vorgaben und Kriterien für die Bewertung und Abstellung des Problems. Weiterhin sind Mechanismen der Nachverfolgung der Problembearbeitung und die Sammlung und Verteilung von Lösungen und Lösungsansätzen beschrieben. In der Praxis werden die genannten Punkte oft in einer Prozessbeschreibung auf Organisationsebene geregelt, evtl. ergänzt durch projektspezifische Festlegungen.

13-07 Problem record – Problemaufzeichnung

Die Problemaufzeichnung beinhaltet alle beschreibenden, relevanten Informationen eines Problems. Eine Problemaufzeichnung enthält zu einem einzelnen Problem die folgenden Punkte:

- Name des Verfassers der Problemaufzeichnung
- Problembeschreibung
- Klassifikation des Problems (z.B. nach Kritikalität, Dringlichkeit)
- Zieldatum für die Behebung
- Prüfmaßnahmen zur Verifikation der erfolgreichen Behebung

In der Praxis werden für die Problemaufzeichnung verschiedene Bezeichnungen verwendet (z.B. Problembericht, Trouble Ticket). Häufig wird die Problemaufzeichnung auch durch ein Tool für das Änderungsmanagement abgedeckt. Die Problemaufzeichnung dient als Eingangsinformation für eine nachfolgende Änderung und ist damit ein wichtiger Input für den Prozess SUP.10. Wichtig ist, dass der aktuelle Bearbeitungsstatus und die Zuordnung zu einem Bearbeiter erkennbar sind. Dieses Arbeitsprodukt ist mit dem Änderungsantrag WP-ID 13-16 (engl. change request) verwandt. In der Praxis wird für die Problemaufzeichnung und den Änderungsantrag oft die gleiche Dokumentenvorlage verwendet. Was zu einer Problembeschreibung dazugehört, ist bei BP3 beschrieben.

15-01 Analysis report – Analysebericht bzw.
15-05 Evaluation report – Bewertungsbericht

Der Analyse- oder Bewertungsbericht dokumentiert das Ergebnis der Problemanalyse bzw. einer entsprechenden Bewertung. Wichtig ist, wer die Analyse bzw. Bewertung wann und mit welchem Ergebnis durchgeführt hat. Das Ergebnis der

Analyse oder Bewertung ist eindeutig zu dokumentieren. Der Bewertungsbericht ist oft Bestandteil der Problemaufzeichnung und wird dort in einem gesonderten Abschnitt (ggf. der Datenbank) erfasst.

15-12 Problem status report – Problemstatusbericht

Im Problemstatusbericht werden Informationen zu den derzeitigen Problemen und deren Status zusammengefasst dargestellt. Diese Berichtsform ist hervorragend dazu geeignet, statistische Auswertungen zu Fehlerklassifizierungen, über die Problemanzahl in verschiedenen Status, die Problemhäufigkeit, Abstellgeschwindigkeit, Verweildauer in einem bestimmten Status, Kundenrückmeldungen usw. darzustellen.

2.17.5 Besonderheiten Level 2

Die nachfolgenden Ausführungen beziehen sich auch auf den Prozess SUP.10 Änderungsmanagement.

Zum Management der Prozessdurchführung

Sowohl das Problemlösungsmanagement wie auch das Änderungsmanagement eignen sich besonders gut, die Beherrschung und Steuerung der Prozesse und die Lenkung der Arbeitsprodukte nachzuweisen und nach außen darzustellen. Besonders weil hinter vielen Problemmeldungen und Änderungsmitteilungen der externe Auftraggeber steht, kann die Entwicklungsorganisation im laufenden Geschäft zeigen, dass ihr die Kundenanliegen wichtig sind, diese bei ihr in guten Händen liegen und systematisch abgearbeitet werden. In der Praxis hat sich eine Verfolgung von Fehlern/Problemen und Änderungen mithilfe von Metriken bewährt (wie z.B. die Ermittlung der Verweildauer eines Problems in einem bestimmten Status), obwohl diese in Automotive SPICE auf Level 2 nicht explizit gefordert werden.

Einzelne Bearbeitungsschritte werden terminlich nicht auf Projektebene, sondern durch den betroffenen Bearbeiter geplant und verfolgt, d.h., dieser Bearbeiter ist selbstständig verantwortlich und quasi der »Kümmerer« für die ihm zugewiesenen Vorgänge. Auf Projektebene findet eine Terminplanung in Form der Planung von Projektsitzungen (auf denen Problemmanagement zur Sprache kommt) statt.

Der Stand der Abarbeitung der jeweiligen Punkte (Probleme/Fehler und Änderungen) wird regelmäßig (z.B. durch wöchentliche Sitzungen) verfolgt. Für den Fall, dass erkannt wird, dass gesteckte Ziele nicht erreicht werden können, werden nachweislich Gegenmaßnahmen eingeleitet. Beispiel: Wenn die für eine Auslieferung geplanten Problembehebungen nicht eingehalten werden können, muss zusätzliche Kapazität für die Bearbeitung aufgebaut werden, z.B. durch Fremdvergabe an externe Dienstleister.

Die terminlichen Planungen werden bei Änderungen regelmäßig angepasst. Ergebnisse der Bearbeitung (z.B. Fehlerstand im Projekt) werden regelmäßig verteilt und den betroffenen Personen zur Verfügung gestellt – auch und insbesondere dem externen Auftraggeber.

Zum Management der Arbeitsprodukte

Gemäß den Anforderungen von Prozessattribut PA 2.2 ist z.B. genau definiert, wie eine Problemmeldung aussehen muss, welche Felder einer Problemeingabemaske wie gefüllt werden müssen, welchen Anforderungen Dokumente genügen müssen und wie diese und andere relevante Informationen verteilt werden. Es ist ein System etabliert, das jedem einzelnen Projektteammitglied das einfache Auffinden von Informationen für seine tägliche Arbeit ermöglicht (z.B. Problemdatenbank oder LOP[98]-Datenbank). Die Steuerung der Arbeitsprodukte erfolgt, indem deren Stand regelmäßig durchgesprochen und bewertet wird (z.B. in Teamrunden). Nachweise hierüber liegen vor. Abhängigkeiten einzelner Probleme zueinander sind identifiziert und bestimmen ggf. die Reihenfolge der Bearbeitung. Das gilt z.B. für einen gemeldeten Funktionsfehler, der zu Änderungen der Funktionsanforderungen, der Architektur, des Softwaredesigns usw. führt. Informationen und Dokumente, die zu einem Problem gehören, sind diesem zweifelsfrei zuordenbar. Gemeldete Probleme (z.B. Problemlisten) werden regelmäßig reviewt.

2.18 SUP.10 Änderungsmanagement

2.18.1 Zweck

Zweck des Prozesses ist es, sicherzustellen, dass Änderungsanträge gemanagt, verfolgt und kontrolliert werden.

Beim Änderungsmanagement geht es darum, Änderungsanträge (engl. change requests) strukturiert und in nachvollziehbarer Art und Weise zu erfassen, zu analysieren, abzuarbeiten und deren Bearbeitungsstände zu verfolgen. Diese Fähigkeit ist für Unternehmen extrem wichtig, denn kein Projekt kommt ohne Änderungen aus. Viele Projekte leiden sogar unter einer Flut von Änderungen. Die wesentlichen Gründe dafür sind:

- Durch Fehlerbehebungen verursachte Änderungen (siehe auch SUP.9)
- Die Lebenszyklen von Produkten verkürzen sich rasant, weil Unternehmen Innovationen in immer kürzeren Zyklen auf den Markt bringen müssen. Die resultierende starke Verkürzung von Entwicklungszeiten macht es immer

98. Liste offener Punkte.

schwieriger, genügend Sorgfalt für frühe Entwicklungsphasen aufzubringen (Anforderungen, Design). Hinzu kommen notwendige Reaktionen auf Eigenschaften von neu erschienenen Konkurrenzprodukten. Viele – auch späte – Änderungen sind die Folge.

Viele Entwicklungsorganisationen sind mit der Flut von Änderungen überfordert. Die Fähigkeit des Unternehmens, Änderungsmanagement zu beherrschen und dennoch hochqualitative Produkte unter Einhaltung des Kosten- und Zeitrahmens zu erzeugen, wird dadurch immer mehr zum wettbewerbsdifferenzierenden Faktor. In der Praxis gibt es zwei unterschiedliche Ebenen des Änderungsmanagements:

- Die Ebene innerhalb des Vertragsumfangs eines Projektes: Hier werden Änderungen, die im Entwicklungsumfang enthalten sind, d.h. nicht kostenrelevante, kleine Änderungen und Buxfixes, verfolgt (Ebene 1).
- Die Ebene außerhalb des Vertragsumfangs eines Projekts: Hier werden Änderungen, die nicht im Entwicklungsumfang enthalten sind, d.h. i.Allg. kostenrelevante Änderungen, verhandelt, verfolgt und umgesetzt (Ebene 2).

Beide Ebenen unterscheiden sich aufgrund der Entscheidungsbefugnisse: Auf Ebene 1 wird innerhalb des Projektteams entschieden, auf Ebene 2 werden höhere Entscheidungsebenen hinzugezogen (Management). Auf Ebene 2 finden außerdem zusätzliche Arbeitsschritte statt, z.B. die Erstellung eines Nachtragsangebots. Die Abläufe beider Ebenen spielen zusammen, d.h., eine auf Ebene 2 genehmigte Änderung bewirkt Umsetzungsschritte auf Ebene 1 (Basispraktiken 9-12). SUP.10 fokussiert primär auf Ebene 1.

In der Praxis haben sowohl der Auftragnehmer als auch der Auftraggeber meist bereits ein eigenständiges Änderungsmanagement auf Unternehmensebene etabliert. Bei der Einrichtung eines Änderungsmanagements innerhalb eines Projektes ist dann darauf zu achten, dass die vorhandenen Änderungsmanagementsysteme miteinander gekoppelt werden können bzw. dass die Anforderungen aller Beteiligten an ein gemeinsames Änderungsmanagement berücksichtigt werden.

Die Vorgehensweise beim Änderungsmanagement ähnelt stark der Vorgehensweise beim Problemlösungsmanagement (siehe SUP.9, auch zur Abgrenzung der beiden Prozesse).

Hinweis für Assesssoren

Aufgrund ähnlicher Prozessanforderungen, gleicher Bearbeitung und gleicher Verantwortlichkeit werden die Interviews beider Prozesse häufig zusammengefasst (siehe auch SUP.9). Zu beachten dabei ist das Zusammenspiel der beiden Prozesse: SUP.9 ist ein möglicher Inputgeber für SUP.10.

2.18.2 Besonderheiten in der Automobilindustrie

In der Automobilindustrie kommen weitere Gründe für Änderungen hinzu. Die verkürzten Entwicklungszeiten sind meistens nur durch massiven Einsatz von Simultaneous Engineering möglich, d.h., verschiedene Komponenten des Produkts werden parallel entwickelt, haben aber so viele Querbeziehungen, dass es über die ganze Entwicklungsdauer hinweg zu zahlreichen Änderungen kommt. Ein anderer Ansatz, der verfolgt wird, sind Plattformstrategien, d.h., es gibt baureihenunabhängige Plattformentwicklungen und für jede Baureihe/jeden Kunden werden Spezialisierungen der allgemeinen Plattformkomponenten erstellt. Treten dann Änderungen bzw. Fehler an den baureihenunabhängigen Bestandteilen auf, so sind alle darauf aufbauenden Entwicklungen ebenfalls zu ändern bzw. anzupassen.

2.18.3 Basispraktiken

BP1: Entwickle eine Änderungsmanagementstrategie. *Entwickle eine Änderungsmanagementstrategie einschließlich Änderungsmanagementaktivitäten, eines Lebenszyklusmodells sowie Verantwortlichkeiten und Ressourcen für die Durchführung dieser Aktivitäten.*

Diese Strategie dient als Leitlinie und Handlungsanweisung für die Erfassung, Verwaltung und Abarbeitung von Änderungen. Änderungsmanagement beginnt mit dem Änderungsantrag und endet mit der nachgewiesenen Umsetzung oder Ablehnung der Änderung. Die Beschreibung von Änderungsabläufen und Mechanismen erfolgt i.d.R. in einem Änderungsmanagementplan.

Neben den in SUP.9 BP1 genannten Inhalten für eine Strategie sind bei der Änderungsbearbeitung noch folgende Punkte zu beachten:

- Jede Änderung wird einer Machbarkeitsanalyse unterzogen, mögliche Risiken (z.B. technischer Art) werden untersucht. Das Ergebnis wird nachvollziehbar dokumentiert.
- In der Praxis sollte festgelegt werden, in welchem Release die Änderung implementiert wird.

BP2: Lege eine einheitliche Vorgehensweise für das Änderungsmanagement fest. *Eine einheitliche und definierte Vorgehensweise für das Änderungsmanagement wird festgelegt, mit der gewährleistet wird, dass – basierend auf der Änderungsmanagementstrategie – Änderungen einheitlich und nachvollziehbar erkannt, beschrieben, aufgezeichnet, untersucht und verwaltet werden. Schnittstellen zu betroffenen Parteien werden definiert und gepflegt.*

Besonders in größeren Projekten mit Teilprojekten ist es notwendig, jederzeit einen Überblick über alle Änderungen und deren Status der Bearbeitung zu erlangen. Um das aufwendige Zusammentragen der Informationen von Hand zu umgehen, empfiehlt es sich, ein Änderungsmanagementsystem aufzubauen. Darüber hinaus ist die Festlegung eines zentralen Ansprechpartners, um Änderungswünsche zentral erfassen zu können (z.B. durch den Projektleiter), zu empfehlen.

In der Praxis werden Änderungen und Probleme oft gemeinsam verwaltet (siehe Abgrenzung bei SUP.9). Gelegentlich werden aber auch, je nach Anlass der Änderung (z.B. Anforderungsänderungen, sonstige Änderungen), mehrere Änderungsmanagementsysteme implementiert. Dies geschieht häufig dann, wenn verschiedene Personenkreise beteiligt sind oder wenn ein Projekt sehr groß ist. Für die Bearbeitung von Änderungen gelten meist gleiche oder ähnliche Vorgaben wie für die Problembearbeitung (siehe auch die analogen Ausführungen in SUP.9 BP2).

BP3: Bestimme den Änderungsantrag und zeichne ihn auf. *Jeder Änderungsantrag wird eindeutig bestimmt, aufgezeichnet und der Antragsteller der Änderung vermerkt.*

Anmerkung: Stelle Traceability zu den zugrunde liegenden Problem- oder Fehlerberichten her. Zur Lösung einer Problem- oder Fehlermeldung eingereichte Änderungsanträge sollten eine Verlinkung zu der zugrunde liegenden Problem- oder Fehlermeldung enthalten.

Die Umsetzung einer Änderung beginnt mit ihrer Beschreibung. Je konkreter und detaillierter diese Beschreibung ist, desto einfacher sind notwendige Analysen auf Machbarkeit und Auswirkungen durchzuführen und die Dokumente (z.B. Anforderungen, Architektur, Design, Test) zu aktualisieren. Änderungen müssen, schon wegen der Nachverfolgbarkeit und späteren Auffindbarkeit, nach ihrer Erfassung eindeutig gekennzeichnet und zentral (z.B. mithilfe von Listen oder einer Datenbank) verwaltet werden. Häufig werden Änderungen und Probleme gemeinsam verwaltet. Dagegen ist nichts einzuwenden, wenn die spätere Trennung beider Umfänge, z.B. für eine statistische Auswertung, möglich ist.

Die Aufzeichnung und Verwaltung der gewünschten Änderungen erfolgt im Änderungsmanagementsystem oder in Listen, die alle notwendigen Informationen enthalten (siehe auch SUP.9 BP3). Bei der Aufzeichnung des Änderungsantrages kommen noch folgende Punkte hinzu:

- Ergebnis der internen Bewertung (Machbarkeitsanalyse/Risiken)
- Verweis auf die zugrunde liegende Problem- bzw. Fehlermeldung

Durch den Verweis auf die zugrunde liegende Problem- bzw. Fehlermeldung wird die Verbindung zwischen SUP.9 und SUP.10 hergestellt. Dies ist einerseits als Information für den Bearbeiter des Änderungsantrags, andererseits für die Verfolgung des Bearbeitungsstands innerhalb von SUP.9 wichtig.

BP4: Zeichne den Status des Änderungsantrags auf. *Änderungsanträge und Änderungen erhalten Statusindikatoren zugeordnet, um eine Verfolgung zu ermöglichen.*

Anmerkung: Der Status eines Änderungsantrags wird häufig mit »offen«, »laufende Untersuchung«, »abgelehnt«, »verschoben«, »zur Implementierung freigegeben«, »zugewiesen« (d.h. einem Entwickler zur Implementierung zugewiesen), »implementiert«, »erledigt«, »abgeschlossen« usw. angegeben.

Mit der Statuszuweisung wird die Verfolgung der Abarbeitung von Änderungen erleichtert. Jede Bearbeitungsstufe bedeutet dabei einen neuen Status, anhand dessen Auftraggeber und Projektverantwortliche erkennen können, inwieweit die Änderung abgearbeitet ist (siehe Statusmodell in SUP.9, Abb. 2–15).

BP5: Stelle die Abhängigkeiten und Beziehungen zu anderen Änderungsanträgen her. *Ermittle die Beziehung eines Änderungsantrags zu anderen Änderungsanträgen, um Abhängigkeiten festzustellen, z.B. bezüglich aller Änderungen an derselben Softwarekomponente oder aller Änderungen bezogen auf ein spezifisches Softwarerelease.*

Wenn sich mehrere Änderungswünsche auf eine Komponente beziehen oder wenn mehrere Änderungswünsche zu einem Softwarerelease umgesetzt werden sollen, ist eine Kenntnis der Abhängigkeiten aus Synchronisierungsgründen besonders wichtig. Eine weitere Abhängigkeit besteht dann, wenn aufgrund eines Problems mehrere Änderungsanträge (z.B. an verschiedenen Komponenten) gestellt wurden. Ohne diese Kenntnis könnten z.B. Tests zum Nachweis der erfolgreichen Problembehebung nur unzureichend durchgeführt werden.

BP6: Schätze die Auswirkung der Änderung ab. *Schätze die technischen Auswirkungen und den potenziellen Nutzen des Änderungsantrags ab*

Anmerkung: Ein Change Request Board (CRB) ist ein gebräuchlicher Mechanismus, um Änderungsanträge abzuschätzen.

Im ersten Schritt müssen die technischen Auswirkungen und der potenzielle Nutzen der Änderung für das Projekt ermittelt werden. Dieses wird im Change Request Board (CRB, oft auch Change Control Board, CCB, genannt) durchgeführt. Das CRB besteht bei kleinen Projekten oft nur aus einer Person (z.B. dem Projektleiter), in großen Projekten werden neben dem Projektleiter meistens die Teilprojektleiter und weitere Personen mit umfangreicher Erfahrung und gutem Überblick und Expertenwissen über die einzelnen Teilbereiche (z.B. über die Software, die Hardware, die Mechanik, das System) hinzugezogen. Folgende Punkte werden mindestens betrachtet:

- Technische Machbarkeit (z.B. Auswirkungen auf Architektur, Design, Codierung und Testaktivitäten)
- Potenzieller Nutzen für die betroffenen Teilbereiche

Die Ermittlung der nicht technischen Auswirkungen folgt in BP7.

BP7: Analysiere und priorisiere die Änderungsanträge. *Änderungsanträge werden in Bezug auf Ressourcenanforderungen, terminliche Probleme, Risiken und Nutzen untersucht. Jeder Änderungsantrag wird mit einer Priorität versehen, aus der die zu berücksichtigende Dringlichkeit des Änderungsantrags hervorgeht.*

Anmerkung: In Bezug auf Fragen der Zeitplanung siehe den Produktreleaseprozess (SPL.2).

Bei der Ermittlung der nicht technischen Auswirkungen werden mögliche Effekte und Risiken bei der Umsetzung der Änderung betrachtet. Außerdem muss bestimmt werden, anhand welcher Kriterien die erfolgreiche Umsetzung bestätigt werden soll. Folgende weitere Punkte bedürfen hier einer eingehenden Betrachtung:

- Ressourcenbedarf/Personalaufwand
- Auswirkungen auf die Endnutzer
- Auswirkungen auf das Projekt (Ressourcensituation, Abarbeitungsreihenfolge, Terminverschiebungen, Auslastung etc.)
- Kosten bzw. Mehrkosten, die ggf. vertraglich nicht vereinbart sind
- Dringlichkeit, d.h. die verbleibende Zeit bis zur termingerechten Umsetzung unter Berücksichtigung der Releaseplanung
- Risiken der Umsetzung

BP8: Gib Änderungsanträge vor der Umsetzung frei. *Änderungen werden vor der Umsetzung auf Basis der Priorität und der Verfügbarkeit von Ressourcen freigegeben.*

Unter Berücksichtigung der Zeitplanung, der Personalauslastung und der in den vorausgegangenen Basispraktiken ermittelten Konsequenzen muss nun für jeden Änderungsantrag eine Entscheidung über die Umsetzung getroffen und dokumentiert werden. Die Entscheidung ist kein reines Ja oder Nein, sondern auch eine Entscheidung über den Umsetzungstermin. Bei iterativer Entwicklung muss dabei in der Regel aus einer Menge von anstehenden Änderungsanträgen eine Zuordnung zu den verschiedenen Iterationen/Releases vorgenommen werden (siehe auch BP10).

BP9: Bestimme und plane die durchzuführenden Verifizierungs- und Validierungsaktivitäten für die umgesetzten Änderungen. *Bevor eine Änderung umgesetzt wird, müssen die erforderlichen Verifizierungs- und Validierungsaktivitäten bestimmt und geplant werden.*

Maßnahmen für die Verifizierung und Validierung der Änderungen müssen festgelegt werden. In der Praxis sind dies meistens Tests, Erprobungen oder Reviews, mit deren Hilfe nachgewiesen wird, dass die Änderungen korrekt gemäß der Priorisierung aus BP7 implementiert sind. Diese Tests, Erprobungen oder Reviews sollen Folgendes nachweisen:

- Die Änderungen entsprechen den Anforderungen des Auftraggebers bzw. den Anforderungen des Marktes.
- Die Änderungen wurden technisch fehlerfrei umgesetzt.
- Durch die Änderungen sind keine unerwünschten Seiteneffekte aufgetreten, z.B. dass bereits abgesicherte Funktionalität nicht mehr funktioniert. Hierzu werden Regressionstests eingesetzt (siehe ENG.8 und ENG.10).

BP10: Plane den Änderungsantrag zeitlich und weise diesen zu. *Freigegebene Änderungsanträge werden für eine bestimmte Auslieferung eingeplant und den für die Umsetzung, Verifikation und Validierung verantwortlichen Ressourcen zugewiesen.*

Die in BP8 freigegebenen Änderungen werden für ein bestimmtes Zielrelease[99] eingeplant und im Projekt an Personen oder Teams zur Umsetzung, Verifikation und Validierung in Auftrag gegeben. Dies erfolgt mit den im Projekt üblichen Projektmanagementmethoden (d.h. Planung und Verfolgung).

BP11: Überprüfe die umgesetzte Änderung. *Änderungen werden nach der Umsetzung, Verifikation und Validierung und vor deren Abschluss überprüft, um sicherzustellen, dass sie den gewünschten Effekt haben und ihre Zielsetzungen und jeweiligen Verifikationskriterien erfüllen.*

Die nach der Implementierung, der Verifikation und der Validierung der Änderung durchgeführte Prüfung erbringt den Nachweis, dass jede Änderung korrekt und ihrer Zielsetzung entsprechend umgesetzt wurde. Dazu werden im Allgemeinen Reviews durch die beteiligten Personen durchgeführt, in denen Folgendes geprüft wird:

- Waren/sind die ergriffenen Maßnahmen wirksam?
- Ist das Problem jetzt dauerhaft abgestellt?
- Gibt es ggf. weitere Maßnahmen, die zur Vermeidung eines nochmaligen Auftretens des Problems notwendig sind?

99. Ein Release kann sowohl korrigierende als auch adaptive Änderungen beinhalten.

Dabei werden Ergebnisse durchgeführter Tests oder anderer Prüfmaßnahmen (z.B. Reviews) berücksichtigt. Bei positivem Prüfergebnis gilt die Änderung als erfolgreich abgeschlossen, ansonsten muss nochmals nachgebessert werden. Für die spätere Nachweisführung sind die Reviewergebnisse zu dokumentieren.

BP12: Verfolge die Änderungsanträge bis zum Abschluss. *Der Initiator der Änderung erhält eine Rückmeldung.*

Nachdem eine Änderung erfolgreich abgeschlossen wurde (siehe BP11), erhalten der Initiator der Änderung und alle beteiligten Parteien gemäß dem definierten Vorgehen (BP2) eine explizite Rückmeldung, sodass der Rückfluss der Informationen gewährleistet ist.

2.18.4 Ausgewählte Arbeitsprodukte

08-28 Change management plan – Änderungsmanagementplan

Der Änderungsmanagementplan legt fest, wie Änderungen im Projekt erfasst und bearbeitet werden. Beginnend bei der Identifikation der Änderung über die Aufzeichnung, Analyse, Beschreibung, Verwaltung bis zu ihrer Umsetzung werden die Verfahren beschrieben. Definiert werden auch die möglichen Status, die eine Änderung durchlaufen kann. In der Praxis werden die genannten Punkte oft in einer Prozessbeschreibung auf Organisationsebene geregelt, evtl. ergänzt durch projektspezifische Festlegungen (vgl. auch SUP.9 08-27 – Problemmanagementplan).

13-16 Change request – Änderungsantrag

Der Änderungsantrag enthält u.a. typischerweise:

- Zweck der Änderung bzw. Änderungsbeschreibung
- Status
- Antragsteller, Kontaktinformation
- Betroffene Systeme
- Einflüsse auf die dazugehörige Dokumentation
- Kritikalität, gewünschter Termin
- Prüfmaßnahmen zur Verifikation/Validierung

13-21 Change control record – Änderungsaufzeichnung

Die Änderungsaufzeichnung dient dem Nachvollziehen von Änderungen gegenüber einem bestimmten Entwicklungsstand (Baseline). Geänderte Kundenanforderungen oder sonstige Änderungswünsche bewirken häufig eine Vielzahl von Änderungen im Detail an verschiedenen Dokumenten und Systemkomponenten. Die Änderungsaufzeichnung spezifiziert sowohl die gewünschte Änderung (z.B. durch Verweis auf den Änderungsantrag) als auch die in der Folge vorgenommenen Einzeländerungen. Dies kann z.B. bei Dokumenten in einer Änderungshistorie oder mithilfe eines KM-Systems erfolgen. Wichtig dabei ist, dass die einzelnen Änderungen rückverfolgbar sind zu dem eigentlichen Änderungsantrag.

In der Änderungsaufzeichnung können z.B. folgende Punkte erfasst sein (siehe auch SUP.9 13.07 – Problemaufzeichnung):

- Verweis auf Änderungsantrag
- Systeme und Dokumente, die von der Änderung beeinflusst werden, sowie Auflistung der jeweils im Einzelnen vorzunehmenden Änderungen
- Verantwortliche für die Änderung(en)
- Beschreibung der Änderung
- Zugehörige Genehmigungen

Hinweis für Assessoren

Im Assessment kann die Wirksamkeit von Änderungsmechanismen am besten anhand von Stichproben einzelner Änderungen nachvollzogen werden.

2.18.5 Besonderheiten Level 2

Analog zu SUP.9

2.19 MAN.3 Projektmanagement

2.19.1 Zweck

Zweck des Prozesses ist es, die Aktivitäten, Aufgaben und Ressourcen, die notwendig sind für ein Projekt, um ein Produkt und/oder eine Dienstleistung zu erzeugen, im Kontext der Projektanforderungen und Randbedingungen zu ermitteln, aufzustellen, zu planen, zu koordinieren und zu überwachen.

Projekte sind zeitlich begrenzte, komplexe Vorhaben, in der Regel mit anspruchsvollen Terminen. In der Automobilindustrie kommt hinzu, dass der »offizielle« Projektstart aufgrund langwieriger Einkaufsverhandlungen manchmal zu spät erfolgt, z.B. wenn schon erste Prototypen vorliegen. Der Projektabschlusstermin (oft der Produktionstart (SOP) eines neuen Fahrzeuges) wird aber beibehalten. Hinzu kommt, dass die unklare Vertragssituation zu Projektbeginn Probleme auf beiden Seiten schafft: Der Projektleiter des Auftraggebers weiß nicht genau, ob er der Entwicklungsorganisation (Auftragnehmer) schon Anforderungen, Terminvorgaben usw. übergeben kann. Die Entwicklungsorganisation muss, um Termine halten zu können, oft ohne klar definierte Anforderungsdokumente bereits in Vorleistung treten, d.h. ohne rechtsverbindlichen Vertrag mit den Arbeiten beginnen. In der Regel kann die am Anfang verstrichene Zeit im Projektverlauf nicht mehr eingeholt werden und die Projekte laufen von Beginn an auf dem kritischen Pfad. Daher ist ein systematisches Projektmanagement mit ausreichend detaillierten Planungen und geeigneten Verfahren zur Verfolgung des Projektfortschritts Grundvoraussetzung, um diese kritischen Projekte überhaupt ins Ziel zu führen.

2.19.2 Besonderheiten in der Automobilindustrie

Die Entwickung in der Automobilbranche setzt sich meist aus der Entwicklung mehrerer Komponenten wie Hardware, Software und mechanischer Komponenten zusammen. Häufig werden dabei vorhandene Hardware, Mechanik- und Softwareplattformen für einen speziellen Auftraggeber angepasst. Diese Projekte werden in größeren Entwicklungsorganisationen oft von verschiedenen Kundenteams/Fachabteilungen mit unterschiedlicher Linienverantwortung entwickelt. Hinzu kommen bei komplexen Projekten zusätzliche Teams für Test und Erprobung, Integration, Prototypenbau und die Plattformentwicklung selbst (siehe dazu auch Ausführungen bei den Engineering-Prozessen).

Dies spiegelt sich auch in der Projektorganisation wider. Ein Projekt besteht daher meist aus mehreren Teilprojekten. In den meisten Projekten gibt es ein oder mehrere Teilprojekte für die Softwareentwicklung.

Hinweis für Assessoren

Bei vielen Assessments wird nur die Softwareentwicklung als zu assessierende Einheit aus dem Gesamtprojekt ausgewählt. Trotzdem sollte beim Projektmanagementprozess auch das Zusammenwirken des Softwareteilprojekts mit dem Gesamtprojekt betrachtet werden.

2.19.3 Basispraktiken

BP1: Bestimme den Arbeitsumfang. *Bestimme die Arbeit, die durch das Projekt durchzuführen ist, und bestätige, dass die Projektziele mit den vorhandenen Ressourcen und Randbedingungen erreichbar sind.*

Vor der Durchführung eines Projektes sollte der Projektumfang (engl. scope of work) festgelegt werden. Zur Festlegung des Projektumfangs gehören nach [PMBOK 2004]:

- Die Projektbegründung/der Geschäftsbedarf
- Die Projektziele inkl. quantifizierbarer Kriterien zur Messung der Zielerreichung
- Eine Beschreibung des zu erstellenden Produktes und/oder der Dienstleistung
- Eine Übersicht über alle zu erstellenden Liefergegenstände

Der Projektumfang wird oft in Form einer Projektdefinition[100] (engl. scope statement) und eines Projektstrukturplans (engl. work breakdown structure, WBS) dokumentiert.

Hinweis für Assessoren

Bei internen Entwicklungsprojekten (z. B. Entwicklung eines Entwicklungswerkzeugs) krankt es häufig an der Festlegung des Projektumfangs. Oft wird hier keine Projektdefinition erstellt und der genaue Umfang des Projektes ist nicht sauber definiert (z. B. gehört ein Benutzerhandbuch mit zum Umfang des Entwicklungswerkzeuges? Ist anfänglicher Support Teil des Projekts?). Bei internen Projekten sind bezüglich Projektplanung und -verfolgung dieselben Maßstäbe anzulegen wie bei Kundenprojekten.

BP1 wird im Projektverlauf mehrmals »durchlaufen«. So wird zu Projektbeginn ein grober Projektstrukturplan erstellt, der zum Beispiel bei Eintritt in eine neue Projektphase (siehe BP2) weiter verfeinert wird bis auf die Ebene von Arbeitspaketen und Aktivitäten (siehe BP4). In der Automobilindustrie ändert sich häufig der Projektumfang im Laufe des Projektes. Dies hat mehrere Gründe:

- Die Anforderungen sind zu Projektbeginn nicht immer klar definiert. Aufgrund des Projektverlaufs und der Änderung technischer Konzepte (z.B. Funktionsverteilung im Auto) ergeben sich Änderungen und neue Anforderungen.
- Aufgrund aktueller Marktanforderungen (z.B. ein Wettbewerber bringt eine neue Funktionalität auf den Markt und erhält damit einen Wettbewerbsvorteil) und aktueller Innovationen müssen neue Anforderungen und Funktionen integriert werden, die zu Projektbeginn nicht bekannt waren.
- Die Einhaltung von Produktionsterminen (Start of Production, SOP) und den damit verbundenen Meilensteinen wie Produktvorserie, Musterterminen etc. hat höchste Priorität. Daher wird die Funktionalität reduziert, wenn vereinbarte Meilensteine (z.B. Musterstände) gefährdet sind.

Daher ist ein gut funktionierendes Änderungsmanagement (siehe SUP.10) von besonderer Bedeutung.

Projektziele müssen im Spannungsfeld von Kosten, Zeit, Qualität

- mit konkretem Bezug auf das Projekt,
- messbar bzw. quantifizierbar,
- realistisch und
- schriftlich formuliert sein.

100. Die Projektdefinition ist in Automotive SPICE nicht als gesondertes Arbeitsprodukt aufgeführt (siehe dazu auch [Hindel et al. 2006]).

Auch Nichtziele sollten formuliert werden (was ist nicht Umfang des Projektes?). Die Bedingungen zur Erreichung der Ziele, von denen bei der Formulierung ausgegangen wurde, sollten ebenfalls festgehalten werden.

In der Automobilindustrie sind die Projektziele meist im Vertrag klar geregelt. Das sind für die nichttechnischen Umfänge z.B. Termine für Musterstände oder zu liefernde Stückzahlen. Technische Umfänge, z.B. Funktionsanforderungen, werden meist in Lastenheften beschrieben (siehe auch ENG.1). Hauptziel ist die Entwicklung der Fahrzeugkomponente mit der geplanten Funktionalität zum SOP.

In der Automobilindustrie wird der Produktumfang oft in Form von umzusetzenden Funktionen mittels einer Funktionsliste[101] geplant. Diese Funktionsliste wird in der Automobilindustrie zur Planung der Inhalte der einzelnen Musterstände und Softwarereleases angewendet. In der Liste werden Funktionen (evtl. auch Bugfixes) den verschiedenen Softwarereleases und Meilensteinen zugeordnet und deren Umsetzung wird verfolgt. Sie dient unter anderem der frühzeitigen Abstimmung des Funktionsumfangs zwischen Auftragnehmer und Auftraggeber. Der Auftraggeber weiß, welche Funktionen wann geliefert werden sollten und bei ihm erprobt werden können. In Abbildung 2–19 ist auszugsweise eine Funktionsliste eines Radionavigationssystems (RNS) dargestellt.

Kategorie	ID	Funktionsbeschreibung	Ablieferungen			
			17.04.		30.05.	
			Soll	Ist	Soll	Ist
CD	**CD**					
CD	CD001	Auswahl interne CD	X			
CD	CD002	CD Grundfunktion: (Play, Pause, Trackauswahl)	X			
CD	...	...				
Audio	**Aud**					
AU	AU001	Quellenumschaltung FM	X			
AU	AU002	...				
AU	AU003	Klangeinstellung Tiefen	X			
AU	...	...				
MP3	**MP3**					
MP3	MP3001	MP3 Grundfunktionen: (Play, Pause, Tracking)			X	

Abb. 2–19 *Beispiel Auszug Funktionsliste RNS*

Die Erreichbarkeit der Projektziele sollte idealerweise vor Projektbeginn überprüft werden. Bei komplexen Projekten und neuen Technologien erfolgt oft eine Durchführbarkeitsstudie im Rahmen eines eigenständigen (Vor-)Projekts. Die Untersuchung der Durchführbarkeit geschieht in der Regel mit Fokus auf technische Aspekte in Zusammenhang mit Kosten und Nutzenbetrachtungen (siehe

101. Oft auch Feature-by-Phase-Matrix oder Delivery-Plan genannt.

hierzu auch [Kerzner 2001]). Oft werden mehrere Alternativen betrachtet. Als Ergebnis der Untersuchung sollte Folgendes klar sein:

- Welche Alternative gewählt wird und ob das Projekt so technisch durchführbar ist
- Welche Ressourcen und Kosten benötigt werden und ob diese Ressourcen überhaupt zur Verfügung stehen[102]
- Welcher zeitliche Rahmen benötigt wird und ob die Zieltermine überhaupt erreichbar sind
- Welche Chancen und Risiken bestehen

BP2: Bestimme den Projektlebenszklus. *Bestimme den Lebenszyklus für das Projekt, angemessen zu Umfang, Kontext, Größe und Komplexität des Projekts.*

Anmerkung: Die Konsistenz zwischen dem Projektlebenszyklus und dem Fahrzeugentwicklungsprozess sollte verifiziert werden.

Für jedes Projekt wird eine geeignete und angemessene Vorgehensweise der Projektbearbeitung festgelegt, hier Projektlebenszyklus genannt. Dieser besteht meist auf der oberen Ebene aus mehreren Projektphasen. Abbildung 2–20 stellt beispielhaft einen Lebenszyklus für ein Steuergeräteentwicklungsprojekt dar.

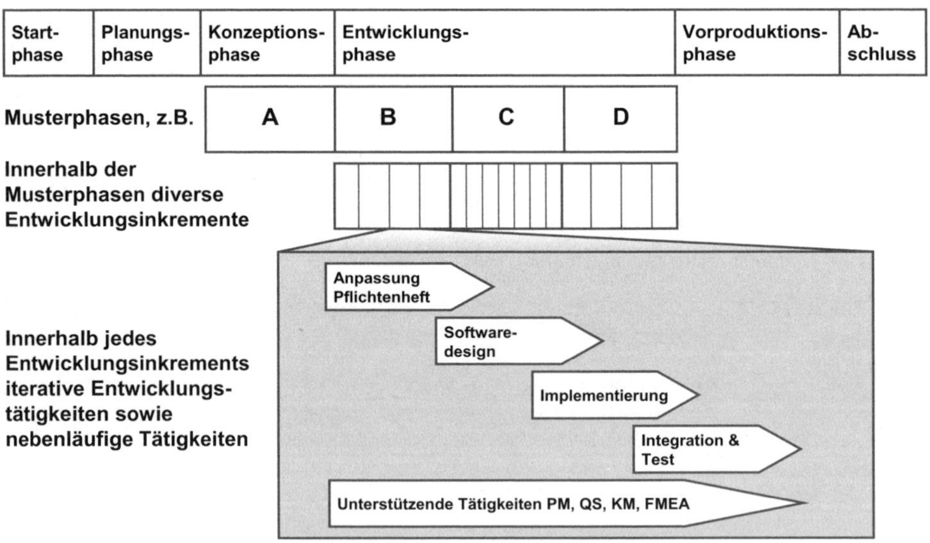

Abb. 2–20 *Beispiel eines Projektlebenszyklus in einem Steuergeräteentwicklungsprojekt (Lieferantensicht)*

102. Häufig werden die gleichen Ressourcen in mehreren Projekten verplant. In diesem Fall ist eine entsprechende Risikoabschätzung durchzuführen und alternative Möglichkeiten müssen betrachtet werden.

Die Projektphasen sollten durch Meilensteine voneinander getrennt werden. Viele Firmen haben definierte Phasenübergänge an definierten Meilensteinen. Es gibt festgelegte Kriterien, um überprüfen zu können, ob ein Meilenstein erreicht wurde und ob die Phase abgeschlossen werden kann. Typische Meilensteine in der Durchführungsphase sind die Erreichung von geplanten Musterständen. Im Vorfeld einer Auslieferung beinhaltet dies die Überprüfung erforderlicher Dokumente sowie die Prüfung, ob geplante Qualitätsprüfungen – wie zum Beispiel Reviews – vollständig und erfolgreich durchgeführt wurden.

Die Projektphasen gliedern das Projekt in größere Abschnitte. Bei der Entwicklung von komplexen Produkten dauert die eigentliche Durchführungsphase oft ein bis mehrere Jahre. Daher müssen die Phasen weiter verfeinert werden. Auf der unteren Ebene werden die Projektphasen durch Vorgehensmodelle verfeinert, die Prozessschritte, Methoden und Arbeitsprodukte definieren. Weit verbreitet in der Automobilindustrie sind iterative Entwicklungszyklen, wobei ein Entwicklungszyklus das V-Modell durchläuft (Näheres dazu siehe [V-Modell XT]).

Oft bestimmen Auftraggeber durch ihre eigene Produktentwicklungsmethodik die Vorgehensweise sowie Meilensteine bis zu einer gewissen Detaillierung. Beispielsweise geben die Fahrzeughersteller in der Automobilbranche durch ihren Fahrzeugentwicklungsprozess mit den sogenannten Musterphasen und den daraus resultierenden Entwicklungsprototypen ein enges Meilensteinraster vor, das die Vorgehensweise der Entwicklungspartner massiv beeinflusst.

Im Rahmen der Basispraktik ist festzulegen, welche Projektphasen, Meilensteine, Entwicklungszyklen und Prozessschritte aus dem Vorgehensmodell durchzuführen sind. So ist zum Beispiel zu spezifizieren, ob im Rahmen der B-Muster-Entwicklung 2 oder 3 Entwicklungszyklen zu durchlaufen sind und ob zum Beispiel jedes Mal komplett das »kleine V« (in Anlehnung an das V-Modell) durchlaufen wird.

Ferner sollte überprüft werden, inwieweit der Projektlebenszyklus des Entwicklungslieferanten und der Fahrzeugentwicklungsprozess des OEM verzahnt sind und zueinander passen. In Abbildung 2–21 sind die typischen Meilensteine und die damit verbundenen Entwicklungsphasen dargestellt.

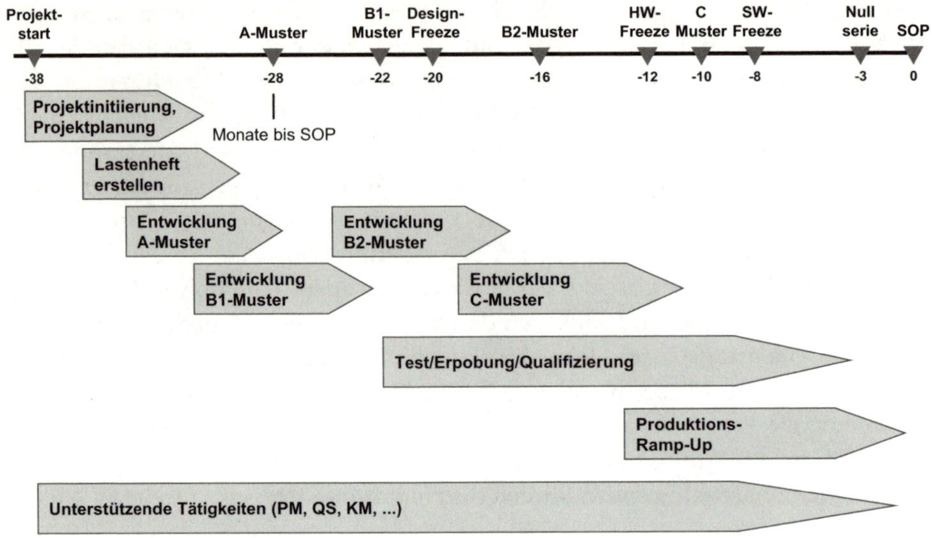

Abb. 2–21 *Meilensteinraster und damit verbundene Entwicklungsphasen*

BP3: Ermittle und pflege Schätzungen für die Projektmerkmale. *Bestimme und pflege Baselines für die Projektmerkmale.*

Anmerkung: Projektmerkmale können beinhalten: 1) Geschäfts- und Qualitätsziele des Projekts, 2) Ressourcen des Projekts und 3) Aufwand, Terminplan und Budget des Projekts.

Anmerkung: Geeignete Schätzmethoden sollten angewendet werden.

Anmerkung: Zur Erfüllung der Anforderungen wird eine Entwicklungsstrategie bestimmt und es werden Ressourcen für den Entwicklungslebenszyklus abgeschätzt.

Anmerkung: Ressourcen können die geforderte Infrastruktur und Kommunikationsmechanismen beinhalten.

Anmerkung: Projektrisiken und Qualitätskriterien können bei der Schätzung der Projektattribute berücksichtigt werden.

Die wesentlichen Parameter eines Projekts (Aufwand, Kosten, Termine und Qualität) werden abgeschätzt (siehe auch [Hindel et al. 2006]). Dies kann Folgendes umfassen:

1. Aufwandsschätzung: Der Aufwand zur Erstellung oder Bearbeitung der Arbeitspakete bzw. Module (z.B. in Personentagen) wird geschätzt. Als Basis dazu dient der Projektstrukturplan. Aufwände werden häufig bottom-up (»Mikroschätzverfahren«) geschätzt. Dazu wird die durchzuführende Arbeit in kleine Arbeitspakete zerlegt. Der Aufwand wird pro Arbeitspaket auf un-

terster Ebene geschätzt und dann schrittweise zu einem Gesamtaufwand für das Projekt summiert.

2. Terminschätzung: Aus dem geschätzten Aufwand und dem zur Verfügung stehenden Personal werden die Termine abgeschätzt (siehe BP6). In der Automobilindustrie stehen die Mustertermine und der SOP meist fest. Geplant werden Zwischentermine und der Funktionsumfang zu den einzelnen Terminen.
3. Kostenschätzung: Die Personalkosten werden durch Multiplikation des geschätzten Arbeitsaufwands mit den zugehörigen Personalkostensätzen ermittelt. Hinzu kommen weitere Kosten für benötigte Ressourcen wie z.B. Entwicklungsumgebung und Materialien. Dieser Punkt ist nicht zu verwechseln mit der Kalkulation des Angebotspreises des Projekts.
4. Qualitätsplanung: Die Qualität der zu erstellenden Zwischen- und Endprodukte muss geplant werden (z.B. maximale Fehlerraten für bestimmte Entwicklungsstände, Testabdeckungsgrade). Dies erfolgt in der Regel im Rahmen bzw. in Abstimmung mit der Qualitätsplanung (siehe SUP.1 BP1 und BP3).

In den Unternehmen werden häufig nur Aufwands-, Kosten- und Terminschätzungen durchgeführt. Mit der Definition von messbaren Qualitätszielen tut man sich oft schwer.

In einer Anmerkung wird auf den Einsatz von Schätzmethoden hingewiesen. In der Praxis werden häufig Expertenschätzmethoden (z.B. Delphi, 3-Punkt-Schätzung) eingesetzt. Fortgeschrittene Methoden wie Function Point oder COCOMO finden in der Automobilindustrie kaum Anwendung. Gängige Praxis in Projekten sind eher formlose Expertenschätzungen. Ergebnisse sind dann typischerweise undokumentierte Schätzwerte, deren Herleitung unklar ist. Als praktikabel in der Umsetzung haben sich Schätzformulare bewährt, die ein strukturiertes Schätzen mit relativ geringem Aufwand ermöglichen. Weiterführende Ausführungen zu Schätzmethoden siehe [Hindel et al. 2006].

Vorteilhaft (jedoch nicht gefordert) für Schätzungen ist, die Werte so aufzuzeichnen, dass z.B. Standardschätzformulare mit typischen Aufwänden von Arbeitspaketen basierend auf den gesammelten Erfahrungen erzeugt werden können. Diese Erfahrungswerte werden dann bei neuen Projekten herangezogen (sogenannte historische Daten). Dadurch erhöht sich die Genauigkeit der Schätzung meist erheblich. Voraussetzung dafür ist, dass man Standardarbeitspakete definieren kann, die in allen Projekten anfallen.

Eine weitere Möglichkeit, Erfahrungen zu sammeln und Schätzwerte zu verbessern, sind Projektabschlussreviews oder »Lessons Learned«. Dabei werden die Erfahrungen, die das Projektteam im Rahmen eines Projekts gemacht hat, für zukünftige Projekte nutzbar. Gerade bei länger andauernden Projekten bietet sich an, ein Abschlussreview mehrfach im Projektverlauf (zum Beispiel am Ende von wichtigen Projektphasen) durchzuführen. Das Ziel ist dann nicht mehr nur, für zukünftige Projekte zu lernen, sondern das Erlernte sofort in der nächsten Phase desselben Projekts anzuwenden. Identifizierte Verbesserungen betreffen zum Beispiel Anpassungen von Prozessen und Prozessbeschreibungen, Templates und Checklisten sowie Maßnahmen zur Verbesserung der Teamarbeit. Bezüglich Schätzungen können folgende Erfahrungen gesammelt werden:

- Aufbereiten der tatsächlichen Arbeitspaketaufwände und zur Verfügung stellen für weitere Projekte (z.B. in Form einer historischen Datenbasis)
- Verbesserung der Schätzmodelle aufgrund der tatsächlichen Aufwände
- Nachbetrachtung der Projektrisiken: Berücksichtigung bei zukünftigen Schätzungen

Schätzungen werden zu unterschiedlichen Zeitpunkten während des Projektverlaufs durchgeführt. Grobe Schätzungen werden zu Beginn des Projekts oder z.B. im Rahmen einer Angebotsabgabe durchgeführt. Diese Grobschätzung wird während der Projektplanungsphase erweitert und detailliert. Schätzungen erfolgen dann bis auf Arbeitspaketebene. Es werden weitere Detaillierungen und Aktualisierungen während der Durchführungsphase vorgenommen, wie z.B. eine weitere Detaillierung bei Eintritt in eine neue Projekt- oder Musterphase oder im Rahmen von Um- oder Neuplanungen. Automotive SPICE fordert hier, dass man diese Schätzungen (und die zugehörige Schätzdokumentation) zu definierten Ständen in Form von Baselines zusammenfasst. Diese Baseline kann Teil einer Baseline sein, die für das Projekt als Ganzes erstellt wird (siehe SUP.8).

Die Pflege der Schätzungen bedeutet, dass Änderungen, die sich im Laufe des Projekts ergeben, berücksichtigt werden. Bei Bedarf werden dann die Schätzungen wiederholt beziehungsweise die Schätzdokumentation angepasst. Bei den Schätzungen können auch Risiken mit betrachtet werden und durch z.B. Risikozuschläge berücksichtigt werden.

Hinweis für Assessoren

Weit verbreitet sind informelle Expertenschätzungen. Dabei wird die Schätzung durch Mitarbeiter mit Expertise in dem entsprechenden Fachgebiet mit wenig oder keinem Formalismus durchgeführt. Auch bei einer informellen Schätzung sind die Ergebnisse nachvollziehbar zu dokumentieren. Wenn immer möglich sollte die Schätzung durch mindestens zwei Experten durchgeführt bzw., wenn nur einer schätzt, durch einen zweiten Experten überprüft werden.

BP4: Ermittle die Aktivitäten des Projekts. *Plane die Aktivitäten des Projekts entsprechend des definierten Projektlebenszyklus und der Schätzungen und bestimme und überwache die Abhängigkeiten zwischen den Aktivitäten.*

Anmerkung: Die Aktivitäten und zugehörigen Arbeitspakete sollten von handhabbarer Größe sein, um sicherzustellen, dass eine angemessene Fortschrittsüberwachung möglich ist.

Der Projektstrukturplan (PSP, siehe BP1) wird feiner detailliert. Aus der untersten Ebene des PSP werden Aktivitäten abgeleitet. Außerdem werden Aktivitäten ergänzt, die aus dem Projektlebenszyklus (siehe BP2) abgeleitet werden. In einer Anmerkung wird darauf hingewiesen, dass die geplanten Arbeitspakete des Projekts eine handhabbare Größe haben, sodass der Arbeitsfortschritt verfolgt werden kann. Dies ist abhängig von Dauer, Größe, Komplexität, Berichtszyklus etc. des Projekts. Bei Projekten mit einer Laufzeit von mehr als einem Jahr mit monatlicher Projektverfolgung kann ein Richtwert beispielsweise max. 4 Wochen Zeitdauer bzw. 160 Stunden Aufwand sein. Eine Daumenregel besagt, dass die Pakete so detailliert sein sollen, dass der Arbeitsfortschritt im Rahmen eines Berichtszyklus klar erkennbar ist.

Aufgrund des Lebenszyklusmodells (z. B. iteratives Modell) werden verschiedene, sich wiederholende Instanzen von Aktivitäten erzeugt, z. B. Design erster Prototyp, Design zweiter Prototyp etc.

Zwischen den Aktivitäten werden Abhängigkeiten definiert, so muss z.B. erst ein Design einer Komponente erzeugt werden, bevor eine Implementierung stattfinden kann. Die konkrete zeitliche Abfolge wird in BP6 ermittelt.

BP5: Bestimme den Bedarf an Fähigkeiten. *Ermittle die geforderten Fähigkeiten, die im Projekt benötigt werden, und weise diese den Personen und Teams zu.*

Die notwendigen Qualifikationen werden anhand der durchzuführenden Aufgaben ermittelt und mit den in Frage kommenden Personen verglichen. Auf dieser Basis wird (z. B. durch den Projektleiter oder Linienvorgesetzten) die optimale personelle Zusammensetzung des Projektteams geplant. Wenn das vorgesehene Personal nicht die notwendigen Qualifikationen besitzt, muss es mittels geeigneter Maßnahmen geschult werden.

BP6: Ermittle und pflege den Terminplan des Projekts. *Weise den Aktivitäten Ressourcen zu und bestimme den Zeitplan für jede Aktivität und für das gesamte Projekt.*

Anmerkung: Dies umfasst eine angemessene Neuplanung.

Anmerkung: Der Projektterminplan muss während der gesamten Lebensdauer des Projekts kontinuierlich aktualisiert werden.

Die für das Projekt geplanten Aktivitäten werden den einzelnen in Frage kommenden Teammitgliedern zugeordnet. Dazu muss bekannt sein, welches Personal der verschiedenen Qualifikationen von wann bis wann in welchem Umfang zur Verfügung steht und welche Abhängigkeiten zwischen den Aktivitäten bestehen. Aus der Aufwandsschätzung ist zudem bekannt, welcher Zeitaufwand für jede Aktivität benötigt wird. Basierend auf diesen Informationen werden das Personal zugeordnet, die reale Aktivitätendauer ermittelt und die Start- und Endtermine bestimmt. Das Ergebnis ist ein dokumentierter Terminplan.

Die Pflege des Terminplans bedeutet, dass Änderungen, die sich im Laufe des Projekts ergeben, berücksichtigt werden. Zu diesem Zwecke steht der Terminplan unter Konfigurationskontrolle bzw. wird versioniert und nach Einpflegen einer Änderung neu veröffentlicht und verteilt. Der Terminplan wird bei Änderungen angepasst, die einen Einfluss auf nachfolgende Meilensteine oder Termine haben (z.B. bei Terminverschiebungen von wichtigen Aktivitäten oder Meilensteinen). Das Projekt sollte dazu festlegen, welche Änderungen für die Aktualisierung des Terminplans relevant sind.

Der Terminplan muss zusätzlich regelmäßig überprüft und aktualisiert werden. Die Frequenz der Aktualisierung hängt von der aktuellen Projektsituation und dem Detaillierungsgrad des Terminplans ab. Typisch sind wöchentliche, höchstens monatliche Aktualisierungen.

Hinweis für Assessoren

Terminpläne werden im Projektverlauf immer weiter verfeinert. Es ist nahezu unmöglich, zu Beginn eines längerfristigen Projekts alle Aufgaben in gleicher Detaillierungstiefe durchzuplanen. Wird iterativ entwickelt, so sollte zumindest der aktuelle Zyklus im Detail durchgeplant werden. Spätere Zyklen sind dann ggf. nur grob geplant. Spätestens zum Start eines neuen Zyklus ist dieser dann im Detail zu planen (siehe auch Hinweis bezüglich handhabbare Größe von Aktivitäten bei BP4) und die Grobplanung der nachfolgenden Zyklen zu aktualisieren.

Bei Terminverschiebungen ist darauf zu achten, dass auch die Abhängigkeiten im Plan mit berücksichtigt wurden und auch Folgetermine angepasst werden beziehungsweise damit verbundene Risiken identifiziert wurden.

Da Entwicklungsprojekte in der Regel einem enormen zeitlichen Druck unterliegen (Problem: Time to Market), sind Terminpläne immer auch mit entsprechenden Risiken versehen. Die Risiken können im Rahmen von MAN.5 (Risikomanagement) identifiziert, durch Maßnahmen minimiert und regelmäßig neu bewertet und verfolgt werden.

BP7: Ermittle und überwache die Schnittstellen des Projekts. *Identifiziere die Schnittstellen des Projekts mit anderen (Teil-)Projekten, organisatorischen Einheiten und anderen Stakeholdern, stimme diese ab und überwache vereinbarte Verpflichtungen.*

Anmerkung: Die Projektplanung und -überwachung kann alle beteiligten Parteien wie Qualitätssicherung, Produktion, Fahrzeugintegration, Testen und Prototypenbau umfassen.

Mit den Stakeholdern wie z.B. dem verantwortlichen Linienmanagement, dem Auftraggeber sowie internen Teams wie z.B. mit QS, Produktion, Test & Integrationsabteilungen, Prototypenbau, Einkauf, Vertrieb, Marketing, Produktmanagement etc. muss vereinbart werden, wie die Schnittstellen »gehandhabt« werden (sprich, welche Informationen werden wie wann ausgetauscht, wie wird Arbeitsfortschritt berichtet bzw. verfolgt, gibt es gemeinsame Meetings, wie werden diese Personen und Gruppen in den Kommunikationsfluss einbezogen etc.). Die Einhaltung dieser Vereinbarungen muss aktiv im Rahmen des Projektmanagements überwacht werden.

BP8: Erstelle den Projektplan. *Erstelle und pflege einen Gesamtprojektplan sowie weitere relevante Pläne, um Projektumfang und -ziele, Ressourcen, Infrastruktur, Schnittstellen und Kommunikationsmechanismen zu dokumentieren.*

Der Projektplan besteht aus einem oder mehreren Planungsdokumenten, die den Projektumfang und die wesentlichen Merkmale des Projekts wie Projektziele, Arbeitsumfang, Aktivitäten und Aufgaben, Ressourcen und Schnittstellen etc. definieren. Automotive SPICE unterscheidet zwischen einem Gesamtprojektplan und weiteren Plänen. Weitere Pläne sind z.B. die in Teilprojekten erzeugten Pläne, aber auch die im Rahmen anderer Prozesse erzeugten Pläne (z.B. Qualitätssicherungsplan, Konfigurationsmanagementplan). Der Gesamtprojektplan fasst in diesem Fall die einzelnen »Teilpläne« zusammen und synchronisiert diese zum Beispiel durch gemeinsame Meilensteine. In kleineren Projekten gibt es oft nur den Gesamtprojektplan, der dann meist als »Projektplan« bezeichnet wird.

Hinweis für Assessoren

Besteht ein Projekt aus mehreren Teilprojekten, so pflegen die Teilprojekte häufig eigenständige Pläne. Dagegen ist nichts einzuwenden. Jedoch ist im Assessment zu überprüfen, dass die einzelnen Teilprojektpläne mit dem Gesamtprojektplan zusammenpassen (z. B. durch Meilensteine) und regelmäßig angepasst werden.

Der Gesamtprojektplan muss mit fortschreitendem Projektverlauf fortgeschrieben und aktualisiert bzw. angepasst werden. Für die Aktualisierung der Pläne sollten Regeln definiert sein, z.B. regelmäßige Fortschreibung oder Aktualisierung bei »größeren« Änderungen. Dabei muss festgelegt sein, was »größere« Änderungen sind.

Ein Aspekt, den Automotive SPICE auf Level 1 nicht fordert, der aber in der Praxis zu empfehlen ist, sind das Review von Planungsbaselines und die anschließende Freigabe durch das Management.

BP9: Setze den Projektplan um. *Setze die Planungsaktivitäten des Projekts um.*

Zur Umsetzung des Projektplans gehört, dass den Mitarbeitern der Projektplan zur Verfügung steht (z.B. durch Verteilung per E-Mail), sie diesen kennen und dass sie verstehen, was sie wann tun sollen. Dies kann z.B. in Form eines Kickoffs erfolgen oder durch sonstige Besprechungen. Falls Aktivitäten nicht von den Projektmitarbeitern selbstständig zeitgerecht gestartet werden, muss ggf. noch ein Anstoß durch den Projektleiter erfolgen, z.B. auf Projektbesprechungen. Ansonsten werden die Aktivitäten gemäß Planung ausgeführt. Zur Thematik der Fortschrittsüberwachung siehe BP11.

BP10: Überwache die Projektmerkmale. *Überwache Projektumfang, Budget, Kosten, Ressourcen und andere notwendige Merkmale und dokumentiere wesentliche Abweichungen gegenüber dem Projektplan.*

Der Fortschritt der Projektparameter (Qualität, Istaufwand, Kosten, Termineinhaltung etc.) wird ermittelt und dokumentiert. Planungsabweichungen werden festgehalten. Zur Thematik der Fortschrittsüberwachung siehe BP11, zur Frequenz siehe BP7.

In Entwicklungsprojekten sind über den gesamten Projektverlauf meist eine Fülle von technischen Fragen und Problemen zu klären. Die Abarbeitung dieser Fragen muss systematisch gesteuert und verfolgt werden, z.B. durch eine Offene-Punkte-Liste (OPL, siehe Abb. 2–3). Bei der Überwachung des Projektfortschritts kann auch die Verfolgung und Neubewertung der Risiken erfolgen (siehe MAN.5 BP6).

BP11: Reviewe und berichte den Projektfortschritt. *Reviewe und berichte regelmäßig den Status des Projekts gegenüber dem Projektplan an alle betroffenen Parteien. Dies beinhaltet auch Berichte an den OEM. Überwache regelmäßig die Ausführung des Projekts.*

Anmerkung: Projektreviews können in regelmäßigen Abständen durch das Management durchgeführt werden.

Der tatsächliche Arbeitsfortschritt (Ist) wird gegen den Planungsstand verglichen. Erkannte Abweichungen gegenüber der aktuell gültigen Planungsbaseline werden z.B. in Projektfortschrittsberichten dokumentiert. Der Fortschritt wird regelmäßig berichtet (siehe Arbeitsprodukt 15-06 – Projektfortschrittsbericht). Die Fortschrittsüberwachung in Projekten findet in der Praxis meist auf zwei Ebenen statt:

- Fortschrittsüberwachung auf Aktivitätenebene: Der Fortschritt der Aktivitäten wird in kurzen Zeitabständen überwacht (z.B. wöchentlich). Auf der untersten Ebene berichten die Entwickler den Fortschritt an die nächsthöhere Ebene. Im kleineren Projekt ist dies der Projektleiter selbst, im größeren Projekt sind Ebenen dazwischengeschaltet (z.B. Team- oder Teilprojektleiter). Eingesetzte Methoden sind z.B. Teambesprechungen, Ermittlung von Istaufwand und Fertigstellungsgrad bzw. Istaufwand und Restaufwand. Dies sind die Rohdaten, die für die Fortschrittsüberwachung auf Projektebene benötigt werden.
- Fortschrittsüberwachung auf Projektebene: Hier werden die Fortschrittsdaten von unten nach oben in der Hierarchie über die verschiedenen Ebenen verdichtet, damit der Projektleiter ein klares Bild des Fortschritts auf Gesamtpro-

jektebene gewinnt und dieses auch nach außen (Management, Kunde) vermitteln kann. Die Ergebnisse werden in Projektfortschrittsberichten (z.B. monatlich) dokumentiert. Eingesetzte Methoden sind Projektreviews, Metriken zur Verfolgung des Projektfortschritts, Meilensteintrendanalyse und die Earned-Value-Methode (siehe [Hindel et al. 2006]). In einer Anmerkung wird darauf hingewiesen, dass die Fortschrittsüberwachung auf Projektebene in regelmäßigen Zeitabständen durch das (Linien-)Management erfolgen kann. In kritischen, komplexen oder umfangreichen Projekten kann auch ein gemeinsamer Steuerkreis mit Vertretern des Managements von Auftraggeber und Auftragnehmer eingerichtet werden.

Projektbesprechungen sind neben Fortschrittsberichten auf Basis von Istaufwänden und z.B. Fertigstellungsgrad das wichtigste Mittel zur Steuerung des Projekts. In Abbildung 2–22 sind häufig vorkommende Arten von Projektbesprechungen aufgeführt.

Art von Besprechung	Zweck	Teilnehmer
Teambesprechungen	Probleme u. Lösungen auf Aktivitätenebene, Arbeitsfortschritt	Projekt-/Teamleiter, Entwickler
Interne Fortschrittsreviews	Arbeitsfortschritt im Vergleich zum Plan, Maßnahmen, ausgewählte Probleme, Risiken, Change Requests	Projekt-/Teamleiter, Entwickler
Formale Fortschrittsreviews	Arbeitsfortschritt im Vergleich zum Plan, in Kürze: ausgewählte Probleme, Maßnahmen, Risiken	Projekt-/Teamleiter, Management
Meilensteinreviews	Arbeitsfortschritt im Vergleich zum Plan, Prüfung formaler Voraussetzungen, Freigabe der nächsten Phase	Projekt-/Teamleiter, Management, QS, ggf. Kundenvertreter
Lenkungsausschuss, Entscheidungsausschuss	Rechenschaftsbericht, ausgewählte Probleme, strategische Fragen, Koordination verschiedener Interessen, Treffen wichtiger Projektentscheidungen	Projekt-/Teamleiter, Management, Kundenvertreter

Abb. 2–22 *Arten von Projektbesprechungen*

BP12: Reagiere auf Abweichungen. *Ergreife Maßnahmen, wenn Projektziele nicht erreicht werden, korrigiere die Planabweichungen und vermeide das erneute Auftreten der erkannten Probleme im Projekt. Aktualisiere die Projektpläne dementsprechend.*

Wenn bei der Ausführung des Projekts und bei der Überwachung des Projektfortschritts Abweichungen gegenüber dem Planungsstand festgestellt werden und dadurch die Projektziele nicht erreicht werden können, müssen entsprechende Maßnahmen eingeleitet werden. Hierzu gibt es verschiedene Möglichkeiten:

- Parallelisierung (gemeint ist zeitgleiches Bearbeiten) von Aktivitäten auf dem kritischen Pfad
- Personaleinsatz ändern/mehr Personal/erfahreneres Personal
- Outsourcing von Arbeiten, um Projektmitglieder für andere Aufgaben frei zu bekommen
- Leistungsumfang/Funktionalität ändern beziehungsweise reduzieren
- Terminverschiebung, offenes Gespräch mit dem Auftraggeber

Diese Möglichkeiten bringen teilweise erhebliche Risiken und Mehrkosten mit sich und können unter Umständen genau das Gegenteil bewirken. Eine weitere, leider häufig praktizierte Möglichkeit ist es, bei der Produktqualität zu sparen (z. B. weniger Reviews, keine oder verkürzte Tests). Davon ist in jedem Fall abzuraten.

Die Korrekturmaßnahmen führen in der Regel zu Planungsänderungen. Daher muss die Projektplanung entsprechend angepasst werden. Bei größeren Planungsänderungen ist unter Umständen auch ein erneutes Planungsreview notwendig.

Automotive SPICE fordert neben der Durchführung der Maßnahmen zur Korrektur der Planabweichungen auch Maßnahmen zur Behebung bzw. Vermeidung der Ursachen.

Hinweis für Assessoren

Nicht für jedes Problem kann sofort eine Maßnahme zur Vermeidung eines erneuten Auftretens durchgeführt werden, teilweise ist es für die Ursachenbeseitigung im Projekt auch zu spät, weil die Bedingungen, die zur Problementstehung führten, nicht abgestellt werden können (z. B. wenn es Kapazitätsprobleme gibt und kurzfristige Auslagerung oder Neueinstellungen nicht möglich sind). Wichtig ist in diesen Fällen, dass eine Ursachenanalyse durchgeführt wird und der Sachverhalt in geeigneter Form (z. B. auf Projektmeetings, im Rahmen von »Lessons Learned« – Auswertungen) betrachtet wird.

2.19.4 Ausgewählte Arbeitsprodukte

08-12 Project plan – Projektplan

Der Projektplan besteht aus einem oder mehreren Planungsdokumenten, die den Projektumfang und die wesentlichen Merkmale des Projekts definieren. Der Projektplan ist Grundlage für die Projektkontrolle und -steuerung. Wenn der Projektplan aus mehreren Planungsdokumenten besteht, so ist darauf zu achten, dass die einzelnen Dokumente in Summe ein schlüssiges, zusammenhängendes Ganzes darstellen. Der Projektplan muss aber nicht notwendigerweise aus einem zusammenhängenden Dokument bestehen, oft wird er auch in Form einer Verzeichnisstruktur mit verschiedenen Dateien umgesetzt. Nachfolgend ist eine Beispielgliederung eines Projektplans dargestellt.

Beispielgliederung Projektplan für ein großes Projekt

1. Kurzbeschreibung der Projektzielsetzung und des Projektumfangs
   - 1.1 Kurzbeschreibung des Projekts
   - 1.2 Hintergrund
   - 1.3 Zielsetzung
   - 1.4 Projektumfang
   - 1.5 Projektbudget
   - 1.6 Projektlaufzeit
   - 1.7 Voraussetzungen und Verpflichtungen
   - 1.8 Grundlegende Planungsannahmen
   - 1.9 Grundlegende Entscheidungen
   - 1.10 Schnittstellen
2. Lastenheft und Pflichtenheft
3. Projektstrukturplan und Projektzeitplan
   - 3.1 Überblick über die Arbeitspakete
   - 3.2 Projektstrukturplan (Überblick)
   - 3.3 Terminplan (Überblick)
   - 3.4 Beschreibung der Arbeitspakete
     - AP1 ...
     - AP 2 ...
     - AP n Projektmanagement
   - 3.5 Zusammenfassung der Aufwandsschätzungen
4. Rollen und Verantwortlichkeiten
5. Risiken
6. Benutzte Prozesse und Werkzeuge
7. Berichtswesen
8. Grundregeln für das Projektteam
9. Projektteam
10. Projektvorgaben
11. Weitere Angaben zu diesem Dokument
    - 11.1 Änderungsprozess
    - 11.2 Dokumentation
    - 11.3 Mitgeltende Unterlagen
12. Definitionen, Begriffe, Abkürzungen
13. Anhang Aufwandsschätzung benötigte Mitarbeiter
14. Anhang Personaleinsatzplanung
15. Anhang detaillierter Projektstrukturplan
16. Anhang detaillierter Terminplan

13-16 Change request – Änderungsantrag

Siehe bei SUP.10

14-06 Schedule – Terminplan

Der Terminplan sollte enthalten (siehe auch BP6):

- Alle durchzuführenden Aktivitäten, Reihenfolge und Abhängigkeiten zwischen diesen
- Meilensteine
- Zeitdauer und geschätzte Aufwände der Aktivitäten, Start- und Endtermine
- Die Zuordnung von Ressourcen zu den Aktivitäten

Des Weiteren sollten der oder die kritischen Pfade im Terminplan kenntlich gemacht werden. Im Terminplan wird typischerweise auch die Planungsverfolgung eingetragen (Soll-Ist-Vergleich z.B. des Fertigstellungsgrads). Der Terminplan wird oft mittels Tools wie Microsoft Project, R-Plan etc. geführt. Einfache Terminpläne können aber auch mit Microsoft Excel erstellt und bearbeitet werden.

14-09 Work breakdown structure – Projektstrukturplan

Der Projektstrukturplan (PSP) strukturiert und definiert den Gesamtinhalt und -umfang des Projekts. Der PSP ist das Werkzeug, das den Projektumfang in »handhabbare« Elemente herunterbricht. Jede niedrigere Ebene beinhaltet eine detailliertere Beschreibung des darüber liegenden Projektelements. Die unterste Ebene des PSP sind die Arbeitspakete. Liefergegenstände, die nicht im PSP stehen, sind außerhalb des Projektumfangs. Auf der obersten Ebene sollte der PSP nach Projektphasen oder Hauptliefergegenständen gegliedert sein. Als Darstellungsformen wird oft das Strukturdiagramm gewählt, alternativ die Listendarstellung mit Nummerierung und Einrückungen oder die Mindmap.

Liefergegenstände des Projekts sind neben dem zu entwickelnden Produkt und seinen Bestandteilen auch noch Benutzerhandbuch, Testdokumentation, Projektfortschrittsberichte, Schulungen etc. sowie Liefergegenstände, die aus dem Projektlebenszyklus[103] abgeleitet werden (z.B. Dokumente, die nicht an den Kunden geliefert werden wie etwa ein Designdokument).

103. Projektphasen bestehen aus zeitlich verknüpften Projektvorgängen, die in einem logischen Zusammenhang stehen. Ein Projekt durchläuft meist folgende Phasen, die wiederum aus mehreren Teilphasen bestehen können: Startphase, Planungsphase, Durchführungsphase und eine abschließende Phase.

Hinweis für Assessoren

In der Praxis wird – zumindest bei kleineren Projekten – oft kein gesondertes Dokument für den Projektstrukturplan erstellt. Er findet sich dann implizit im Terminplan des Projekts wieder.

15-06 Project status report – Projektfortschrittsbericht

Der Fortschrittsbericht sollte Aussagen enthalten bezüglich:

- Kostensituation (aktuelle Entwicklungskosten beziehungsweise Stückkosten, voraussichtliche Kostenentwicklung etc.)
- Terminsituation (voraussichtliche Endtermine, Trends z.B. bezüglich Erreichung der nächsten Meilensteine etc.)
- Leistungsumfang/Funktionalität
- Qualitätssituation (Fehlersituation, kundenrelevante Probleme etc.)
- Personalstatus (z.B. personelle Engpässe)
- Risiken (Zusammenfassung der Risiken)
- Ausgewählte (oft technische) Probleme
- Welche Maßnahmen sind eingeleitet? Wer hat Handlungsbedarf?

In Organisationen, die eine größere Anzahl von Projekten überschauen müssen, werden die Projektfortschrittsberichte stark zusammengefasst und vereinheitlicht dargestellt, z.B. in Form von »Ampelberichten« (siehe Abb. 2–23).

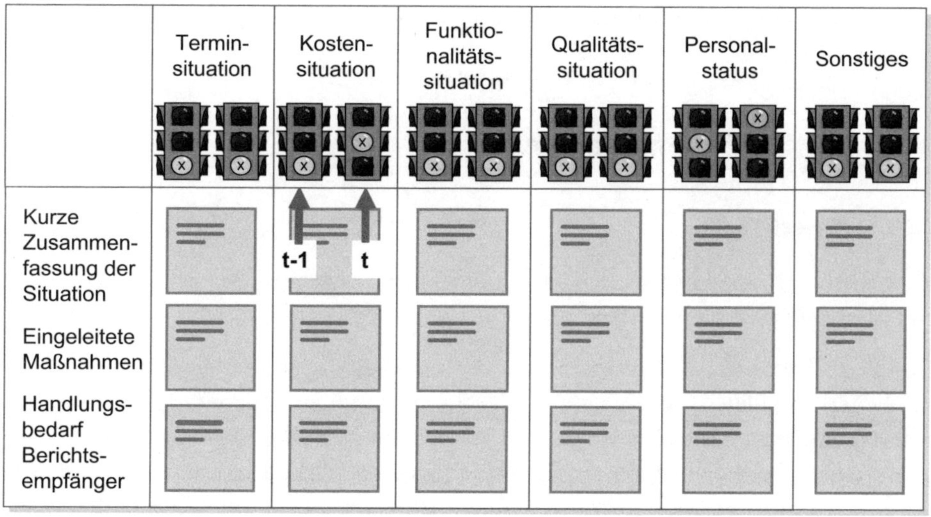

Abb. 2–23 Beispiel eines stark aggregierten Projektfortschrittsberichts für höhere Managementebenen

2.19.5 Besonderheiten Level 2

Projektmanagement des Projektmanagementprozesses

Auf Level 2 (siehe PA 2.1, Steuerung der Prozessausführung) werden ebenfalls grundlegende Projektmanagementprinzipien gefordert, jedoch angewendet auf den jeweiligen Prozess (und nicht das Projekt).

So wird gefordert, dass der Prozess, basierend auf Zielen, geplant ist und die Planeinhaltung verfolgt wird. Für MAN.3 bedeutet dies, dass die Projektmanagementaktivitäten wie Projektplanerstellung, Projektbesprechungen, Ausarbeiten der Projektdetailplanung und Planungsaktualisierungen, Fortschrittsüberwachung, Erstellen von Fortschrittsberichten etc. geplant und verfolgt werden müssen.

Sinnvoll planbar ist z.B. der erstmalige Fertigstellungstermin des Projektplans und dessen Aktualisierung zu Beginn von neuen Phasen. Auch muss eine Kapazitätseinplanung für Projektmanagement erfolgen, d.h., auch wiederkehrende Tätigkeiten müssen berücksichtigt werden. Dies ist insbesondere dann wichtig, wenn der Projektleiter neben der eigentlichen Leitung auch noch technische Aufgaben hat. In der Praxis ist dies oft bei kleineren Projekten der Fall und führt in Stresssituationen häufig zur Vernachlässigung des Projektmanagements.

Zum Management der Arbeitsprodukte

Planungsdokumente ändern sich recht häufig, vorausgesetzt, die Dokumente »leben« (d.h., sie werden als Planungs- und Steuerungsinstrument aktiv genutzt). Daher können die Planungsdokumente nicht bei jeder kleinen Änderung reviewt werden. Projektplan und Terminplan sollen aber zumindest zu Planungsbaselines reviewt werden.

2.20 MAN.5 Risikomanagement

2.20.1 Zweck

Zweck des Prozesses ist es, Risiken kontinuierlich zu ermitteln, zu analysieren, zu behandeln und zu verfolgen.

Zur Begriffsklärung: Wir verstehen unter einem **Risiko** ein ungewolltes Ereignis oder ein potenzielles Problem, das in der Zukunft mit einer gewissen Wahrscheinlichkeit eintreten kann. Ein Risikoeintritt ist mit einem Schaden verbunden, d.h., er hat einen negativen Effekt auf die Projektziele, bewirkt also z.B. eine Kostenerhöhung, Terminverschiebungen, Qualitätsprobleme oder sonstige Schäden. Ziel des Risikomanagements ist es, Risiken zu erkennen und wenn möglich zu vermeiden oder ihre Eintrittswahrscheinlichkeit zu verringern und/oder die Auswirkungen des Risikoeintritts abzumildern. Eng verwandt mit dem Begriff des Risikos ist der Begriff des Problems. Der entscheidende Unterschied ist, dass ein Problem entweder schon eingetreten ist oder mit Sicherheit eintreten wird.

Risikomanagementmethoden erlauben es, Risiken jeder Art[104] zu ermitteln, zu analysieren, zu bewerten und über den gesamten Projektablauf zu verfolgen.

2.20.2 Besonderheiten in der Automobilindustrie

Eine spezielle Form von Risikomanagement ist die Methode FMEA[105] (Fehlermöglichkeits- und Einflussanalyse bzw. Failure Modes and Effects Analysis). In der Automobilentwicklung ist die Durchführung von System-FMEAs verbindlich vorgeschrieben.

Durch eine FMEA werden vorausschauend Fehlerquellen im Design (sog. Konstruktions-FMEA[106]) oder in der Herstellung (sog. Prozess-FMEA) ermittelt und bewertet. Die Methodik der System-FMEA verbindet diese beiden Sichtweisen. FMEAs konzentrieren sich also auf Produkt- und Fertigungsprozessrisiken und werden vorwiegend in frühen Projektphasen nach Vorliegen eines ersten Designs (oder der Konzeption eines Herstellungsprozesses) eingesetzt. Bei Steuergeräten müssen natürlich auch die Softwareanteile in Rahmen der FMEA mitbetrachtet werden.

Risikomanagement in der hier beschriebenen Form adressiert darüber hinaus auch alle möglichen weiteren Risiken (wie z.B. Projekt-, Entwicklungsprozess- und Organisationsrisiken). Im Rahmen der Komponentenentwicklung durch Zulieferer kann sich Risikomanagement auf mehreren Ebenen im Projekt abspielen:

- Auf Ebene des Entwicklungsprojekts (sowohl auf Auftragnehmer- als auch auf Auftraggeberseite)
- Auf Ebene des Fahrzeugprojekts auf Auftraggeberseite
- Auf Organisationsebene (sowohl Auftraggeber- als auch Auftragnehmerorganisation)

Hinweis für Assessoren

Im Rahmen der Bewertung des Prozesses muss daher festgelegt werden, auf welchen Umfang der Risikomanagementprozess angewendet wird.

---

104. Das heißt auch nicht technische Risiken, im Gegensatz zur FMEA.
105. Im Rahmen einer FMEA können auch andere Analysetechniken eingesetzt werden, wie FTA (Failure Tree Analysis = Fehlerbaumanalyse nach DIN 25 424; dabei wird ausgehend von einer Fehlermöglichkeit nach den Ursachen gesucht) und ETA (Event Tree Analysis = Ereignisfolgenanalyse nach DIN 25 419; hier werden, ausgehend von einer Fehlermöglichkeit, die möglichen Folgen analysiert).
106. Wird das Prinzip der Konstruktions-FMEA auf Software angewendet, spricht man auch von einer Software-FMEA. Oft werden die Softwareanteile im Rahmen einer Gesamt-FMEA mit betrachtet.

2.20.3 Basispraktiken

BP1: Lege den Umfang des Risikomanagements fest. *Bestimme den Umfang des im Rahmen des Projekts durchzuführenden Risikomanagements in Übereinstimmung mit den Risikomanagementgrundsätzen*[107] *der Organisation.*

Siehe hierzu auch die Ausführungen am Ende des vorigen Abschnitts. Ansonsten gehören zum Umfang typischerweise:

- Komponenten des Produkts
  Hierzu gehört die Festlegung, für welche Komponenten des Produkts welche Entwicklungsteams Risikomanagementmaßnahmen durchführen sollen.
- Phasen des Projekts
  Normalerweise werden alle Projektphasen betrachtet, in denen Risiken auftreten können. Unterschieden wird aber eventuell, wenn Phasen von unterschiedlichen Teams bearbeitet werden.
- Phasen des Produktlebenszyklus
  Der Produktlebenszyklus umfasst neben der Entwicklung auch Phasen wie Inbetriebnahme, Betrieb, Außerbetriebnahme etc. Eventuell werden hier bestimmte Phasen ausgeschlossen und an andere (dafür zuständige) Teams delegiert, die auch nicht unbedingt Teil des Projekts sein müssen.

Der Umfang muss in Übereinstimmung mit Regelungen auf Organisationsebene gewählt sein. Auf Organisationsebene kann z.B. geregelt sein:

- In welchen Projekttypen Risikomanagement durchgeführt werden muss, z.B. in allen Projekten oder nur in Projekten der Kategorien A, B.
- Was im Rahmen des Tailorings (siehe Level 3) von Risikomanagement erlaubt ist, z.B. dass Projekte ab einem Projektvolumen von X Euro den kompletten Risikomanagementprozess einsetzen müssen, kleinere Projekte hingegen nur einen Teil davon.
- Ob gewisse Risiken ausgeschlossen werden, z.B. könnten Produktionsrisiken in einem Entwicklungsprojekt ausgeschlossen werden, da diese durch das Risikomanagement der Produktionsabteilung bearbeitet werden.

107. Engl. policy.

BP2: Definiere Risikomanagementstrategien[108]*. Definiere geeignete Strategien, um Risiken zu ermitteln, Risiken abzuschwächen und setze Akzeptanzschwellen für jedes Risiko oder für Mengen von Risiken sowohl auf Projekt- als auch auf Organisationsebene.*

Der Fokus von Risikomanagement ist das Projekt. Risiken zu bestimmen, zu analysieren und zu behandeln ist eine Projektaufgabe. Risikoverfolgung jedoch spielt sich sowohl im Projekt als auch auf Organisationsebene ab. Das heißt, der Status von Risiken und ihrer Gegenmaßnahmen wird nicht nur vom Projektteam verfolgt, sondern auch vom Projekt an die Organisation (d.h. an das Management) regelmäßig berichtet. In diesem Sinne ist die Automotive SPICE-Forderung »sowohl auf Projekt- als auch auf Organisationsebene« zu verstehen. Auf Organisationsebene einheitliche Methoden und Risikokennzahlen festzulegen ist sicherlich sinnvoll, wird hier jedoch nicht gefordert (sondern erst auf Level 3). Eine Risikomanagementstrategie kann folgende Aspekte regeln:

- Methoden und Tools, die zum Risikomanagement genutzt werden (Risikoworkshops, Risikolisten, Entscheidungsbäume etc.)
- Wie häufig vorkommende Risikoquellen aufgezeichnet werden (z.B. in Form von Checklisten und Katalogen)
- Wie Risiken organisiert, kategorisiert und konsolidiert werden
- Wie Risiken und Maßnahmen verfolgt werden, z.B. Risikokennzahlen etc.
- In welchen Zeitintervallen die Risikoverfolgung durchgeführt wird

In einfach strukturierten Projekten[109] könnte die Methodik z.B. so aussehen:

- Risiken werden im Team ermittelt und gesammelt, indem die Teammitglieder Risiken nennen, die in einer Liste festgehalten werden. Hilfsmittel sind z.B. die Produktstruktur, der Projektplan oder auch Risikochecklisten.
- Die Risiken werden analysiert unter Verwendung von Risikokennzahlen (siehe BP4).
- Risiken werden »behandelt«, indem Gegenmaßnahmen geplant werden (siehe BP5).
- Risiken und entsprechende Gegenmaßnahmen werden nach festgelegten Regeln verfolgt und regelmäßig berichtet.

---

108. *Anmerkung:* Der Begriff »strategy« wird in Automotive SPICE nicht einheitlich verstanden. Bei diesem Prozess wird Strategie im eigentlichen Wortsinn verwendet (Strategie bedeutet laut Brockhaus u.a. Methode, Vorgehen), bei anderen Prozessen (z.B. SUP.8) werden darunter auch konkrete Aktivitäten und deren Zeitplan verstanden.

109. In größeren Projekten mit Hunderten von Mitarbeitern erfolgt die Risikoermittlung getrennt in vielen verschiedenen Teams. Dort sind komplexere Methoden notwendig, um z.B. Risiken und deren Status vom einzelnen Team über verschiedene Ebenen hoch zur Projektleitung zusammenzuführen und zu verdichten oder um einen Risikostatus für das gesamte Projekt zu bestimmen, der an das Management berichtet werden kann.

Automotive SPICE fordert außerdem das Festlegen von Akzeptanzschwellen. »Riskoschwellenwerte« können sich nach Prozessergebnis 6 im Originaltext von Automotive SPICE u.a. auf Prioritäten, Wahrscheinlichkeiten und Auswirkungen beziehen. Es soll also festgelegt werden, welche Risiken akzeptiert werden und ab welchem Schwellenwert Maßnahmen ergriffen werden (z.B. Risiken ab einer Risikoprioritätszahl von 4 gemäß Abb. 2–24).

BP3: Ermittle Risiken. *Ermittle Risiken für das Projekt sowohl zu Beginn während der Projektplanung als auch neu entstehende Risiken während des Projektverlaufs. Suche dabei kontinuierlich nach Risikofaktoren, jedes Mal, wenn technische oder Managemententscheidungen getroffen werden.*

Anmerkung: Beispiele von Risikobereichen, die auf potenzielle Risikogründe oder Risikofaktoren hin analysiert werden sollten, können Kosten, Terminplan, Aufwand, Ressourcen und Technik beinhalten.

Anmerkung: Beispiele von Risikofaktoren können sein: ungelöste und gelöste Kompromisse, Entscheidungen bezüglich der Nichtimplementierung eines Projekt-Features, Entwurfsänderungen, Fehlen einer geplanten Ressource.

Es ist sinnvoll, Risiken mehrstufig zu ermitteln, z.B.:

- Schon vor dem eigentlichen Projektbeginn als Teil des Entscheidungsprozesses, ob das Projekt überhaupt durchgeführt bzw. einem Kunden angeboten werden soll (siehe dazu auch Machbarkeitsanalyse bei MAN.3 BP1). Diese frühe Risikoermittlung und -analyse kann z.B. dazu führen, dass aufgrund hoher Risiken auf das Projekt verzichtet wird oder entsprechende Zuschläge in die Projektkalkulation einfließen.
- Wurde das Projekt gestartet und Projektleitung und -team stehen fest, erfolgt eine ausführlichere Ermittlung und Analyse, aus der dann auch konkrete Gegenmaßnahmen hervorgehen.
- Während des Projekts können weitere Risiken erkannt werden, die am Anfang noch nicht sichtbar waren. Jede Änderung im Projektverlauf kann Risiken mit sich bringen und muss bezüglich Risiken analysiert werden. Weiter empfiehlt sich, von Zeit zu Zeit (z.B. beim Eintritt in neue Projektphasen) eine erneute Risikoermittlung vorzunehmen bzw. die vorliegende Risikobetrachtung zu erweitern und regelmäßig zu aktualisieren. Dies ist umso wichtiger, je länger die Projektdauer ist.

Darüber hinaus fordert Automotive SPICE eine erneute Risikoermittlung nach jeder technischen[110] oder Managemententscheidung wie z.B. das Vereinbaren von neuen Terminen.

---

110. Gemeint sind weitreichende Entscheidungen wie z. B. Entwurfsänderungen oder Entscheidungen bzgl. Nichtimplementierung von Funktionsmerkmalen und die damit verbundenen Risiken.

Zur Risikoermittlung werden verschiedene Inputs wie Terminplan, Ressourcenplanung, Kostenplan und technisches Konzept herangezogen. Häufige Risikofaktoren in der Automobilentwicklung sind neben den in der Anmerkung genannten Faktoren auch unklare Anforderungen, Veränderungen der Marktsituation[111], neue und unbekannte Zulieferer, Verzögerungen von wichtigen Entscheidungen, zu später Projektstart sowie unklare Verantwortlichkeiten insbesondere bei verteilter Entwicklung[112].

BP4: Analysiere Risiken. *Analysiere Risiken, um die Priorität zu ermitteln, mit der Ressourcen zur Risikoabschwächung eingesetzt werden.*

Anmerkung: Bei der Risikoanalyse sind für jedes ermittelte Risiko die Eintrittswahrscheinlichkeit und die Auswirkungen zu berücksichtigen.

Mögliche Ressourcen sind Personal- oder monetäre Aufwendungen oder das Bereitstellen von Infrastruktur (z.B. bessere Werkzeuge, mehr Testplätze). Dies betrifft Ressourcen zur Risikoverfolgung und für Gegenmaßnahmen. Eine Priorisierung ist vor allem deswegen notwendig, weil selbst in kleinen Projekten oft Dutzende von Risiken ermittelt werden, von denen unmöglich alle mit gleicher Intensität verfolgt werden können.

Die Risiken werden unter Verwendung von Risikokennzahlen analysiert. Typische Risikokennzahlen sind Wahrscheinlichkeit des Eintretens und Schadenshöhe. Diese beiden werden miteinander multipliziert und ergeben dann eine Risikoprioritätszahl. Diese erlaubt es, Risiken auf einer eindimensionalen Skala abzubilden und dadurch zu priorisieren. Eine gern gewählte Darstellungsform ist das Risikoportfolio (siehe Beispiel in Abb. 2–24), in dem Stufen von Wahrscheinlichkeit und Schadenshöhe (im Beispiel jeweils von 1 bis 5, wobei 5 die höchste Bewertung ist) definiert werden. In Abhängigkeit davon sind Risikoprioritäten definiert, im Beispiel ebenfalls von 1 bis 5 (in Abb. 2–24 durch die Graustufen dargestellt), wobei 1 hier die höchste Priorität darstellt.

Eintritts-wahrschein-lichkeit	5	4	3	2	1	1
	4	4	3	3	2	1
	3	4	4	3	3	2
	2	5	4	4	3	3
	1	5	5	4	4	3
		1	2	3	4	5
		Schadenshöhe				

Abb. 2–24 *Beispiel einer Risikoportfoliodarstellung*

111. Zum Beispiel neue Funktionen oder Produkte von Mitbewerbern, neue Erkenntnisse aus Marktstudien, Erkenntnisse aus Wettbewerberanalysen etc.
112. Zum Beispiel bei Entwicklung über mehrere (internationale) Standorte oder bei Entwicklung eines gesamten Systems durch mehrere Lieferanten.

Für eine effiziente Analyse empfiehlt es sich, bei den Risikokennzahlen Bewertungsstufen zu verwenden (z.B. klein/mittel/groß hinsichtlich der Schadenshöhe) und diese in einer Tabelle zu erläutern. Eine oft anzutreffende Schwierigkeit besteht darin, bei den anwesenden Teammitgliedern ein gemeinsames Verständnis der Bewertungsstufen für die Schadenshöhe herzustellen. »Schaden« entsteht nämlich in verschiedenen Kategorien (Zeit, Qualität, Entwicklungskosten, Stückkosten etc.), und die Bewertungsstufen müssen für jede dieser Kategorien definiert werden (»Ab welcher Stückkostenerhöhung sprechen wir von einem großen Schaden?«). Abbildung 2–25 zeigt ein Beispiel von Schadensklassen für terminliche Auswirkungen.

	Schadenshöhe: Terminliche Auswirkung
	Das Eintreten des Risikos führt wahrscheinlich zu einer ...
1	Terminverschiebung **< 2 Wochen**, wichtige Meilensteine werden nicht verschoben
2	Terminverschiebung **bis zu einem Monat**, wichtige Meilensteine werden ggf. verschoben
3	Terminverschiebung **1 bis 2 Monate**, wichtige Meilensteine werden sicher verschoben
4	Terminverschiebung **3 bis 4 Monate**, wichtige Meilensteine werden sicher verschoben, Produktionsbeginn gefährdet
5	Terminverschiebung **mehr als 4 Monate**, Produktionsbeginn stark gefährdet

Abb. 2–25 *Beispiel von Schadensklassen für terminliche Auswirkungen*

BP5: Bestimme Risikogegenmaßnahmen. *Bestimme für jedes Risiko oder jede Menge von Risiken Maßnahmen, um das Risiko auf ein akzeptables Maß zu reduzieren, führe diese aus und verfolge die ausgewählten Maßnahmen.*

Gegenmaßnahmen werden definiert und in die Wege geleitet[113]. Gängige Arten von Gegenmaßnahmen sind:

- Vermeidung: Risiken werden vermieden durch eine geänderte Vorgehensweise im Projekt (»Präventivmaßnahmen«).
- Transfer: Risiken werden zu einem Dritten (z.B. Unterauftragnehmer) transferiert. Transfer bekämpft das Risiko oft nur teilweise, z.B. kann ein Kostenrisiko abgewälzt werden, die damit verbundenen Risiken bzgl. Terminverschiebung oder Kundenunzufriedenheit bleiben aber bestehen.

113. In Verbindung mit den Forderungen von Level 2 wird eine Maßnahme sinngemäß wie jede andere Aktivität im Projekt behandelt, d.h. geplant, Verantwortlichkeit festgelegt, verfolgt etc.

- Abschwächung (sogenannte »Mitigation«): Durch frühzeitige Maßnahmen werden Eintrittswahrscheinlichkeit und/oder Auswirkung reduziert.
- Akzeptanz: Das Risiko wird akzeptiert, z.B. weil keine Gegenmaßnahmen möglich oder diese zu unwirtschaftlich sind. In diesem Fall kann es empfehlenswert sein, einen Plan für den Eintrittsfall (sogenannter »Contingency Plan«) vorzubereiten oder Reserven (in Form von Rückstellungen, Zeit, Ressourcen etc.) einzuplanen.
- Notfallmaßnahmen: Es werden Maßnahmen im Vorfeld konzipiert, die im Falle des Risikoeintritts angewendet werden können.

Es können normalerweise nicht für alle Risiken aktiv Gegenmaßnahmen ergriffen werden, dazu ist die Anzahl der Risiken meistens zu groß. Viele kleine Risiken müssen einfach akzeptiert werden, d.h., die Gegenmaßnahme ist die Akzeptanz in Verbindung mit zeitlichen, finanziellen oder personellen Reserven.

BP6: Verfolge Risiken. *Bestimme für jedes Risiko oder jede Menge von Risiken Maße (z.B. Metriken), um Änderungen im Status eines Risikos zu ermitteln und den Fortschritt der Gegenmaßnahmen zu evaluieren. Wende diese Risikomaße an und bewerte diese.*

Risikoverfolgung bedeutet, dass die Risiken regelmäßig auf (ausgewählten) Teamsitzungen durchgesprochen werden und deren Einschätzung und Status (z.B. in Form der Risikokennzahlen gemäß BP4) aktualisiert werden. Ebenso muss der Fortschritt und die Wirkung der Gegenmaßnahmen mittels Kennzahlen verfolgt werden. Dies kann z.B. durch einen Fortschrittsgrad in Prozent im Rahmen der Projektverfolgung geschehen, wenn die Gegenmaßnahme als Aktivität im Projektplan geführt wird. Alternativ kann man z.B. eine Statusverfolgung in Form einer Ampeldarstellung (grün/gelb/rot) verwenden, um anzuzeigen, ob die Gegenmaßnahme wie geplant läuft oder ob es Schwierigkeiten gibt.

Normalerweise wird auf Ebene des Gesamtprojekts nur eine kleine Zahl (z.B. 10) hoch priorisierter Risiken intensiv im Sinne einer Einzeldurchsprache verfolgt. Andere Risiken werden z.B. an Teilprojekte delegiert oder mit weniger Aufwand, seltener und/oder summarisch betrachtet.

BP7: Ergreife korrigierende Aktionen. *Wenn der geplante Fortschritt in der Abschwächung von Risiken nicht eintritt, ergreife geeignete korrigierende Aktionen, um die Auswirkung jedes Risikos zu reduzieren oder zu vermeiden.*

Anmerkung: Korrigierende Aktionen können die Entwicklung und Umsetzung neuer Abschwächungsstrategien oder die Anpassung der bestehenden Strategien beinhalten.

Die in den Analysen definierten Gegenmaßnahmen müssen nachweislich umgesetzt werden. Lässt sich erkennen, dass sie nicht den geplanten Erfolg bringen, müssen die bereits laufenden Maßnahmen verstärkt oder neue Maßnahmen ergriffen werden. Erweisen sich Maßnahmen generell als ungeeignet oder wird ein Risiko zu spät erkannt, so bleibt die Möglichkeit, mit einem Plan für den Eintrittsfall (Notfallmaßnahmen) den Schaden zu begrenzen oder zu verringern.

Hinweis für Assessoren

Bei diesem Prozess sollte mindestens Folgendes geprüft werden:

- Ob Risiken initial im Projekt ermittelt wurden
- Ob die Risiken vollständig und verständlich dokumentiert wurden
- Ob Gegenmaßnahmen in geeigneter Form eingeplant wurden und sich dies in der Termin- und Ressourcenplanung widerspiegelt
- Ob die Risiken und Gegenmaßnahmen und die entsprechenden Planungen regelmäßig verfolgt werden
- Ob (bei längeren Projektlaufzeiten) während des Projekts weitere Risiken ermittelt wurden

2.20.4 Ausgewählte Arbeitsprodukte

Risikoliste[114]

Die Risikoliste ist das grundlegende Arbeitsinstrument des Risikomanagements. In ihr werden die Risiken aufgelistet, bewertet und priorisiert. Oft werden auch die erforderlichen Gegenmaßnahmen und zugehörige Termine, Verantwortung, Status etc. aufgeführt.

Beispielhafter Aufbau einer Risikoliste

1 Risiko

- Risiko-ID
- Risikobezeichnung
- Beschreibung des Risikos
- Eintrittswahrscheinlichkeit
- Schadenshöhe
- Risikoprioritätszahl

2 Gegenmaßnahme

- ID der Gegenmaßnahme[115]

114. Die Risikoliste ist in Automotive SPICE nicht als eigenständiges Arbeitsprodukt aufgeführt, sondern als Teil des »Risikomanagementplans« (WP-ID 08-19).

115. Die Maßnahme wird z. B. mittels der Offene-Punkte-Liste des Projekts verfolgt, und es wird auf die ID verwiesen.

Neben der Risikoliste sind folgende grundlegende Hilfsmittel für ein effektives und effizientes Risikomanagement empfehlenswert, auch wenn sie nicht als explizites Arbeitsprodukt in Automotive SPICE angegeben sind:

- Risikochecklisten als Anregung zu einer effizienten Risikoermittlung können z. B. anfangs aus Risiken realer Projekte extrahiert und später laufend verfeinert und erweitert werden.
- Risikochecklisten mit Erfahrungen aus früheren Projekten, deren Ergebnisse mithilfe von »Lessons Learned« aufbereitet und zur Verfügung gestellt werden
- Das von allen Projekten zu verwendende Instrumentarium von Risikokennzahlen mit ausführlicheren Erläuterungen zu den Bewertungsstufen (siehe BP4)

2.20.5 Besonderheiten Level 2

Zum Management der Prozessdurchführung

Während in größeren Projekten meistens ein eigener Risikomanagementplan entsteht, wird in kleineren Projekten die Planung häufig in verschiedenen Dokumenten vorgenommen:

- Einzelne Aktionen wie z. B. Risikoworkshops (in denen Risiken ermittelt und analysiert und Gegenmaßnahmen geplant werden) tauchen im Projektplan auf.
- Die einzelnen Gegenmaßnahmen werden z. B. in einer Risikoliste geplant und verfolgt oder z. B. in einer »Offene-Punkte-Liste« als zentrales Planungs- und Verfolgungsinstrument des Projekts aufgeführt.

Zum Management der Arbeitsprodukte

Die Anforderungen von Prozessattribut PA 2.2 gelten insbesondere für die Risikoliste und die Maßnahmen. Wird in größeren Projekten ein gesonderter Risikomanagementplan erstellt, so sollte dieser reviewt werden.

2.21 MAN.6 Messen

2.21.1 Zweck

Zweck des Prozesses ist es, Daten bezüglich der entwickelten Produkte und der implementierten Prozesse in der Organisation und ihren Projekten zu sammeln und zu analysieren. Dies dient der Unterstützung eines effektiven Prozessmanagements sowie der objektiven Darlegung der Produktqualität.

»You can't control, what you can't measure!« (Tom DeMarco)

Messen ist ein Schlüsselelement für erfolgreiches Management in jeder Engineering-Disziplin und ein effektives und wirksames Werkzeug zur Steuerung von Projekten. Unter Messen wird hier ein kontinuierlicher Prozess verstanden, bei dem Metriken für die zu messenden Prozesse und Produkte definiert und die Messdaten gesammelt, analysiert und bewertet werden. Ziel ist es dabei, die Prozesse zu verstehen, zu kontrollieren, zu steuern und zu optimieren, um einerseits Aufwand und Kosten der Entwicklung zur reduzieren und anderseits die entstehenden Arbeitsprodukte zu verbessern. Messen ist ein wichtiges Hilfsmittel für Projektmanagement und hilft Risiken zu managen[116] sowie den Projektfortschritt mittels Fortschrittsmessungen zu bewerten (habe ich schon die Hälfte des Weges zurückgelegt oder bin ich erst bei 30 Prozent?).

Dabei ist es wichtig, dass man zielorientiert misst. Ein Messprogramm muss die Geschäftsziele einer Organisation reflektieren und unterstützen. Ein weit verbreiteter Ansatz zum zielgerichteten Messen ist die Goal/Question/Metric-Methode (siehe nachfolgenden Exkurs »GQM-Methode«).

Die Etablierung von Messen als Prozess in einer Organisation erfordert neben der Beteiligung des involvierten Personals und Managements auch entsprechende zentrale Ressourcen (z.B. ein Messteam), die den Prozess institutionalisieren und die beteiligten Personen beim Messen unterstützen.

In Verbesserungsprojekten wird häufig vorgeschlagen, mit der Einführung von MAN.6 zu warten und sich zunächst auf Prozesse wie Projektmanagement, Qualitätssicherung, Anforderungsmanagement, Konfigurationsmanagement und die Engineering-Prozesse zu fokussieren. Dies ist nach unserer Erfahrung nicht empfehlenswert. Mit kontinuierlichem Messen sollte bereits zu Beginn eines Verbesserungsprojektes begonnen werden, um erzielte Erfolge und Veränderungen auch nachweisen zu können. Allerdings ändern sich die Metriken mit zunehmender Prozessreife und Erfahrung. Zu Beginn erfasst man in der Regel einfache projektbasierte Metriken wie Fehlerkennzahlen, Aufwandskennzahlen und Termin-

116. Z.B. kann man mit der Metrik »Funktionalitätszuwachs« (siehe Abb. 2–29) zur Verfolgung des Projektfortschritts auch Trendaussagen treffen und frühzeitig erkennen, ob die Projektziele gefährdet sind.

treue. Mit zunehmender Prozessreife kommen dann auch weitere prozessorientierte Metriken dazu.[117]

Anmerkungen zur Übersetzung und zu den Begriffen: Wir übersetzen den Begriff »measure« (wörtlich »Maß«) mit dem in diesem Kontext gebräuchlicheren Begriff »Metrik«. Bezüglich einer Metrik werden »measurement data«, also »Messdaten«, erfasst. »Measurement« bezeichnet die Tätigkeit des Messens, wird also wörtlich mit »Messen« übersetzt. Aus den Messdaten werden in BP7 »information products« erzeugt, was wir freier mit »Auswertungen« oder »Messauswertungen« übersetzen. Wollen wir unspezifisch auf Ergebnisse des Prozesses Bezug nehmen, verwenden wir den allgemeineren Begriff »Messergebnisse«. Dieser steht also für Messdaten oder Auswertungen.

Exkurs: Goal/Question/Metric-(GQM-)Methode

Das zentrale Prinzip der GQM-Methode ist, dass Messen immer zielorientiert erfolgt. Daher werden basierend auf den Geschäftszielen einer Organisation Messziele definiert. Diese werden mittels Fragen konkretisiert. Aus den Fragen lassen sich Metriken ableiten, die die Informationen zur Beantwortung der Fragen liefern. Durch Beantwortung der Fragen werden die Messziele operationalisiert, und es kann bewertet werden, ob die Messziele erreicht wurden. Dies ist in Abbildung 2–26 dargestellt.

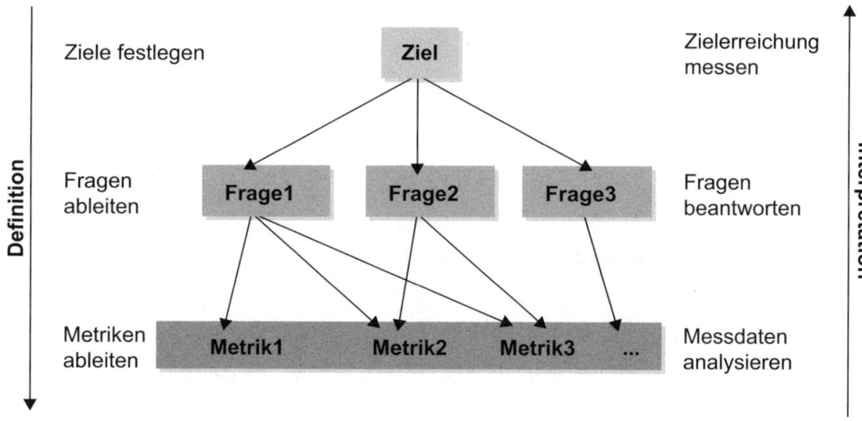

Abb. 2–26 *GQM-Methode*

Zur Beantwortung der Fragen werden die Messdaten gesammelt und interpretiert. Wichtig ist dabei, dass die Analyse der Messdaten durch die involvierten

117. Zum Beispiel sind auf Level 3 Metriken bezüglich der Effektivität und Angemessenheit von Prozessen erforderlich (siehe GP 3.1.5).

Personen (die Datenlieferanten) erfolgt oder ihnen die Analyseergebnisse zumindest zur Verfügung gestellt werden. Dadurch wird sichergestellt, dass die Daten korrekt sind, richtig interpretiert werden und die richtigen Schlüsse aus den Daten gezogen werden.

Mittels der Messergebnisse werden die Fragen beantwortet und letztlich die Zielerreichung gemessen. Meistens werden mehrere Messzyklen durchlaufen und die Ziele, Fragen und Metriken werden mehrfach verfeinert (siehe [van Solingen et al. 1999]).

2.21.2 Besonderheiten in der Automobilindustrie

Messen als systematischer Prozess ist in der Entwicklung in der Automobilindustrie eher selten anzutreffen. Einige mögliche Gründe hierfür sind:

- Die Einhaltung von Produktionsterminen (Start of Production, SOP) und den damit verbundenen Meilensteinen wie Produktvorserie, Musterterminen etc. hat in der Automobilindustrie eine sehr hohe Priorität. Von daher ergeben Messungen der Termintreue in Projekten auf den ersten Blick meist 100 %. Erst bei näherer Betrachtung stellt man fest, dass z.B. ursprünglich vorgesehene Funktionalität auf Kosten der Termineinhaltung nicht umgesetzt wurde.
- Angst vor Transparenz und Veränderung: Die Erfassung von Aufwänden pro Arbeitspaket ist in der betrieblichen Praxis schwierig umsetzbar. Es wird befürchtet, dass aus diesen Daten Rückschlüsse auf die Leistungsfähigkeit von einzelnen Mitarbeitern gezogen werden. In Deutschland ist der Betriebsrat daher bezüglich der Erfassung solcher Daten mitbestimmungspflichtig.

2.21.3 Basispraktiken

BP1: Etabliere eine organisatorische Zustimmung für das Messen. *Die Zustimmung[118] für das Messen wird bei Management und Personal eingeholt und in die Organisationseinheit kommuniziert.*

Die Steuerung von Projekten mittels Messwerten erfordert eine offene Kultur in der Organisation. Datenlieferanten müssen z.B. Vertrauen haben, dass mit ihren Daten verantwortungsbewusst umgegangen wird. Daher ist eine offene und nachhaltige Managementunterstützung für das Messen eine unbedingte Voraussetzung für einen erfolgreichen Messprozess. Personal und Management müssen aktiv in den gesamten Messprozess eingebunden werden und dies muss in der Organisation auch so kommuniziert werden.

---

118. Engl. commitment.

BP2: Entwickle eine Messstrategie. *Definiere, basierend auf dem Bedarf der Organisation und der Projekte, eine angemessene Messstrategie, um Aktivitäten und Ergebnisse für das Messen zu ermitteln, durchzuführen und auszuwerten.*

Aus der geforderten Strategie (oft auch »Messkonzept« genannt) muss die generelle Vorgehensweise für das Messen entwickelt und geplant werden. Diese Strategie ist nicht unabhängig von den verschiedenen Basispraktiken dieses Prozesses zu sehen, sondern umfasst auch teilweise deren Ergebnisse. Dazu gehört unter anderem:

- Wie ist das Team von Mitarbeitern zusammengesetzt, das die operative Verantwortung für die Umsetzung dieser Strategie trägt? Welche Managementvertreter arbeiten auf oberer Ebene (z.B. in einem Steuerkreis) mit? Welches Budget steht zur Verfügung?
- Gibt es zu beachtende Einschränkungen (z.B. gesetzliche Vorschriften, Mitwirkung des Betriebsrats etc.) bezüglich des Messens?
- Auf welche Weise (z.B. durch Interviews, Arbeitskreise) kommt man zu den Informationsbedürfnissen der Organisation?
- Wie werden daraus konkrete Metriken abgeleitet? Wie werden diese durch Vertreter der Organisation als sinnvoll beurteilt und genehmigt (z.B. durch ein mehrstufiges Review)?
- Wie können Messungen arbeitssparend in vorhandene Berichtskanäle (z.B. Projektstatusberichte, organisatorische Regelsitzungen) eingebaut werden?
- Wie kann die Akzeptanz und Motivation bei den Mitarbeitern gefördert werden? Im Gegensatz dazu, was sind »Killerkriterien«? Wie können Befürchtungen bezüglich Missbrauchs der Daten entkräftet werden?
- Wie ist der Zeitplan für die Aktivitäten zur Umsetzung des Prozesses, welche Meilensteine gibt es? Wer ist für welche Aktivitäten verantwortlich?
- Wer ist für den Messprozess insgesamt verantwortlich? Wie wird der Fortschritt aus dem Projekt zur erstmaligen Umsetzung des Prozesses an das Management berichtet?

Anmerkung: Diese Strategie besitzt Überschneidungen mit den generischen Praktiken von Level 2 für diesen Prozess.

BP3: Ermittle den für das Messen relevanten Informationsbedarf. *Ermittle den für das Messen relevanten Informationsbedarf aus Organisations- und Managementprozessen.*[119]

Von den relevanten Personen und Gruppen, die an organisatorischen Prozessen (z.B. Führungsaufgaben) und Managementprozessen (z.B. Projektmanagement) beteiligt sind, muss der Informationsbedarf ermittelt werden. Dies geschieht in

119. Gemeint sind nicht ausschließlich die Organisations- und Managementprozesse der ISO/IEC 15504 bzw. Automotive SPICE. Die Begriffe sind allgemeiner zu verstehen.

der Regel durch Interviews und/oder Arbeitskreise, in die Führungskräfte, Projektpersonal und sonstige Personen der Organisation einbezogen werden. Bei Verwendung der GQM-Methode werden z.B. die Messziele und die Fragen erhoben. Beispiele von Informationsbedarf sind:

- Im Rahmen des Lieferantenmanagementprozesses möchte der Projektleiter wissen, wie oft ein Lieferant seine Termine verschiebt, wie viele Statustreffen mit dem Lieferanten tatsächlich stattgefunden haben etc.
- Um die Produktqualität einschätzen zu können, interessieren sich das Management, der Projektleiter und der Qualitätsmanager für Qualitätskennzahlen wie z.B. Defektraten oder die Fehlerentdeckungseffizienz einzelner Prüfmaßnahmen.

BP4: Spezifiziere Metriken. *Ermittle und entwickle basierend auf dem für das Messen relevanten Informationsbedarf einen angemessenen Satz von Metriken.*

Auf der Basis des ermittelten Informationsbedarfs und der Messziele werden nun die Metriken eindeutig spezifiziert. Zu einer eindeutigen Spezifikation gehört insbesondere eine präzise mathematische Definition der Metriken. Zu unterscheiden sind Basismetriken (die direkt gemessen werden können) und abgeleitete Metriken, die sich aus mathematischen Operationen unter Verwendung von Basismetriken ergeben. Ein Beispiel einer abgeleiteten Metrik ist die Fehlerentdeckungseffizienz in einem Codereview als Summe aller gefundenen Fehler pro 1000 Lines of Code. Beispiele von Metriken sind:

- Benötigter Aufwand und Zeit pro Arbeitspaket
- Anzahl von Änderungen pro Zeiteinheit
- Anzahl von gefundenen Fehlern in Prüfmaßnahmen bezogen auf die Größe des Prüfobjekts
- Prognostizierte Restfehlerdichten in Produkten etc.

Im Rahmen der Spezifikation der Metrik muss auch geklärt werden, wer die Messwerte in welcher Form zu welchem Zeitpunkt liefert. Sinnvoll ist auch das Festlegen von Eingriffsgrenzen. So wird zum Beispiel für die Metrik »Aufwand pro Arbeitspaket« spezifiziert, bei welcher Überschreitung des Planwerts eingegriffen und analysiert wird, woran es liegt und welche Maßnahmen zu treffen sind. Nützlich ist auch eine Einschätzung des Aufwands zur Erfassung der Messwerte, denn meistens werden zu Beginn sehr viele mögliche Metriken spezifiziert, aus denen dann eine sinnvolle Auswahl getroffen werden muss. Ein Beispiel für die Spezifikation der Metrik »Funktionalitätszuwachs« ist in Abbildung 2–29 angegeben.

BP5: Führe Messaktivitäten durch. *Ermittle die Messaktivitäten und führe diese durch.*

Gemäß dem Messkonzept (siehe BP2) werden die erforderlichen Aktivitäten ermittelt, geplant und durchgeführt. Diese sind in den weiteren Basispraktiken 6 bis 11 beschrieben.

BP6: Erhebe Messdaten. *Sammle und speichere Daten sowohl von Basis- als auch abgeleiteten Metriken inklusive jeglicher Kontextinformationen, die erforderlich sind, um die Daten zu verifizieren, zu verstehen und auszuwerten.*

Die Messdaten werden ermittelt, gesammelt und gespeichert. Neben den eigentlichen Messdaten gehören hierzu auch entsprechende Kontextinformationen, um die Daten korrekt auswerten zu können (z.B. wann hat die Messung stattgefunden, von wem stammen die Daten, wo bzw. in welchem Prozessschritt wurden sie erfasst).

Die von den Datenlieferanten gelieferten Rohdaten bedürfen häufig noch einer Überprüfung auf Plausibilität und eventuell müssen Nachfragen und Korrekturen erfolgen. Messdaten sollten korrekt, von hoher Genauigkeit, einer speziellen Aktivität oder einem Zeitraum zugeordnet, konsistent und replizierbar sein [Fenton et al. 1997].

Die Datensammlung muss nach einem festgelegten Vorgehen erfolgen (wer, wann, wie, für wen). Dies geschieht in der Praxis oft mithilfe von Formularen. Werden die Daten in zu vielen verschiedenen Listen, Dateien und Dokumenten abgelegt, ist ein Wiederauffinden und die zeitnahe Auswertung erschwert. Empfehlenswert ist die Nutzung von wenigen, zentralen Dokumenten, die an einem festgelegten Ort gespeichert werden, oder auch die Nutzung einer Datenbank. Diese unterstützen in der Regel auch spezielle Auswertungen mit rollenbezogenen Sichten auf die Daten und Auswertungsergebnisse.

Die Mitarbeiter, die die Datensammlung durchführen, müssen entsprechend geschult und über die Messziele und den weiteren Messprozess informiert sein.

BP7: Analysiere die Messdaten[120]. *Analysiere und interpretiere die Messdaten und erstelle Auswertungen[121].*

Die Messdaten werden analysiert und interpretiert. Die Personengruppe, die die Daten liefert, sollte an der Auswertung beteiligt werden oder zumindest die Ergebnisse erhalten. Grundlage der Analyse ist in der Regel, dass die Messdaten in Form von Grafiken und Tabellen anschaulich und leicht verständlich aufbereitet werden. Abbildung 2–29 zeigt als Beispiel den »Funktionalitätszuwachs«

120. Im englischen Original steht hier fälschlich »measures«, es müsste »measurement data« heißen.
121. Der in Automotive SPICE verwendete Begriff »information products« wurde mit »Auswertungen« übersetzt.

eines Softwareprodukts. Dabei wird der Projektfortschritt anhand der umgesetzten Softwarefunktionen verfolgt. Die Auswertung der Kurve lässt eine Prognose zu, welche Anzahl von Funktionen zum geplanten Termin (z.B. Auslieferung) umgesetzt sein wird. Die Kontrolle des Funktionalitätszuwachses ist insbesondere in der Automobilindustrie wichtig. Da Termineinhaltung gegenüber vollständiger Funktionalität in der Regel Vorrang hat, werden bei unzureichendem Projektfortschritt oft geplante Funktionalitäten auf spätere Termine verschoben. (z.B. in ein späteres Entwicklungsmuster) oder im schlimmsten Fall nicht umgesetzt.

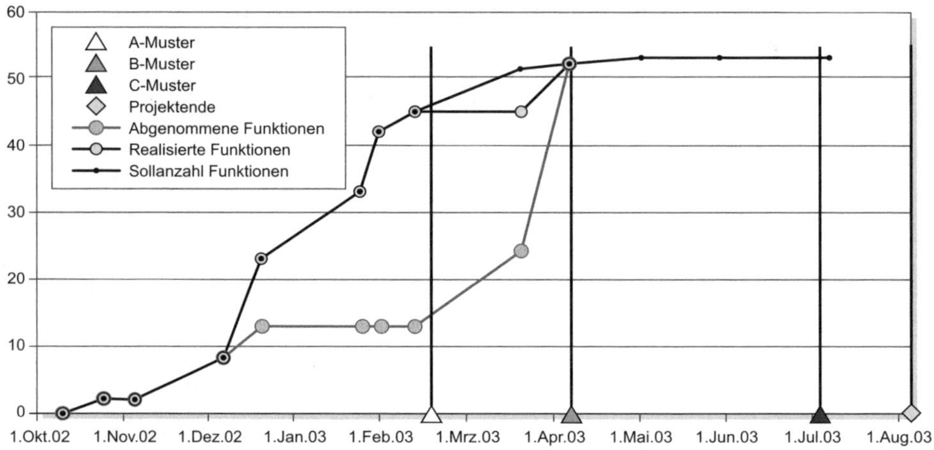

Abb. 2–27 *Beispiel einer grafischen Auswertung zur Metrik »Funktionalitätszuwachs«*

Bei Messreihen mit einer Fülle von Messwerten können auch statistische Methoden (Betrachtung von Datenverteilung, Häufungen, Streuung etc.) zum Einsatz kommen. Typische Analysemethoden sind:

- Analyse von Messdaten im Projektteam, z.B. im Rahmen der normalen Projektsitzungen, um daraus Steuerungsmaßnahmen auf Projektebene abzuleiten
- Analyse von Messdaten in Steuerkreisen oder regelmäßigen Sitzungen mit dem Management, in denen z.B. der Projektleiter Auswertungen vorstellt und interpretiert, die dem Management zur Entscheidungsunterstützung dienen
- Feedbacksitzungen[122], in der die Datenlieferanten und das Messteam oder z.B. auch Prozessverantwortliche die Daten überprüfen, diskutieren und entsprechende Maßnahmen ableiten

Feedbacksitzungen sind ein gutes Instrument, um die Messungen zu plausibilisieren und zu verbessern. Beispiel: Man möchte analysieren, in welchen Phasen wie

122. Ein zentrales Element der GQM-Methode.

viele Fehler verursacht werden. Die Analyse der Fehlerdaten aus den Tests ergibt, dass über 50 % der Fehler als Anforderungsfehler eingestuft sind. Auf den ersten Blick sieht es so aus, als ob die Fehler im Rahmen der Anforderungsanalyse entstanden wären. Bei der Besprechung der Daten im Team stellt sich heraus, dass in diesen 50 % auch fälschlich Fehler enthalten sind, die im Rahmen des Designs verursacht wurden. Ursache ist die unpräzise Fehlerursachenklassifikation. Als Ergebnis der Besprechung der Daten im Team wird das Klassifikationsschema überarbeitet und dem Team vor der nächsten Messung erläutert.

BP8: Nutze die Messauswertungen zur Entscheidungsfindung. *Stelle exakte und aktuelle Messauswertungen für alle relevanten Entscheidungsfindungsprozesse bereit, bei denen sie eine Rolle spielen.*

Messungen dienen keinem Selbstzweck, sondern sollen die Geschäftstätigkeit der Organisation unterstützen, z.B. durch fundiertere Entscheidungsfindung und durch Anstöße zu Verbesserungsmaßnahmen. Basierend auf den Ergebnissen der Analyse und den ggf. in BP4 spezifizierten Eingriffsgrenzen werden Entscheidungen getroffen und konkrete Maßnahmen definiert.

BP9: Kommuniziere die Messauswertungen[123]. *Verteile Messauswertungen an alle betroffenen Parteien, die diese nutzen, und sammle Feedback, um die Angemessenheit für die vorgesehene Verwendung zu bewerten.*

Die Messauswertungen aus BP7 und die daraus resultierenden Maßnahmen müssen in der Organisation an die beteiligten Personen und Gruppen kommuniziert werden. Dazu gehören z.B. die Datenlieferanten, Projektleiter, Führungskräfte und Prozessverantwortliche. Idealerweise sind Auswertungen zu den Messungen in das bestehende Berichtswesen integriert und werden turnusmäßig (z.B. monatlich) verteilt. Geeignete Werkzeuge zur Kommunikation von Messergebnissen auf Projektebene sind Projekt-Cockpit-Charts, in denen die wesentlichen Messwerte des Projekts mit Ampelbewertungen kombiniert[124] werden (siehe auch MAN.3, Arbeitsprodukt 15-06 – Projektfortschrittsbericht). Abbildung 2–28 zeigt ein Beispiel.

Werden die Messdaten intensiv in der Organisation genutzt, so kann auch permanent beurteilt werden, ob sie ihren ursprünglich beabsichtigten Verwendungszweck erfüllen. Erfahrungsgemäß werden dann die Metriken ständig weiterentwickelt, um die Informationsbedürfnisse der Nutzer zu befriedigen.

---

123. Im englischen Original steht hier fälschlich »measures«.

124. Beispiel: Wenn ein Messergebnis in einem bestimmten Bereich/Intervall liegt, dann steht die Ampel auf Rot, siehe auch beispielhaft die Spezifikation des Messwerts Funktionalitätszuwachs in Abbildung 2–29.

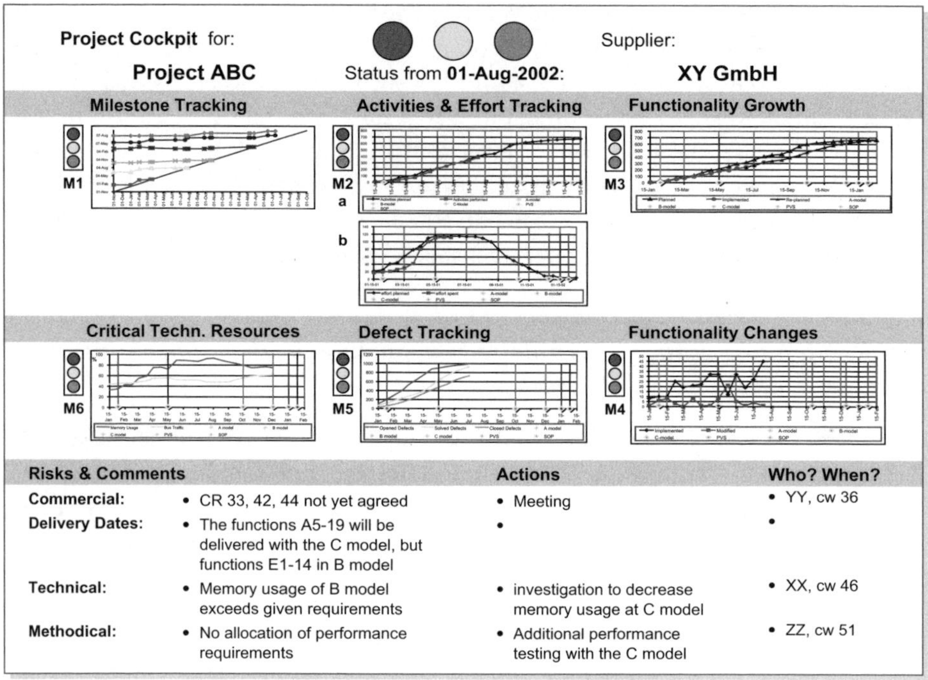

Abb. 2–28 *Beispiel eines Projekt-Cockpit-Charts (Quelle: [Mueller 2004])*

BP10: Bewerte die Messauswertungen und Messaktivitäten. *Bewerte die Messauswertungen und Messaktivitäten anhand des ermittelten Informationsbedarfs und der Messstrategie. Identifiziere mögliche Verbesserungen.*

Die Erfahrung zeigt, dass es oft einiger Zeit und Verbesserungen bedarf, bis die Messziele, Metriken und Messergebnisse so stabil und zuverlässig sind, dass Projekte bzw. Prozesse auf Basis dieser Informationen gesteuert werden können. Daher muss man die gewonnenen Erkenntnisse immer wieder gegen die ursprüngliche Zielsetzung spiegeln und ggf. Zielsetzung, Messaktivitäten und Metriken anpassen und die Messungen dadurch ständig verbessern.

Durch Messungen können nicht nur Verbesserungen bei den Messungen selbst, sondern auch bei allen möglichen Prozessen angestoßen werden. So durchläuft man z.B. in der GQM-Methode drei verschiedene Phasen:

1. Verstehen: In der ersten Phase machen die Messdaten den Entwicklungsprozess bzw. die Produktcharakteristika transparenter. Man versteht den Prozess bzw. das Produkt besser.
2. Steuern: Wenn das Messobjekt gründlich verstanden wird, können die Messdaten dazu genutzt werden, den Prozess bzw. die Produkterstellung mittels korrektiver und präventiver Maßnahmen zu steuern.
3. Verbessern: Die Messdaten werden nun genutzt, um Verbesserungspotenziale zu identifizieren und Verbesserungsmaßnahmen abzuleiten.

BP11: Kommuniziere mögliche Verbesserungen. *Kommuniziere die ermittelten, möglichen Verbesserungen an die an den jeweiligen Prozessen beteiligten und betroffenen Mitarbeiter.*

Verbesserungsvorschläge müssen an den Prozessverantwortlichen des von der Messung betroffenen Prozesses kommuniziert werden, da dieser typischerweise diese Verbesserung beurteilen und umsetzen muss. Das kann sowohl die Person betreffen, die auf Organisationsebene für den Prozess verantwortlich ist, als auch die Person, die auf operativer Ebene (z.B. im Projekt) für die Prozessausführung zuständig ist.

2.21.4 Ausgewählte Arbeitsprodukte

Mit den Arbeitsprodukten 03-03 und 03-04 werden verschiedene Daten genannt, die als Ergebnis von Messungen auf Projekt- und Organisationsebene erfasst, gespeichert und weiterverarbeitet werden. Die Daten liegen z.B. in Form von Projektaufzeichnungen (Dauer von Aktivitäten, Anzahl Fehler etc.) und bei technischen Daten (z.B. Speicherauslastung) in Messprotokollen vor. Meist müssen die Daten aggregiert werden, beispielsweise werden für eine Auswertung bezüglich gefundener Fehler in Reviews die Daten aus den einzelnen Reviewprotokollen in einer Tabelle zusammengefasst.

03-03 Benchmarking data – Benchmarking-Daten

Beim Benchmarking geht es darum, die eigene Leistung mit der anderer oder mit historischen Daten zu vergleichen und daraus Verbesserungspotenziale abzuleiten. Dies setzt eine Standardisierung von Messwerten voraus, um Projektdaten mit den Daten anderer Projekte zu vergleichen. Mögliche Arten des Benchmarking sind z.B.:

- Vergleich innerhalb der eigenen Organisation: Zum Beispiel kann ein OEM Messwerte und Produktkennzahlen eines aktuellen Entwicklungsstandes mit dem letzten Serienfahrzeug vergleichen oder ein Zulieferer kann Produktdaten mit den Daten von Vorgängerprodukten vergleichen.
- Vergleich mit Konkurenzunternehmen
- Vergleich von Messwerten im Projektteam gegenüber historischen Daten, um daraus Steuerungsmaßnahmen auf Projektebene abzuleiten
- Vergleich der Zufriedenheit von Endkunden (zum Beispiel ermittelt über Befragungen und Tests) mit Daten aus Vorgängerprodukten

In der Automobilindustrie wird Benchmarking häufig verwendet, um sich mit Wettbewerbern zu vergleichen, z.B. bezüglich Fertigungszeiten, Herstellungskosten, Anzahl Fehler oder Anzahl »Liegenbleiber[125]«. Zum Vergleich von Bauteilen und Produktqualität unterhalten OEMs spezielle Abteilungen zur Wettbewerberanalyse. Internes Benchmarking in der Elektronikentwicklung ist eher selten anzutreffen. Mögliche Benchmarking-Daten wären hier z.B. Steuergerätestückkosten, Fehler nach Freigabe, Entwicklungsaufwand und Entwicklungsdauer. Auch ISO/IEC-15504 – bzw. Automotive SPICE – Reifegradprofile können als Benchmarking-Daten herangezogen werden. Dabei muss natürlich der Assessmentumfang vergleichbar sein.

03-04 Customer satisfaction data – Kundenzufriedenheitsdaten

Die Kundenzufriedenheit wird meist subjektiv durch Endkundenbefragungen (z.B. mittels standardisierter Fragebögen) in Form von numerischen Werten, z.B. Kundenzufriedenheitsindex von 1 bis 5, erfasst. Kundenzufriedenheit kann auch anhand von Reklamationen und Fehlern im Feld gemessen werden. Ansonsten gibt es noch direkte Rückmeldungen vom Auftraggeber, z.B. dokumentiert in Besprechungsprotokollen. Derartige systematische Rückmeldungen sind allerdings eher selten. Wenn es eine solche Rückmeldung gibt, dann meist in Form von Beschwerden.

Hinweis für den Assessor

Auch wenn es in Automotive SPICE kein explizites Arbeitsprodukt für Messdaten bezüglich des Produkts gibt, ist die Erfassung solcher Messdaten je nach den Informationsbedürfnissen (BP3) ebenfalls erforderlich, beispielsweise hinsichtlich der Produktqualität mittels Fehler nach Auslieferung, aktueller Anzahl bekannter Fehler während der Entwicklung etc.

In den Arbeitsprodukten 07-01 bis 07-08 werden verschiedene Metriken spezifiziert. Diese definieren Kennzahlen, die z.B. Eigenschaften eines Verfahrens, eines Prozesses, eines Produkts oder eines Ziels beschreiben:

- Metriken für Kundenzufriedenheit
- Metriken für Feldmessungen (z.B. was sind die Hauptursachen für »Liegenbleiber«)
- Metriken bzgl. Prozessen auf Organisationsebene (z.B. wie viele Projekte halten die vorgeschriebenen Prozesse ein)
- Metriken bzgl. Prozessen auf Projektebene, z.B. im Projektmanagement der bereits angeführte Funktionalitätszuwachs)
- Qualitätsmetriken (z.B. wie viele Fehler wurden durch bestimmte Tests gefunden)
- Metriken bezüglich Risiken (z.B. wie viele hoch priorisierte Risiken hat ein Projekt momentan)

In Abbildung 2–29 ist beispielhaft eine Metrik spezifiziert.

---

125. So nennt man Fahrzeuge, die aufgrund eines Defektes nicht mehr weiterfahren können und in die Werkstatt geschleppt werden, der schlimmste Fall aus Kunden- und Herstellersicht.

Funktionalitätszuwachs

Zielsetzung: Verfolgung des Projektfortschritts anhand der umgesetzten Softwarefunktionen, Ermöglichung von Trendaussagen

Zugeordnete Fragestellung: Wie wächst die Funktionalität im Vergleich zum Plan?

Beschreibung: Erfasst werden:

1. Geplante Anzahl von umzusetzenden Funktionen zu den Berichtszeitpunkten
2. Anzahl umgesetzter Funktionen zu den Berichtszeitpunkten

Der Fortschritt in der Umsetzung von Funktionen wird beobachtet, um einen Indikator zu haben, ob zu den Berichtszeitpunkten die geforderte Funktionalität erreicht werden kann. Umgesetzte Funktionen sind von der Entwicklung freigegebene Funktionen. Bei der Erfassung umgesetzter Funktionen finden im Zusammenhang mit dieser Metrik nur die Funktionen Berücksichtigung, die zum aktuellen Berichtszeitpunkt gefordert sind. (Darüber hinausgehende, bereits umgesetzte Funktionen sind bei der Neuplanung zu berücksichtigen.)

Abhängig von der Projektsituation können zusätzlich auch noch Zwischenzustände in der Umsetzung (z. B. codiert, getestet, abgenommen) während des Entwicklungsprozesses berichtet werden.

Aktivitäten zu den Berichtszeitpunkten:

- Aktualisierung der Istkurve zu jedem Softwarerelease (auch interne Releases zählen), nicht nur zu den Musterphasen
- Vergleich mit Plankurve und Feststellung der Abweichungen
- Aktualisierung der Plankurve, sofern Anforderungen neu sind oder sich geändert haben

Voraussetzungen:

Existenz einer abgestimmten Funktionsliste (technische Detailsicht) mit zugeordneten Fertigstellungszeitpunkten. Die Funktionsliste ist aus dem Lastenheft abgeleitet und enthält alle im Lastenheft beschriebenen Funktionen. Die Funktionsliste wird bei Anforderungsänderungen angepasst.

Datendefinitionen – Basismetriken:

- Geplante Anzahl an Funktionen für die Berichtsperiode (Sollanzahl Funktionen)
- Aktuelle Anzahl an plangemäß umgesetzten Funktionen für die Berichtsperiode (abgenommene Funktionen)
- Neu geplante Anzahl an Funktionen für die folgenden Berichtsperioden
- Zu dem Berichtszeitpunkt bekannte Gesamtzahl an Funktionen

Datendefinitionen – Abgeleitete Metriken: keine

Datenquelle: Meldung der Entwicklung auf Basis der Funktionsliste

Darstellung: Siehe Abb. 2–27

In der Darstellung werden zusätzlich zu den abgenommenen Funktionen auch noch die realisierten Funktionen dargestellt (Funktionen im Status »realisiert«, die jedoch noch nicht formal abgenommen wurden).

- x-Achse: Zeit, in die die Berichtszeitpunkte eingeordnet werden
- y-Achse: Absolute Anzahl der umgesetzten Funktionen bzw. Funktionsgruppen

Ausprägungen für: Soll, Ist, Neuplanung

Bewertung/Setzen der Ampelbewertung:

- Grün: Wenn 95% oder mehr der geplanten Funktionen zum Berichtszeitpunkt fertiggestellt sind
- Gelb: Wenn weniger als 95% und mehr als 85% der geplanten Funktionen zum Berichtszeitpunkt fertiggestellt sind.
- Rot: Wenn weniger als 85% der geplanten Funktionen zum Berichtszeitpunkt fertiggestellt sind

***Abb. 2–29** Spezifikation der Metrik »Funktionalitätszuwachs«*

2.21.5 Besonderheiten Level 2

Zum Management der Prozessdurchführung

Viele der bei Prozessattribut PA 2.1 aufgeführten Inhalte werden bereits in BP2 im Rahmen der Messstrategie gefordert. Geplant werden die Aktivitäten zur Umsetzung des Messprozesses inklusive Zeitplan und Verantwortlichkeiten.

In der Praxis wird Messen meistens auf Organisationsebene einheitlich geregelt. Das Messteam definiert Messziele und Metriken, die in mehreren Projekten eingesetzt werden. Daher beinhaltet die Etablierung von Messen als Prozess meist auch Elemente von Level 3.

Zum Management der Arbeitsprodukte

Insbesondere Messstrategie, Messwerte und Messauswertungen sollten reviewt werden.

2.22 PIM.3 Prozessverbesserung

2.22.1 Zweck

Zweck des Prozesses ist es, durch die benutzten Prozesse und ausgerichtet am betrieblichen Bedarf die Effektivität und Effizienz der Organisation kontinuierlich zu verbessern.

Gute Prozesse, gute Mitarbeiter und Beherrschung der Technologie sind anerkanntermaßen die Haupteinflussfaktoren auf Kosten, Termine und Qualität. Den Prozessen kommt dabei eine besonders wichtige Rolle zu, da sie die beiden anderen Faktoren zu einem leistungsfähigen Wirkgefüge zusammenbinden. Zahlreiche Weltklasseunternehmen haben durch Verbesserungsparadigmen wie kontinuierliche Prozessverbesserung (z.B. Toyota) und Six Sigma (z.B. General Electric) eindrucksvoll demonstriert, wie Prozessverbesserung zu hervorragenden kommerziellen Erfolgen führen kann. Erfolge durch Prozessverbesserung hängen von zwei Schlüsselfaktoren ab:

- Prozesse konsequent am betrieblichen Bedarf ausrichten, d.h. insbesondere, die Prozesse systematisch als Werkzeug zur Erreichung der Geschäftsziele zu nutzen
- Kontinuierliche Anstrengungen zu unternehmen, d.h. Prozessverbesserung dauerhaft als Teil der Unternehmenskultur zu verankern und mit Nachdruck zu verfolgen

2.22.2 Besonderheiten in der Automobilindustrie

Die Automobilindustrie ist geprägt durch ein hohes Maß an Anstrengungen bezüglich Prozessverbesserung auf breiter Front. Ursache dafür ist insbesondere die Entscheidung der HIS, SPICE bzw. Automotive SPICE als Werkzeug zur Beurteilung von Lieferanten für Elektronik und Software einzusetzen. Auch die meisten OEMs arbeiten an entsprechenden Programmen (siehe auch Abb. 1–3). Erste Erfolge sind bereits sichtbar, insbesondere bei Unternehmen, die massive Anstrengungen in diese Richtung unternommen haben. Zu den hemmenden Faktoren gehören:

- Immenser Zeit- und Kostendruck in der Branche
- Weitere Forderungen, derzeit insbesondere die IEC 61508 (siehe Kap. 5), sind umzusetzen.
- Steigende Projektkomplexität durch mehr Kooperationspartner
- Stark steigende Internationalisierung und Outsourcing
- Lange Projektlaufzeiten bewirken tendenziell lange Umsetzungszyklen bezüglich Prozessverbesserung.
- Bereiche außerhalb der Softwareentwicklung (z.B. Hardware, Mechanik) sind oft in die Prozessverbesserung nicht einbezogen.
- Probleme auf der Organisationsebene werden durch die mehr projektorientierten Lieferantenassessments wenig adressiert.

2.22.3 Basispraktiken

BP1: Etabliere Commitment[126]*. Commitment wird hergestellt, um die Prozessgruppe zu unterstützen und Ressourcen und weitere Fähigkeiten (Schulungen, Methoden, Infrastruktur etc.) bereitzustellen, um die Verbesserungsaktivitäten aufrechtzuerhalten.*

Anmerkung: Der Prozessverbesserungsprozess ist ein generischer Prozess, der auf allen Ebenen (d.h. auf organisatorischer Ebene, Prozessebene, Projektebene etc.) und zur Verbesserung aller anderen Prozesse genutzt werden kann.

Anmerkung: Commitments auf allen Managementebenen können Prozessverbesserung unterstützen. Um das Management-Commitment durchzusetzen, können den betreffenden Managern persönliche Ziele gesetzt werden.

---

126. Wir verzichten auf die Übersetzung des Begriffs, da die deutschen Begriffe wie »Engagement«, »Verpflichtung« und »Bekenntnis zu« in diesem Kontext nur Teilaspekte des Originalbegriffs wiedergeben.

Es gibt ein Bonmot unter Experten in Prozessverbesserung:

Frage: Welches sind die drei essenziellen Bestandteile eines erfolgreichen Verbesserungsprojekts?

Antwort: 1. Management-Commitment
2. Management-Commitment
3. Management-Commitment

Dieses Bonmot gibt auf humoristische Art und Weise einen alten Erfahrungswert wieder: Ohne ein solides Management-Commitment läuft nichts! Dies gilt für alle Managementebenen, und ein probates Mittel besteht darin, die entsprechenden Verbesserungsziele in die persönlichen Ziele[127] der betreffenden Manager aufzunehmen. In Prozessverbesserungsprogrammen wird gerade am Anfang viel Aufwand getrieben, um die verschiedenen Managementebenen zu überzeugen und ein nachhaltiges Commitment zu etablieren. Als Resultat der Überzeugungsarbeit sollte das Verbesserungsprogramm mit entsprechender Priorität und den erforderlichen Ressourcen ausgestattet werden sowie vom Management aktiv und für die Mitarbeiter sichtbar unterstützt werden, z.B. in Form der Teilnahme an einem Steuerkreis des Programms. BP1 spricht drei Dinge an, auf die sich das Commitment richten soll:

- Unterstützung der Prozessgruppe: Gemeint ist eine Gruppe von Prozess(verbesserungs)experten, die oft als EPG oder SEPG[128] bezeichnet wird. Dies ist das Kernteam für das Prozessverbesserungsprogramm sowie für die Pflege und Wartung der Prozesse. Der Leiter der Gruppe ist oft (aber nicht notwendigerweise) der Leiter des Prozessverbesserungsprogramms.
- Ressourcen: Weitere Ressourcen sind notwendig, um eine gute Einbindung des Prozessverbesserungsprogramms in die Organisation zu gewährleisten. Hierzu gehören Experten für die einzelnen Prozesse, die dafür sorgen, dass die Prozesse praxistauglich sind, sowie Freiräume für weitere Mitarbeiter, um an der Prozessverbesserung mitzuarbeiten.
- Schulungen, Methoden, Infrastruktur etc.: Ohne Schulungen, Coaching und sonstige Überzeugungsarbeit wird auch der beste Prozess in der Praxis nicht angewendet. Verschiedene Methoden (wie z.B. eine Aufwandsschätzmethode) und Tools/Infrastruktur (z.B. für Konfigurationsmanagement, Änderungsmanagement, Projektmanagement) sind notwendig, um einen echten Nutzen mit den Prozessen zu erzielen.

Von den in der ersten Anmerkung angesprochenen Ebenen (organisatorische Ebene, Prozessebene, Projektebene) ist die organisatorische Ebene besonders wichtig, da sie die beiden anderen Ebenen unterstützt. Prozessverbesserung iso-

127. Gemeint sind die Ziele, die der Vorgesetzte mit dem Manager vereinbart und die u.a. für dessen Leistungsbeurteilung und die Ausschüttung variabler Vergütungen maßgeblich sind.
128. (Software) Engineering Process Group.

liert für einen einzelnen Prozess oder ein einzelnes Projekt ist zwar möglich, ohne Unterstützung der organisatorischen Ebene jedoch eingeschränkt hinsichtlich Wirksamkeit und Dauerhaftigkeit.

Hinweis für Assessoren

Der Prozesszweck zielt zwar eindeutig auf einen organisationsweiten Geltungsbereich ab, in der ersten Anmerkung werden jedoch weitere mögliche Geltungsbereiche (Prozess, Projekt) eröffnet. In der Assessmentplanung muss daher rechtzeitig vor der Interviewperiode der Geltungsbereich für diesen Prozess ganz klar definiert werden: Ist es das Projekt, ist es ein bestimmter Prozess oder ist es die Organisation? Auch der Begriff der Organisation muss genau abgegrenzt werden. Nur so können die geeigneten Interviewpartner rechtzeitig eingeladen werden.

BP2: Identifiziere Probleme. *Prozesse und Schnittstellen werden fortlaufend analysiert, um Probleme in Form von Verbesserungsmöglichkeiten zu identifizieren, die aus der organisationsinternen und -externen Umgebung entstehen und für die es gerechtfertigte Änderungsgründe gibt. Dies bezieht vom Kunden angesprochene Probleme und Verbesserungsvorschläge mit ein.*

Anmerkung: Die kontinuierliche Analyse kann die Problemtrendanalyse (siehe SUP.9), Analyse von Ergebnissen und Aufzeichnungen von Qualitätssicherung und Verifikation (siehe SUP.1 und SUP.2), Ergebnisse und Aufzeichnungen von Validierung sowie Produktqualitätsmetriken wie ppm und bzgl. Rückrufen mit einbeziehen.

Es gibt zwei grundsätzliche Möglichkeiten, um Verbesserungspotenziale zu erkennen:

- »Push-Prinzip«: Verbesserungsvorschläge werden durch die Beteiligten innerhalb der Organisation aktiv erstellt. Die Organisation muss entsprechende Empfangskanäle bereitstellen, etwa in Form einer personenunabhängigen E-Mail-Adresse[129], Programme zur Honorierung von Verbesserungsvorschlägen etc.
- »Pull-Prinzip«: Die Organisation unternimmt eigene Anstrengungen, z.B. in Form von internen Assessments, Mitarbeiterbefragungen, Auswertungen von prozess- oder produktbezogenen Metriken (z.B. aus Reviews, Problemberichten, Problemen aus dem Feld)

Die Verbesserungsvorschläge können sich auf Prozesse, auf Schnittstellen zwischen Prozessen, auf organisatorische Schnittstellen (intern sowie extern), auf

129. Auch wenn es in PIM.3 nicht explizit gefordert wird, tut die Organisation gut daran, den Antragstellern zeitnahe Rückmeldungen zu geben, was aus ihrem Antrag geworden ist. Ansonsten werden erfahrungsgemäß die Vorschläge bald ausbleiben.

Arbeitsproduktvorgaben (wie z.B. Dokumentenvorlagen), Werkzeuge, Methoden etc. beziehen. Wichtige Hinweise kommen oft vom Auftraggeber aus der täglichen Zusammenarbeit sowie aus Lieferantenassessments.

BP3: Setze Prozessverbesserungsziele fest. *Eine Analyse des gegenwärtigen Status der vorhandenen Prozesse wird durchgeführt, fokussiert auf die Prozesse, aus denen Verbesserungsanregungen entstehen. Als Resultat werden Verbesserungsziele für die Prozesse festgesetzt.*

Hinsichtlich der Analyse siehe auch das »Pull-Prinzip« bei BP2. Die Fokussierung kann prozessorientiert erfolgen, beispielsweise auf Prozesse, für die Schwachstellen in Assessments ermittelt wurden oder bei denen Messdaten auf Probleme hinweisen. So können z.B. häufige Aufwandsüberschreitungen in Projekten auf Schwächen in Projektplanungs- und Verfolgungsprozessen hinweisen. Die Fokussierung kann auch mehr produktorientiert erfolgen, indem Messdaten hinsichtlich der Produktqualität hinzugezogen werden und die dafür verantwortlichen Prozesse ermittelt werden. Eine weitere Möglichkeit ist die Problemursachenanalyse, bei der die ein bestimmtes Problem verursachenden Prozessschwachstellen ermittelt werden.

Verbesserungsziele können qualitativ beschrieben sein oder quantitativ, d.h. mit konkret messbaren Zielen hinterlegt. In jedem Fall empfiehlt sich eine möglichst präzise Zieldefinition zu vereinbaren, bei der die Zielerreichung objektiv beurteilbar ist.

BP4: Priorisiere Verbesserungen. *Die Verbesserungsziele und -aktivitäten werden priorisiert.*

In der Regel werden weit mehr Verbesserungsmöglichkeiten ermittelt, als mit den vorhandenen Ressourcen umsetzbar sind. Möglich ist auch, dass eine bestimmte Reihenfolge erforderlich ist, da die Verbesserungen aufeinander aufbauen (z.B. zuerst Verbesserung der Anforderungsqualität, bevor Maßnahmen bezüglich des Designs unternommen werden). Eine Priorisierung ist also unabdingbar. Dabei sollten sowohl die davon betroffene höchste Managementebene als auch alle involvierten Manager der darunter liegenden Ebenen einbezogen werden, um deren Commitment sicherzustellen. Es empfiehlt sich, im Zuge der Priorisierung die für die Verbesserungsaktivitäten notwendigen Aufwände aufzuzeigen (z.B. für Prozessexperten aus der Linie oder Pilotprojekte) und hierfür die Ressourcenzusagen der betroffenen Manager einzuholen. Auf Dauer empfiehlt sich für die Priorisierungsentscheidungen die Einrichtung eines Prozesssteuerkreises bzw. eines Prozess-CCB[130].

---

130. CCB = Change Control Board.

BP5: Plane Prozessänderungen. *Resultierende Änderungen an Prozessen werden definiert und geplant.*

Anmerkung: Prozessänderungen sind eventuell nur dann möglich, wenn sich die komplette Lieferkette verbessert (alle relevanten Parteien).

Anmerkung: Traditionellerweise werden Prozessänderungen meistens in neuen Projekten angewendet. In der Automobilindustrie könnten Änderungen pro Projektphase (z. B. Musterphasen A, B, C) umgesetzt werden und damit eine höhere Verbesserungsrate ergeben. Auch das Prinzip der »low hanging fruits« (d. h. einfach umsetzbare Verbesserungen zuerst realisieren) kann bei der Planung von Prozessänderungen berücksichtigt werden.

Anmerkung: Verbesserungen können in kontinuierlichen, kleinen, inkrementellen Schritten geplant werden. Auch werden Verbesserungen üblicherweise pilotiert vor dem Rollout in die Organisation.

Nachdem bekannt ist, welche Verbesserungen realisiert werden sollen, müssen nun die Details geplant werden. Welche Veränderungen sind im Detail an Prozessen, Dokumentenvorlagen, Tools etc. notwendig, welche Aktivitäten sind hierfür erforderlich, wer ist dafür verantwortlich und wann sollen die Aktivitäten stattfinden? Hier erfolgt also die Projektplanung für die Verbesserungsaktivitäten.

Betreffen Prozessänderungen eine komplette Lieferkette, unter Umständen unter Einbeziehung eines OEM, werden Veränderungsprozesse naturgemäß zäh. Die Wahl des Geltungsbereichs einer Veränderung spielt eine große Rolle für deren Erfolgschancen. Unter Umständen ist es günstiger, zunächst einen kleineren Geltungsbereich zu wählen, um dann später nach Vorliegen erster positiver Erfahrungen einen größeren Geltungsbereich anzugehen.

Ob laufende Projekte umgestellt werden sollen, ist eine wichtige Entscheidung, die für jeden Einzelfall unter Aufwand-Nutzen-Betrachtung getroffen werden sollte. Diese Entscheidung wird zweckmäßigerweise erst nach der Pilotierung gefällt, und dabei müssen unbedingt die betroffenen Manager einbezogen werden. Das Prinzip der »low hanging fruits« kann zu einer Aufwand-Nutzen-Betrachtung ausgeweitet werden und zweckmäßigerweise bereits während der Priorisierung (siehe BP4) angewendet werden.

Das Prinzip der inkrementellen Entwicklung gemäß den Anmerkungen wird ja bereits in der Produktentwicklung in der Automobilindustrie erfolgreich angewendet. Auf die Prozessentwicklung übertragen, bedeutet es, auch Prozesse inkrementell zu entwickeln. Statt langwierig den »perfekten« Prozess anzustreben, ist es erfahrungsgemäß besser, mit 80%-Lösungen erste Erfahrungen zu sammeln und diese dann inkrementell zu verbessern.

BP6: Implementiere Prozessänderungen. *Die Verbesserungen an den Prozessen werden implementiert. Die Prozessdokumentation wird aktualisiert und die Mitarbeiter werden geschult.*

Anmerkung: Diese Praktik umfasst die Definition der Prozesse und das Sicherstellen, dass sie angewendet werden. Die Prozessanwendung kann unterstützt werden durch das Aufstellen von Managementvorgaben, einer geeigneten Prozessinfrastruktur (Tools, Dokumentenvorlagen, Beispielarbeitsprodukte etc.), von Prozessschulung, Prozess-Coaching und durch Anpassung an lokale Bedürfnisse.

Die Definition der Prozesse muss mithilfe von Praktikern erfolgen und, wie bereits ausgeführt, vor ihrem Ausrollen erprobt (pilotiert) werden. Für ihre Anwendung in der Praxis sind die in der Anmerkung aufgezählten Punkte essenziell. Die genannten Managementvorgaben (engl. policies) sorgen dafür, dass die Mitarbeiter zur Anwendung sowohl motiviert als auch verpflichtet werden. Die Anpassung an lokale Bedürfnisse (engl. tailoring) sorgt dafür, dass ein generischer Prozess z.B. an verschiedene Bereiche, Abteilungen und Projekttypen angepasst werden kann. Tailoring ist im Übrigen eine Forderung von Level 3 (siehe generische Praktik 3.2.1 in Abschnitt 3.3.4).

BP7: Bestätige die Prozessverbesserung. *Die Auswirkungen der Prozessimplementierung werden gegen die definierten Verbesserungsziele überwacht, gemessen und bestätigt.*

Anmerkung: Beispiele von Messungen können Metriken sein hinsichtlich Zielerreichung, Prozessdefinition und Prozesseinhaltung.

Der Abgleich mit den vorgegebenen Zielen eröffnet die Möglichkeit, einen fortwährenden Regelkreis der kontinuierlichen Verbesserung, bestehend aus Zielvorgaben, Implementierung und Messung der Zielerreichung zu etablieren. Die Messung der Zielerreichung setzt voraus, dass die Ziele messbar formuliert wurden (siehe BP3). Geeignete Messungen zur Güte der Prozessdefinition sind z.B. Mitarbeiterbefragungen zur Eignung der Prozesse. Die Messung der Prozesseinhaltung kann z.B. über interne Audits mit Messung des Einhaltungsgrades erfolgen.

BP8: Kommuniziere die Verbesserungsergebnisse. *Aus den Verbesserungen gewonnenes Wissen und der Forschritt in der Implementierung der Verbesserung wird außerhalb des Verbesserungsprojekts an die relevanten Teile der Organisation und an den Kunden (wenn zutreffend) kommuniziert.*

Es ist wichtig, Erfolge und Fortschritte an die Organisation zu kommunizieren, auch um das Commitment der Beteiligten und die Motivation zu fördern. Geeignete Formen sind z.B. regelmäßige schriftliche Mitteilungen an die Mitarbeiter und mündliche Berichte auf Abteilungsversammlungen, Betriebsversammlungen etc. Zwei Faktoren fördern die Wirkung dieser Kommunikation ungemein:

- Verbesserungen sind anhand von Zahlen, Daten, Fakten tatsächlich nachweisbar.
- Verbesserungen werden von den Betroffenen aus der Praxis (z.B. Projektmitarbeiter, Manager) berichtet, nicht von den Prozessexperten.

BP9: Evaluiere die Ergebnisse des Verbesserungsprojekts. *Evaluiere die Ergebnisse des Verbesserungsprojekts, um zu prüfen, ob die Lösung erfolgreich war und anderswo in der Organisation genutzt werden kann.*

Nachfolgend zu Evaluierungen gemäß BP7 hilft diese Evaluierung, zu entscheiden, ob mit diesen Ergebnissen in einen breiteren Rollout gegangen werden kann. Eventuell können die Ergebnisse auch in anderen Organisationsteilen von Nutzen sein.

2.22.4 Ausgewählte Arbeitsprodukte

08-29 Improvement plan – Verbesserungsplan

Der Verbesserungsplan enthält die von den Geschäftszielen der Organisation abgeleiteten Verbesserungsziele, den organisatorischen Geltungsbereich, die zu verbessernden Prozesse, geeignete Meilensteine, vorgesehene Reviews, Berichtsmechanismen, Schlüsselrollen und Verantwortlichkeiten.

15-16 Improvement opportunity – Verbesserungsmöglichkeit

Eine Verbesserungsmöglichkeit wird beschrieben durch das Problem, die Problemursache, Vorschläge zur Lösung des Problems, den Nutzen bei Durchführung der Verbesserung und den Schaden bei Nicht-Durchführung der Verbesserung.

2.22.5 Besonderheiten Level 1-3

Zu Level 1

Bereits auf Level 1 werden bei diesem Prozess aufgrund der Basispraktiken 3 bis 5 wichtige Planungsmechanismen implementiert.

Zu Level 2

Auf Level 2 wird die Planung und Verfolgung deutlich perfektioniert (Prozessattribut PA 2.1). Die Anforderungen von Prozessattribut PA 2.2 gelten insbesondere für den Verbesserungsplan und für die zahlreichen Arbeitsprodukte der Verbesserungsteams. Deren Prüfung kann zunächst durch Reviews innerhalb der Prozessgruppe erfolgen, später durch Anwenderreviews. Die Arbeitsprodukte stehen unter Konfigurationskontrolle.

Zu Level 3

Die wesentliche Neuerung für diesen Prozess auf Level 3 besteht in der Standardisierung der Vorgehensweise der Prozessverbesserung und in Tailoring-Möglichkeiten für verschiedene Verbesserungsteams. Dies ist insbesondere für größere Organisationen interessant.

2.23 REU.2 Wiederverwendungsmanagement

2.23.1 Zweck

Zweck des Prozesses ist es, ein organisationsweites Wiederverwendungsprogramm zu planen, einzuführen, zu managen, zu steuern und zu überwachen und systematisch Möglichkeiten der Wiederverwendung zu verwerten.

Der Wiederverwendung von Komponenten[131] kommt in Zeiten von steigendem Kostendruck und sich weiter verkürzenden Entwicklungszyklen eine immer größere Bedeutung zu. Dabei bestehen hohe Erwartungen an den zu erzielenden Nutzen: Verbesserungen bei Zuverlässigkeit, Performance, Kosten und Qualität. Dem stehen Mehraufwände (Managementaufwand, höherer Entwicklungs- und Dokumentationsaufwand etc.) und Risiken (z.B. die weite Verbreitung von Fehlern) gegenüber, die es zu kompensieren gilt. Die Investition in ein regelrechtes Wiederverwendungsprogramm ist nur dann lohnend, wenn der Nutzen die Nachteile signifikant übersteigt. Dies ist in der Regel dann der Fall, wenn über einen längeren Zeitraum mit genügend vielen Entwicklern an gleichen oder zumindest ähnlichen Produkten gearbeitet wird, sodass genügend Wiederverwendungspotenzial besteht. Liegen diese Voraussetzungen vor, können diese Unternehmen mit großen wirtschaftlichen Vorteilen rechnen.

2.23.2 Besonderheiten in der Automobilindustrie

Die Wiederverwendung von Komponenten in der Automobilindustrie hat eine lange Tradition und wird von vielen Unternehmen schon seit Jahren praktiziert[132]. Aktuelle Entwicklungsumgebungen sowie diverse Referenzarchitekturen unterstützen es beispielsweise im Softwarebereich, Softwareplattformen zu entwickeln, Derivate daraus abzuleiten und die enthaltene Software wieder zu verwenden.

---

131. REU.2 ist sehr generisch formuliert. Der Begriff »Komponente« ist also z.B. auf Hardware, Meachnik, Software und Systeme anwendbar.
132. Hinlänglich bekannt in der Branche ist aber auch, dass dies nicht automatisch zu einer guten Qualität führt, wenn z. B. ältere Systeme sukzessive mit immer neuen »Balkonen« ausgestattet werden.

Die häufigsten Schwierigkeiten für die Wiederverwendung von Software in der Automobilindustrie sind Probleme in der Portierbarkeit bei sehr hardwarenaher Software. So müssen bei der Programmierung für einen bestimmten Microcontrollertyp bestimmte Besonderheiten des Controllers, wie z.B. Befehlssatz, Speicherbelegung oder Timingverhalten, beachtet werden, was oft nur die zum Controller gehörige Toolsuite in vollem Umfang abdeckt. Diese meist umfangreichen und teuren Toolsuiten enthalten z.B. einen speziellen Compiler, Linker, Debugger, Emulator und Testfunktionen. Die Portierung der Software zur nächsten Controllerversion ist selbst innerhalb einer Familie mit einem gewissen Aufwand verbunden, zwischen verschiedenen Herstellern ist sie nahezu unmöglich. Um dieses Problem zu minimieren, haben viele Entwicklungsorganisationen strategische Partnerschaften mit meist einem Controllerhersteller geschlossen, der im Gegenzug einen verbesserten Support zur Verfügung stellt.

Um diese Nachteile zu minimieren, wurden mehrere Initiativen gegründet, die eine Wiederverwendung des Codes unterstützen sollen. Die wichtigste davon im Automobilbereich ist AUTOSAR (siehe [AUTOSAR] und im Glossar). Hauptziel des AUTOSAR-Projekts ist die Definition modularer Softwarearchitekturen für Steuergeräte im Automobil mit standardisierten Schnittstellen und einer standardisierten Laufzeitumgebung. Dadurch sollen Softwaremodule verschiedener Herkunft (d.h. OEMs, Lieferanten) austauschbar werden.

Ein anderer Ansatz ist die modellbasierte Entwicklung inklusive automatischer Codegenerierung, hier werden Funktionen auf einer höheren Abstraktionsebene beschrieben. Nach Fertigstellung der Modelle kann die Anpassung an das Target (zumindest theoretisch) per Kopfdruck durchgeführt werden.

2.23.3 Basispraktiken

BP1: Definiere die Wiederverwendungsstrategie der Organisation. *Definiere das Wiederverwendungsprogramm und die erforderliche, unterstützende Infrastruktur der Organisation.*

Von einem Wiederverwendungsprogramm spricht man, wenn die Organisation systematisch und strukturiert Arbeitsprodukte wiederverwendet. Dazu gehören erhöhte Anforderungen an Qualität und Dokumentation der Arbeitsprodukte sowie eine strukturierte und benutzerfreundliche Bereitstellung der wiederverwendbaren Arbeitsprodukte.[133]

Für das Wiederverwendungsprogramm müssen zunächst Zweck, Umfang (bzw. Geltungsbereich) und Ziele definiert werden. Der Zweck beschreibt die wirtschaftliche Motivation des Unterfangens. Es ist in Anbetracht nicht unerheb-

133. Die improvisierte Wiederverwendung von früheren Projektergebnissen im Ad-hoc-Stil ist kein Wiederverwendungsprogramm!

licher Aufwände und Anstrengungen sinnvoll, hierzu einen breiten Konsens innerhalb des Managements der Organisation herbeizuführen. Beim Umfang ist zwischen Folgendem zu unterscheiden:

- Dem organisatorischen Geltungsbereich (auf welche Teile der Organisation soll sich das Programm erstrecken?)
- Den betroffenen Produkten bzw. Systemen
- Den wiederzuverwendenden Typen von Arbeitsprodukten

Bei den wiederzuverwendenden Typen von Arbeitsprodukten kommen zum Beispiel Hardware-, Mechanik- und Systemkomponenten, Sourcecode, Parameterdateien, Algorithmen, Schnittstellendefinitionen, Designelemente (z.B. UML-Beschreibungen) sowie Anforderungen, Prozesse, Testfälle, Dokumente, Wissen (wie z.B. Erfahrungsberichte) in Frage. Weiterer Definitionsbedarf besteht bei der notwendigen Infrastruktur. Hierzu gehören:

- Organisationsstrukturen inklusive Mitarbeiterbedarf
- Technische Infrastruktur zur Speicherung, Verwaltung und Bereitstellung der Wiederverwendungskomponenten inklusive der dafür notwendigen Soft- und Hardware
- Art und Weise, wie Wiederverwendung ablaufen soll (Prozesse und Rollen) hinsichtlich Gewinnung, Verwaltung, Wartung und Bereitstellung der Wiederverwendungskomponenten
- Anforderungen an Wiederverwendungskandidaten hinsichtlich Inhalt, Qualität und Dokumentation

BP2: Identifiziere Domänen für potenzielle Wiederverwendung. *Identifiziere ein oder mehrere Mengen von Systemen und ihrer Komponenten bezüglich gemeinsamer Eigenschaften, die in einer Sammlung von wiederverwendbaren Komponenten organisiert und zur Erstellung von Systemen in der Domäne genutzt werden können.*

Eine Domäne kann z.B. ein Produkt, eine Produktfamilie oder eine Produktgeneration sein. Jede Domäne besitzt eine Menge bereits entwickelter Systeme sowie laufende Projekte. Es gilt nun, zu erkennen, welche Domänen potenziell interessant sind für die Einbeziehung in das Wiederverwendungsprogramm. Interessant ist eine Domäne dann, wenn häufig wiederkehrende Komponenten in deren Systemen vorkommen und daher möglicherweise auch anderweitig wiederverwendbar sind. Für diese Untersuchung sollten erfahrene technische Experten mit einem guten Überblick über die Domänen herangezogen werden.

BP3: Bewerte die Domänen nach der potenziellen Wiederverwendung. *Bewerte jede Domäne, um mögliche Nutzung und Einsatzmöglichkeiten von wiederverwendbaren Komponenten und Produkten zu erkennen.*

Es folgt nun die genauere Untersuchung jeder Domäne in Hinblick auf die in BP2 genannten häufig wiederkehrenden Komponenten. Für diese muss untersucht werden, wie ähnlich sie in den verschiedenen Systemen tatsächlich sind und ob ein »gemeinsamer Nenner« gefunden werden kann. Das heißt, ist eine generische Komponente denkbar, die durch Hardware- oder Mechanikvarianten, Parametrierung oder programmiertechnische Anpassungen an verschiedene Einsatzzwecke adaptierbar ist. Dabei muss abgewogen werden, ob der Aufwand für die Bereitstellung der generischen Komponente und die Summe der Anpassarbeiten für verschiedene Einsatzzwecke geringer ist als die Summe der separaten Individualentwicklungen. Dabei sollten möglichst Erfahrungswerte bezüglich Aufwänden aus realen Projekten herangezogen werden. Liegen keine detaillierten Aufzeichnungen von Aufwänden vor, bietet sich eine Expertenschätzung an. Diese Untersuchung kann nur durch erfahrene Domänenexperten (z.B. Projektleiter) vorgenommen werden.

BP4: Bewerte die Wiederverwendungsreife. *Gewinne ein Verständnis der Reife und die Bereitschaft der Organisation für Wiederverwendung, um eine Ausgangsbasis und Erfolgskriterien für das Wiederverwendungsmanagement zu erhalten.*

Die beschriebene Wiederverwendungsreife spielt einerseits eine Rolle bei der Entscheidung, ob ein Wiederverwendungsprogramm gestartet werden soll. Andererseits, wenn eine positive Entscheidung getroffen wird, ist das Aufzeichnen der Wiederverwendungsreife zum Entscheidungszeitpunkt wichtig für den Nachweis zukünftiger Verbesserungen. Wie hat sich z.B. die Wiederverwendungsquote nach zwei Jahren entwickelt, wie viel Aufwand konnte durch die Wiederverwendung (nach Abzug von Aufwänden für die Bereitstellung) gespart werden? Das Wiederverwendungsprogramm wird auf Dauer nur überleben, wenn derartige Fragen positiv beantwortet werden können. In die Wiederverwendungsreife fließen u.a. folgende Faktoren ein:

- Die Wiederverwendungsquote, d.h., wie viel Komponenten werden derzeit prozentual wiederverwendet
- Das Wiederverwendungspotenzial, d.h., wie viel Komponenten könnten theoretisch zusätzlich wiederverwendet werden, gemessen an den pro Zeiteinheit entwickelten Komponenten
- Faktoren, die einer Wiederverwendung heute entgegenstehen
- Faktoren, die eine Wiederverwendung heute begünstigen

***BP5: Bewerte Vorschläge zur Wiederverwendung.** Bewerte die Eignung der angebotenen wiederverwendbaren Komponenten und Produkte für die vorgeschlagene Nutzung.*

Diese Bewertung erfolgt in zwei Schritten. Erstens muss entschieden werden, welche der Komponenten in das Wiederverwendungsprogramm aufgenommen werden sollen.[134] Die Kriterien für diese Wahl sind in BP3 beschrieben. Ideal ist demnach die Komponente, deren Entwicklung wenig kostet, aber an vielen Stellen mit wenig Anpassung eingesetzt werden kann und dadurch viel Aufwand spart.

Im zweiten Schritt muss für jede ausgewählte Komponente entschieden werden, welche Instanz[135] der Komponente als Ausgangsbasis zur Herstellung der Komponente herangezogen wird.

***BP6: Implementiere das Wiederverwendungsprogramm.** Führe die im Wiederverwendungsprogramm festgelegten Aktivitäten durch.*

Das Wiederverwendungsprogramm wird nun durchgeführt. Empfehlenswert ist eine vorgeschaltete Pilotierungsphase, in der in eingeschränktem Rahmen Erfahrungen mit der Wiederverwendung gesammelt werden. Basierend auf den Erfahrungen kann dann das Programm schrittweise ausgebaut werden.

***BP7: Hole Feedback aus der Wiederverwendung ein.** Etabliere Feedback-, Bewertungs-, Kommunikations- und Benachrichtigungsmechanismen, um den Fortschritt des Wiederverwendungsprogramms zu steuern.*

Feedback von den »internen Kunden« (nämlich den Projekten, die Komponenten aus dem Baukasten oder der Bibliothek anwenden) ist wichtig, um Richtungskorrekturen im Programm vornehmen zu können. Wenn sich hier Unzufriedenheit einstellt, wird das Wiederverwendungsprogramm gefährdet. Dieses Feedback kann auf freiwilliger Basis erfolgen (durch Direktansprache der für das Wiederverwendungsprogramm Verantwortlichen oder durch E-Mails) oder kann aktiv durch Befragungen eingeholt werden.

Bewertungsmechanismen erlauben einen periodischen (zumindest jährlichen) Vergleich mit der zurückliegenden Ausgangsbasis und den Erfolgskriterien. Dieser periodische Vergleich ist wichtig, um die wirtschaftliche Motivation für das Programm aufrechtzuerhalten und um ggf. nachsteuern zu können.

Kommunikations- und Benachrichtigungsmechanismen informieren die Benutzer über Änderungen und Neuerungen im Wiederverwendungsportfolio, z.B. über behobene Fehler und neue Releases. Bei neu entdeckten kritischen Fehlern sind Warnhinweise an die Benutzer herauszugeben.[136]

---

134. Typischerweise gibt es mehr Vorschläge, als umsetzbar sind.
135. Das heißt, da diese Komponente ja bereits mehrfach entwickelt wurde, muss man sich für eine aus System A, B oder C entscheiden.

BP8: Überwache die Wiederverwendung. *Überwache die Implementierung des Wiederverwendungsprogramms periodisch und bewerte seine Eignung für die aktuellen Anforderungen.*

Die Überwachung des Wiederverwendungsprogramms ist eine Aufgabe des in BP1 als Förderer aktiv gewordenen Managements, z.B. in regelmäßig stattfindenden Steuerkreissitzungen. Dabei können die in BP7 eingeholten Feedbacks als Grundlage dienen, insbesondere die dort angesprochenen Ergebnisse der Bewertungsmechanismen. Dabei handelt es sich um eine wichtige Führungsaufgabe des Managements in Anbetracht der wirtschaftlichen Vorteile wie Kosten- und Zeiteinsparung und Qualitätssteigerung.

2.23.4 Ausgewählte Arbeitsprodukte

08-17 Reuse plan – Wiederverwendungsplan

Der Wiederverwendungsplan enthält die Managementvorgaben der Organisation. Neben Standards für die Entwicklung wiederverwendbarer Komponenten sind auch die Wiederverwendungsbibliothek bzw. der Wiederverwendungsbaukasten definiert und die Auflistung und Beschreibung der wiederverwendbaren Komponenten ist enthalten.

15-07 Reuse evaluation report – Bericht zur Bewertung der Wiederverwendung

Der Wiederverwendungsbewertungsbericht enthält mögliche Wiederverwendungspotenziale, die Angabe der in Wiederverwendung getätigten Investitionen und die gegenwärtige Infrastruktur. Insbesondere enthält er den momentanen Status der Implementierung des Wiederverwendungsprogramms.

2.23.5 Besonderheiten Level 1-3

Zu Level 1

Bereits auf Level 1 werden bei diesem Prozess grundlegende Planungs- (BP1-4) und Verfolgungsmechanismen (BP7-8) implementiert.

Zu Level 2

Auf Level 2 wird die Planung und Verfolgung sehr viel stringenter und detaillierter (Prozessattribut PA 2.1). Die Anforderungen von Prozessattribut PA 2.2 gelten insbesondere für die Wiederverwendungsbibliothek bzw. den Wiederverwen-

136. Gerade in großen Wiederverwendungsprogrammen ist es nicht zielführend, eine große Zahl organisationsinterner Benutzer mit für sie nicht relevanten Meldungen zu belasten. Zielgenaue Meldungen setzen allerdings eine genaue Buchführung voraus, wer welche Versionen von Komponenten im Einsatz hat.

dungsbaukasten selbst sowie die Planungs- und Bewertungsdokumente. Die Prüfung der Wiederverwendungsbibliothek bzw. des Wiederverwendungsbaukastens kann durch interne Audits erfolgen, die der Planungs- und Bewertungsdokumente durch Reviews mit dem Management. Die Arbeitsprodukte stehen unter Konfigurationskontrolle.

Zu Level 3

Die wesentliche Neuerung für diesen Prozess auf Level 3 besteht in der Standardisierung der Vorgehensweise der Wiederverwendung und in Tailoring-Möglichkeiten sowohl für verschiedene Domänen als auch für verschiedene Komponenten.

2.24 Traceability in Automotive SPICE

2.24.1 Einleitung

Traceability (wörtlich übersetzt »Nachverfolgbarkeit«) stellt, ausgehend von den Anforderungen, eine Verbindung zwischen Elementen verschiedener Entwicklungsschritte her, z.B. zwischen einer Anforderung und den zugehörigen Testfällen. Dieses Konzept ist auch in der ISO/IEC 15504 sowie in deren Vorgängerversion (dem »Technical Report«) enthalten und wurde in Automotive SPICE deutlich ausgeweitet und dabei konsequenter und konsistenter definiert. In der ISO/IEC 15504 war das Traceability-Konzept mit zahlreichen Inkonsistenzen behaftet, diese wurden in Automotive SPICE behoben. Statt »Traceability« verwendet Automotive SPICE das Konzept der »bilateralen Traceability«. Mit »bilateral[137]« ist »beidseitig« gemeint, d.h., die oben genannte Verbindung kann in beide Richtungen verfolgt werden. Wie sich in der Zwischenzeit gezeigt hat, wird der Begriff der »bilateralen Traceability« leider oft falsch interpretiert und verwendet.

2.24.2 Grundgedanken

Zwei Varianten der Traceability können in Automotive SPICE unterschieden werden: die horizontale und die vertikale Traceability[138]. Legt man ein V-Modell (siehe [V-Modell]) zugrunde, ist die vertikale Traceability die Nachverfolgbarkeit

137. In der Fachliteratur ist eher der englische Begriff »bidirectional« geläufig.

138. Die Begriffe »vertikal« und »horizontal« werden bisher nicht in Automotive SPICE erwähnt. Sie wurden und werden aktuell in der Automotive SIG diskutiert und verwendet und sollen in den neu zu erstellenden Traceability-Prozess aufgenommen werden. Sie dienen zur Veranschaulichung der Traceability aus Sicht des V-Modells und unterscheiden sich von der Sichtweise in CMMI. Die vertikale Traceability ist dort die Nachverfolgbarkeit entlang des Entwicklungsprozesses, die horizontale Traceability bildet Abhängigkeiten und Querbeziehungen zwischen den Komponenten eines komplexen Systems ab.

auf der linken Seite des V-Modells von oben nach unten und umgekehrt, die horizontale Traceability ist die Verfolgbarkeit von der linken Seite des V-Modells zur rechten Seite auf gleicher Ebene und umgekehrt (siehe Abb. 2–30 und 2–31).

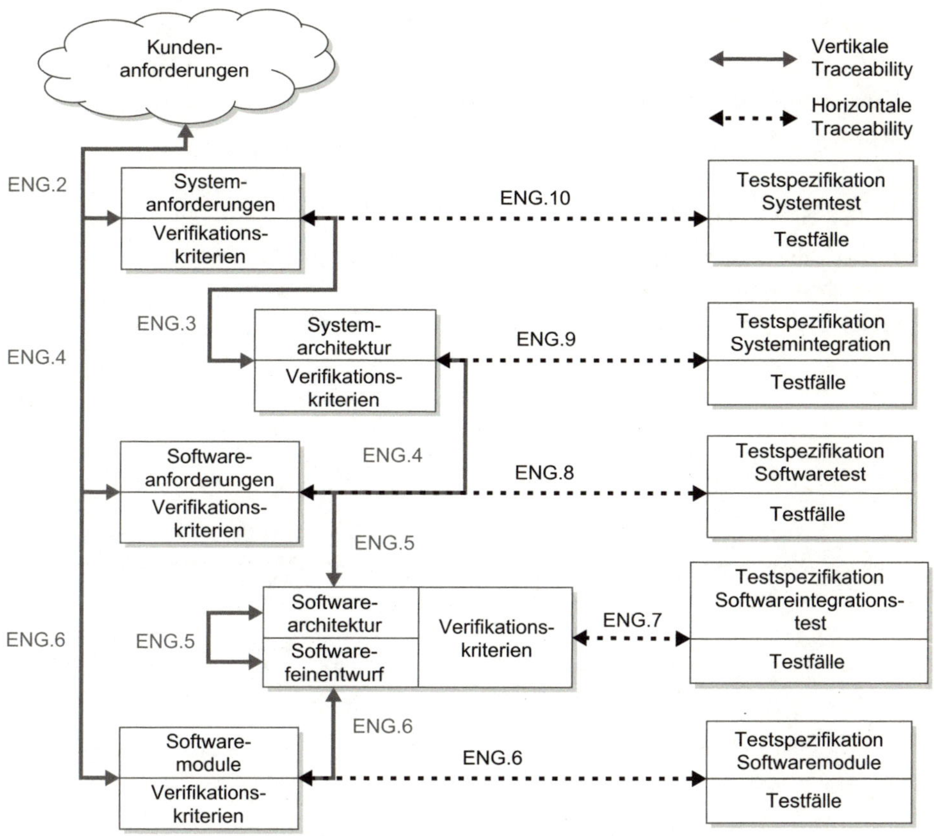

Abb. 2–30 *Horizontale und vertikale Traceability in Automotive SPICE*

In der Praxis kann die bilaterale Traceability z. B. mit einer oder mehreren Traceability-Matrizen umgesetzt werden. Eine Traceability-Matrix ist eine Tabelle, in der die Zusammenhänge zwischen Elementen der Entwicklungsstufen modelliert werden, also z. B. zwischen Anforderungen und den dazugehörigen Testfällen und umgekehrt. Weitere Realisierungsmöglichkeiten sind z. B.:

- Namentliche Referenzierung[139], z. B.
  - von Codefiles in Designdokumenten bzw. Namensgleichheit von Designelementen und Codefiles
  - von Designelementen im Kopf der Codefiles
  - von Anforderungs-IDs in Designelementen
- Verwendung von Anforderungsmanagementwerkzeugen, mit denen die Zusammenhänge zwischen Anforderungen, Design, Code etc. aufgezeichnet werden können

Hinweis für Assessoren

Im Assessment empfiehlt es sich, Stichproben von Anforderungen aus dem Lastenheft auszuwählen und deren Weiterentwicklung bzw. Umsetzung über die einzelnen Prozesse des V-Modells zu verfolgen und zu bewerten.

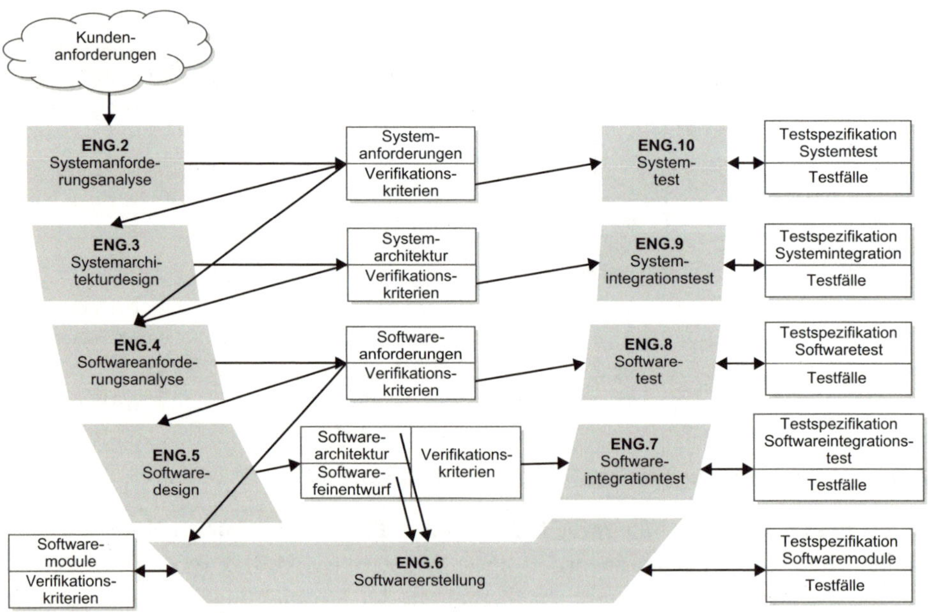

Abb. 2–31 *V-Modell-artige Darstellung der Engineering-Prozesse in Automotive SPICE und der Input-/Output-Beziehungen der Arbeitsprodukte*

139. Manche Unternehmen verwenden selbst entwickelte Programme, um die Dateien zu scannen und aus den namentlichen Referenzierungen automatisch Traceability-Listen oder -Matrizen zu erzeugen.

Mit der bilateralen Traceability sind sinnvolle und nützliche Anwendungsfälle verbunden:

- Mit der horizontalen Traceability kann man sehr einfach die Testabdeckung nachweisen.
- Aus Auftraggebersicht lässt sich mit der vertikalen Traceability nachweisen, dass alle Anforderungen umgesetzt wurden.
- Mit der vertikalen Traceability von oben nach unten und der horizontalen Traceability von links nach rechts können bei Änderungen schnell und vollständig die Auswirkungen in Form der betroffenen und zu ändernden Elemente in nachfolgenden Entwicklungsschritten herausgefunden werden. Dadurch können Umfang und Aufwand der Änderungen rasch bestimmt werden. Ebenso können schnell alle betroffenen Testspezifikationen inklusive der Testfälle gefunden werden. Damit lässt sich ein Regressionstest für die durchzuführenden Änderungen sehr effizient gestalten.
- Bei Verifikations- und Validierungsaktivitäten können durch die horizontale Traceability von rechts nach links und durch die vertikale Traceability von unten nach oben sehr schnell die zugrunde liegenden Anforderungen und Designelemente zurückverfolgt werden. Es kann nun sehr effizient geprüft werden, ob fehlerhafte Umsetzungen oder Fehlinterpretationen vorliegen. Ähnliches gilt für die Design- und Implementierungsaktivitäten, für die die Kenntnis der jeweils gültigen Anforderungen hilfreich ist.

Hinweis für Assessoren

Für die Umsetzung der bilateralen Traceability sind Werkzeugunterstützung und eine möglichst durchgängige Entwicklungsumgebung sehr hilfreich. Liegen dagegen Toolbrüche in der Entwicklungsumgebung – vor allem zwischen OEM und Lieferant – vor und sind daher verschiedene Traceability-Realisierungsformen vorhanden, so ist ein besonderes Augenmerk auf deren Konsistenz zu legen.

Exkurs: Verifikationskriterien

Automotive SPICE unterscheidet zwei unterschiedliche Ebenen von Verifikationskriterien:

- In einigen Prozessen werden Verifikationskriterien für ganze Module, Komponenten oder Arbeitsprodukte gefordert. Diese geben an, was erfüllt sein muss, damit *ein ganzes Modul, eine Komponente bzw. ein Arbeitsprodukt* als erfolgreich verifiziert angesehen werden kann (siehe hierzu die Ausführungen bei SUP.2). Betroffenen Prozesse sind folgende:
  - In SUP.2 BP2 werden »Verifikationskriterien für Arbeitsprodukte« entwickelt. Diese geben an, was erfüllt sein muss, damit *ein Arbeitsprodukt* als erfolgreich verifiziert angesehen werden kann.

- In ENG.6 BP2 werden Verifikationskriterien für *ganze Softwaremodule* gefordert. Dort werden auch inhaltliche Angaben zu diesen Verifikationskriterien gemacht.

- In den Engineering-Prozessen wird der Begriff »Verifikationskriterien« verwendet. Diese geben an, was erfüllt sein muss, damit *eine einzelne Anforderung* als erfolgreich verifiziert angesehen werden kann.

Wir beschränken uns in diesem Exkurs auf den letztgenannten Begriff. Jede Anforderung in einer Anforderungsspezifikation (WP-ID 17-00) muss verifizierbar sein anhand von Verifikationskriterien. Verifikationskriterien (WP-ID 17-50) haben folgende Eigenschaften:

- Sie sind einer Anforderung eindeutig zuordenbar.
- Die Anforderung ist damit verifizierbar bzw. kann bewertet werden.
- Verifikationskriterien definieren die qualitativen und quantitativen Kriterien für die Verifikation einer Anforderung.
- Verifikationskriterien zeigen, dass eine Anforderung unter vereinbarten Randbedingungen verifiziert werden kann.

Verifikationskriterien beziehen sich also auf Anforderungen, d.h. auf Systemanforderungen oder Softwareanforderungen. Verifikationskriterien für die Systemarchitektur müssen sich daher auf die Systemanforderungen beziehen und sind somit identisch mit den Verifikationskriterien für die Systemanforderungen. Es genügt also, diese nur einmal zu dokumentieren, wodurch auch die Traceability zwischen Systemanforderungen und Systemarchitektur vereinfacht wird. Diese Aussage gilt analog für die Beziehung zwischen Softwareanforderungen und Softwarearchitektur/Softwarefeinentwurf.

Die Verifikationskriterien sind während der Erstellung der Anforderungen festzulegen, sie dokumentieren Kriterien, gegen die die Anforderungen verifizierbar sind. Abbildung 2–31 zeigt die Input-Output-Beziehungen der betreffenden Prozesse und Arbeitsprodukte mit der konsequenten Zuordnung von Verifikationskriterien zu den verschiedenen Arbeitsprodukten. Die Verifikationskriterien müssen gleichzeitig bzw. zeitnah mit der Erzeugung dieser Arbeitsprodukte erstellt werden[140] und nicht erst im rechten Zweig des V-Modells in den Testprozessen. In vielen Fällen werden Verifikationskriterien erst sukzessive entstehen, wenn z.B. bei der Systemarchitektur weitere Systemanforderungen nachträglich entdeckt werden[141] und dafür die Verifikationskriterien spezifiziert werden. Das Gleiche gilt für alle weiteren Prozesse, in denen nachträglich System- oder Softwareanforderungen entdeckt werden.

140. Diese Forderung ergibt sich aus den Traceability fordernden Basispraktiken auf der linken Seite des V-Modells. Die Arbeitsproduktcharakteristiken der dort entstehenden Arbeitsprodukte fordern ebenfalls die Verifikationskriterien.
141. In diesem Fall sind sie in den Systemanforderungen nachzudokumentieren.

Die Verifikationskriterien sind ein wichtiger, jedoch nicht alleiniger Input für die Erstellung von Testplan, Testdesign, Testprozeduren und Testfällen[142]. In den Tests ist zusätzlich noch Folgendes zu berücksichtigen:

- Bei ENG.3 sind Architekturentscheidungen, die nicht auf Systemanforderungen zurückgehen (für die also ursprünglich keine Verifikationskriterien bestehen), bei den Systemintegrationstests zu berücksichtigen.
- Bei ENG.6 sind die in BP2 angesprochenen Verifikationskriterien für das jeweilige Softwaremodul bei den Modultests zu berücksichtigen.

Beispiele für Verifikationskriterien für Systemanforderungen

Anforderung 1: Korrumpierter Inhalt im EEPROM kann gefunden werden.

Verifikationskriterium 1: Korrumpierter Inhalt im EEPROM kann durch eine Prüfsummenberechnung durch den Diagnosedienst »readCheckSumStatus« gefunden werden.

Anforderung 2: Wenn der Inhalt im EEPROM korrumpiert ist, sollen für alle Variablen, die durch die Daten im EEPROM initialisiert werden, die Defaultwerte benutzt werden.

Verifikationskriterium 2: Alle Variablen, die durch die Daten im EEPROM initialisiert werden, können über den Diagnosedienst »readDataByAbsoluteAddress« gelesen werden.

Wir geben nachfolgend einen Überblick über die inhaltlichen Aspekte zunächst der vertikalen Traceability-Beziehungen[143]:

- Kundenanforderungen – Systemanforderungen: Für jede Kundenanforderung sind daraus abgeleitete Systemanforderungen bekannt, und umgekehrt sind für jede Systemanforderung die Quellen bekannt.
- Systemanforderungen – Systemarchitektur: Für jede Systemanforderung ist bekannt, in welchem Systemarchitekturelement sie umgesetzt wird. Für jedes Systemarchitekturelement sind die relevanten Systemanforderungen bekannt. Manche Systemanforderungen sind eventuell nicht auf Systemarchitekturelemente abbildbar, dies gilt insbesondere für nicht funktionale Systemanforderungen.
- Systemanforderungen – Softwareanforderungen: Für jede Systemanforderung sind daraus abgeleitete Softwareanforderungen bekannt, und umgekehrt sind für jede Softwareanforderung die Systemanforderungen bekannt. Manche

142. Siehe hierzu den Exkurs »Testdokumentation« bei ENG.6.

143. Um den Text lesbarer zu gestalten, sind die in den jeweiligen Arbeitsprodukten enthaltenen Verifikationskriterien nicht explizit erwähnt.

Systemanforderungen sind eventuell nicht auf Softwareanforderungen abbildbar, dies gilt insbesondere für nicht softwarerelevante Systemanforderungen.

- Systemarchitektur – Softwareanforderungen: Für jedes Systemarchitekturelement ist bekannt, welche Softwareanforderungen relevant sind, und umgekehrt sind für jede Softwareanforderung die relevanten Systemarchitekturelemente bekannt.[144] Manche Systemarchitekturelemente sind eventuell nicht auf Softwareanforderungen abbildbar, dies gilt insbesondere für nicht softwarerelevante Systemarchitekturelemente. Die Verifikationskriterien können hier bezüglich Traceability außer Acht bleiben, da sie bereits über die Traceability zwischen Systemanforderungen und Softwareanforderungen abgedeckt sind.
- Softwareanforderungen – Softwarearchitektur: Für jede Softwareanforderung ist bekannt, in welchem Softwarearchitekturelement sie umgesetzt wird. Für jedes Softwarearchitekturelement sind die relevanten Softwareanforderungen bekannt[145]. Manche Softwareanforderungen sind eventuell nicht auf Softwarearchitekturelemente abbildbar, dies gilt insbesondere für nicht funktionale Softwareanforderungen. Sind die Verifikationskriterien bereits bei den Softwareanforderungen vollständig beschrieben, können sie hier bezüglich Traceability außer Acht bleiben.
- Softwarearchitektur – Softwarefeinentwurf: Für jedes Softwarearchitekturelement ist bekannt, in welchem Element des Softwarefeinentwurfs es umgesetzt wird. Für jedes Element des Softwarefeinentwurfs sind die relevanten Softwarearchitekturelemente bekannt[146]. Sind die Verifikationskriterien bereits bei den Softwareanforderungen vollständig beschrieben, können sie hier bezüglich Traceability außer Acht bleiben.
- Softwareanforderungen – Softwaremodule: Für jede Softwareanforderung ist bekannt, in welchem Softwaremodul sie umgesetzt wird. Für jedes Softwaremodul sind die relevanten Softwareanforderungen bekannt. Manche Softwareanforderungen sind eventuell nicht auf Softwaremodule abbildbar, dies gilt insbesondere für nicht funktionale Softwareanforderungen. Sind die Verifikationskriterien bereits bei den Softwareanforderungen vollständig beschrieben, können sie hier bezüglich Traceability außer Acht bleiben.
- Softwaremodule – Softwarefeinentwurf: Für jedes Softwaremodul ist bekannt, in welchem Element des Softwarefeinentwurfs es umgesetzt wird. Für jedes Element des Softwarefeinentwurfs sind die relevanten Softwaremodule bekannt[147]. Sind die Verifikationskriterien bereits bei den Softwareanforde-

---

144. Beides lässt sich einfach realisieren, wenn das Softwareanforderungsdokument so gegliedert ist, dass sich die Systemarchitektur darin widerspiegelt.
145. Beides lässt sich einfach realisieren, wenn das Softwareanforderungsdokument so gegliedert ist, dass sich die Softwarearchitektur darin wiederspiegelt.
146. Beides lässt sich einfach realisieren, wenn Softwarearchitekturelemente, Softwarekomponenten und Softwaremodule in Form einer hierarchischen Zerlegung eindeutig beschrieben sind.

rungen vollständig beschrieben, können sie hier bezüglich Traceability außer Acht bleiben.

Hier noch ein Überblick über die inhaltlichen Aspekte der horizontalen Traceability-Beziehungen:

- Softwaremodule inkl. Verifikationskriterien – Testspezifikationen der Softwaremodule inkl. Testfällen: Für jedes Softwaremodul müssen die zugehörige Testspezifikation und die Testfälle bekannt sein und umgekehrt. Für Verifikationskriterien[148] müssen die Testfälle bekannt sein und umgekehrt.
- Softwarearchitektur und Softwarefeinentwurf – Testspezifikationen des Softwareintegrationstests inkl. Testfällen: Für jedes integrationstestrelevante Element des Softwaredesigns (typischerweise Schnittstellen, modulübergreifende Funktionen) müssen die zugehörige Testspezifikation und die Testfälle bekannt sein und umgekehrt.
- Softwaranforderungen – Testspezifikationen des Softwaretests inkl. Testfällen: Für jede Softwareanforderung müssen die zugehörige Testspezifikation und die Testfälle bekannt sein und umgekehrt.
- Systemarchitektur – Testspezifikationen des Systemintegrationstests inkl. Testfällen: Für jedes integrationstestrelevante Element der Systemarchitektur (typischerweise Schnittstellen, modulübergreifende Funktionen) müssen die zugehörige Testspezifikation und die Testfälle bekannt sein und umgekehrt.
- Systemanforderungen – Testspezifikationen des Systemtests inkl. Testfällen: Für jede Systemanforderung müssen die zugehörige Testspezifikation und die Testfälle bekannt sein und umgekehrt.

Hinweis für Assessoren

Die Granularität der Traceability hängt letztendlich vom konkreten Projekt ab. Es sollte auf jeden Fall gewährleistet sein, dass man alle Anforderungen möglichst schnell bis in den Sourcecode und von den Testfällen zu den Anforderungen verfolgen kann.

Teilweise müssen nicht alle Traceability-Beziehungen explizit dokumentiert sein. Beispielsweise kann die Verfolgung von Softwareanforderungen zu Softwaremodulen bei Entwicklungsprozessen mit Autocodegenerierung indirekt durch die Verfolgung der Softwareanforderungen zum Softwaredesign (in Autocodewerkzeug) und von dort zum Sourcecode per Codegenierung erfolgen. Eine abschließende Einschätzung, was vorliegen muss und was nicht, obliegt dabei dem Ermessen der Assessoren.

---

147. Beides lässt sich einfach realisieren, wenn es zu jedem Softwaremodul ein über Namensgleichheit eindeutig zuordenbares Element des Softwarefeinentwurfs gibt, z.B. als eigene Datei für den Modulfeinentwurf oder als Kapitel in einem übergeordneten Dokument.
148. Diese Verifikationskriterien sind diejenigen der für das Modul gültigen Softwareanforderungen.

3 Interpretationen zur Reifegraddimension

Dieses Kapitel besteht aus vier Teilen: In den Abschnitten 3.1 und 3.2 erläutern wir die Struktur der Reifegraddimension und die Bewertungsmethodik.

Während die Indikatoren für die Prozessdimension prozessspezifisch sind (siehe Kap. 2), sind die Prozessattribute und die Indikatoren für die Reifegraddimension generisch, d.h., sie sind auf alle Prozesse der Prozessdimension anzuwenden. Daher müssen diese im Kontext jedes einzelnen Prozesses individuell interpretiert werden. Abschnitt 3.3 geht im Einzelnen auf die Reifegradstufen und die damit verbundenen generischen Praktiken ein und gibt dazu genenerelle Interpretationshilfen. Weitere prozessspezifische Interpretationshilfen sind im Kapitel 2 beim jeweiligen Prozess angegeben. Wir zeigen im Detail auf, was zur Erreichung der Level 1 – 3 notwendig ist. Auf Level 4 und 5 gehen wir nur kurz ein, da der Schwerpunkt der praktischen Anwendung in vielen Organisationen auf Level 1 – 3 liegt.

Die in diesem Kapitel kursiv gesetzten Texte stehen immer für einen von uns ins Deutsche übersetzten Automotive SPICE-Text. So haben wir z.B. die Definition der Reifegradstufen sowie die generischen Praktiken übersetzt. Wie in Kapitel 2 haben wir uns bei der Übersetzung sehr eng an das englische Original gehalten, waren jedoch in einigen Fällen, wenn eine wörtliche Übersetzung nicht sinnvoll war, zu einer freieren Übersetzung gezwungen. In Zweifelsfällen und bei schwierigen Interpretationsfragen sollte daher immer auch der englische Originaltext hinzugezogen werden. Gelegentlich vorkommende Übersetzungsprobleme sind in Fußnoten erläutert. Außerdem haben wir wie in Kapitel 2 an wichtigen Stellen Hinweise für Assessoren eingefügt.

3.1 Struktur der Reifegraddimension

3.1.1 Reifegradstufen und Prozessattribute

Die Reifegraddimension beschreibt die Reife von Prozessen durch neun Prozessattribute, die den Leveln 1 – 5 zugeordnet sind. Level 0 besitzt kein Prozessattribut. Die Prozessattribute sind im normativen Measurement Framework (siehe ISO/IEC 15504-2) definiert. ISO/IEC 15504-5 definiert in Abschnitt 4.2.3 den Begriff »Prozessattribut« folgendermaßen:

Prozessattribute sind Eigenschaften eines Prozesses. Sie können auf einer leistungsorientierten Skala beurteilt werden und geben dadurch ein Maß für die Leistungsfähigkeit eines Prozesses. Sie sind auf alle Prozesse anwendbar ...

Jeder Reifegradstufe sind ein (nur bei Level 1) oder zwei (ab Level 2) Prozessattribute fest zugeordnet. Jedes Prozessattribut beschreibt einen bestimmten Aspekt der jeweiligen Reifegradstufe. Die Anforderungen der Reifegradstufen bauen aufeinander auf, so beinhaltet z.B. Level 3 alle Anforderungen der darunter liegenden Level 1 und 2.

3.1.2 Indikatoren für die Prozessreifegrade

Im Assessmentmodell werden die Prozessattribute durch Indikatoren weiter detailliert, die den Assessoren Hinweise für die Bewertung der Prozessattribute liefern.

Die Indikatoren der Reifegraddimension beschreiben wichtige Aktivitäten, Ressourcen oder Ergebnisse, die im Zusammenhang mit den Prozessattributen stehen. Es gibt in Automotive SPICE zwei Arten von Indikatoren der Reifegraddimension:

- Generische Praktiken (GP)
- Generische Ressourcen (GR)

Die generischen Praktiken sind generisch formulierte Aktivitäten, die Anleitungen für die Implementierung des jeweiligen Prozessattributs geben. Viele der generischen Praktiken unterstützen die Ausführung der Basispraktiken durch Prozessmanagementaktivitäten. Ein Beispiel für eine generische Praktik ist GP 2.1.2 (Planung und Überwachung der Prozessausführung), die die Implementierung grundlegender Projektmanagementprinzipien für den jeweiligen Prozess fordert, d.h., dass die Prozessaktivitäten terminlich geplant sind und deren plangemäße Ausführung verfolgt wird.

Generische Ressourcen können bei der Ausführung generischer Praktiken genutzt werden. Generische Ressourcen beinhalten Mitarbeiter, Werkzeuge, Methoden oder sonstige Infrastruktur. Ein Beispiel für eine generische Ressource ist z.B. eine Methode zur Durchführung von Reviews von Arbeitsprodukten, die das Prozessattribut PA 2.2 unterstützt.

In der Assessmentpraxis werden vor allem die generischen Praktiken als Indikatoren zur Prozessbewertung herangezogen. Daher werden die generischen Ressourcen nachfolgend nicht weiter behandelt.

Zur Beurteilung von Level 1 sind die Indikatoren für die Reifegraddimension (Basispraktiken und Arbeitsprodukte) relevant, aufgrund derer das Prozessattribut PA 1.1 und damit die Ausführung des Prozesses bewertet wird. Diese sind prozessspezifisch und sind daher für jeden Prozess in Kapitel 2 dieses Buchs beschrieben.

3.2 Wie werden Reifegradstufen gemessen?

In einem Assessment wird der real ausgeführte Prozess mit den Indikatoren des Assessmentmodells verglichen und darauf basierend die Erfüllung der Prozessattribute bewertet. Zur Ermittlung der Reifegradstufe eines Prozesses fordert die ISO/IEC 15504-2 die Bewertung der Erfüllung der Prozessattribute mittels folgender vierstufiger Bewertungsskala:

- N (Not achieved bzw. nicht erfüllt), entspricht 0-15 %.
  Es gibt keine oder geringe Anzeichen der Erfüllung des definierten Attributs bei dem assessierten Prozess.
- P (Partially achieved bzw. teilweise erfüllt), entspricht >15-50 %.
  Es gibt einige Anzeichen für eine Vorgehensweise und eine teilweise Erfüllung des definierten Attributs in dem assessierten Prozess. Einige Aspekte der Erfüllung des Attributs können unvorhersagbar sein.
- L (Largely achieved bzw. überwiegend erfüllt), entspricht >50-85 %.
  Es gibt Anzeichen für eine systematische Vorgehensweise und eine signifikante Erfüllung des definierten Attributs in dem assessierten Prozess. Im assessierten Prozess können einige Schwächen bezüglich des Attributs existieren.
- F (Fully achieved bzw. vollständig erfüllt), entspricht >85-100 %.
  Es gibt Anzeichen für eine vollständige und systematische Vorgehensweise und eine volle Erfüllung des definierten Attributs in dem assessierten Prozess. Im assessierten Prozess gibt es keine signifikanten Schwächen bezüglich des Attributs.

Hinweis für Assessoren

Obwohl Automotive SPICE lediglich eine Bewertung der Prozessattribute vorsieht, werden in der Assessmentpraxis meistens auch Basispraktiken und generische Praktiken mittels der N/P/L/F-Skala bewertet, da dies eine objektive und nachvollziehbare Bewertung sehr gut unterstützt. Bei der Bewertung der Basispraktiken werden auch die Existenz und Qualität der Arbeitsprodukte berücksichtigt, da diese durch die Basispraktiken erzeugt bzw. bearbeitet werden.

Viele Assessmentverfahren bilden einen Mittelwert der Bewertung der Basispraktiken als Anhaltspunkt für die Bewertung von PA 1.1 sowie einen Mittelwert der Bewertung der generischen Praktiken für die Bewertung der anderen Prozessattribute. Assessmenttools berechnen sogar eine prozentuale Erfüllung des Prozessattributs aus dem Mittelwert der prozentualen Erfüllungen der einzelnen Basispraktiken bzw. der generischen Praktiken. Diese Methode kann jedoch immer nur als Anhaltspunkt dienen, da die Basispraktiken in der Regel nicht gleichgewichtig sind und auch in der individuellen Situation eine unterschiedliche Gewichtung haben können. Gleiches gilt für die generischen Praktiken.

Diese Problematik spielt besonders in Grenzfällen eine Rolle, wenn z.B. durch ein Assessmenttool ein Erfüllungsgrad von 50 % (=P) vorgeschlagen wird und die Diskussion aufkommt, ob es nicht doch 51 % (=L) sein könnten. Das Assessmentteam muss daher – insbesondere in solchen Grenzfällen – die Erfüllung des Prozessattributs im jeweiligen Kontext anhand der verbalen Charakterisierung der N/P/L/F-Skala bewerten (siehe oben) und nicht etwa alleine aufgrund einer von einem Assessmenttool ausgeworfenen Prozentzahl. Dabei ist auch zu beachten, dass die generischen Praktiken keineswegs ein genaues Spiegelbild der Charakteristika der Prozessattribute darstellen, sondern sehr viel detaillierter sind. Manche Details (die eventuell bei der generischen Praktik bewertet wurden) fallen auf der übergeordneten Ebene des Prozessattributs weg. Gleiches gilt für den Spezialfall der PA 1.1, die in ihrer Bewertung auf die Prozessergebnisse abzielt. Die Basispraktiken sind ebenfalls kein genaues Spiegelbild der Prozessergebnisse, analog zu den obigen Ausführungen.

Zur Berechnung des Reifegrads aus den Bewertungen der einzelnen Prozessattribute gibt ISO/IEC 15504-2 ein »process capability level model« vor. Nach diesem gilt:

- Die PAs der betreffenden Reifegradstufe müssen mindestens mit L (»überwiegend erfüllt«) bewertet sein, um diese Stufe zu erreichen.
- Alle PAs aller darunter liegenden Stufen müssen mit F (»vollständig erfüllt«) bewertet sein.

Diese Berechnung ist in Abbildung 3–1 dargestellt (siehe auch ISO/IEC 15504-2, Tab. 1).

Reifegradstufen	Prozessattribute	Bewertung
Level 1	**PA 1.1**	Überwiegend oder vollständig erfüllt
Level 2	**PA 1.1** **PA 2.1** **PA 2.2**	Vollständig erfüllt Überwiegend oder vollständig erfüllt Überwiegend oder vollständig erfüllt
Level 3	**PA 1.1** **PA 2.1** **PA 2.2** **PA 3.1** **PA 3.2**	Vollständig erfüllt Vollständig erfüllt Vollständig erfüllt Überwiegend oder vollständig erfüllt Überwiegend oder vollständig erfüllt
Level 4	**PA 1.1** **PA 2.1** **PA 2.2** **PA 3.1** **PA 3.2** **PA 4.1** **PA 4.2**	Vollständig erfüllt Vollständig erfüllt Vollständig erfüllt Vollständig erfüllt Vollständig erfüllt Überwiegend oder vollständig erfüllt Überwiegend oder vollständig erfüllt
Level 5	**PA 1.1** **PA 2.1** **PA 2.2** **PA 3.1** **PA 3.2** **PA 4.1** **PA 4.2** **PA 5.1** **PA 5.2**	Vollständig erfüllt Vollständig erfüllt Vollständig erfüllt Vollständig erfüllt Vollständig erfüllt Vollständig erfüllt Vollständig erfüllt Überwiegend oder vollständig erfüllt Überwiegend oder vollständig erfüllt

Abb. 3–1 *Ermittlung der Level mithilfe von »process capability level model«*

3.3 Die Reifegradstufen

3.3.1 Level 0 (»*Unvollständig*«)

Der Prozess ist nicht implementiert oder er erfüllt seinen Zweck nicht. Es gibt keine oder wenige Anzeichen für ein systematisches Erreichen des Prozesszwecks.

Level 0 ist die einzige Reifegradstufe ohne Prozessattribut. Level 0 wird vergeben, wenn das Prozessattribut PA 1.1 von Level 1 mit P »teilweise erfüllt« oder N »nicht erfüllt« bewertet wird.

3.3.2 Level 1 (»*Durchgeführt*«)

Der implementierte Prozess erfüllt den Zweck des Prozesses.

»Der Zweck des Prozesses ist erfüllt« bedeutet, dass die Prozessergebnisse (engl. process outcomes) erzielt werden.

Level 1 hat im Gegensatz zu den höheren Stufen nur ein Prozessattribut PA 1.1 »Prozessausführung« und eine generische Praktik GP 1.1.1 »Erziele die Prozessergebnisse«. Dieses Prozessattribut bezieht sich auf den Zweck und die Prozessergebnisse des jeweiligen Prozesses, und diese sind von Prozess zu Prozess unterschiedlich.

Prozessausführung (PA 1.1)

Dieses Prozessattribut ist ein Maß dafür, inwieweit der Zweck des Prozesses erreicht wird. Als Ergebnis einer vollständigen Erfüllung dieses Attributs gilt:

a) Der Prozess erzielt seine definierten Ergebnisse.

Die Erreichung des Prozesszwecks wird daran gemessen, inwieweit der Prozess seine Ergebnisse erreicht. Diese Beurteilung stützt sich auf den Indikator GP 1.1.1 (Erziele die Prozessergebnisse) und dieser wiederum auf die Indikatoren für die Prozessdimension[1] (Basispraktiken und Arbeitsprodukte). Die Basispraktiken und Arbeitsprodukte sind also Anzeichen dafür, inwieweit der Prozesszweck erfüllt ist und die Prozessergebnisse erreicht werden. Die Zusammenhänge sind in Abbildung 3–2 dargestellt.

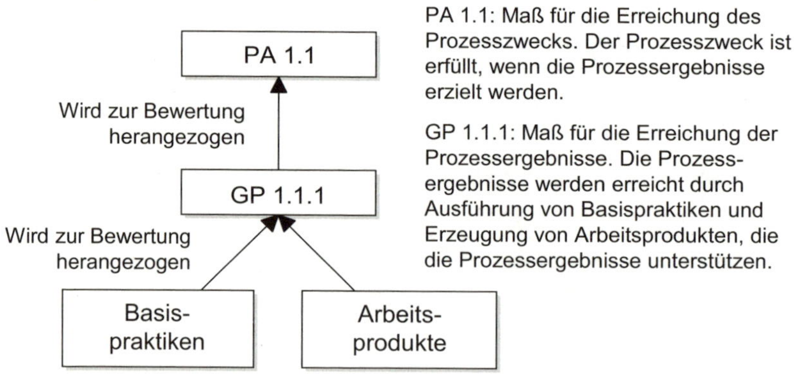

Abb. 3–2 *Beurteilung von PA 1.1*

1. Die Indikatoren für die Prozessdimension werden nur durch GP 1.1.1 bzw. PA 1.1 adressiert, nicht aber durch die höheren Prozessattribute.

Hinweis für Assessoren

Die Problematik bei der Bewertung von PA 1.1 ist, dass die Prozessergebnisse und die Basispraktiken zwar inhaltlich ähnlich sind, jedoch nicht identisch. Der inhaltliche Zusammenhang ist durch entsprechende Referenzierungen der Basispraktiken auf die Prozessergebnisse hergestellt. Allerdings sind die Basispraktiken detaillierter, setzen teilweise andere Betonungen bzw. unterscheiden sich inhaltlich geringfügig von den Prozessergebnissen.

Diese Unterschiede sind bei den meisten Beurteilungsfällen unerheblich. Eine Rolle spielen sie dann, wenn eine bestimmte Prozessattributbewertung auf der Kippe steht und das Erreichen einer Stufe davon abhängt (d.h. bei L oder F). In solchen Fällen empfehlen wir, die Prozessergebnisse zu konsultieren, da die Prozessergebnisse in der Bewertungshierarchie eine übergeordnete Bedeutung gegenüber den Basispraktiken und Arbeitsprodukten besitzen (siehe Abb. 3–2).

*GP 1.1.1: **Erziele die Prozessergebnisse.** Vollziehe die Intention der Basispraktiken. Erzeuge Arbeitsprodukte, die die Prozessergebnisse nachweisen.*

Die Basispraktiken werden ausgeführt/befolgt und sind zweckmäßig implementiert, d.h., sie tragen zum Prozesszweck und zu den Prozessergebnissen bei und erzeugen die Arbeitsprodukte.

Die Arbeitsprodukte sind adäquat implementiert in Anlehnung an die Anforderungen des Assessmentmodells (siehe Automotive SPICE PAM, Annex B »Work product characteristics«). Die Arbeitsprodukte werden über geeignete Mechanismen verteilt. Die Benutzer, die diese Arbeitsprodukte benötigen, erhalten sie auch.

Es müssen nicht alle Arbeitsprodukte des Prozesses implementiert sein, jedoch müssen die notwendigen Arbeitsprodukte[2] vorhanden und technisch-inhaltlich in Ordnung sein.

Insgesamt sollen durch die Basispraktiken und Arbeitsprodukte die Prozessergebnisse erreicht werden. Da es nur eine generische Praktik gibt, hängt die Bewertung von PA 1.1 alleine von GP 1.1.1 ab.

2. Der Assessor muss im jeweiligen Kontext entscheiden, welche Arbeitsprodukte notwendig sind.

Hinweis für Assessoren

In Abbildung 3–3 sind einige schematische Bewertungsbeispiele zur Verdeutlichung aufgeführt. Fall 1, 2 und 4 enthalten keine Besonderheiten und werden nicht weiter erläutert. In Fall 3 lagen eine ausreichende Testplanung und entsprechende Testfälle vor. Die Module wurden gemäß Programmierrichtlinien codiert. Allerdings wurden die Entwicklertests aufgrund zu enger Liefertermine unzureichend durchgeführt und dokumentiert. Im Assessment konnte nur mühsam nachvollzogen werden, welche Tests letztlich durchgeführt wurden. Daher wurde das Prozessattribut mit P bewertet (sprich Level 0, Prozesszweck nicht erreicht), obwohl 6 von 7 Basispraktiken mit F bewertet sind.

Beispielprozess: Software Construction	**Fall 1**	**Fall 2**	**Fall 3**	**Fall 4**
Bewertung PA.1.1 Process Performance	**P**	**F**	**P**	**L**
O1 A unit verification strategy is defined;				
O2 Software units defined by the software design are produced;				
O3 Consistency and bilateral traceability are estbalished ...;				
O4 Verification of softwarre units …				
O5 Results of the unit verification are recorded;				
ENG.6.BP1 Define a unit verification strategy.	L	F	F	L
ENG.6.BP2 Develop unit verification criteria.	L	F	F	F
ENG.6.BP3 Develop software units.	L	L	F	L
ENG.6.BP4 Verify software units.	L	F	N	F
ENG.6.BP5 Ensure … traceability of SW det. design to SW units	P	F	F	L
ENG.6.BP6 Ensure … traceability of SW req. to SW units.	P	L	F	P
ENG.6.BP7 Ensure … traceability of SW units to test spec.	P	F	F	L
WP 08-52 Test plan		X	X	(X)
WP 08-50 Test specification	X	X	X	X
WP 11-05 Software unit	X	X	X	(X)
WP 13-22 Traceability record		X	X	(X)
WP 13-50 Test result	X	X	(X)	X

Legende:
X : Arbeitsprodukt existiert in der erforderlichen Qualität
(X): Arbeitsprodukt existiert, hat aber signifikante Mängel
BP: Basispraktik
WP: Output-Arbeitsprodukte (Auswahl)
O: Prozessergebnis

Abb. 3–3 *Bewertungsbeispiele für PA 1.1*

3.3.3 Level 2 (»Gemanagt«)

Der zuvor beschriebene ***Durchgeführte Prozess*** *wird nun in gemanagter Art und Weise umgesetzt (geplant, überwacht und angepasst) und seine Arbeitsprodukte werden angemessen erstellt, überwacht und gepflegt.*

Level 2 bedeutet, dass zusätzlich zu den Anforderungen aus Level 1 die Prozessausführung nun konsequent geplant und verfolgt wird. Dadurch wird die Erreichung von Ergebnissen und Terminen besser vorhersagbar. Des Weiteren werden die Arbeitsprodukte des Prozesses angemessen überwacht und gepflegt. Dadurch erhöht sich die Sicherheit, dass die Arbeitsprodukte des Prozesses die gestellten Anforderungen erfüllen.

Automotive SPICE setzt das Vorhandensein der notwendigen Arbeitsprodukte voraus. Das bedeutet keineswegs, dass *alle* in Automotive SPICE zum jeweiligen Prozess aufgeführten Arbeitsprodukte vorhanden sein müssen. Was »angemessen« ist, muss im Kontext des Projektes bzw. des Unternehmens beurteilt werden.

Auf Level 1 liegt der Fokus auf den Arbeitsprodukten, die ummittelbar zu den Basispraktiken gehören (z.B. Designdokumente, Codemodule, Testdokumentation). Beim Übergang zu Level 2 kommen nun weitere generische Arbeitsprodukte des Prozesses (wie z.B. Reviewprotokolle, Planungsdaten zu den Prozessaktivitäten, Berichte) und generische Praktiken hinzu, die ebenfalls gemanagt werden müssen.

Automotive SPICE fordert dokumentierte Prozesse explizit erst ab Level 3. Auf Level 2 wird u.a. verlangt, dass der Arbeitsumfang für die Prozessausführung festgelegt wird (GP 2.1.1) und dass die Prozessaktivitäten definiert werden (GP 2.1.2). Dies wird durch eine Prozessbeschreibung erleichtert. Um bei komplexeren Prozessen deren Planung zu erleichtern bzw. teilweise erst zu ermöglichen, ist eine Beschreibung der Abläufe bereits auf Level 2 dringend zu empfehlen. In diesen Fällen muss die Dokumentation nicht alle Anforderungen an eine Prozessbeschreibung von Level 3 erfüllen (siehe GP 3.1.1).

Hinweis für Assessoren

Es ist sehr unwahrscheinlich, einen komplexen Arbeitsablauf ohne eine vorliegende Prozessbeschreibung planen und verfolgen zu können. Die Entscheidung, inwieweit das Fehlen einer Prozessbeschreibung in die Bewertung von PA 2.1 einfließt, liegt bei den Assessoren.

Die Prozessattribute und generischen Praktiken von Level 2 sind in Abbildung 3–4 als Übersicht dargestellt.

Prozessattribute		Generische Praktiken	
PA.2.1	Management der Prozessausführung	GP 2.1.1	Ermittle die Ziele für die Prozessausführung
		GP 2.1.2	Plane und überwache die Prozessausführung hinsichtlich der Erfüllung der ermittelten Ziele
		GP 2.1.3	Regle die Prozessausführung
		GP 2.1.4	Definiere Verantwortlichkeiten und Befugnisse für die Durchführung des Prozesses
		GP 2.1.5	Ermittle Ressourcen und stelle sie bereit, um den Prozess nach Plan auszuführen
		GP 2.1.6	Manage die Schnittstellen zwischen beteiligten Parteien
PA.2.2	Management der Arbeitsprodukte	GP 2.2.1	Definiere die Anforderungen an die Arbeitsprodukte
		GP 2.2.2	Definiere Anforderungen an die Dokumentation und Lenkung von Arbeitsprodukten
		GP 2.2.3	Bestimme, dokumentiere und lenke die Arbeitsprodukte
		GP 2.2.4	Reviewe die Arbeitsprodukte und passe sie an, um die definierten Anforderungen zu erfüllen

Abb. 3–4 *Prozessattribute und generische Praktiken von Level 2*

PA 2.1 *Management der Prozessausführung*

Dieses Prozessattribut ist ein Maß, inwieweit die Prozessausführung gemanagt wird. Als Ergebnis einer vollständigen Erfüllung dieses Attributs gilt:

a) Ziele für die Prozessausführung sind identifiziert.
b) Die Prozessausführung ist geplant und wird überwacht.
c) Die Prozessausführung wird angepasst, um die Pläne zu erfüllen.
d) Verantwortlichkeiten und Befugnisse für die Prozessausführung sind festgelegt, zugewiesen und kommuniziert.
e) Ressourcen und Informationen, die für die Prozessausführung erforderlich sind, sind ermittelt, bereitgestellt, zugewiesen und eingesetzt.
f) Die Schnittstellen zwischen beteiligten Parteien werden gemanagt, um sowohl eine effektive Kommunikation als auch eine klare Zuweisung von Verantwortlichkeiten sicherzustellen.

Die generischen Praktiken (GP) von PA 2.1 beschreiben grundlegende Projektmanagementprinzipien, jedoch angewendet auf den jeweiligen Prozess (und nicht auf das Projekt als Ganzes).

So wird gefordert, dass der Prozess auf der Basis von Zielen geplant und die Planeinhaltung verfolgt wird. Dies beinhaltet auch die Zuordnung und Nutzung von Ressourcen sowie die Steuerung der Schnittstellen zu beteiligten Personen und Gruppen.

Die Planung und Verfolgung von Prozessen gemäß PA 2.1 werden insbesondere durch Praktiken des Projektmanagementprozesses (MAN.3) unterstützt.

Die Planung und Verfolgung können je nach Prozess unterschiedlich intensiv sein und auf unterschiedliche Art erfolgen. So ist es nicht sinnvoll, gewisse Prozessaktivitäten überhaupt zu planen. Beispielsweise ist es nicht zweckmäßig, dass man im Rahmen der Planung des Konfigurationsmanagementprozesses (SUP. 8) jedes Einchecken eines Moduls in das KM-Tool als Aktivität plant und verfolgt. Wohl aber muss z.B. die Releaseerstellung geplant werden.

GP 2.1.1: Ermittle die Ziele für die Prozessausführung

Anmerkung: Die Prozessziele können beinhalten:

1. *Qualität der erstellten Arbeitprodukte*
2. *Durchlaufzeiten und Häufigkeit*
3. *Ressourcennutzung*
4. *Grenzen des Prozesses*

Die Ziele für die Ausführung werden auf Basis der Anforderungen an den Prozess ermittelt. Der Aufgabenumfang der Prozessausführung wird definiert. Annahmen und Rahmenbedingungen werden bei der Ermittlung der Ziele für die Durchführung betrachtet.

Es werden Ziele für die Ausführung des jeweiligen Prozesses bestimmt, wie zum Beispiel:

- Qualität der Arbeitsprodukte des Prozesses (z.B. Restfehlerdichte, Erfüllung inhaltlicher Anforderungen wie z.B. die korrekte Verwendung eines Templates oder dass ein Review erfolgen muss)
- Prozessdurchlaufzeiten (z.B. wie lange soll eine bestimmte Prozessaktivität dauern)
- Wesentliche Termine/Meilensteine
- Aufwandsvorgaben, basierend auf einer Aufwandsschätzung bzw. auf Erfahrungswerten
- Der Einsatz bestimmter, qualifizierter Ressourcen (Mindestqualifikation, Erfahrung/Schulung in dem Prozess)
- Welche Ressourcen werden in welchem Maß genutzt?
- Welche Aktivitäten deckt der Prozess ab und welche nicht?

Diese Ziele können sowohl qualitativ (z.B. »Peer-Review-Ergebnisse müssen dokumentiert werden«) als auch quantitativ sein (z.B. »Mindestens 80% der Arbeitsprodukte werden durch Peer-Reviews überprüft«).

Außerdem muss der Arbeitsumfang des Prozesses bestimmt werden, d.h., es muss festgelegt werden, welche Aktivitäten im Rahmen dieses Prozesses anfallen.

Hinweis für Assessoren

Das Berücksichtigen von Prozesszielen bei der Planung eines Prozesses ist bei den meisten Anwendern keine separate, bewusste Tätigkeit. Erfahrungsgemäß ist es sinnvoll, sich zuerst den Planungsvorgang erläutern zu lassen und dann nach den dabei berücksichtigten Projektzielen und Vorgaben zu fragen. Vorgaben resultieren oft aus vielen verschiedenen Dokumenten (z.B. Projektzielen, QS-Plan, Projektterminplan, definierten Standardprozessen der Organisation). Eine oft anzutreffende Schwäche ist, dass der Aufwand für Prozesse mit Querschnittsaufgaben (z.B. Konfigurationsmanagement, Projektmanagement) unbekannt ist. Es ist zwar eine Person dafür benannt, diese Person hat jedoch noch viele andere Aufgaben, und es ist ungewiss, ob die entsprechenden Prozessaktivitäten aus Überlastungsgründen hinreichend ausgeführt werden.

»Process Performance« wird fälschlicherweise oft mit »Leistungsfähigkeit eines Prozesses« übersetzt. Man erntet aber im Assessment (zu Recht) erstaunte Gesichter auf die Frage »Was sind Ihre Prozessleistungsfähigkeitsziele?«. Gemeint ist hier die »Prozessausführung«.

Hinweis für Assessoren

Folgende Fragen können in Interviews hilfreich sein, um die Umsetzung dieser GP zu ermitteln:

- Welcher Aufgabenumfang fällt denn im Rahmen dieses Prozesses an?
- Welche Vorgaben müssen Sie bei der Planung dieser Aufgaben berücksichtigen, z.B. Aktivitätsdauer, geschätzter Aufwand, Qualität von Arbeitsprodukten?

GP 2.1.2: Plane und überwache die Prozessausführung hinsichtlich der Erfüllung der ermittelten Ziele. *Pläne für die Prozessausführung werden entwickelt. Der Zyklus für die Prozessausführung ist definiert. Wichtige Meilensteine für die Prozessausführung werden aufgestellt. Schätzungen für Attribute der Prozessausführung werden ermittelt und gepflegt. Prozessaktivitäten werden definiert. Ein Terminplan ist festgelegt und abgestimmt auf die Vorgehensweise zur Ausführung des Prozesses. Reviews der Arbeitsprodukte des Prozesses werden geplant. Der Prozess wird entsprechend der Planung ausgeführt. Die Prozessausführung wird überwacht, um sicherzustellen, dass die geplanten Ergebnisse erzielt werden.*

GP 2.1.2 beschreibt Prinzipien des Projektmanagements, angewendet auf den jeweiligen Prozess. Mit »Zyklus für die Prozessausführung« ist ein Vorgehensmodell für die Prozessausführung gemeint, wie es häufig durch eine Prozessdefinition vorgegeben ist. »Attribute der Prozessausführung« können z.B. Größe oder Komplexität von Arbeitsprodukten sein, insbesondere aber der Aufwand für Prozessaktivitäten. Grundlage der Planung ist dabei, dass die Prozessaktivitäten definiert werden (siehe hierzu auch die Ausführungen zu dokumentierten Prozessen auf Seite 239).

GP 2.1.2 sollte nicht mit Projektmanagement für das Projekt als Ganzes verwechselt werden. »Die Prozessaktivitäten planen« für den Prozess Projektmanagement (MAN.3) beispielsweise bedeutet, das die Projektmanagementaktivitäten (wie z.B. Projektplanung, Erstellen von Statusberichten) geplant werden. Die Planung des Projekts hingegen umfasst die Planung sämtlicher Projektaktivitäten[3] und wird durch die Basispraktiken von MAN.3 gefordert. Insofern gibt es eine Überschneidung zwischen GP 2.1.2 und MAN.3 bei projektbezogenen Prozessen[4], da deren Prozessaktivitäten gleichzeitig auch Projektaktivitäten sind. Die Realisierung von GP 2.1.2 kann also durchaus im Rahmen des Projektmanagements erfolgen unter Nutzung der gleichen Planungsdokumente, d.h., es muss also nicht für jeden Prozess ein gesondertes Prozessplanungsdokument erstellt werden. Derartige Planungen können z.B. im Projektplan zusammengefasst werden. Es sollten alle sinnvoll planbaren Prozessaktivitäten zumindest mit Terminen sowie zugeordneten Ressourcen und Verantwortlichkeiten geplant und dokumentiert sein.

Bei einigen Prozessen macht eine zeitliche Planung einzelner Aktivitäten wenig Sinn, da es sich um durch asynchrone Ereignisse angestoßene Aktivitäten handelt. Bei regelmäßig wiederkehrenden Aktivitäten (z.B. Teammeetings) erfolgt die Planung meist nicht im Projektplan, sondern mit anderen Mitteln (wie z.B. MS Outlook oder anderen Terminplanungssystemen). In beiden Fällen muss aber sehr wohl eine Aufwandsplanung erfolgen, d.h., auch wiederkehrende Tätigkeiten müssen berücksichtigt werden.

Bei über die gesamte Projektlaufzeit regelmäßig wiederkehrenden Tätigkeiten wie z.B. Konfigurationsmanagement ist es erfahrungsgemäß schwierig, den notwendigen Personalbedarf genau abzuschätzen. Hier empfiehlt sich, auf Erfahrungswerte von vorangegangenen Projekten mit ähnlichem Projektkontext und ähnlichen Aufgaben zurückzugreifen.

Hinweis für Assessoren

Folgende Fragen können in Interviews hilfreich sein, um die Umsetzung dieser GP zu ermitteln:

- Wie werden die Aktivitäten des Prozesses geplant? Gibt es vereinbarte Termine und Meilensteine?
- Wie wurde die Komplexität der Aufgaben und deren Aufwand bestimmt?
- Wurden Reviews von Arbeitsprodukten geplant?
- Wie wird die Prozessausführung überwacht?

3. Alle Aktivitäten, die im Rahmen des Projekts durchgeführt werden.
4. Gemeint sind alle Prozesse, die innerhalb eines Projekts zur Anwendung kommen, im Gegensatz zu nicht in Projekten umzusetzenden Prozessen wie z.B. dem Prozessverbesserungsprozess PIM.3.

GP 2.1.3: Regle die Prozessausführung. *Probleme in der Prozessausführung werden erkannt. Es werden geeignete Maßnahmen eingeleitet, wenn die geplanten Ergebnisse und Ziele nicht erreicht werden. Die Pläne werden bei Bedarf angepasst. Terminplananpassungen werden bei Bedarf vorgenommen.*

Im Falle von Abweichungen gegenüber der Planung müssen entsprechende Maßnahmen eingeleitet werden. Mögliche Maßnahmen sind:

- Korrekturmaßnahmen, um die Ausführung wieder zur Deckung mit dem Plan zu bringen
- Plananpassungen, wenn sich der Plan als nicht mehr realistisch erweist. Dies kann auch zu größeren Planrevisionen führen.

Bei Neu- oder umfangreichen Umplanungen sollten eine erneute Abstimmung mit den Stakeholdern und eine Überprüfung und ggf. Freigabe durchgeführt werden.

Hinweis für Assessoren

Folgende Fragen können in Interviews hilfreich sein, um die Umsetzung dieser GP zu ermitteln:

- Wie werden Abweichungen vom Plan erkannt? Was tun Sie im Falle von Abweichungen?
- Wie oft wird der Plan angepasst?

GP 2.1.4: Definiere Verantwortlichkeiten und Befugnisse für die Durchführung des Prozesses. *Verantwortlichkeiten, Verpflichtungen*[5] *und Befugnisse für die Prozessausführung werden festgelegt, zugewiesen und kommuniziert. Verantwortlichkeiten und Befugnisse zur Verifizierung von Arbeitsprodukten werden definiert und zugewiesen. Der für die Prozessausführung notwendige Bedarf an Erfahrung, Wissen und Fähigkeiten wird definiert.*

Die Verantwortung für Aktivitäten und Arbeitsprodukte wird mit den Bearbeitern abgestimmt, ebenso für eventuelle Verifikationsmaßnahmen für die Arbeitsprodukte. Die Verantwortlichkeiten sind dokumentiert und kommuniziert.

Die Begriffe »Verantwortlichkeiten« und »Befugnisse« werden am besten durch ein Beispiel verdeutlicht: Der Gesamtprojektleiter ist verantwortlich dafür, das Projekt im Kostenrahmen zum vereinbarten Termin mit vereinbarter Funktionalität abzuschließen. Er ist dazu befugt:

- Unterschriften für Geschäftsvorfälle bis zur Höhe von ... Euro zu leisten,
- Arbeitanweisungen an Projektmitarbeiter zu geben,
- externe Lieferanten bis zu einem Auftragsvolumen von ... Euro zu beauftragen.

5. Engl. commitment.

Eine explizite Zuweisung von Verantwortlichkeiten sowie deren Kommunikation ist ein wesentliches Merkmal von Level 2. Ohne diese steigt das Risiko des Scheiterns eines Projektes mit wachsender Zahl der Teammitglieder.

Hinweis für Assessoren

Entscheidend ist, dass die Verantwortlichkeiten schriftlich geregelt sind. Derartige Regelungen sind oft in Rollenbeschreibungen enthalten. Eine schriftliche Regelung von projektspezifischen Befugnissen trifft man in der Praxis seltener an.

Hinweis für Assessoren

Folgende Fragen können in Interviews hilfreich sein, um die Umsetzung dieser GP zu ermitteln:

- Sind die Verantwortlichkeiten für den Prozess zugewiesen und kommuniziert?
- Wer ist für die Verifikation von Arbeitsprodukten zuständig?
- Welches Wissen, welche Erfahrungen und Fähigkeiten brauchen die Mitarbeiter dazu?

GP 2.1.5: Ermittle Ressourcen und stelle sie bereit, um den Prozess nach Plan auszuführen. *Mitarbeiter- und Infrastrukturressourcen, die zur Prozessausführung notwendig sind, werden ermittelt, bereitgestellt, zugewiesen und genutzt. Die zur Prozessausführung notwendigen Informationen sind ermittelt und werden bereitgestellt. Die notwendige Infrastruktur und Hilfsmittel werden ermittelt und werden bereitgestellt.*

Bei GP 2.1.2 wurde geplant, wie viele Ressourcen für die Prozessausführung benötigt werden. Mit Ressourcen sind sowohl »menschliche Ressourcen« (also Personal) als auch Software, Hardware, Werkzeuge und sonstige Infrastruktur gemeint. Bei GP 2.1.5 geht es darum, dass für das Projekt:

- geeignetes Personal ermittelt wird und in ausreichender Anzahl z.B. von der Linienorganisation zur Verfügung gestellt wird; hierzu gehört auch die feste Reservierung des Personals,
- geeignete Infrastruktur (Software, Rechner, sonstige Hardware, Testumgebungen etc.) und Einrichtungen (Räumlichkeiten, Büromöbel, Telefon etc.) zur Verfügung gestellt werden,
- im Rahmen von Plananpassungen, wenn notwendig, weitere Ressourcen eingesetzt werden,
- Informationen, die zur Prozesssteuerung erforderlich sind, identifiziert sind und zur Verfügung stehen (und natürlich auch genutzt werden).

Es ist meistens nicht sinnvoll, den Personalbedarf (d.h., welche Person für welchen Zeitraum benötigt wird) für jeden Prozess separat zu dokumentieren. Stattdessen wird der Personalbedarf einmal insgesamt für das Projekt dokumentiert und gepflegt.

Die Basispraktik umfasst auch, die Ressourcen im Rahmen von Planungsänderungen entsprechend anzupassen (häufig aufzustocken), was sich in der Praxis meist schwierig gestaltet. Generische Praktiken der Reifegradstufe 3 (GP 3.2.4 und GP 3.2.5) beinhalten ähnliche Anforderungen, allerdings müssen dort die Ressourcenauswahl und Bereitstellung auf einem dokumentierten Standardprozess inklusive Rollenbeschreibungen und Infrastrukturanforderungen basieren.

Hinweis für Assessoren

Nachfolgend sind häufig anzutreffende Probleme in der praktischen Umsetzung dieser GP geschildert und Lösungsvorschläge angegeben:

- Annahmen, die zum Zeitpunkt der Planung getroffen wurden, werden oft durch die Realität überholt. So können zum Beispiel aufgrund diverser Terminverschiebungen die ursprünglich eingeplanten Ressourcen nicht mehr zur Verfügung gestellt werden bzw. diese Ressourcen sind überbucht. In diesen Fällen ist eine realistische Anpassung der Planung auf Basis von aktuellen Informationen erforderlich.
- Bei der geplanten Nutzung gleicher Ressourcen in unterschiedlichen Projekten[7] treten oft Konflikte auf, und der Projektleiter, der am »lautesten schreit«, erhält den Zuschlag. Abhilfe schafft hier eine gut funktionierende Ressourcenreservierung in Verbindung mit Prioritätensetzung im Konfliktfall durch das Management.
- Mitarbeiter werden überbucht (oft weit über 100 % der Tagesarbeitszeit über längere Zeiträume). Daher muss im Assessment auch die projektübergreifende Auslastung der Projektmitarbeiter betrachtet werden, um zu überprüfen, ob diese insgesamt über ihre Kapazität hinaus verplant sind.

Es ist weiterhin darauf zu achten, dass dem Projekt geeignete Infrastruktur (leistungsfähige Rechner, ausreichende Softwarelizenzen, notwendige Programme und Werkzeuge, Netzwerkzugang, Kommunikationseinrichtungen z.B. für Video- und Telefonkonferenzen), sonstige Hardware wie z.B. Testumgebungen/Prüfmittel und entsprechende Räumlichkeiten (Arbeitsplätze, genügend Besprechungsräume etc.) zur Verfügung stehen. Dies kann z.B. im Rahmen von Interviews am Arbeitsplatz und bei Ortsbegehungen überprüft werden.

---

6. Zum Beispiel arbeiten Entwickler gleichzeitig in mehreren Projekten, die unterschiedlichen Managementverantwortlichen zugeordnet sind.

Hinweis für Assessoren

Folgende Fragen können in Interviews hilfreich sein, um die Umsetzung dieser GP zu ermitteln:

- Welche Mitarbeiter benötigen Sie konkret? Wie werden diese dem Projekt zur Verfügung gestellt? Stehen diese dann auch tatsächlich zur Verfügung, d.h., sind sie verlässlich zugeteilt?
- Welche Infrastruktur benötigen Sie? Wie wird diese ermittelt und bereitgestellt?

*GP 2.1.6: **Manage die Schnittstellen zwischen beteiligten Parteien.** Die Personen und Gruppen, die an der Prozessausführung beteiligt sind, werden bestimmt. Verantwortlichkeiten werden den beteiligten Parteien[7] zugewiesen. Die Schnittstellen zwischen den involvierten Parteien werden gemanagt. Die Kommunikation zwischen den involvierten Parteien ist sichergestellt. Die Kommunikation zwischen den involvierten Parteien ist effektiv.*

Das systematische Managen von Schnittstellen beinhaltet, dass

- regelmäßig bzw. zu geplanten Terminen Abstimmungen mit dem erforderlichen Teilnehmerkreis erfolgen und
- die Kommunikation in größeren Projekten und verteilten Teams standardisiert ist (z.B. in Form von Berichtsformularen, E-Mail-Verteiler).

Zur Planung und Steuerung der Kommunikation empfiehlt sich ein dokumentierter Kommunikationsplan (auch Kommunikationsmatrix genannt, siehe Abb. 3–5).

Eine mündliche Kommunikation ist dann effektiv, wenn die üblichen Regeln für gute Besprechungen eingehalten werden, z.B.:

- Es werden (nur) die richtigen Personen eingeladen.
- Einladungen erfolgen rechtzeitig vorher unter Angabe der Tagesordnung, Anfangs- und Endzeitpunkten.
- Die Sitzung wird professionell geleitet.
- Beschlüsse werden klar und eindeutig protokolliert.
- Die geplante Sitzungsdauer wird eingehalten.
- Die Einhaltung von Beschlüssen wird in Folgesitzungen kontrolliert.

Hinweis für Assessoren

Folgende Fragen können in Interviews hilfreich sein, um zu ermitteln, ob die Indikatoren für diese GP implementiert sind:

- Wer ist alles an dem Prozess beteiligt? Wer ist wofür verantwortlich?
- Wie werden diese Schnittstellen gemanagt und wie erfolgt die Kommunikation?

---

7. »Parteien« können sowohl einzelne Personen als auch Gruppen sein.

Kommunikationsplan für Projekt xyz

Informationstyp	Verantwortlich/Ersteller/Rolle	Empfänger des Informationstyps: Bereichsleiter	Abteilungsleiter	Teamleiter	Produktmanager	Konstrukteur System …	Konstrukteur System …	Kundendienst	Produktion	…	Frequenz	Verteilungs-mechanismus, E-Mail-Verteiler
Projektmanagement												
Projektstrukturplan	Projektleiter			X								
Projektzeitplan	Projektleiter		X	X	X	X	X	X	X			
Risikoliste	Projektleiter		X	X	X			X	X			
Kommunikationsplan	Projektleiter				X	X	X					
Projektstatusbericht	Projektleiter	X	X	X	X	X	X	X	X		monatlich	E-Mail-Verteiler, Präsentation in Runde …
Abschlussbericht/Lessons Learned	Projektleiter											
Anforderungsmanagement												
Technische Produktbeschreibung	Vertrieb											
Systemarchitektur/Systembeschreibung	Systemarchitekt											
Systemschaltplan	Konstrukteur											
Gesetzliche Rahmenbedingungen	Normenstelle											
Lastenheft	Konstrukteur											
Funktionsbeschreibungen	Konstrukteur											
Beschaffung												
Ausschreibungsunterlagen	zuständiger Einkäufer											
Erprobung & Versuch												
EMV-Prüfung												

Abb. 3–5 *Kommunikationsplan*

PA 2.2 Management der Arbeitsprodukte

Dieses Prozessattribut ist ein Maß, inwieweit die Arbeitsprodukte des Prozesses angemessen gemanagt werden. Als Ergebnis einer vollständigen Erfüllung dieses Attributs gilt:

a) Anforderungen an die Arbeitsprodukte des Prozesses sind definiert.
b) Anforderungen an die Dokumentation und Lenkung von Arbeitsprodukten sind definiert.
c) Arbeitsprodukte sind angemessen identifiziert, dokumentiert und werden gelenkt.
d) Arbeitsprodukte werden plangemäß reviewt und wenn notwendig angepasst, um ihre Anforderungen zu erfüllen.

Die Arbeitsprodukte des Prozesses sind identifiziert. Reviews der Arbeitsprodukte werden durchgeführt und sind nachweisbar, Änderungen werden nachweislich beherrscht. Die Anforderungen an die Arbeitsprodukte des jeweiligen Prozesses werden definiert, z.B. hinsichtlich Inhalt, Struktur und Qualität (Grundlage für Reviews). Des Weiteren sind Anforderungen an die Dokumentation und Lenkung von Arbeitsprodukten definiert wie z.B. hinsichtlich Traceability, Verteilung, Genehmigung und ggf. Konfigurationskontrolle. Die zu lenkenden Arbeitsprodukte werden bestimmt, unterliegen dem Änderungsmanagement und der Versionsverwaltung und werden zur Verfügung gestellt. Die Arbeitsprodukte werden gemäß Planung (siehe GP 2.1.2) gegen die definierten Anforderungen reviewt und wenn notwendig angepasst.

Die Steuerung der Arbeitsprodukte gemäß PA 2.2 wird durch qualitätssichernde Prozesse[8] sowie durch die Konfigurations- und Änderungsmanagementprozesse SUP.8 – SUP.10 unterstützt.

Hinweis für Assessoren

In der Praxis fehlen oft Arbeitsprodukte, die das Assessmentteam als notwendig erachtet[10] bzw. die Arbeitsprodukte haben Mängel. Dies schlägt sich zunächst negativ in der Bewertung von PA 1.1 nieder, wirkt sich aber auch auf die Bewertung von PA 2.2 aus: Häufig gibt es den Fall, dass notwendige Arbeitsprodukte fehlen, die vorhandenen Arbeitsprodukte werden jedoch im Sinne von PA 2.2 gut gemanagt. In diesen Fällen muss trotzdem PA 2.2 abgewertet werden, denn PA 2.2 setzt das Vorhandensein der notwendigen Arbeitsprodukte voraus. Ansonsten würde man der Organisation ein falsches Bild ihrer Prozessreife vermitteln.

---

8. SUP.1, SUP.2, SUP.4.
9. Es müssen jedoch keineswegs alle von Automotive SPICE aufgeführten Arbeitsprodukte vorhanden sein. Welche Arbeitsprodukte angemessen/notwendig sind, müssen die Assessoren im jeweiligen Kontext entscheiden.

GP 2.2.1: Definiere die Anforderungen an die Arbeitsprodukte. *Die Anforderungen an die zu erzeugenden Arbeitsprodukte sind definiert. Anforderungen können die Definition von Inhalten und Struktur beinhalten. Qualitätskriterien an die Arbeitsprodukte werden ermittelt. Angemessene Kriterien für Review und Genehmigung von Arbeitsprodukten werden festgelegt.*

Bei Arbeitsprodukten aus den Engineering-Prozessen ist darauf zu achten, dass neben den funktionalen Anforderungen (z.B. Anforderungen an die Funktion »Routenberechnung« bei einem Navigationssystem) auch nicht funktionale Anforderungen (Leistungsanforderungen, Einhaltung von Richtlinien, Korrektheit, Eindeutigkeit, Widerspruchsfreiheit etc.) definiert werden.

Qualitätskriterien können z.B. durch arbeitsproduktspezifische Checklisten vorgegeben sein, die sich auf Struktur, Inhalt und sonstige Qualitätsmerkmale beziehen. Kriterien für Reviews geben an, ob bzw. unter welchen Bedingungen das Arbeitsprodukt reviewt werden muss (und bei welchen Arten von Änderungen erneut ein Review stattfinden muss) und welche Kriterien in dem Review geprüft werden. Es ist weiter festzulegen, welche Kriterien[10] das Arbeitsprodukt erfüllen muss, um formal genehmigt (bzw. abgenommen oder freigegeben) zu werden.

Die Anforderungen an Arbeitsprodukte sind oft über verschiedene Dokumente verteilt: Im Dokument selbst (z.B. abgebildet durch Struktur und Ausfüllanleitungen einer Dokumentenvorlage), in den Prozesshandbüchern der Organisation, in den Projektlasten- und -pflichtenheften etc. Eine Liste der Arbeitsprodukte inkl. der Anforderungen an diese kann hier dem Projektteam helfen, schnell eine Übersicht über den Arbeitsumfang zu bekommen.

Hinweis für Assessoren

Folgende Frage kann in Interviews hilfreich sein, um die Umsetzung dieser GP zu ermitteln:

- Was sind Ihre Anforderungen (bezüglich Inhalt, Struktur, Qualität, Änderungsmanagement, Dokumentation etc.) an die Arbeitsprodukte des Prozesses?

GP 2.2.2: Definiere Anforderungen an die Dokumentation und Lenkung von Arbeitsprodukten. *Anforderungen an die Dokumentation und Lenkung von Arbeitsprodukten werden definiert. Diese können beinhalten:*

1. *Anforderungen an deren Verteilung*
2. *Anforderungen an die Bezeichnung von Arbeitsprodukten und ihrer Komponenten*
3. *Anforderungen an ihre Verfolgbarkeit*

10. Ein solches Kriterium könnte z.B. ein erfolgreiches Review sein.

Abhängigkeiten zwischen Arbeitsprodukten sind bekannt und werden verstanden. Anforderungen an die Genehmigung der zu lenkenden Arbeitsprodukte sind festgelegt.

Diesbezügliche Anforderungen sind zum Beispiel:

- Wer welche Arbeitsprodukte des Prozesses zu welchem Zweck (Information, Prüfung, Zustimmung etc.) erhält (spezifiziert z.B. in einem Kommunikationsplan; siehe auch Abb. 3–5)
- Eine eindeutige Bezeichnungmethode für Arbeitsprodukte
- Welche Arbeitsprodukte des Prozesses von wem der Zustimmung/Genehmigung bedürfen
- Wie Arbeitsprodukte des Prozesses mit anderen Arbeitsprodukten im Sinne einer durchgängigen Traceability zusammenhängen (dadurch wird u.a. das Änderungsmanagement unterstützt)

Die Anforderungen an die Verfolgung von Abhängigkeiten zwischen Arbeitsprodukten (Traceability) sind je nach Prozess sehr unterschiedlich. Bei Engineering-Prozessen wird z.B. die Verfolgbarkeit von Produktanforderungen über den gesamten Entwicklungsablauf (von der Anforderungserhebung bis hin zum Systemtest) explizit in den Basispraktiken gefordert.

Bei nicht technischen Prozessen ist eine Dokumentation aller Abhängigkeiten oft nicht praktikabel bzw. eine vollständige Identifizierung, Beschreibung und Pflege aller Beziehungen (meist n:n-Beziehungen) ist wirtschaftlich in der Regel nicht vertretbar. Die Mitarbeiter sollten dann aber in ihrem Arbeitsumfeld die Zusammenhänge zwischen den wesentlichen Arbeitsprodukten kennen (z.B. »Ist bekannt, welche Dokumente zu analysieren bzw. zu ändern sind, wenn sich Dokument XY ändert?«). Vor allem zeitlichen und Ressourcenabhängigkeiten ist besondere Beachtung zu schenken. Beispiel: Projektplan und QS-Plan sind voneinander abhängig. Wenn z.B. im QS-Plan qualitätssichernde Maßnahmen eingeplant werden, so müssen sich diese auch im Projektplan wiederfinden, notwendige Ressourcen müssen vorgehalten werden etc. Wird z.B. im QS-Plan eine neue Maßnahme eingeplant, so ist auch der Projektplan entsprechend anzupassen (siehe dazu auch GP 2.2.3).

Hinweis für Assessoren

Folgende Frage kann in Interviews hilfreich sein, um die Umsetzung dieser GP zu ermitteln:

- Welche Regelungen gibt es bezüglich Dokumentation und Lenkung von Arbeitsprodukten (Bezeichnung von Arbeitsprodukten, Verteilerkreise, Genehmigung, Traceability)?

GP 2.2.3: Bestimme, dokumentiere und lenke die Arbeitsprodukte. *Die zu lenkenden Arbeitsprodukte werden festgelegt. Ein Änderungsmanagement für Arbeitsprodukte ist eingeführt. Die Arbeitsprodukte werden in Übereinstimmung mit den Anforderungen dokumentiert und gelenkt. Versionen von Arbeitsprodukten sind, falls anwendbar, Produktkonfigurationen zugeordnet. Die Arbeitsprodukte werden über geeignete Zugriffsmechanismen bereitgestellt. Der Änderungsstatus der Arbeitsprodukte kann einfach ermittelt werden.*

Die zu lenkenden Arbeitsprodukte des Prozesses werden ermittelt, nach den Anforderungen von GP 2.2.1 und 2.2.2 gehandhabt und stehen unter Konfigurations- und Änderungsmanagement. Dies beinhaltet:

- Arbeitsprodukte tragen Versionsinformationen und besitzen eine Änderungshistorie. Der diesbezügliche Status eines jeden Arbeitsprodukts ist bekannt.
- Änderungen werden nach einem definierten Ablauf vorgenommen (z.B. Änderungswünsche werden gesammelt, analysiert, entschieden, beauftragt, verfolgt, verifiziert).
- Beauftragte Änderungen werden auch tatsächlich in allen geänderten Dokumenten sichtbar und sind von den Dokumenten zurück zum Änderungsantrag verfolgbar.
- Ausgewählte Arbeitsprodukte können Produktkonfigurationen zugeordnet werden (z.B. »Welche Version des Pflichtenhefts gehört zu dieser Auslieferung?«).
- Arbeitsprodukte stehen jedem, der sie benötigt, zur Verfügung und sind vor unberechtigtem Zugriff oder Änderung geschützt.

Auch wenn Automotive SPICE den Einsatz von Werkzeugen nicht vorschreibt, so ist aus der praktischen Erfahrung der Einsatz eines KM-Tools zumindest für die Arbeitsprodukte der Engineering-Prozesse (z.B. Pflichtenheft, Designdokument, Code, Testfälle) erforderlich.

Außerdem werden bei zweckmäßiger Anwendung des KM-Tools bereits einige Basispraktiken des Konfigurationsmanagementprozesses (SUP.8) abgedeckt. Andere (Nicht-Engineering-)Arbeitsdokumente werden oft in einem Dateisystem außerhalb des KM-Tools versioniert. Ein entsprechendes Regelwerk (z.B. im KM-Plan) muss dann vorhanden sein (siehe SUP.8). Generell gilt: Die zweckmäßige Umsetzung der Basispraktiken von SUP.8 unterstützt auch die Erreichung von GP 2.2.3.

Hinweis für Assessoren

Folgende Fragen können in Interviews hilfreich sein, um die Umsetzung dieser GP zu ermitteln:

- Stehen Arbeitsprodukte unter Konfigurations- und Änderungsmanagement? Wenn ja, welche? Gibt es eindeutige Versionsstände? Sind Änderungen nachvollziehbar? Sind Arbeitsprodukte eindeutig Produktkonfigurationen zuordenbar? Sind Zugriff und Verteilung der Arbeitsprodukte geregelt?

GP 2.2.4: Reviewe die Arbeitsprodukte und passe sie an, um die definierten Anforderungen zu erfüllen. *Die Arbeitsprodukte werden gegen definierte Anforderungen plangemäß reviewt. Probleme, die in den Reviews der Arbeitsprodukte gefunden werden, werden gelöst.*

Arbeitsprodukte werden gegen die unter GP 2.2.1 definierten Anforderungen reviewt. Die Reviews werden gemäß der Planung (siehe GP 2.1.2) durchgeführt. Außerdem beinhaltet die generische Praktik auch die Behebung der in den Reviews gefundenen Problempunkte.

Die Reviews sollten nach dem Vier-Augen-Prinzip (Prüfung eines Arbeitsproduktes durch eine andere Person als den Autor) durchgeführt werden. Sie können sowohl durch Projektmitarbeiter (durch sogenannte Peer-Reviews[11]) als auch durch Externe (z.B. QS) erfolgen oder durch beide (z.B. inhaltlich durch Projektmitarbeiter, formal durch QS). Ergebnisse der Reviews werden in Protokollen dokumentiert, die u.a. die gefundenen Probleme und die daraus resultierenden Aktionen und Verantwortlichkeiten beinhalten. Die Beseitigung der Probleme und Fehler muss nachweislich nachgeprüft werden (weiterführende Informationen zu Reviews siehe SUP.4).

Hinweis für Assessoren

Folgende Fragen können in Interviews hilfreich sein, um die Umsetzung dieser GP zu ermitteln:

- Gibt es Reviews oder sonstige qualitätssichernde Maßnahmen für die Arbeitsprodukte des Prozesses? Wurden diese Maßnahmen durchgeführt? Welche Nachweise gibt es? Wie werden die Ergebnisse dokumentiert? Wie werden gefundene Probleme beseitigt?

3.3.4 Level 3 (»Etabliert«)

Der zuvor beschriebene »gemanagte Prozess« wird unter Verwendung eines definierten Prozesses ausgeführt, der dazu geeignet ist, die Prozessergebnisse[12] zu erzielen.

ISO/IEC 15504-3 definiert in Abschnitt 6.4 bei den Erläuterungen zum Prozessattribut PA 3.1 den Begriff »definierter Prozess« folgendermaßen:

Ein »definierter Prozess« ist ein Prozess, der durch Tailoring aus der Menge der Standardprozesse der Organisation gemäß den Tailoring-Richtlinien der Organisation entsteht ... Der definierte Prozess eines Projekts[13] stellt eine Basis dar für

11. Das Review wird unter Kollegen ohne Beteiligung von Vorgesetzten durchgeführt.
12. Gemeint sind die Prozessergebnisse (engl. process outcomes), die in der Prozessdimension für jeden Prozess definiert sind.
13. Das Gleiche gilt natürlich auch für nicht projektgebundene Prozesse.

die Planung, Durchführung und Verbesserung der Aufgaben und Aktivitäten des Projekts.

Während auf Level 2 Projekte – solange die Anforderungen von Automotive SPICE erfüllt werden – sehr unterschiedliche, projektspezifische Prozesse nutzen können, werden die Arbeitsabläufe auf Level 3 aus organisationseinheitlich festgelegten Standardprozessen abgeleitet.

Organisationseinheitlich bedeutet nicht, dass eine große Organisation nach einem einzigen Standardprozess arbeitet. So macht es üblicherweise keinen Sinn, in einem weltweit agierenden Konzern mit vielen Tausenden von Mitarbeitern, vielen unterschiedlichen Geschäftsbereichen und Entwicklungsvorgehensweisen einen einheitlichen Standardprozess vorzugeben. Ein Standardprozess sollte für eine sinnvolle organisatorische Einheit gelten (z.B. Standardprozess innerhalb eines Kundengeschäftsfeldes oder innerhalb eines Entwicklungsbereichs, der einheitliche Entwicklungstechnologien einsetzt).

Begleitend zu den Standardprozessen werden schriftliche Rollenbeschreibungen mit Kompetenzanforderungen, außerdem Infrastrukturanforderungen und Metriken zur Überwachung des Prozesses verwendet. Dies bedeutet jedoch nicht, dass alle Projekte genau gleich arbeiten müssen. Projekte haben unterschiedliche Größen, unterschiedliche Entwicklungstechnologien etc. Diesen Faktoren wird folgendermaßen Rechnung getragen:

- Variantenbildung von Standardprozessen: Für unterschiedliche Projekttypen gibt es unterschiedliche Standardprozesse, die auf einen gemeinsamen Stamm zurückzuführen sind. Variantenbildung wird in Automotive SPICE nicht explizit erwähnt, ist jedoch in Organisationen sinnvoll und empfehlenswert, wenn aufgrund der Vielfalt der Projekttypen und Entwicklungsmethodiken ein einziger Standardprozess nicht ausreicht.
- Tailoring: Ein gewählter Standardprozess wird projektspezifisch angepasst. Der dabei mögliche Spielraum wird durch Tailoring-Richtlinien vorgegeben. Das Resultat ist der »definierte Prozess«, der die projektspezifische Vorgehensweise bezüglich des Prozesses beschreibt.[14]

Die Prozessattribute und generischen Praktiken von Level 3 sind in Abbildung 3–6 als Übersicht dargestellt.

14. Der Übergang zwischen Variantenbildung und Tailoring ist fließend, oft wird unter dem Begriff »Tailoring« auch beides verstanden.

Prozessattribute		Generische Praktiken	
PA.3.1	Prozess-definition	GP 3.1.1	Definiere den Standardprozess, der die Entwicklung des definierten Prozesses unterstützt
		GP 3.1.2	Bestimme die Reihenfolge und Interaktionen zwischen Prozessen, sodass sie wie ein zusammenhängendes System von Prozessen arbeiten
		GP 3.1.3	Lege die Rollen und Kompetenzen zur Ausführung des Standardprozesses fest
		GP 3.1.4	Bestimme die benötigte Infrastruktur und Arbeitsumgebung zur Ausführung des Standardprozesses
		GP 3.1.5	Lege geeignete Methoden zur Überwachung der Effektivität und Eignung des Standardprozesses fest
PA.3.2	Prozess-anwendung	GP 3.2.1	Entwickle einen definierten Prozess, der die kontext-spezifischen Anforderungen bezüglich der Nutzung des Standardprozesses erfüllt
		GP 3.2.2	Weise Rollen, Verantwortlichkeiten und Befugnisse zur Ausführung des definierten Prozesses zu und kommuniziere diese
		GP 3.2.3	Stelle benötigte Kompetenzen zur Ausführung des definierten Prozesses sicher
		GP 3.2.4	Stelle Ressourcen und Informationen bereit, um die Ausführung des definierten Prozesses aufrechtzuerhalten
		GP 3.2.5	Stelle eine angemessene Prozessinfrastruktur bereit, um die Ausführung des definierten Prozesses aufrechtzuerhalten
		GP 3.2.6	Erfasse und analysiere Daten bezüglich der Prozessausführung, um Eignung und Effektivität des Prozesses nachzuweisen

Abb. 3–6 *Prozessattribute und generische Praktiken von Level 3*

PA 3.1 Prozessdefinition

Dieses Prozessattribut ist ein Maß, inwieweit der Standardprozess gepflegt wird, um die Entwicklung des definierten Prozesses zu unterstützen. Als Ergebnis einer vollständigen Erfüllung dieses Attributs gilt:

a) Ein Standardprozess inklusive angemessener Tailoring-Richtlinien ist definiert, der grundlegende Elemente beschreibt, die in einen definierten Prozess einbezogen werden müssen.

b) Die Reihenfolge und Interaktion des Standardprozesses mit anderen Prozessen wird bestimmt.

c) Notwendige Kompetenzen und Rollen zur Durchführung eines Prozesses werden als Teil des Standardprozesses bestimmt.

d) Notwendige Infrastruktur und Arbeitsumgebung zur Durchführung eines Prozesses werden als Teil des Standardprozesses bestimmt.

e) Geeignete Methoden zur Überwachung der Effektivität und Eignung des Prozesses werden festgelegt.

Anmerkung: Ein Standardprozess kann genutzt werden, wie er ist, wenn ein definierter Prozess entwickelt wird. In diesem Fall wären Tailoring-Richtlinien nicht erforderlich.

Hinweis für Assessoren

Der in der Anmerkung angesprochene Fall kommt häufig z.B. bei Angebotsprozessen oder beim Berichtswesen (aus den Projekten zum Management) vor, also in Fällen, in denen identische Abläufe wichtig sind. Dieser Fall tritt aber auch in Organisationen auf, die gerade Level 3 anstreben und sich Tailoring-Richtlinien »gespart« haben bzw. noch nicht dazugekommen sind. Es ist also sehr genau zu prüfen, ob der gelebte Prozess tatsächlich dem Standardprozess entspricht, denn ein gut funktionierendes Tailoring ist ein essenzieller Bestandteil von Level 3. Ist dies nicht der Fall, führt dies zu einer Abwertung des Prozessattributs.

GP 3.1.1: Definiere den Standardprozess, der die Entwicklung des definierten Prozesses unterstützt. *Ein Standardprozess ist ausgebildet, der die grundlegenden Prozesselemente enthält. Der Standardprozess beschreibt die Anforderungen an seinen Einsatz*[15] *und den Kontext seines Einsatzes. Bei Bedarf werden Anleitungen und Verfahren zur Unterstützung der Implementierung des Prozesses bereitgestellt. Bei Bedarf stehen angemessene Tailoring-Richtlinien zur Verfügung.*

In GP 3.1.1 wird die Definition eines Standardprozesses gefordert, der übergreifend für einen bestimmten Teil der Entwicklungsorganisation gilt. Auf Basis dieses Standardprozesses leiten die Projekte ihren projektspezifischen Prozess (den sogenannten »definierten Prozess«) ab.

Automotive SPICE fordert auf Level 3 eine Prozessbeschreibung, die aus sogenannten grundlegenden Prozesselementen besteht. Gemeint ist, dass die Prozessbeschreibung verschiedene strukturelle Elemente enthält wie:

- Prozessaktivitäten mit Abhängigkeiten und Schnittstellen
- Input- und Output-Arbeitsprodukte
- Unterstützende Werkzeuge und Hilfsmittel
- Angaben, welche Rollen in welcher Form (z.B. verantwortlich, mitwirkend, zustimmungspflichtig) an den Aktivitäten beteiligt sind (siehe GP 3.1.3)

Eine anerkannte Methode zur Beschreibung und Modellierung ist das EITVOX[16]-Modell [Radice et al. 1988] (s. Abb. 3–7).

15. Anmerkung zur Übersetzung: Wir haben für das Wort »deployment« im Deutschen mangels eines geeigneten Pendants verschiedene Begriffe verwendet, je nach Kontext: Der Standardprozess kommt zum »Einsatz«, und er unterstützt die »Entwicklung« des definierten Prozesses.
16. EITVOX steht für Entry Criteria, Inputs, Tasks, Verification, Outputs, eXit Criteria.

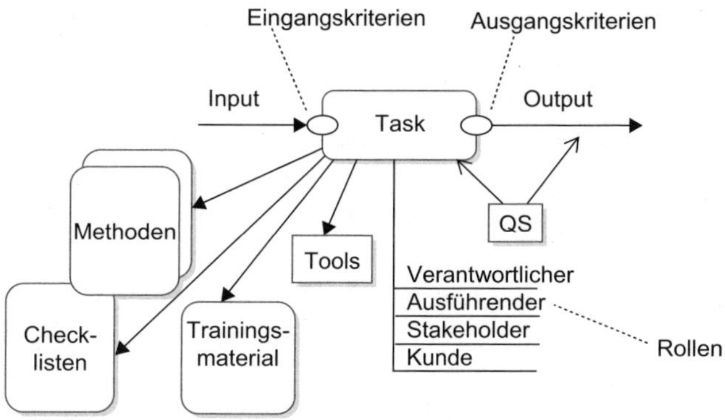

Abb. 3–7 *Prozessarchitektur nach dem EITVOX-Modell*

Ein definierter Standardprozess erfordert eine ausreichend detaillierte, möglichst benutzerfreundliche Prozessbeschreibung, die allen Anwendern zur Verfügung steht. Als Medium wird von vielen Unternehmen eine HTML-basierte Darstellung verwendet, z.B. im firmeneigenen Intranet. Eine gut strukturierte Intranetpräsentation mit einer ansprechenden Mischung aus Grafiken und Texten erreicht erfahrungsgemäß eine wesentlich bessere Akzeptanz der Anwender verglichen mit herkömmlichen textuellen Verfahrensanweisungen. Durch Hyperlinks wird auch ein schneller Zugriff auf weitere Informationen (wie z.B. andere Prozesse, Rollenbeschreibungen) und Dokumente (wie z.B. Dokumentenvorlagen) ermöglicht

Des Weiteren enthält die Prozessbeschreibung auch Angaben über mögliche Einsatzbereiche des Prozesses (Anwendungskontext), d.h., für welche Organisationseinheiten, Projekttypen und/oder Anwendungen der Prozess sinnvoll eingesetzt werden kann und welche Anforderungen in diesen Fällen bestehen, z.B. hinsichtlich Bereitstellung, Qualifikation und Schulung von Personal oder Vorhandensein bestimmter Softwarewerkzeuge.

Anleitungen und Verfahren zur Unterstützung der Implementierung des Prozesses im Projekt oder in der Organisation (z.B. bei den Prozessgruppen PIM, REU) können beispielsweise Erfahrungsberichte, Beispiele guter Praktiken, Interpretationshilfen, Schulungsmaterialien oder Checklisten sein.

Tailoring-Richtlinien beschreiben, welche Anpassungsmöglichkeiten bei der Umsetzung des Standardprozesses in den definierten Prozess bestehen und wie das Tailoring abläuft (ob z.B. das Ergebnis des Tailoring genehmigt werden muss).

Tailoring von Prozessen

Das Tailoring des Standardprozesses sollte zu Projektbeginn für jeden Prozess erfolgen. Dabei wird entschieden, welche Aktivitäten und Arbeitsprodukte durchgeführt bzw. erzeugt, angepasst oder auch ganz weggelassen werden.

Die Mitarbeiter benötigen Hilfestellungen, um den definierten Prozess im Projekt[17] basierend auf dem Standardprozess zu beschreiben. Tailoring-Richtlinien sollen daher klare, eindeutige Anweisungen enthalten. Sie sollten in Abhängigkeit des Projektkontextes (z.B. in Form von Projekttypen nach Größe, Art von Projekt, Technologie) bzw. des Organisationskontextes beschreiben, was geändert oder weggelassen werden darf und was nicht. Tailoring adressiert nicht nur Aktivitäten, sondern auch die Arbeitsprodukte, z.B. kann es für verschiedene Projekttypen unterschiedliche Dokumentenvorlagen für ein und dasselbe Arbeitsprodukt geben.[18]

Grundlage des Tailoring ist meistens eine Kategorienbildung von Einsatzbereichen (z.B. Projekttypen) des Prozesses. Dabei muss nachvollziehbar sein, warum z.B. ein Projekt in eine bestimmte Kategorie eingestuft wurde. Für jede Kategorie wird vorgegeben, welche Aktivitäten erforderlich sind und welche Arbeitsprodukte erzeugt werden müssen bzw. wo Entscheidungsspielräume bestehen. Bei Entscheidungsspielräumen muss die getroffene Entscheidung nachvollziehbar dokumentiert werden.

Ein nützliches Hilfsmittel für Tailoring sind Tailoring-Tabellen (Abb. 3–8 zeigt ein Beispiel). Hier wird dem Projektleiter vorgegeben, welche Aktivitäten für sein Projekt durchzuführen sind und welche Arbeitsprodukte relevant sind. Im Beispiel wird zwischen 3 Projekttypen (A, B und C) unterschieden. Abhängig vom Projekttyp sind unterschiedliche Aktivitäten und Arbeitsprodukte gefordert. Für ein Projekt vom Typ C ist vorgeschrieben, dass zur Systemanforderungsspezifikation das entsprechende Template vollständig ausgearbeitet werden muss, für ein Projekt vom Typ A hingegen ist es ausreichend, wenn ein vereinfachtes Template genutzt wird.

Prozess/Aktivität	Projekttyp			zu verwendende Dokumentvorlagen je Projekttyp			beteiligte Rollen					
	A	B	C	A	B	C	PL	Linienmanagmt.	QS	Systemarchitekt	Anforderungsingenieur	SW-Entwickler
Prozess Systemanforderungsanalyse												
1.1 Planung der Requirements-Management/Engineering (RM/RE)-Aktivitäten	X	X	X	Projektplan	Projektplan	RM/RE-Plan	A	I	I	I	R	I
1.2 Stakeholder und deren Beteiligung identifizieren		X	X	–	Stakeholderanalyse	Stakeholderanalyse	R	I			I	
1.3 Ausarbeitung der Systemanforderungsspezifikation (SAS)	X	X	X	SAS-light-Template	SAS-Template Abschnitte 1, 2, 3, 6, 8	SAS-Template vollständig	A		I		R	I

Legende:
R: Responsible:Treiber der Aktivität (genau ein R pro Zeile)
A: Approval:Abnahme des Ergebnisses der Aktivität
I: Informed:wird informiert

Abb. 3–8 *Tailoring-Tabelle*

17. Die Anwendung kann in Projekten erfolgen, bei Organisationsprozessen auch außerhalb von Projekten.
18. Zum Beispiel unterschiedlich komplexe Projektplanvorlagen für unterschiedliche Projektgrößen.

Hinweis für Assessoren

Die Prozesse von Automotive SPICE müssen keineswegs 1:1 in Standardprozesse der Organisation abgebildet sein. Die Organisation sollte ihre Prozesse so benennen und strukturieren, wie es für ihre Geschäftstätigkeit sinnvoll ist. Es ist Aufgabe der Assessoren, diese Abbildung durch Interviews und Dokumentensichtung zu verstehen.

Es ist allerdings für die Organisation sinnvoll, eine schriftliche Abbildung aufzustellen und zu pflegen (z.B. in Form einer Tabelle, in der die Prozesse der Organisation den Automotive SPICE-Prozessen zugeordnet sind). Dadurch werden nicht nur Assessments unterstützt, sondern es wird auch die Prüfung der korrekten und vollständigen Umsetzung der Forderungen erleichtert.

Hinweis für Assessoren

Folgende Fragen können in Interviews hilfreich sein, um die Umsetzung dieser GP zu ermitteln:

- Gibt es einen dokumentierten Standardprozess? Sind Sie damit vertraut?
- Wie können Sie bzw. andere Projektmitarbeiter auf die aktuelle Version zugreifen?
- Für welche Einsatzbereiche ist dieser Standardprozess geeignet?
- Gibt es Tailoring-Richtlinien?
- Wie läuft das Tailoring ab? Bekommen Sie dabei Hilfestellungen?
- Muss das Ergebnis genehmigt werden? Von wem?

GP 3.1.2: Bestimme die Reihenfolge und Interaktionen zwischen Prozessen, sodass sie wie ein zusammenhängendes System von Prozessen arbeiten. *Die Reihenfolge und Interaktion des Standardprozesses mit anderen Prozessen wird bestimmt. Die Umsetzung des Standardprozesses als definierter Prozess hält die Integrität der Prozesse aufrecht.*

Wichtig ist hier, dass die Schnittstellen des Standardprozesses zu anderen Prozessen und sich daraus ergebende Reihenfolgen und Interaktionen bekannt und dokumentiert sind. Prozesse haben gegenseitige Auswirkungen, hängen zum Teil voneinander ab und besitzen gegenseitige Schnittstellen durch

- Arbeitsprodukte, die über mehrere Prozesse weiterbearbeitet werden, oder
- Prozessaktivitäten mehrerer Prozesse, die eng verzahnt sind, oder
- Rollen, die Aktivitäten in mehreren Prozessen ausführen.

So sollte zum Beispiel im Rahmen der Standardprozessdefinition eines Projektmanagementprozesses beschrieben sein, welche Planungsdokumente anderer Prozesse (z.B. QS-Plan) zu prüfen und ggf. anzupassen sind, wenn sich der Projektplan ändert. Oder zum Beispiel, dass nach dem Finden von Fehlern im Systemtestprozess eine Erfassung und Bearbeitung der Fehler im Fehlermanagementprozess durchgeführt werden muss.

Bei der Umsetzung des Standardprozesses in den definierten Prozess muss die Integrität[19] der Prozesse insgesamt gewahrt bleiben, d.h., die oben beschriebenen Schnittstellen und verzahnten Abläufe müssen auch nach erfolgtem Tailoring noch intakt sein.

Hinweis für Assessoren

Folgende Fragen können in Interviews hilfreich sein, um die Umsetzung dieser GP zu ermitteln:

- Wie hängt der Standardprozess mit anderen Prozessen zusammen?
- Gibt es Schnittstellen zwischen Prozessen?
- Gibt es verzahnte Arbeitsabläufe?

GP 3.1.3: Lege die Rollen und Kompetenzen zur Ausführung des Standardprozesses[20] fest. *Die Rollen zur Ausführung des Prozesses sind festgelegt. Die Kompetenzen zur Ausführung des Prozesses sind festgelegt.*

Eine Standardprozessbeschreibung enthält auch Angaben, welche Rollen (z.B. Projektleiter, QS-Verantwortlicher, Entwickler) in welcher Form an den Aktivitäten des Prozesses beteiligt sind. Dies geschieht häufig in Form einer Verantwortlichkeitsmatrix, in der verschiedene Arten von Verantwortlichkeiten den Rollen zugeordnet werden.[21]

Ferner müssen Rollenbeschreibungen erstellt werden. Eine Rollenbeschreibung sollte spezifizieren,

- an welchen Aktivitäten die Rolle in welcher Form beteiligt ist,
- welche Verantwortungen und Befugnisse sie umfasst und
- welche Kompetenzen zur Wahrnehmung der Rolle erforderlich sind.

Kompetenzanforderungen können unterschieden werden z.B. in Fachkompetenz, Methodenkompetenz und soziale Kompetenz. In Abbildung 3–9 ist beispielhaft eine Rollenbeschreibung für einen Softwareprojektleiter angegeben.

19. = Intaktheit, Unversehrtheit, Vollständigkeit.
20. Genau genommen wird nicht der Standardprozess, sondern der definierte Prozess ausgeführt.
21. Eine Verantwortlichkeitsmatrix ist z.B. in der Tailoring-Tabelle in Abbildung 3–8 enthalten.

	Software-(Teil-)Projektleiter
Rollenbeschreibung	Der Software-(Teil-)Projektleiter ist verantwortlich für die Planung und Steuerung der Softwareentwicklungsaktivitäten. Dies beinhaltet die Projektplanung und -verfolgung inkl. Kostenkontrolle. Er führt das Softwareteam. Für jedes Projekt mit Softwareentwicklungsanteil ist ein Softwareprojektleiter benannt.
Verantwortlichkeiten	■ Auswahl der Teammitglieder in Abstimmung mit dem (Gesamt-)Projektleiter ■ Sicherstellen, dass die Projektziele bezüglich Software durch Planung und Verfolgung der Projektaktivitäten eingehalten werden ■ Sicherstellen, dass die notwendigen Ressourcen zur Durchführung der Softwareaktivitäten bereitstehen ■ Freigabe von Softwarelieferungen
Aktivitäten	1. Steuerung des Software-(Teil-)Projektes, um die Projektziele bezüglich Softwareaktivitäten, die in der Projektdefinition definiert wurden, zu erfüllen. Dies umfasst: ■ Planung und Definition des Projektumfangs bezüglich Software, Dokumentation im Softwareentwicklungsplan. Dies umfasst: Definition der Arbeitspakete zusammen mit den beteiligten Teammitgliedern, Budgetplanung, Zeitplanung, Planung von QS-Aktivitäten inkl. Reviews, Testplanung, Planung der technischen Infrastruktur ... ■ Fortschrittskontrolle und Plan-Ist-Vergleiche bzgl. Termine, Kosten, Ausführung der geplanten Aktivitäten gemäß Softwareentwicklungsplan ■ Erstellung und Verteilung des Projektstatusberichts bzgl. Softwareaktivitäten ■ Vorbereiten von Meilensteinreviews und Steuerkreissitzungen in Abstimmung mit dem Gesamtprojektleiter ... ■ ... 2. Repräsentation der Softwareanteile im Gesamtprojekt. Dies umfasst: ■ Teilnahme an Projektleitungssitzungen ■ Teilnahme am Change Control Board ■ Zusammenarbeit mit dem (Gesamt-)Projektleiter bei der Auswahl von Unterlieferanten ■ ...
Kompetenz	Technisch: Sehr gute Kenntnisse in Projektmanagement und Software-Engineering, Grundkenntnisse in Betriebswirtschaft, gute Kenntnisse in inkrementeller Softwareentwicklung, gute Kenntnisse in der Nutzung von Microsoft Project Methodisch: Gute Präsentations- und Moderationskenntnisse Sozial: Ausgeprägte Kommunikationsfähigkeit, Konfliktmanagement

Abb. 3–9 *Beispiel für Rollenbeschreibung Softwareprojektleiter*

Hinweis für Assessoren

Auf Level 3 sind dokumentierte Rollenbeschreibungen mit Angabe der Verantwortlichkeiten und notwendigen Kompetenzen explizit gefordert und daher nachzuweisen.

Hinweis für Assessoren

Folgende Fragen können in Interviews hilfreich sein, um die Umsetzung dieser GP zu ermitteln:

- Welche Rollen sind im Standardprozess beteiligt?
- Welche Kompetenzen werden für diese Rolle benötigt? Ist das dokumentiert?

GP 3.1.4: Bestimme die benötigte Infrastruktur und Arbeitsumgebung zur Ausführung des Standardprozesses. *Prozessinfrastrukturkomponenten (Anlagen und Einrichtungen, Werkzeuge, Netzwerke, Methoden) werden bestimmt. Anforderungen an die Arbeitsumgebung werden bestimmt.*

Auch wenn es auf Level 1 nicht explizit adressiert ist, bildet die Bereitstellung geeigneter Infrastruktur und Arbeitsmittel die Grundlage für die Durchführung des Prozesses. Ansonsten ist der Zweck des Prozesses nicht erfüllt, d.h., bereits auf Level 1 benötigt man eine Infrastruktur und Arbeitsmittel. Auf Level 2 müssen Infrastruktur und Arbeitsmittel für jeden Prozess im Rahmen von PA 2.1 (genauer: GP 2.1.5) explizit geplant werden. Auf Level 3 sind die Infrastrukturanforderungen sowie die Anforderungen an Arbeitsmittel bereits im Standardprozess enthalten (z.B. könnte das Vorhandensein einer Lizenz eines Anforderungsmanagementtools im Standardprozess gefordert sein). Unter GP 2.1.5 sind weitere Beispiele für mögliche Infrastrukturkomponenten angegeben.

Hinweis für Assessoren

Folgende Fragen können in Interviews hilfreich sein, um die Umsetzung dieser GP zu ermitteln:

- Welche Infrastruktur wird für den Standardprozess benötigt?
- Welche Arbeitsumgebung wird benötigt? Ist das dokumentiert?

GP 3.1.5: Lege geeignete Methoden zur Überwachung der Effektivität und Eignung des Standardprozesses fest. *Methoden zur Überwachung der Effektivität und Eignung des Prozesses sind festgelegt. Geeignete Kriterien und Daten, die zur Überwachung der Effektivität und Eignung des Standardprozesses benötigt werden, sind festgelegt. Es wird abgewogen, ob die Kenndaten des Prozesses ermittelt werden müssen. Es wird ermittelt, ob interne Audits und Managementreviews durchgeführt werden müssen. Prozessänderungen werden durchgeführt, um den Standardprozess aufrechtzuerhalten.*

Die Effektivität und Eignung des Standardprozesses kann nur im Praxiseinsatz des definierten Prozesses im Projekt bzw. in der Organisation beurteilt werden. Geeignete Beurteilungsmethoden sind z.B.:

- Regelmäßige Messungen aussagefähiger Kenndaten des gelebten Prozesses. Die Erfassung solcher Kenndaten ist nicht bei jedem Prozess in jedem Kontext sinnvoll. Kenndaten sind prozessspezifische Parameter, die ein besseres Verständnis des gelebten Prozesses ermöglichen (Beispiel: Die Anzahl von Anforderungsänderungen pro Zeiteinheit bei einem Anforderungsmanagementprozess).
- Managementreviews: Bei Managementreviews beschäftigt sich das Management regelmäßig mit den Inhalten und der Umsetzung der Prozesse, um deren Angemessenheit und Wirksamkeit zu beurteilen. Hier sind viele Gestaltungsformen möglich. Als praktikabel hat sich z.B. die Durchführung von regelmäßigen (z.B. alle 2 – 3 Monate) »Prozesssteuerkreisen« bewährt. Dabei werden neben dem Fortschritt von Prozessverbesserungsaktivitäten auch Inhalte (bis zu einem gewissen Detaillierungsgrad) diskutiert und Barrieren bei der Umsetzung von Prozessen beseitigt. Teilnehmer sind z.B. die verschiedenen Managementebenen in der Entwicklung, Prozessverantwortliche[22], QS-Mitarbeiter und Projektleiter von Prozessverbesserungsprojekten.
- Interne Audits (Prüfungen auf Prozesskonformität, z.B. interne Prozessaudits durch die QS)
- Feedback von den Projektmitarbeitern, z.B. durch Erfahrungsauswertungen am Projektende[23]

GP 3.1.5 fordert die Definition solcher Methoden zusammen mit den Standardprozessen. Deren Anwendung im gelebten Prozess ist in GP 3.2.6 beschrieben. GP 3.2.6 nutzt also die Methoden aus GP 3.1.5.

Die Beurteilung, ob ein Standardprozess effektiv und geeignet ist, muss anhand von Kriterien erfolgen. Diese Kriterien beziehen sich auf Daten, die aus den o.g. Beurteilungsmethoden gewonnen werden. Es kann z.B. ein Alarmsignal sein, wenn ein Prozess im Vergleich zu anderen Prozessen eine signifikant geringere Prozesseinhaltung (ermittelt durch interne Audits) hat. Oder beispielsweise ist ein Prozess zur Durchführung von Modultests dann überarbeitungsbedürftig, wenn mindestens eines der folgenden Kriterien zutrifft:

- Von den Entwicklern wurde in mehr als einem Projekt bei Erfahrungsauswertungen Kritik an der Praktikabilität der Methode geäußert.
- Bei Prozessaudits zeigen sich im Mittel der Projekte mindestens 20% mehr Beanstandungen bezüglich Nicht-Einhaltung des Prozesses als im Durchschnitt aller Prozesse.
- Im Integrationstest sind mehr als 15% der gefundenen Fehler solche, die eigentlich schon beim Modultest hätten entdeckt werden müssen.

---

22. Prozessverantwortliche sind für die Definition und Pflege der Prozesse verantwortlich.
23. Gute Praxis ist es, dass den Mitarbeitern jederzeit die Möglichkeit offensteht, Feedback zu den Prozessen (Probleme, Erkenntnisse, Verbesserungsvorschläge) zu geben und über definierte Wege zu melden (z.B. mittels Intranetformular an Prozessverantwortliche).

Auch gemessene Kenndaten können zur Beurteilung der Effektivität und Eignung herangezogen werden. So können z.B. die durchschnittlich in Reviews gefundenen Probleme mit Erfahrungswerten aus der Literatur oder anderer Unternehmen verglichen werden, um die Effektivität und Eignung der Reviewmethode zu beurteilen.

Basierend auf diesen Erkenntnissen wird der Standardprozess kontinuierlich weiterentwickelt. Die Weiterentwicklung des Standardprozesses ist ein wichtiges Kennzeichen von Level 3, denn Prozesse veralten schnell und benötigen ständigen Erhaltungs- und Pflegeaufwand. Erfolgt dies nicht, sinken die Akzeptanz und Prozesseinhaltung rapide ab.

Hinweis für Assessoren

Es sollten auch entsprechende Nachweise geprüft werden, ob aufgrund der Erkenntnisse aus den genannten Methoden auch tatsächlich eine Wartung und Pflege des Standardprozesses stattgefunden hat.

Gute Praxis bezüglich Messdaten ist (jedoch in GP 3.1.5 nicht gefordert), dass die Daten kontinuierlich über die Zeit gesammelt, aufbereitet und ausgewertet sowie aufbewahrt werden. Eine »historische Datenbasis« leistet wertvolle Dienste, um z.B. aktuelle Messwerte mit den historischen Daten zu vergleichen oder um Prozessverbesserungen konkret nachzuweisen.

Automotive SPICE fordert in GP 3.1.5 nicht explizit eine kontinuierliche Prozessverbesserung, sondern eine Wartung und Pflege (engl. maintenance). Auch in GP 3.2.6 werden lediglich Möglichkeiten zur Prozessverbesserung ermittelt (siehe hierzu auch die Ausführungen bei GP 3.2.6).

Hinweis für Assessoren

Folgende Fragen können in Interviews hilfreich sein, um die Umsetzung dieser GP zu ermitteln:

- Welche Methoden werden zur Beurteilung der Effektivität des Standardprozesses eingesetzt?
- Wird Feedback zwecks Weiterentwicklung des Standardprozesses gesammelt?
- Werden Managementreviews des Prozesses durchgeführt?
- Wie wird der Standardprozess weiterentwickelt?

PA 3.2 Prozessanwendung

Dieses Prozessattribut ist ein Maß, inwieweit der Standardprozess als definierter Prozess effektiv umgesetzt wird, um die Prozessergebnisse zu erzielen. Als Ergebnis einer vollständigen Erfüllung dieses Attributs gilt:

a) Ein definierter Prozess ist entwickelt, basierend auf einem adäquat ausgewählten und/oder zugeschnittenen Standardprozess.
b) Die zur Durchführung des definierten Prozesses notwendigen Rollen, Verantwortlichkeiten und Befugnisse sind zugewiesen und kommuniziert.
c) Das Personal, das den definierten Prozess ausführt, ist kompetent hinsichtlich angemessener Ausbildung, Schulung und Erfahrung.
d) Die zur Durchführung des definierten Prozesses notwendigen Ressourcen und Informationen werden bereitgestellt, zugewiesen und genutzt.
e) Die zur Durchführung des definierten Prozesses notwendige Infrastruktur und Arbeitsumgebung werden bereitgestellt, gemanagt und gepflegt.
f) Geeignete Daten werden gesammelt und analysiert als Basis, um das Prozessverhalten zu verstehen, um die Eignung und Effektivität des Prozesses nachzuweisen und um einzuschätzen, wo eine fortwährende Verbesserung des Prozesses durchgeführt werden kann.

Wenn die Praktiken von PA 3.1 implementiert sind, liegen nun Standardprozesse sowie Vorgaben von Rollen, Kompetenzen, Infrastrukturanforderungen und Überwachungsmethoden vor. Durch die Praktiken von PA 3.2 werden diese konkret angewendet, das bedeutet:

- Es wird der sogenannte »definierte Prozess« mittels Tailoring aus dem Standardprozess abgeleitet.
- Rollen, Verantwortlichkeiten und Befugnisse werden konkret zugewiesen und kommuniziert.
- Es wird kompetentes Personal eingesetzt, basierend auf expliziten Kompetenzanforderungen.
- Ressourcen, Informationen und Infrastruktur bzw. Arbeitsumgebung werden, basierend auf den Vorgaben, zur Verfügung gestellt. Es wird sichergestellt, dass Infrastruktur und Arbeitsumgebung gewartet und gepflegt werden.
- Bei der Ausführung des definierten Prozesses werden Messdaten gesammelt, um den Prozess besser zu verstehen und weiterzuentwickeln.

Hinweis für Assessoren

Über das erfolgte Tailoring müssen nachvollziehbare Nachweise existieren, und der resultierende definierte Prozess muss angemessen dokumentiert sein. Außerdem ist zu prüfen, ob der definierte Prozess im Projekt nachweislich und konsequent ausgeführt wird.

GP 3.2.1: Entwickle einen definierten Prozess, der die kontextspezifischen Anforderungen bezüglich der Nutzung des Standardprozesses erfüllt. *Der definierte Prozess wird adäquat ausgewählt und/oder aus dem Standardprozess zurechtgeschnitten*[24]*. Die Konformität des definierten Prozesses mit den Anforderungen des Standardprozesses wird überprüft.*

Basierend auf dem unter GP 3.1.1 definierten Standardprozess wird für eine konkrete Anwendung[25] aus dem Standardprozess ein »definierter Prozess« abgeleitet und dokumentiert. Gibt es mehrere mögliche Standardprozesse (wenn z.B. Prozessvarianten existieren), so muss der passende ausgewählt werden. Das Ableiten muss gemäß dokumentierten Tailoring-Richtlinien erfolgen. Die dabei getroffenen Entscheidungen bzw. Anpassungen müssen festgehalten und begründet werden.

Es muss nachgewiesen werden, dass die Anforderungen des Standardprozesses nicht verletzt wurden und die Ableitung konform mit den Tailoring-Richtlinien vorgenommen wurde. Dies kann z.B. durch eine Prüfung oder Freigabe durch die QS geschehen.

Hinweis für Assessoren

Folgende Fragen können in Interviews hilfreich sein, um die Umsetzung dieser GP zu ermitteln:

- Wie wurde der von Ihnen genutzte Prozess aus dem Standardprozess abgeleitet? Wie wurde das Ergebnis dokumentiert? Wurde seine Konformität mit dem Standardprozess geprüft?

GP 3.2.2: Weise Rollen, Verantwortlichkeiten und Befugnisse zur Ausführung des definierten Prozesses zu und kommuniziere diese. *Die Rollen zur Ausführung des definierten Prozesses werden zugewiesen und kommuniziert. Die Verantwortlichkeiten und Befugnisse zur Ausführung des definierten Prozesses sind zugewiesen und kommuniziert.*

Die Zuweisung der in GP 3.1.3 definierten Rollen zu Personen wird dokumentiert und kommuniziert. Falls nicht bereits durch die Rollen definiert, werden auch die Verantwortlichkeiten und Befugnisse dokumentiert und kommuniziert.

Hinweis für Assessoren

Folgende Fragen können in Interviews hilfreich sein, um die Umsetzung dieser GP zu ermitteln:

- Welche Rollen, Verantwortlichkeiten und Befugnisse wurden den Mitarbeitern zugewiesen? Wie wurde das dokumentiert und kommuniziert?

---

24. Mittels Tailoring.
25. Die Anwendung kann in Projekten sowie bei Organisationsprozessen auch außerhalb von Projekten erfolgen.

GP 3.2.3: Stelle benötigte Kompetenzen zur Ausführung des definierten Prozesses sicher. *Die entsprechenden Kompetenzen für das zugewiesene Personal werden ermittelt. Passende Schulungen stehen den Mitarbeitern, die den definierten Prozess anwenden, zur Verfügung.*

Die Kompetenzen der für eine Rolle vorgesehenen Mitarbeiter werden gegen die in GP 3.1.3 bestimmten Kompetenzanforderungen geprüft. Hier ist z.B. hilfreich, dass die Organisation entsprechende Aufzeichnungen (Qualifikationslisten, Datenbanken etc.) über die Mitarbeiterkompetenzen führt. Das Gleiche gilt für spezielle Kompetenzen im Projektkontext (z.B. bezüglich Domänenwissen, Methodenkenntnisse, Toolkenntnisse).

Gibt es hier Diskrepanzen, wird der resultierende Schulungsbedarf systematisch ermittelt, Schulungen werden rechtzeitig geplant, und es wird sichergestellt, dass die Mitarbeiter daran auch tatsächlich teilnehmen. Es wird zwar nicht durch Automotive SPICE gefordert, aber gute Praxis ist auch, dass die Qualität der Schulung z.B. durch Mitarbeiterbefragung mittels Bewertungsbögen nach einer Schulung überprüft wird, die Bewertungsbögen ausgewertet und – wenn notwendig – entsprechende Maßnahmen eingeleitet werden.

Hinweis für Assessoren

Es sollte geprüft werden, ob ein Kompetenzabgleich zwischen geforderten und vorhandenen Kompetenzen stattfand und als Konsequenz Schulungen geplant und tatsächlich besucht wurden.

Hinweis für Assessoren

Folgende Fragen können in Interviews hilfreich sein, um die Umsetzung dieser GP zu ermitteln:

- Welche Kompetenzen werden bei diesem Prozess benötigt? Wurde ein Abgleich zwischen geforderter und vorhandener Kompetenz durchgeführt? Wurden daraus Schulungen abgeleitet? Fanden die Schulungen statt?

GP 3.2.4: Stelle Ressourcen und Informationen bereit, um die Ausführung des definierten Prozesses aufrechtzuerhalten.[26] *Benötigtes Personal wird bereitgestellt, zugewiesen und genutzt. Notwendige Informationen zur Ausführung des Prozesses werden bereitgestellt, zugewiesen und genutzt.*

26. Automotive SPICE verwendet hier das Verb »support«. Es könnte daraus der falsche Eindruck entstehen, dass es hier um »Support-Personal« geht. Dies ist jedoch nicht der Fall, es handelt sich um Personal für die Ausführung (siehe Prozessergebnis (d) bei PA 3.2). Wir haben daher »support« mit »aufrechterhalten« übersetzt.

Bereits auf Level 2 wird mit GP 2.1.5 gefordert, dass Ressourcen ermittelt und bereitgestellt werden. Die generischen Praktiken GP 3.2.4 und GP 3.2.5 gehen darüber hinaus, denn im Kontext von Level 3 gibt es Standardprozesse (GP 3.1.1) mit definierten Rollen (GP 3.1.3). Den Rollen werden Mitarbeiter zugewiesen (GP 3.2.2), sie sind entsprechend qualifiziert (GP 3.2.3), und sie werden systematisch und zuverlässig bereitgestellt und reserviert (GP 3.2.4). Für die benötigte Infrastruktur gibt es Infrastrukturanforderungen (GP 3.1.4), und die Infrastruktur wird gemäß diesen Anforderungen systematisch und zuverlässig bereitgestellt und reserviert (GP 3.2.5).

Bei GP 3.2.4 werden geeignete Mitarbeiter ausgewählt, die aufgrund ihrer Kompetenzen grundsätzlich geeignet sind bzw. im Sinne von GP 3.2.3 qualifizierbar sind. Hier wird deutlich, dass GP 3.2.2, GP 3.2.3 und GP 3.2.4 nur in engem Zusammenhang (und nicht notwendigerweise in der in Automotive SPICE verwendeten Reihenfolge) umsetzbar sind.

Hinweis für Assessoren

Es sollten Nachweise überprüft werden, ob die Mitarbeiter auch tatsächlich wie geplant zur Verfügung stehen, z.B. mittels der in der Zeiterfassung gebuchten Stunden bzw. durch Interviews mit Projektmitarbeitern.

Welche Informationen zur Durchführung des definierten Prozesses notwendig sind, ist abhängig vom jeweiligen Prozess. Erforderlich ist eine systematische Bereitstellung der Information, z.B. in Form eines gut strukturierten Projektverzeichnisses oder im Intranet, in dem diese Informationen abgelegt sind. Diese sollen aktuell und allen Beteiligten leicht zugänglich sein. Erhöhte Anforderungen bestehen hier insbesondere bei Entwicklung an verteilten Standorten. Beispiele für derartige Informationen sind:

- Beispiele und Erfahrungen aus bereits abgeschlossenen Projekten
- Schätzmodelle für Aufwandsschätzungen basierend auf Daten der Vergangenheit
- Eine Datenbank mit aufgezeichneten Messwerten aus der Vergangenheit aus verschiedenen Projekt- und Organisationsprozessen
- Schulungsunterlagen zu den Prozessen

Hinweis für Assessoren

Folgende Fragen können in Interviews hilfreich sein, um die Umsetzung dieser GP zu ermitteln:

- Wie werden Mitarbeiter ausgewählt und dann zur Verfügung gestellt? Gibt es eine zuverlässige Reservierung der Mitarbeiter?
- Welche unterstützenden Informationen stehen den Mitarbeitern zur Verfügung (Schätzmodelle, historische Daten, Schulungsunterlagen etc.)?

GP 3.2.5: Stelle eine angemessene Prozessinfrastruktur bereit, um die Ausführung des definierten Prozesses aufrechtzuerhalten.[27] *Die benötigte Infrastruktur und Arbeitsumgebung stehen zur Verfügung. Es gibt einen Support durch die Organisation, um die Infrastruktur und Arbeitsumgebung effektiv zu managen und pflegen. Die Infrastruktur und Arbeitsumgebung werden genutzt und gepflegt.*

Die in GP 3.1.4 definierte Standardinfrastruktur (sowie weitere, dort nicht erfasste Infrastrukturen) muss im definierten Prozess (z.B. im Projekt) bereitgestellt und ggf. beschafft werden. Ist für den Betrieb oder Wartung der Infrastruktur organisatorische Unterstützung nötig (z.B. technischer Support bei Soft- und Hardware), so wird diese sichergestellt. Die definierte Infrastruktur wird in den Projekten auch genutzt.

Die Abgrenzung zur generischen Praktik GP 2.1.5 ist unter GP 3.2.4 beschrieben.

Hinweis für Assessoren

Folgende Fragen können in Interviews hilfreich sein, um die Umsetzung dieser GP zu ermitteln:

- Welche Infrastruktur wird benötigt? Steht diese auch zur Verfügung?
- Wie wurde die Eignung festgestellt bzw. wie fand die Auswahl statt?
- Ist das dokumentiert? Gibt es einen Support für die Infrastruktur?

GP 3.2.6: Erfasse und analysiere Daten bezüglich der Prozessausführung, um Eignung und Effektivität des Prozesses nachzuweisen. *Die Daten, die notwendig sind, um Verhalten, Eignung und Effektivität des definierten Prozesses zu verstehen, sind ermittelt. Die Daten werden gesammelt und analysiert, um Verhalten, Eignung und Effektivität des definierten Prozesses zu verstehen. Die Ergebnisse der Analysen werden genutzt, um zu erkennen, wo eine fortwährende Verbesserung des Standardprozesses und/oder des definierten Prozesses durchgeführt werden kann.*

GP 3.1.5 fordert die Definition der Methoden zusammen mit den Standardprozessen. Deren Anwendung im definierten Prozess ist in GP 3.2.6 beschrieben. Entsprechend der in GP 3.1.5 definierten Methoden werden im definierten Prozess z.B. regelmäßig Messungen, Reviews und Audits durchgeführt. Die Ergebnisse werden analysiert, um das Verhalten des Prozesses zu verstehen und dessen Eignung und Effektivität beurteilen zu können. Diese Messdaten werden regelmäßig erfasst und in dem vorgenannten Sinne analysiert. Basierend auf der Analyse werden Prozessverbesserungspotenziale sowohl im definierten Prozess als auch im Standardprozess ermittelt. Zu empfehlen sind in diesem Zusammenhang

27. Zum Begriff »support« siehe die vorhergehende Fußnote.

auch Trendanalysen, d.h. das Prognostizieren eines weiteren Verlaufs in der Zukunft auf Grundlage der Daten aus Gegenwart und Vergangenheit.

GP 3.2.6 verlangt nicht die Durchführung von Verbesserungen, sondern lediglich, dass solche Verbesserungspotenziale ermittelt werden. Automotive SPICE fordert auf Level 3 nicht explizit eine kontinuierliche Prozessverbesserung. Gefordert wird diese auf Level 5 und im Prozess PIM.3. PA 3.1 und PA 3.2 sind lediglich dafür ausgelegt, solche Verbesserungspotenziale zu ermitteln, und leisten damit wertvolle Vorarbeiten für Level 5 und/oder den PIM.3-Prozess. Natürlich sollten in der Praxis Verbesserungsmaßnahmen unabhängig vom Reifegrad und auch ohne vollständige Implementierung des PIM.3-Prozesses sowohl im definierten Prozess als auch im Standardprozess erfolgen.

Hinweis für Assessoren

Folgende Fragen können in Interviews hilfreich sein, um die Umsetzung dieser GP zu ermitteln:

- Welche Daten werden erfasst, um das Prozessverhalten besser zu verstehen und seine Eignung und Effektivität zu beurteilen?
- Wurden daraufhin Verbesserungspotenziale ermittelt?

3.3.5 Level 4 (»Vorhersagbar«)

Der zuvor beschriebene »etablierte Prozess« wird nun innerhalb eines definierten Rahmens ausgeführt, um die Prozessergebnisse zu erreichen.

Auf Level 4 werden bei der Ausführung des definierten Prozesses detaillierte Messungen durchgeführt und analysiert, resultierend in einem quantitativen Verständnis der Prozessausführung und einer verbesserten Vorhersagegenauigkeit. Mittels statistischer Methoden wird der definierte Prozess zwischen oberen und unteren Eingriffsgrenzen gesteuert, um dadurch quantitative Prozessziele zu erreichen und die Erfüllung der Geschäftsziele zu unterstützen. Im Falle von Abweichungen gegenüber den Eingriffsgrenzen werden die Ursachen ermittelt und Korrekturaktionen durchgeführt.

Die Messung von Prozessen erfordert auf Level 4 ein effektives Messsystem, um Kennzahlen für die Prozessausführung und die Qualität der Arbeitsprodukte zu erfassen und Analysen zu unterstützen. Die einzusetzenden Analyse- und Steuerungstechniken hängen sowohl vom Prozess als auch von der Organisationseinheit ab. Statistische Prozesslenkung eignet sich nicht für alle Prozesse bzw. ist auch nicht überall sinnvoll. So ist statistische Prozesslenkung zum Beispiel sinnvoll für Engineering-Prozesse, weniger für Organisationsprozesse.

Die Prozessattribute und generischen Praktiken von Level 4 sind in Abbildung 3–10 als Übersicht dargestellt.

Prozessattribute		Generische Praktiken	
PA.4.1	Prozess-messung	**GP 4.1.1**	Ermittle den Informationsbedarf
		GP 4.1.2	Leite Prozessmessziele ab
		GP 4.1.3	Stelle quantitative Ziele auf
		GP 4.1.4	Identifiziere Produkt- und Prozessmetriken
		GP 4.1.5	Sammle Produkt- und Prozessmessergebnisse
		GP 4.1.6	Nutze die Ergebnisse der definierten Messungen
PA.4.2	Prozess-steuerung	**GP 4.2.1**	Bestimme Analyse- und Steuerungstechniken
		GP 4.2.2	Bestimme geeignete Parameter zur Steuerung der Prozess-ausführung
		GP 4.2.3	Analysiere Produkt- und Prozessmessergebnisse
		GP 4.2.4	Bestimme Korrekturmaßnahmen und setze sie um
		GP 4.2.5	Passe Prozesskontrollgrenzen an

Abb. 3–10 *Prozessattribute und generische Praktiken von Level 4*

3.3.6 Level 5 (»Optimierend«)

Der zuvor beschriebene »vorhersagbare Prozess« wird kontinuierlich verbessert in Bezug auf heutige und beabsichtigte Geschäftsziele.

Auf Level 5 existiert eine langfristige Strategie zur erfolgreichen Umsetzung von Prozessverbesserungen. Basierend auf den Geschäftszielen der Organisation werden Verbesserungsbereiche und Zielrichtungen gesetzt und eine langfristige Weiterentwicklungsstrategie definiert.

Geeignete Verbesserungsmöglichkeiten (z.B. aus innovativen Ansätzen und Techniken) werden systematisch ermittelt, analysiert und pilotiert. Bei der Pilotierung wird der Nutzen der Änderung durch Messungen quantitativ bestimmt und mit historischen Daten verglichen. Änderungen, die sich auf diese Weise als erfolgreich erwiesen haben, werden systematisch in die Prozesslandschaft der Organisation integriert und umgesetzt.

Level 5 basiert wesentlich auf dem quantitativen Verständnis der Prozessausführung (Merkmal von Level 4). Level 5 erfordert zusätzlich zu den Merkmalen von Level 4 Folgendes:

- Der Fokus liegt auf proaktiver, kontinuierlicher Prozessverbesserung mit dem Ziel, heutige und angestrebte zukünftige Geschäftsziele zu erreichen. Entsprechende Aktivitäten und Ressourcen werden eingeplant.
- Prozessveränderungen werden ermittelt, geplant und in geordneter Weise eingeführt. Dabei wird darauf geachtet, dass die Prozessausführung (operativer Betrieb) nur so wenig wie möglich gestört wird. Zu berücksichtigen sind

dabei zum Beispiel Kritikalität des Projekts, vorgesehene angestrebte Effektivitätssteigerungen und das Generieren von neuen Geschäftsfeldern.

- Die Effektivität von Prozessveränderungen wird durch den Vergleich mit dem vorhergehenden Zustand quantitativ nachgewiesen.

Die Prozessattribute und generischen Praktiken von Level 5 sind in Abbildung 3–11 als Übersicht dargestellt.

Prozessattribute		Generische Praktiken	
PA.5.1	Prozess-innovation	**GP 5.1.1**	Definiere Prozessverbesserungsziele
		GP 5.1.2	Analysiere Messwerte
		GP 5.1.3	Ermittle Prozessverbesserungsmöglichkeiten aus Innovationen und Best Practices
		GP 5.1.4	Leite Prozessverbesserungsmöglichkeiten aus neuen Technologien und neuen Prozesskonzepten ab
		GP 5.1.5	Definiere eine Strategie zur Umsetzung basierend auf langfristigen Verbesserungszielen und Visionen
PA.5.2	Prozess-optimierung	**GP 5.2.1**	Untersuche die Auswirkungen von vorgeschlagenen Änderungen
		GP 5.2.2	Manage die Umsetzung von genehmigten Änderungen
		GP 5.2.3	Untersuche die Effektivität von Prozessveränderungen

Abb. 3–11 *Prozessattribute und generische Praktiken von Level 5*

4 CMMI – Unterschiede und Gemeinsamkeiten

In diesem Kapitel beschäftigen wir uns mit den Unterschieden und Gemeinsamkeiten zwischen CMMI und SPICE bzw. Automotive SPICE aus drei Blickwinkeln: Strukturen (Abschnitt 4.2), Inhalte (Abschnitt 4.3) und Untersuchungsmethoden (Abschnitt 4.4). Abschnitt 4.1 gibt zuvor eine kurze Einführung in den Zweck und die Problematik dieses Modellvergleichs.

4.1 Einführung

Die folgenden Ausführungen dienen nicht dem Zweck, Vor- und Nachteile von Modellen abzuwägen oder Entscheidungshilfen und Argumente für die Wahl eines bestimmten Modells zu geben.[1] Wir gehen vielmehr davon aus, dass im jeweiligen Unternehmen und bei dessen Kooperationspartnern bestimmte, z.T. unterschiedliche Modelle im Einsatz sind und dadurch verschiedene Unsicherheiten und Fragen entstehen. Häufig vorkommende Fragestellungen sind:

1. Wir setzen intern CMMI ein, beurteilen aber unsere Lieferanten nach Automotive SPICE. Geht das bzw. macht das Sinn?
2. Wir beurteilen unsere Lieferanten nach Automotive SPICE. Ein bestimmter Lieferant setzt intern CMMI ein und legt uns entsprechende Ergebnisse aus Appraisals vor. Können/sollen wir das anerkennen und auf Lieferantenassessments ganz oder teilweise verzichten?
3. Wir arbeiten eng mit einem Kooperationspartner zusammen, der aber ein anderes Modell einsetzt als wir. Entstehen dadurch Schwierigkeiten bzw. worauf müssen wir achten?

Zu Frage 1: Ja, natürlich geht das und es macht durchaus Sinn. Automotive SPICE zur Lieferantenbeurteilung ist ohnehin Standard. Beurteilt werden auch nur die Abläufe des Lieferanten, nicht die eigenen, die unterschiedlichen Modelle spielen daher keine Rolle.

1. Ansatzweise sind hierzu einige Kriterien in Kapitel 1 aufgeführt.

Zu Frage 2: Eine stark verkürzte Antwort wäre: Jein! Eine genauere Antwort erfordert eine differenzierte Betrachtung (siehe auch Abschnitt 4.3): Wichtig ist zunächst, ob der Lieferant in seiner Prozessverbesserungsinitiative sowie in den betreffenden Appraisals einen dem HIS-Untersuchungsumfang vergleichbaren Prozessumfang zugrunde gelegt hat. Dies ist z.B. nicht der Fall, wenn der Lieferant einen Maturity Level 2 (siehe hierzu Abschnitt 4.2) nachweist. Auch wenn der Lieferant einen Maturity Level 3 hat, besteht das Problem, dass zwei von der HIS geforderte Automotive SPICE-Prozesse (Änderungs- und Problemlösungsmanagement) in CMMI nur teilweise adressiert sind. Darüber hinaus gibt es diverse Detailunterschiede zwischen beiden Modellen in der Art, dass Automotive SPICE in vielen Punkten konkretere und weitergehendere Forderungen als CMMI stellt (siehe hierzu Abschnitt 4.3), deren Erfüllung naturgemäß in einem CMMI-Appraisal nicht zur Debatte steht. Mit etwas mehr Distanz betrachtet könnte man allerdings auch sagen, dass beide Modelle, trotz der Unterschiede, wirkungsvolle Werkzeuge zur Steigerung der Prozess- und Produktqualität darstellen. Im Falle von CMMI gibt es zahlreiche, fundierte Nachweise dieser Wirksamkeit über viele Jahre hinweg. Außerdem stellt umgekehrt CMMI zahlreiche Forderungen, die in Automotive SPICE nicht vorkommen. Aus Aufwandsgründen könnte man sich daher bei den Lieferantenassessments auf wenige Stichproben beschränken.

Eine Schwierigkeit in dieser Situation besteht darin, dass die Assessoren beim Lieferanten mit Konzepten, Terminologie, Strukturen und Dokumenten konfrontiert werden, die sie nicht kennen und mit deren Beurteilung und Einordnung sie sich schwer tun. Eine geeignete Maßnahme ist daher, die eigenen Assessoren in CMMI ausreichend schulen zu lassen.[2] Die Ausführungen im Rest dieses Kapitels geben hierzu zumindest einen groben Überblick.

Zu Frage 3: Die Antwort hängt von der Art und Intensität der Kooperation ab. In einer typischen Auftraggeber-Auftragnehmer-Situation geschieht keine volle Integration von Entwicklungsprozessen, d.h., die Partner arbeiten jeweils nach ihren eigenen Prozessen und kooperieren über definierte Schnittstellen (wie z.B. Dokumentenformate, genau festgelegte Informationsflüsse und sonstige Konventionen). Auftraggeberseitig wird außerdem ein Lieferantenmanagement betrieben, das in beiden Modellen gefordert wird und die Art und Weise, nach der der Lieferant arbeitet, weitgehend offenlässt. Anders ist die Lage in eng verzahnten Entwicklungspartnerschaften, in denen tatsächlich die Arbeitsweise der beiden Parteien in größerem Maße angepasst werden muss. Diese Anpassungen können dann durch ein dokumentiertes Tailoring der jeweiligen Standardprozesse dargestellt werden. Dabei ist darauf zu achten, dass möglichst die Modellforderungen nicht verletzt werden.

2. Erfahrungsgemäß reicht eine zweitägige Schulung, die auch auf die Gemeinsamkeiten und Unterschiede der beiden Modelle eingeht.

4.2 Vergleich der Strukturen

Es existiert eine ganze Reihe verwandter CMMI-Modelle für verschiedene Anwendungsbereiche, die sogenannten CMMI Constellations:

- CMMI for Development (CMMI-DEV): Diese älteste und am weitesten verbreitete Constellation (Veröffentlichungsdatum der neuesten Version 1.2 2006) konzentriert sich auf Entwicklungsprozesse. Sie ist so generisch gestaltet, dass sie für verschiedenste Anwendungsdomänen passt. Explizit durch Beispiele hinterlegt sind Software, Hardware und Systeme, ohne Weiteres möglich ist z.B. auch die Anwendung auf die Entwicklung von Dienstleistungen, Fertigungsprozessen etc.
- CMMI for Acquisition (CMMI-ACQ): Diese Constellation (erstmalige Veröffentlichung 2007) ist für Organisationen gedacht, die in großem Stil Produkte oder Dienstleistungen zukaufen. Sie würde also z.B. für die Situation der OEMs passen, enthält jedoch keine Entwicklungsprozesse.
- CMMI for Services (CMMI-SVC): Diese Constellation (erstmalige Veröffentlichung geplant für 2008) adressiert den Betrieb von Dienstleistungen aller Art (nicht jedoch deren Entwicklung). Wichtige Anwendungsfelder sind z.B. IT-Dienstleistungen (Rechenzentrumsbetrieb), Callcenter, Gesundheitswesen, Transport und Verkehr, Touristik etc.

Die Constellations besitzen alle einen gemeinsamen Kern von identischen Prozessbereichen, können also in Kombination eingesetzt werden. Für den Vergleich mit Automotive SPICE ist primär CMMI-DEV geeignet, da nur dort die korrespondierenden Entwicklungsprozesse vorhanden sind. Außerdem kommt auch CMMI-ACQ in Frage hinsichtlich der Akquisitionsprozesse, die dort stark ausgeprägt sind und in CMMI-DEV relativ kurz gehalten sind. Bei jedem CMMI-Modell sind zwei eng miteinander verzahnte[3] Repräsentationsformen zu unterscheiden:

- Die Continuous Representation ist analog zur ISO 15504 strukturiert, d.h., die Prozessbereiche sind in Kategorien eingeteilt und die Reifegradstufen sind identisch. Reifegradstufen (hier genannt »Capability Level«) beziehen sich auf den jeweiligen Prozessbereich, d.h., jeder Prozessbereich kann einen individuellen Reifegrad annehmen. Nur diese Form ist für einen Vergleich mit Automotive SPICE geeignet.
- Die Staged Representation vertritt eine etwas andere Philosophie: Prozessbereiche sind in festgelegten Gruppen zusammengefasst, die gemeinsam implementiert werden sollen. Erst wenn eine Gruppe erfolgreich umgesetzt wurde (und dadurch ein Reifegrad erreicht wurde), wird die nächste Gruppe in Angriff genommen. Die Gruppen und die Reihenfolge basieren auf langjährigen Erfahrungen. Ein Reifegrad (hier genannt »Maturity Level«) bezieht sich

3. Beide werden integriert in einem zusammenhängenden Modelltext dargestellt.

also nicht auf einen Prozessbereich, sondern auf die kollektive Umsetzung einer vordefinierten Menge von Prozessbereichen. Diese Repräsentationsform ist bei CMMI-Anwendern am meisten verbreitet (ca. 80%)[4].

Abgesehen davon, dass »Änderungsmanagement« und »Problemlösungsmanagement« in CMMI nicht als Prozessbereiche vorhanden sind, sind die dem HIS-Untersuchungsumfang entsprechenden Automotive SPICE-Prozesse im Maturity Level 3 adressiert. Dieser enthält allerdings noch eine ganze Reihe weiterer Prozessbereiche.

Vergleicht man SPICE bzw. Automotive SPICE mit CMMI (Continuous Representation) zeigen sich auf den ersten Blick zwar grundsätzliche Übereinstimmungen (insbesondere die Capability Levels), aber auch Unterschiede. So ist z.B. das Prozessmodell von SPICE feiner gegliedert (48 Prozesse bei SPICE bzw. 31 bei Automotive SPICE[5] vs. 22 Prozessbereiche bei CMMI). Eine Gegenüberstellung der wichtigsten Begriffe und Konzepte ist in Abbildung 4–1 vorgenommen. Zu einigen Konzepten gibt es kein Pendant, andere sind recht gut aufeinander abbildbar. Relativ schwach ist die Korrespondenz zwischen Specific Goals und Process Outcomes.

CMMI	SPICE	Automotive SPICE
Process Area	Process	Process
Purpose	Process Purpose	Process Purpose
Specific Goals	Process Outcomes	Process Outcomes
Specific Practices	Base Practices	Base Practices
Subpractices		
Typical Work Products	Input/Output Work Products	Output Work Products
	Work Products Characteristics	Work Products Characteristics
Generic Goals	Process Attributes	Process Attributes
Generic Practices	Generic Practices	Generic Practices
Generic Practice Elaborations		
	Generic Ressources	Generic Ressources
	Genric Work Products	
Examples		
Amplifications		

Abb. 4–1 *Vergleich der wichtigsten Begriffe und Konzepte*

4. Gemessen an den Appraisals, die die Staged oder Continuous Representation verwendeten (siehe [Phillips 2006]).
5. Beide Modelle können auch in Kombination gesehen werden: Wie im Vorwort von Automotive SPICE erwähnt, können dort fehlende Prozesse direkt aus SPICE übernommen werden.

4.3 Vergleich der Inhalte

Beide Prozessmodelle haben Inhalte, die im jeweils anderen nicht enthalten sind. So wird z.B. Wartung und Problemlösungsmanagement in CMMI nicht behandelt und in SPICE/Automotive SPICE fehlen verschiedene Konzepte, wie z.B. »Decision Analysis and Resolution« und »Integrated Product and Process Development«. Auch ist die Detaillierungstiefe und Ausführlichkeit bei CMMI größer. SPICE (genauer: ISO/IEC 15504-5) und Automotive SPICE sind bei den Engineering-Prozessen sehr stark softwarezentriert. CMMI hingegen formuliert alle Praktiken so allgemeingültig, dass sie prinzipiell auf viele Anwendungsdomänen passen. Dadurch werden die Konzepte jedoch relativ abstrakt. Dem versucht CMMI mit disziplinspezifischen Erläuterungen (für Hardware, Software und Systems Engineering) zu begegnen.

SPICE/ Automotive SPICE	Bedeutung	CMMI	Bedeutung
Process Attributes	Aufgrund der Bewertung der Process Attributes werden die Reifegradstufen berechnet.	Goals (Specific Goals, Generic Goals)	Aufgrund der Bewertung der Goals werden die Reifegradstufen berechnet. Die Goals haben die höchste Bedeutung (Status »required«).
Practices (Base practices, generic practices)	Eine Bewertung der Practices ist in der SPICE-Norm nicht gefordert und auch nicht erwähnt. Die meisten SPICE-kompatiblen Assessmentverfahren nehmen jedoch auch eine Bewertung der Practices vor, um daraus die Bewertung der Process Attributes abzuleiten.	Specific practices, generic practices	Aus der Bewertung (als »Characterization« bezeichnet) der Practices wird die Bewertung der Goals abgeleitet. Die Practices haben die zweithöchste Bedeutung (Status »expected«).
(keine Entsprechung)		Subpractices (und weitere Modellbestandteile mit informativem Charakter)	Diese Modellbestandteile haben die niedrigste Bedeutung (Status »informative«) und werden keiner Bewertung unterzogen. Sie dienen jedoch als Interpretationshilfen für die Practices.

Abb. 4–2 *Unterschiedliche Wichtigkeit von Modellkomponenten von SPICE/Automotive SPICE und CMMI im Vergleich*

Während SPICE in seinen Anforderungen an SPICE-kompatible Assessmentmethoden eine zweistufige Bedeutungshierarchie, bestehend aus Prozessattributen und Praktiken, verwendet (siehe Abb. 4–2), nutzt CMMI in Verbindung mit seinem Appraisal-Verfahren SCAMPI eine dreistufige Hierarchie. Der bei Weitem überwiegende Teil der CMMI-Texte hat informativen Charakter (d.h. unterste Hierachieebene) und wird daher nicht konkret bewertet, hat andererseits aber auch Einfluss auf den Erwartungshorizont und Interpretationsspielraum. Die Vergleichbarkeit zwischen CMMI und SPICE wird dadurch erschwert, dass viele SPICE-Forderungen in CMMI zwar vorkommen, jedoch im informativen Teil (z.B. in Form der »Subpractices«). Genau genommen stellt SPICE daher oftmals härtere und präzisere Forderungen. Viele davon sind zwar erfahrungsgemäß in typischen CMMI-Implementierungen umgesetzt, jedoch kann dies nicht in einem reinen Modellvergleich beantwortet werden, sondern muss in der konkreten Implementierung untersucht werden. Es empfiehlt sich daher für nach CMMI arbeitende Organisationen, ein entsprechendes Mapping zwischen ihren Prozessen und den Automotive SPICE-Praktiken zu erstellen. Dadurch kann die Organisation vorhandene Lücken erkennen und sich auf Automotive SPICE-Assessments vorbereiten.[6] Im Rest des Abschnitts zeigen wir die wichtigsten Automotive SPICE-Forderungen des HIS-Untersuchungsumfangs auf, die in CMMI nicht oder weniger detailliert *gefordert* sind[7] (jedoch möglicherweise im informativen Text aufgeführt sind). Wir zitieren dabei teilweise die englischen Originalbegriffe, um die Zuordnung zum Modelltext zu erleichtern. Für die Bedeutung der CMMI-Abkürzungen siehe Abbildung 4–3.

6. Ein weiterer wichtiger Vorbereitungsschritt ist die Durchführung eines Automotive SPICE-Probe-Assessments.
7. Darüber hinaus gibt es weitere Detailunterschiede, die hier aus Platzgründen nicht dargestellt werden können.

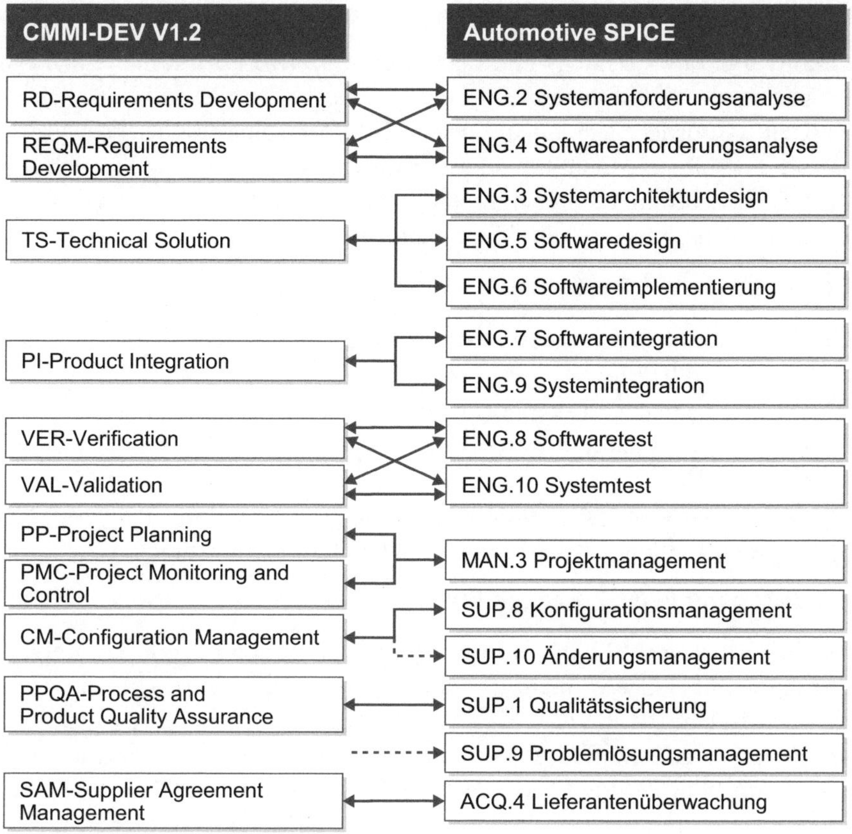

Abb. 4–3 *Korrespondenz zwischen CMMI-Prozessbereichen und Automotive SPICE-Prozessen (nur HIS-Untersuchungsumfang)*

RD, REQM verglichen mit ENG.2

- Communication mechanisms for dissemination of requirements (ENG.2, ENG.4) sind in CMMI nicht gefordert.
- Traceability requirements sind expliziter in Automotive SPICE.
- Generelles: Während Automotive SPICE drei explizite Abstraktionsebenen von Anforderungen beschreibt (Kunde, System, Software), verwendet CMMI nur zwei (Kunde, Produkt), wobei »Produkt« in beliebig viele Ebenen untergliedert werden kann.

SAM verglichen mit ACQ.4

- Automotive SPICE fordert mehr Details zur Zusammenarbeit zwischen Auftraggeber und Auftragnehmer: gemeinsame Prozesse und Schnittstellen, Informationsaustausch, Reviewaktivitäten, Verfolgung offener Punkte und Korrektur von Abweichungen.

PPQA verglichen mit SUP.1

- Quality assurance strategy and plan sind in CMMI erforderlich auf Level 2, in Automotive SPICE bereits auf Level 1.
- Explizite Anforderungen in Automotive SPICE an eine von der Projektorganisation unabhängige Qualitätsorganisationsstruktur ist in CMMI nicht gefordert. CMMI verlangt lediglich Objektivität.
- Eskalationsmechanismen sind nicht gefordert in CMMI.

CM verglichen mit SUP.8, SUP.10

- Configuration management strategy ist in CMMI erforderlich auf Level 2, in Automotive SPICE bereits auf Level 1.
- Branch management strategy ist nicht gefordert in CMMI.
- Managing backup, storage, archiving, handling and delivery sind nicht gefordert in CMMI.
- Die SUP.10-Forderungen (Änderungsmanagement) sind nur teilweise in einer spezifischen Praktik von CM im informativen Text abgebildet.

TS verglichen mit ENG.3, ENG.5, ENG.6

- Die in Automotive SPICE geforderte Verifikation von Design und Implementierung wird bei CMMI nicht im Rahmen von TS gefordert. Hierzu gibt es die Prozessbereiche VER/VAL. Welche Objekte zu verifizieren bzw. validieren sind, ist dort jedoch offengelassen und kann vom Anwender gewählt werden.
- Die in Automotive SPICE auf Level 1 geforderten Kommunikationsmechanismen zur Verbreitung des Designs sind in CMMI eher indirekt durch eine generische Praktik von Level 2 (»Stakeholder Involvement«) abgedeckt.
- Traceability requirements sind expliziter in Automotive SPICE. Diese sind im CMMI nicht enthalten in TS, sondern in REQM.
- Beschreibung des dynamischen Verhaltens ist nicht gefordert in CMMI.
- Beschreibung der Ziele bezüglich Ressourcenverbrauch (ENG.5) ist nicht gefordert in CMMI.
- Test criteria (ENG.5), unit verification strategy (ENG.6) sind im CMMI nicht in TS enthalten, sondern in VER/VAL.
- Generelles: Während Automotive SPICE drei explizite Abstraktionsebenen von Design und Implementierung beschreibt (system architectural design, software design, software construction), verwendet CMMI zwei explizite Ebenen (Design, Implementierung). Die Unterscheidung von verschiedenen Ebenen des Designs ist im informativen Text beschrieben.

PI verglichen mit ENG.7, ENG.9

- Automotive SPICE besitzt sehr viel detailliertere Anforderungen zur Durchführung und Dokumentation von Tests.
- Traceability requirements sind expliziter in Automotive SPICE. Diese sind im CMMI nicht in PI enthalten, sondern in REQM.

4.4 Vergleich der Untersuchungsmethoden (Assessments/Appraisals)

Ein offensichtlicher Unterschied besteht bereits in der Bezeichnung: Bei SPICE/ Automotive SPICE spricht man von »Assessment«, bei CMMI ist der offizielle Begriff »Appraisal«[8]. Ein Appraisal ist eine offizielle, beim SEI registrierte Untersuchung, die nur durch eine SEI-autorisierte Person durchgeführt werden darf. Diese Person muss bei einem SEI-Partner registriert sein, der wiederum bestimmte Auflagen zu erfüllen hat, außerdem für diese Art von Leistung lizenziert sein und entsprechende Lizenzgebühren bezahlen muss. Bei einem derartigen Appraisal müssen bestimmte Dokumente an das SEI gesendet werden [SEI]. Diese unterliegen einer Qualitätssicherung und die Ergebnisse werden in der SEI-Datenbank anonymisiert verzeichnet, um daraus z.B. statistische Auswertungen generieren zu können. Diese Ergebnisse werden streng vertraulich gehandhabt, stehen also weder der Öffentlichkeit noch anderen SEI-autorisierten Personen zur Verfügung. Es gibt allerdings eine Möglichkeit für die betroffene Organisation selbst, ihre Ergebnisse zu veröffentlichen [Published Appraisal Results]. Interessant ist es eventuell auch, die Liste der durch das SEI autorisierten Lead Appraiser und der dafür lizenzierten SEI-Partner einzusehen [SEI Partner Directory].

Bei jedem SCAMPI-Appraisal müssen mindestens folgende Dokumente erzeugt (und an das SEI berichtet) werden: Planungsdokumente, die Ergebnispräsentation und das »Appraisal Disclosure Statement« (ADS). Das ADS hat einen standardisierten Informationsgehalt und spezifiziert u.a., was genau untersucht wurde, wie das Team zusammengesetzt war, wer die SEI-autorisierte Person war, was die Ergebnisse waren und für welchen Teil der Organisation sie Gültigkeit haben. Für einen (potenziellen) Kunden kann es also interessant sein, sich die Ergebnispräsentation und das ADS vorlegen zu lassen.

SPICE/Automotive SPICE definiert keinen Assessmentprozess, sondern lediglich eine relativ kurz gehaltene Darstellung der Anforderungen an SPICE-konforme Assessments (siehe hierzu [Hörmann et al. 2006]). Auf diesen basierend können Unternehmen ihre eigenen Assessmentprozesse ausgestalten. Beim VDA

8. Ist bei CMMI von »Assessment« die Rede, ist in der Regel eine nicht nach den SEI-Regularien durchgeführte Untersuchung gemeint, z. B. mit einer nicht offiziellen Methode oder durch eine Person ohne SEI-Autorisierung.

(Verband der Automobilindustrie [VDA]) ist außerdem derzeit im AK (Arbeitskreis) 13 ein einheitlicher Assessmentprozess zur Durchführung von Lieferantenassessments in Entwicklung. Dokumente wie Assessmentplan, Ergebnispräsentation und Assessmentbericht sind in der Praxis üblich. Die Erstellung eines Berichts ist bei Appraisals ein optionaler Schritt, der allerdings eher selten genutzt wird.

Eine ähnliche Konstruktion gibt es bei CMMI: In den Appraisal Requirements for CMMI (ARC) werden grundsätzliche Anforderungen an Appraisal-Methoden[9] unterschieden. Dort werden u.a. drei Klassen A/B/C von Appraisals definiert, wobei A die aufwendigste und gründlichste Methode darstellt. Darauf basierend können Unternehmen ihre eigenen Appraisal-Methoden entwickeln. Das SEI hat selbst eine Appraisal-Methodenfamilie definiert mit der Bezeichnung »SCAMPI«[10]. Der Ausbildungsgang hierzu stellt hohe Anforderungen: Teilnahmen an Appraisals, mehrere Kurse mit zahlreichen Prüfungen sowie eine Praxisprüfung (»Observation«), bei der der Kandidat seine Fähigkeiten bei der selbstständigen Leitung des ersten, eigenen Appraisals unter Beweis stellt und dabei durch einen SEI-autorisierten Observer beobachtet und beurteilt wird. Das SEI unterscheidet zwei Qualifikationsstufen: »SEI-authorized SCAMPI Lead Appraiser« (darf SCAMPI A/B/C durchführen) und »SEI-authorized SCAMPI B&C Team Lead« (darf SCAMPI B/C durchführen).

Als Pendant hierzu bei SPICE/Automotive SPICE hat sich iNTACS (International Assessor Certification Scheme, siehe [iNTACS]) durchgesetzt. iNTACS wurde von der HIS und vom VDA anerkannt. Dieses Ausbildungssystem wurde 2006 gegründet und verzeichnet derzeit über 30 Mitgliedsorganisationen, darunter Automobilhersteller und -zulieferer, Trainings- und Beratungsunternehmen sowie Vertreter aus der Forschung. Seit der Gründung wurden über 400 Assessoren nach einem definierten Ausbildungsschema mit unabhängiger Prüfung erfolgreich ausgebildet. Über 250 Assessoren sind derzeit weltweit als aktiv tätig registriert. iNTACS unterscheidet zwischen Provisional, Competent und Principal Assessor[11]. Zur Erreichung der Qualifikation werden eine fundierte Ausbildung, gute theoretische Modellkenntnisse, praktische Assessmenterfahrung und kontinuierliche aktive Weiterbildung gefordert und überprüft. Die Ausbildung ist deutlich kostengünstiger als die SEI-Ausbildung[12]. Die meisten bei iNTACS registrierten Assessoren stammen derzeit noch aus dem deutschsprachigen Raum, auch wenn sich das Ausbildungssystem seit der Gründung auf zahlreiche weitere

---

9. Hier wird der Begriff »Methode« synonym zu »Prozess« verwendet.
10. Standard CMMI Appraisal Method for Process Improvement.
11. Die ISO/IEC 15504-3 unterscheidet nur zwischen »provisional assessor« und »competent assessor«.
12. Der Grund ist die Observation durch das SEI, für die z. B. bei einem observierten SCAMPI A in der Regel mit mindestens 30.000 US $ zu rechnen ist, plus ggf. noch die Kosten für Simultanübersetzung.

europäische Länder[13] ausgedehnt hat. Außerdem wurden Trainings in Japan, USA und Taiwan durchgeführt.

Zum Vergleich: Bei SEI waren zum 31.12.2006 455 (für SCAMPI V1.1) bzw. 328 (für SCAMPI V1.2) SCAMPI Lead Appraiser sowie 456 SCAMPI B&C Team Leads aus 54 Ländern autorisiert (siehe [SEI Partner Directory]).

Die SCAMPI-Ausprägungen A/B/C unterscheiden sich u.a. in der Gründlichkeit der Untersuchung, der Größe des vorgeschriebenen Teams und in der Aussagekraft der Ergebnisse. »Ratings« und damit auch die Vergabe von »Levels« sind alleine einem SCAMPI A vorbehalten. Die Untersuchungsbreite[14] ist bei allen SCAMPI-Methoden recht variabel gestaltbar. Die meisten SCAMPI A werden allerdings eher breit angelegt. Um z.B. einen Maturity Level 3 für eine größere Organisation zu ermitteln, wird ein hoher Aufwand getrieben mit einer großen Anzahl von Projekten und Interviewteilnehmern und einer Untersuchungszeit von mehreren Wochen vor Ort[15]. Die Inventarisierung schriftlicher Nachweise sowie die Traceability von Untersuchungsergebnissen zu den zugrunde liegenden Nachweisen (schriftlich oder mündlich) sind Grundpfeiler jedes Typs von SCAMPI-Appraisal. Beides wird durch die Verwendung von PII[16]-Worksheets unterstützt. Diese werden häufig schon viele Wochen vor dem Appraisal[17] von der Organisation mit schriftlichen Nachweisen befüllt und während der Interviews durch weitere schriftliche und vor allem mündliche Nachweise komplettiert.

Der Begriff »PII« wird bei SPICE/Automotive SPICE nicht verwendet, es wird jedoch ein äquivalentes Konzept vorgeschrieben: Die objektiven Nachweise, die für die Bewertung der Prozessattribute gesammelt wurden, müssen aufgezeichnet werden und zwischen beiden muss eine Rückverfolgbarkeit (»Traceability«) bestehen. Unterschiedliche »Gewichtsklassen« analog A/B/C sind bei SPICE/Automotive SPICE nicht definiert, jedoch verschiedene Assessmentarten. Die ISO/IEC 15504-3 nennt hierzu »Selbstassessments« und »unabhängige Assessments«. In der Praxis sind weitere Arten üblich (siehe hierzu [Hörmann et al. 2006]). Zukünftig sind hier weitere Details von dem derzeit in Entwicklung befindlichen Teil 7 (Assessment of Organizational Maturity) der ISO/IEC 15504 zu erwarten.

---

13. Belgien, Bulgarien, Dänemark, England, Frankreich, Irland, Italien, Litauen, Niederlande, Norwegen, Österreich, Polen, Portugal, Rumänien, Schweden, Schweiz, Slovenien, Spanien, Tschechische Republik, Türkei.
14. Zum Beispiel Projekte, unterstützende Funktionen, zu interviewende Personen.
15. Bei gleichem Umfang wäre bei SPICE/Automotive SPICE ein ähnlicher Aufwand zu treiben.
16. = Practice Implementation Indicator.
17. Jedoch nicht zwangsläufig, die Methode erlaubt auch deren Erhebung durch das Appraisal-Team selbst (sogenannter »Discovery Mode«).

5 Funktionssicherheit

Nachdem immer mehr mechanische und hydraulische Systeme in sicherheitsrelevanten Baugruppen im Automobil durch elektrische und elektronische Lösungen ersetzt oder zumindest ergänzt werden, stellt sich zunehmend die Frage nach der »Funktionssicherheit« dieser Systeme. Der Kunde muss sich auf diese Systeme verlassen können und diese Frage wird sein Kaufverhalten maßgeblich beeinflussen. Dramatische Absatzrückgänge bei öffentlich breit diskutierten Sicherheitsproblemen an Fahrwerk und Bremsen bei einzelnen Fahrzeugmodellen sind allseits genügend bekannt. Wenn in Produkthaftungsfällen nachgewiesen werden kann, dass der Stand der Technik bezüglich Entwicklungsmethodiken nicht eingehalten wurde, drohen hohe Schadenersatzforderungen und Rechtskosten, insbesondere auf dem nordamerikanischen Markt.

Die hierfür maßgebliche Norm ist die [IEC 61508], die auch als [DIN EN 61508] vorliegt mit dem deutschen Titel »Funktionale Sicherheit sicherheitsbezogener elektrischer/elektronischer/programmierbarer elektronischer Systeme«. Die IEC 61508 ist als »Sicherheitsgrundnorm« ausgewiesen, das heißt, sie kann als Basis für anwendungsspezifische Normen dienen. Eine auf der IEC 61508 aufbauende Norm für Sicherheitsfunktionen im Automobil (ASIL – Automotive Safety Integrity Level) ist in Arbeit beim VDA/FAKRA AK 16 »Funktionssicherheit« (FAKRA = DIN Fachausschuss Kraftfahrzeuge) mit dem Ziel, den ISO-Standard 26262 zu entwickeln. Die meisten Automobilhersteller fordern bereits heute von ihren Lieferanten, dass insbesondere die Entwicklung von Steuergeräten und Software kompatibel zu IEC 61508 erfolgt.

Bei der IEC 61508 geht es darum, potenziell gefährliche Störungen oder Ausfälle, die ernsthafte Konsequenzen wie Verletzung oder Tod von Menschen oder Umweltschäden bewirken können, zu erkennen und diesen im Rahmen maximal zulässiger statistischer Grenzwerte entgegenzuwirken. Dabei werden die Systeme, die zu solchen Gefährdungen beitragen können, ermittelt. Diese Systeme werden als »sicherheitsbezogen« bezeichnet. Dabei kann eine Störung alleine[1] oder in Kombination mit Störungen anderer Systeme zu der Gefährdung führen.

1. Dieser Fall wird oft als »sicherheitskritisch« bezeichnet, der Fall der Kombination als »sicherheitsbezogen«, auch wenn die Begriffe nicht scharf abgegrenzt sind.

Ausgehend von einer maximal zulässigen Obergrenze für die Wahrscheinlichkeit, dass ein potenziell gefährlicher Zustand eintritt, werden für alle beteiligten Systeme (in diesem Fall z.B. Sensoren, Kabel, Stecker, Steuergerät) je nach ihrem relativen Beitrag Sicherheitsstufen in Form von »Safety Integrity Levels« (SIL) gefordert: Man unterscheidet vier Stufen von SIL 1 bis SIL 4. SIL 1 und 2 gelten als relativ einfach zu erreichen, erfordern aber schon ziemlich gute Methoden in Design und gründliche Tests und Reviews. Der Aufwand steigt sprunghaft, wenn SIL 3 erreicht werden soll, z.B. durch die Notwendigkeit der Re-Validierung nach Änderungen. Das Gleiche gilt, wenn SIL 4 erreicht werden soll, was einen sehr aufwendigen Methodeneinsatz wie z.B. formale Designmethoden erfordert. Die benötigten SIL können auf zwei Arten ermittelt werden:

- Quantitativ: Die Häufigkeit von Hardwareausfällen wird vorhergesagt und mit tolerierbaren Risikogrenzwerten verglichen.
- Qualitativ: Der SIL wird durch qualitative Beurteilungen ermittelt, üblicherweise mittels eines Risikographen (siehe Abb. 5–1). Dieses Verfahren wird insbesondere bei Software eingesetzt.

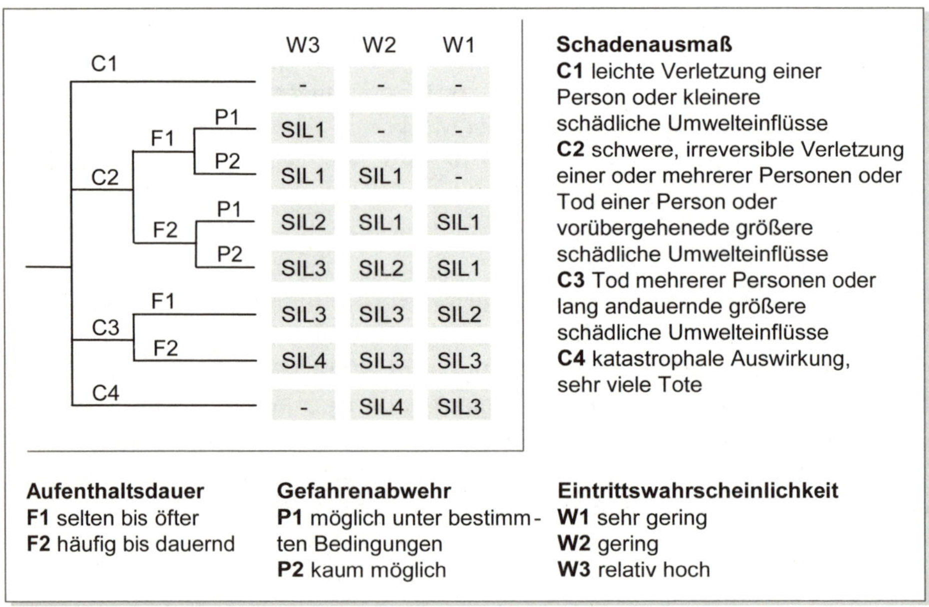

Abb. 5–1 *Beispiel eines Risikographen*

Die IEC 61508 erstreckt sich über Konzept, Planung, Entwicklung, Realisierung, Inbetriebnahme, Instandhaltung, Modifikation bis hin zur Außerbetriebnahme und Deinstallation des Systems. Dabei ist die Planung, Koordinierung u. Dokumentation der Sicherheitsaufgaben eine zentrale Managementaufgabe und bezieht sich auf alle Phasen. Bezüglich Softwareentwicklung gehören zu diesen Aufgaben u.a.:

- Management für Functional Safety einrichten, Verantwortlichkeiten genau festlegen
- Konzeptphase
  - Sicherheitskritische Funktion definieren
  - Software-Sicherheitslebenszyklus für diese Funktion definieren
  - Durchführung von Gefahrenanalyse (hazard analysis) und Risikobewertung
  - Konzept für Funktionssicherheit aufstellen
- Entwicklungsphase[2]
  - Planung der Softwaresicherheitsvalidierung
  - V-Modell-artiges Vorgehensmodell mit Spezifikation der Softwaresicherheitsanforderungen, Softwarearchitektur, Softwaresystementwurf, Modulentwurf, Codierung, Modulprüfung, Integrationsprüfung, Validierungsprüfung
  - Planung der Softwaresicherheitsvalidierung
  - Planung der Softwareverifikation
  - Änderungswesen mit verschiedenen Graden der erneuten Verifikation und Validierung

Die Anforderungen an die Entwicklung unterscheiden sich deutlich bezüglich der jeweiligen SIL. Dies betrifft z.T. sehr detaillierte Vorschriften bezüglich verwendeter Methoden, Dokumentation und Konfigurationsmanagement (siehe Abbildung 5–2).

2. Hier nur für Software gezeigt. Die Norm beschreibt Maßnahmen zur Entwicklung auf Systemebene sowie für die Hardware und die Software.

Entwicklungsschritt	Verfahren/Maßnahme	SIL1	SIL2	SIL3	SIL4
Entwurf der Softwarearchitektur	Strukturierte Designmethoden	++	++	++	++
Softwareentwurf und Softwareentwicklung	Zertifizierter Compiler	+	++	++	++
Softwareentwurf und Softwareentwicklung: Hilfswerkzeuge und Programmiersprachen	Bibilothek bewährter/ verifizierter Module und Komponenten	+	++	++	++
Softwareentwurf und Softwareentwicklung: detaillierter Entwurf	Entwurfs- und Codierungsrichtlinien	+	++	++	++
Modifikation	Einflussanalyse	++	++	++	++
Modifikation	Neuverifikation geänderter Softwaremodule	++	++	++	++
Modifikation	Neuverifikation betroffener Softwaremodule	+	++	++	++
Modifikation	Neuvalidierung des gesamten Systems	o	+	++	++
Softwareverifikation	Formaler Beweis	o	+	+	++
Softwareverifikation	Statistische Tests	o	+	+	++
Legende: o = keine Empfehlung für oder gegen die Verwendung; + = empfohlen; ++ = besonders empfohlen					

Abb. 5–2 *Beispiele für Forderungen an die Entwicklungsmethoden im Softwareentwicklungsbereich für die verschiedenen SIL*

Zur Umsetzung der IEC-61508-Anforderungen sind unter anderem reife Entwicklungsprozesse mit zugehörigen Methoden und unterstützenden Tools notwendig. Viele der Automotive SPICE-Prozesse tragen zur Erfüllung dieser Anforderungen bei, die IEC-61508-Forderungen gehen aber an vielen Stellen deutlich darüber hinaus, insbesondere bei höheren SIL. Es gibt keine effektive Verknüpfung der Anforderungen in den Standards (»z.B. Level X in bestimmten Automotive SPICE-Prozessen ergibt SIL Y«). Vereinfacht kann man jedoch sagen: Das Erreichen von Level 2 in den Prozessen des HIS-Umfangs ist eine notwendige (wenn auch nicht hinreichende) Voraussetzung, um sicherheitskritische Software (SIL 1 und höher) zu entwickeln. Darüber hinaus (d.h. Level 3/4/5) gibt es fast keine generische Praktik, die unmittelbar auf eine Forderung der IEC 61508 abgebildet werden kann. Der Hauptunterschied besteht darin, dass Automotive SPICE Forderungen stellt, *was* getan werden muss, IEC 61508 fordert darüber hinaus *wie*, d.h. mit welchen Methoden, dies zu tun ist.

Anhang

A Übersicht ausgewählter Arbeitsprodukte

Die nachfolgende Liste enthält eine Auswahl von Arbeitsprodukten, die häufig in der Praxis relevant sind. Zu den Arbeitsprodukten sind die Prozesse aufgeführt, bei denen in diesem Buch Erläuterungen und z.T. Beispiele angegeben sind.

Arbeitsprodukte	Prozess-ID	Abschnitt
01-00 Configuration item – Konfigurationselement	SUP.8	2.16
01-03 Software item – Softwareeinheit	ENG.7	2.9
01-50 Integrated Software – integrierte Software	ENG.7	2.9
02-01 Commitment/Agreement – Vereinbarung	ACQ.4	2.1
03-03 Benchmarking data – Benchmarking-Daten	MAN.6	2.21
03-04 Customer satisfaction data – Kundenzufriedenheitsdaten	MAN.6	2.21
04-04 High level software design – Softwarearchitektur	ENG.5	2.7
04-05 Low level software design – Softwarefeinentwurf	ENG.5	2.7
04-06 System architecture design – Systemarchitektur	ENG.3	2.5
07-01 bis 07-08 verschiedene Messwerte	MAN.6	2.21
08-04 Configuration management plan – Konfigurationsmanagementplan	SUP.8	2.16
08-12 Project plan – Projektplan	MAN.3	2.19
08-13 Quality plan – Qualitätssicherungsplan	SUP.1	2.13
08-16 Release plan – Releaseplan	SPL.2	2.2
08-17 Reuse plan – Wiederverwendungsplan	REU.2	2.23
08-27 Problem management plan – Problemmanagementplan	SUP.9	2.17
08-28 Change management plan – Änderungsmanagementplan	SUP.10	2.18
08-29 Improvement plan – Verbesserungsplan	PIM.3	2.22
08-50 Test specification – Testspezifikation	ENG.8	2.10
08-52 Test plan – Testplan	ENG.8	2.10

Arbeitsprodukte		Prozess-ID	Abschnitt
11-05	Software unit – Softwaremodul	ENG.6	2.8
11-06	System – System	ENG.9	2.11
13-01	Acceptance record – Abnahmeprotokoll	ACQ.4	2.1
13-07	Problem record – Problemaufzeichnung	SUP.9	2.17
13-09	Meeting support record – Besprechungsprotokoll	ACQ.4	2.1
13-14	Progress status record – Fortschrittsstatusbericht	ACQ.4	2.1
13-16	Change request – Änderungsantrag	SUP.10	2.18
13-17	Customer request – Änderungsantrag des Kunden	ACQ.4	2.1
13-18	Quality record – Qualitätsaufzeichnung	SUP.1	2.13
13-19	Review records – Reviewaufzeichnungen	SUP.4	2.15
13-21	Change control record – Änderungsaufzeichnung	SUP.10	2.18
13-22	Traceability record – Traceability-Aufzeichnung	ENG.2	2.4
13-25	Verification results – Verifikationsergebnisse	SUP.2	2.14
13-50	Test result – Testergebnis	ENG.8	2.10
14-02	Corrective action register – Auflistung der Korrekturaktionen	SUP.1	2.13
14-06	Schedule – Terminplan	MAN.3	2.19
14-09	Work breakdown structure – Projektstrukturplan	MAN.3	2.19
15-01	Analysis report – Analysebericht	SUP.9	2.17
15-05	Evaluation report – Bewertungsbericht	SUP.9	2.17
15-06	Project status report – Projektfortschrittsbericht	MAN.3	2.19
15-07	Reuse evaluation report – Bericht zur Bewertung der Wiederverwendung	REU.2	2.23
15-12	Problem status report – Problemstatusbericht	SUP.9	2.17
15-16	Improvement opportunity – Verbesserungsmöglichkeit	PIM.3	2.22
16-03	Configuration management library – Konfigurationsmanagementbibliothek	SUP.8	2.16
17-02	Build list – Build-Liste	ENG.7	2.9
17-03	Customer requirements – Kundenanforderungen	ENG.1	2.3
17-08	Interface requirements – Schnittstellenanforderungen	ENG.2	2.4
17-11	Software requirements – Softwareanforderungen	ENG.4	2.6
17-12	System requirements – Systemanforderungen	ENG.2	2.4
19-10	Verification strategy – Verifikationsstrategie	SUP.2	2.14

Glossar

A-/B-/C-/D-Musterstand

Die Automobilindustrie arbeitet mit sogenannten Musterständen (A,B,C,D). Dabei werden Protoytpen der zu entwickelnden Bauteile mit zunehmendem Reifegrad im Entwicklungsprozess bereitgestellt und in Erprobungsfahrzeugen integriert. Die Musterphasen bedeuten etwa (für Details siehe Abschnitt 2.2.2):

A-Muster:	meist bedingt taugliche Funktionsmuster mit geringem Reifegrad
B-Muster:	funktionsfähige Grundsatzmuster mit hohem Reifegrad, können auf Hilfswerkzeugen hergestellt werden
C-Muster:	voll funktionsfähige Muster aus Serienwerkzeugen
D-Muster:	wie C-Muster, werden vom Lieferanten zwecks Baumusterfreigabe zur Verfügung gestellt

Abnahme

Die Abnahme ist die schriftliche Erklärung der Annahme des Arbeitsproduktes (oder Dienstleistung) im juristischen Sinne durch den Kunden/Auftraggeber. Der Kunde/Auftraggeber überzeugt sich meist durch Tests oder Prüfungen davon, dass das Arbeitsprodukt die spezifizierten Eigenschaften besitzt, sich entsprechend den spezifizierten Anforderungen verhält und für die geplante Anwendung brauchbar ist. Abnahmen werden meist durch Auftraggeber und Auftragnehmer gemeinsam durchgeführt.

Anforderung

Eine Anforderung (engl. requirement) beschreibt eine zu erfüllende Eigenschaft oder zu erbringende Leistung eines Produkts, Systems oder Prozesses, die verifizierbar ist.

Arbeitsprodukt

Ein Artefakt, das mit der Ausführung eines Prozesses zusammenhängt. Output-Arbeitsprodukte werden im Prozess erstellt bzw. geändert und stehen nach Ausführung eines Prozesses weiteren Prozessen zur Verfügung. Arbeitsprodukte können projektinternen Charakter haben oder nach außen gegeben werden. In diesem Fall spricht man eher von »Produkt«. Output-Arbeitsprodukte sind Indikatoren der Prozessdimension. (Automotive SPICE-Bezeichnung »work product«)

Assessment

Eine Bewertung der Leistungsfähigkeit der Prozesse einer Organisation gegenüber einem Modell (z.B. Automotive SPICE PAM). Ziel ist die Bewertung und Verbesserung der Prozesse (Prozessfähigkeit).

Assessmentmodell

Siehe Prozessassessmentmodell

AUTOSAR

Eine Initiative führender OEMs und Tier-one-Lieferanten, um einen De-facto-Standard für Elektrik- und Elektronikarchitekturen für das Automobil zu entwickeln *(siehe auch REU.2)*.

Baseline

Eine Konfiguration, die einen Entwicklungsstand beschreibt, der eine besondere Bedeutung hat (z.B. eine Anforderungsbaseline, Designbaseline oder Baselines im Zusammenhang mit der Erzeugung von Releases). Die betreffenden Konfigurationselemente und ihre Zusammengehörigkeit werden durch die Baselinebildung »konserviert«, d.h. gegen Änderungen geschützt. Sie werden als zusammengehörig gekennzeichnet und »eingefroren«, d.h., die betreffenden Konfigurationselemente dürfen nicht mehr geändert werden.

Basispraktik

Eine oder mehrere Aktivitäten, die im Rahmen eines Prozesses ausgeführt werden und die Output-Arbeitsprodukte erzeugen. Basispraktiken sind Indikatoren der Prozessdimension. (Automotive SPICE-Bezeichnung »base practice«)

Beschaffung

Unter Beschaffung wird im Rahmen der ACQ-Prozesse (*vergleiche Abschnitt 2.1 zu ACQ.4.)* die Auswahl von Lieferanten sowie die Steuerung der Erstellung von (Teil-)Produkten durch die ausgewählten Lieferanten verstanden. (Automotive SPICE-Bezeichnung: »acquisition«)

Bewertungsskala

Gemäß ISO/IEC 15504 werden die Prozessattribute mit einer vierstufigen Bewertungsskala (N/P/L/F) bewertet *(siehe Abschnitt 3.2 zur Erläuterung der Skala)*. (Automotive SPICE-Bezeichnung »rating scale«)

Black-Box-Test

Dieser Test vergleicht das nach außen beobachtbare Verhalten an den äußeren Schnittstellen der Software (ohne Kenntnis von deren Aufbau) mit dem gewünschten Verhalten. Diese Tests werden häufig mit »funktionalen Tests« gleichgesetzt, obwohl Black-Box-Tests natürlich auch nicht funktionale Tests beinhalten können. *Siehe auch White-Box-Test.*

Code

Code steht hier für Quellcode bzw. Sourcecode und ist die Darstellung von Abläufen und Datenstrukturen in einer Programmiersprache, sodass eine Weiterverarbeitung durch einen Übersetzer (Compiler) möglich ist.

Codeinspektion

Automotive SPICE verwendet diesen Begriff als Synonym für »Codereview«. Unter einer »Inspektion« versteht man üblicherweise eine formalere Form eines Reviews nach einem genau festgelegten Prozess durch ausgebildete Gutachter und Inspektionsleiter. Der Inspektionsprozess sieht typischerweise unter anderem vor, dass das Prüfobjekt den Prüfern bereits eine Weile vor der Sitzung zwecks Prüfung zur Verfügung gestellt wird. Während der Sitzung werden dann nur noch die Prüfergebnisse kurz durchgesprochen, konsolidiert und aufgezeichnet. *Siehe auch Codereview und Review.*

Codereview

Anwendung einer Review-Methodik (*siehe Review*) auf Software. Automotive SPICE zitiert hierzu im Glossar die IEEE-Definition aus [IEEE 610]: eine Sitzung, in der Software einer Gruppe von Projektmitarbeitern, Managern, Benutzern, Kunden und anderen Interessenten präsentiert wird zwecks Kommentierung oder Genehmigung. *Siehe auch Codeinspektion.*

Commitment

Eine zwischen zwei oder mehreren Parteien freiwillig geschlossene, verbindliche Vereinbarung bzw. Verpflichtung.

Definierter Prozess

Gemeint ist der im Projekt oder an einer sonstigen Stelle in der Organisation ausgeführte und dokumentierte Prozess, der aus einem Standardprozess abgeleitet und ggf. (mittels »Tailoring«) angepasst wurde. (Automotive SPICE-Bezeichnung »defined process«)

Dynamische Analyse

Eine Analyse eines Systems oder einer Komponente basierend auf dem Verhalten während der Ausführung [IEEE 610]. *Siehe auch statische Analyse.*

Entwicklungsumgebung

Eine Gruppe von Werkzeugen und Infrastruktur, die Entwicklungsprozesse unterstützen. Hierzu gehören u.a. Planungswerkzeuge, Entwurfswerkzeuge, Simulatoren und Generatoren, Editoren, Übersetzer, Debugger, Konfigurationsmanagementwerkzeuge sowie die Hardware wie PC, Testumgebungen etc.

Erweiterbarkeit

Das Maß, in dem eine Softwarekomponente geändert werden kann, um z.B. die Funktionalität zu erweitern (vgl. [ISO/IEC 9126] »Qualitätsmerkmale für Software«).

Flashen

Unter Flashen versteht man in der Automobilindustrie das Beschreiben eines EEPROM in einem Steuergerät, z.B. zum Einspielen eines neuen Softwarestands.

Freigabe

Formale Entscheidung auf der Basis der Projektergebnisse über den Reifegrad eines Arbeitsprodukts zur offiziellen Übergabe an den nächsten Prozessschritt oder zur Auslieferung.

Funktionale Anforderung

Eine Anforderung, die einen direkten Einfluss auf die Funktionalität besitzt und diese beschreibt.

Funktionsliste

Weitverbreitetes Werkzeug in der Automobilindustrie zur Planung der Inhalte der einzelnen Musterstände und SW-Releases. In der Funktionsliste werden Funktionen (evtl. auch Bugfixes) den verschiedenen SW-Releases und Meilensteinen zugeordnet und deren Umsetzung wird verfolgt. Sie dient unter anderem der frühzeitigen Abstimmung des Funktionsumfangs zwischen Lieferant und OEM.

Generische Praktik

Ein oder mehrere Aktivitäten, die die Ausführung eines Prozesses unter dem Aspekt des jeweiligen Prozessattributs unterstützen. Generische Praktiken sind Indikatoren der Reifegraddimension. (Automotive SPICE-Bezeichnung »generic practice«)

Hardware

Sammelbezeichnung für Bauelemente, Baugruppen, Komponenten, Geräte und Anlagen der Datenverarbeitung und Rechentechnik.

Indikator

Ein Indikator ist eine objektive Charakteristik oder ein Attribut, das die Implementierung eines Prozesses unterstützt und das zur Bewertung der Prozessattribute herangezogen wird. Die Indikatoren der Prozessdimension sind Basispraktiken und Arbeitsprodukte. Die Indikatoren der Reifegraddimension sind generische Praktiken und generische Ressourcen.

Integration

Schrittweises Zusammenfügen von Komponenten zu einem Produkt, in der Regel begleitet von verschiedenen Tests.

Konfiguration

Eine Gruppe von Konfigurationselementen, die zusammen genommen einen bestimmten Entwicklungsstand darstellen.

Konfigurationselemente

Konfigurationselemente (auch KM-Elemente genannt) sind die Arbeitsprodukte (z.B. Dateien, Codefiles, Dokumente), die unter Konfigurationsmanagement gestellt werden. (Automotive SPICE-Bezeichnung »configuration items«)

Konfigurationsmanagement

Prozess zur Bestimmung und Verwaltung von Konfigurationen, der eine Änderungssteuerung und -überwachung über einen definierten Zeitraum einschließt. Auf einzelne Konfigurationen bzw. deren Elemente (= Arbeitsprodukte) kann jederzeit zugegriffen werden, und Unterschiede zwischen einzelnen Konfigurationen sind erkennbar. Eine Konfiguration kann zu einer Baseline gemacht werden; *siehe auch Baseline*.

Konfigurationsmanagementsystem

Eine Kombination aus einem (oder mehreren) KM-Werkzeug(en) (d.h. Software, die die physische Speicherung und Handhabung unterstützt) und den damit verbundenen Regeln (Vorschriften, Prozessen, Konventionen für Änderungsmanagement, Versionierung, Zugangsbeschränkung etc.), auch KM-System genannt.

Kunde

Automotive SPICE verwendet den Begriff "customer" für die Beschreibung eines Verhältnisses zwischen zwei Partnern, bei dem der eine Ersteller (=supplier) und der andere Empfänger (=customer) der betreffenden (Entwicklungs-)Leistung ist. *Siehe einführende Seiten von Kapitel 2 für eine detailliertere Darstellung.*

Lastenheft

Ein Lastenheft beschreibt die Anforderungen, Erwartungen und Wünsche an ein geplantes Arbeitsprodukt in natürlicher Sprache aus Anwendersicht einschließlich aller Randbedingungen.

Lebenszyklusmodell

Das Lebenszyklusmodell ist eine geeignete und angemessene Vorgehensweise der Projektbearbeitung, bestehend aus den Projektphasen, die das Projekt in größere Abschnitte gliedern, sowie der Beschreibung der Phasenübergänge (z.B. Qualitätstore). Gegebenenfalls werden auch untergeordnete Aktivitäten definiert und deren Zusammenhänge, z.B. in Form von Schleifen und Iterationen. (Automotive SPICE-Bezeichnung »life cycle model«)

Lessons Learned

Gemeint ist das systematische Erfassen von Erfahrungen, um für die Zukunft zu lernen und Fehler zu vermeiden. Diese Erfassung kann z.B. beim Abschluss eines Projekts oder einer Projektphase geschehen.

Lieferant

Automotive SPICE verwendet den Begriff »supplier« für die Beschreibung eines Verhältnisses zwischen zwei Partnern, bei dem der eine Ersteller (=supplier) und der andere Empfänger (=customer) der betreffenden (Entwicklungs-)Leistung ist. Im Rahmen eines Vertragverhältnisses ist mit »supplier« der Auftragnehmer gemeint, bei einer Ausschreibung der Anbieter.

Meilenstein

Ein Meilenstein ist ein wichtiges Ereignis im Projekt, an dem wesentliche Arbeitsergebnisse einen bestimmten Entwicklungsstand erreichen, z. B. der Abschluss einer Projektphase oder das Ausliefern eines Musterstandes zu einem geplanten Termin.

Messen

Wird im Kontext des Prozesses MAN.6 verwendet. Unter Messen wird hier ein kontinuierlicher Prozess verstanden, bei dem Metriken für die Prozesse definiert und Messdaten gesammelt, analysiert und bewertet werden. Ziel ist es dabei, die Prozesse zu verstehen, zu kontrollieren, zu steuern und zu optimieren, um z.B. Projekte besser steuern zu können, Aufwand und Kosten der Entwicklung zu reduzieren oder die entstehenden Arbeitsprodukte zu verbessern. (Automotive SPICE-Bezeichnung »measurement«)

Metrik

Auch »Maß« oder »Messwert« genannt. Eine numerische Größe, die ein Verfahren, einen Prozess, ein Produktattribut oder ein Ziel beschreibt. Zu unterscheiden sind Basismetriken (die direkt gemessen werden können) und abgeleitete Metriken, die sich aus mathematischen Operationen unter Verwendung von Basismetriken ergeben. (Automotive SPICE-Bezeichnung »measure«)

MISRA
MISRA-C ist ein C-Programmierstandard aus der Automobilindustrie, der von der MISRA (The Motor Industry Software Reliability Association) erarbeitet wurde.

Modularität
Grad, zu dem ein Softwaresystem aus in sich geschlossenen, kleinen, logischen Einheiten (Softwaremodulen) besteht, die miteinander in Wechselbeziehung stehen. Die Komplexität der Kopplung dieser Softwaremodule muss überschaubar und handhabbar sein.

Modultest
Testen der kleinsten Einheit eines Programms.

Nachverfolgbarkeit
Siehe Traceability

Nicht funktionale Anforderungen
Nicht funktionale Anforderungen sind solche, die keinen direkten Einfluss auf die Funktionalität besitzen. Bezüglich Software können das z.B. Komplexität, Verschachtelungstiefe, Testbarkeit und Wartbarkeit sein. Nicht funktionale Anforderungen ergeben sich auch aus der Betriebsumgebung, wie z. B. Anforderungen bezüglich eines Temperaturbereiches, in dem ein System einwandfrei funktionieren muss (z.B. -50 bis +80 Grad Celsius).

Pflichtenheft
Das Pflichtenheft ist die vertraglich bindende, detaillierte Beschreibung einer zu erfüllenden Leistung, zum Beispiel eines geplanten Gerätes, einer technischen Anlage, einer Maschine, eines Werkzeugs oder auch eines Softwareprogramms. Im Gegensatz zum Lastenheft sind die Inhalte präzise, vollständig, nachvollziehbar sowie mit technischen Festlegungen verknüpft, die auch die Betriebs- und Wartungsumgebung festlegen. Das Pflichtenheft beinhaltet sowohl eine Interpretation von Anforderungen aus Entwicklersicht an Arbeitsprodukte bzw. Dienstleistungen einschließlich der zu berücksichtigenden Randbedingungen als auch ein auf dem Lastenheft basierendes, detailliertes Lösungskonzept für die Umsetzung der Anforderungen aus dem Lastenheft.

Plattform
Eine Plattform bezeichnet bei Automobilen eine technische Basis, auf der äußerlich verschiedene Modelle aufbauen. In der Elektronikentwicklung ist darunter ein Hardware-, Software- oder Systembaukasten zu verstehen mit der Möglichkeit, unter Beibehaltung wesentlicher Eigenschaften durch Änderungen, Parametrisierung oder Ableitung in einfacher Weise Derivate zu erzeugen.

Projekt
Zeitlich begrenztes, einmaliges Vorhaben zur Realisierung eines Produkts oder einer Dienstleistung.

Projektmanagement
Planen, Überwachen und Steuern eines Projekts mit dem Ziel, ein Produkt zu liefern, das die vereinbarten Anforderungen hinsichtlich Produkt/Leistung, Qualität, Termine und Kosten erfüllt.

Projektmerkmale

Merkmale eines Projekts wie z.B. Geschäfts- und Qualitätsziele des Projekts, Größenumfang und Komplexität des Projekts, Aufwand, Terminplan und Budget des Projekts. (Automotive SPICE-Bezeichnung »project attributes«)

Projektphasen

Projektphasen bestehen aus zeitlich verknüpften, umfassenderen Projektvorgängen, die in einem logischen Zusammenhang stehen. Beispiele für Phasen sind Projektstart, Projektplanungsphase, Projektdurchführungsphase, Projektabschluss. *Siehe auch Lebenszyklusmodell.*

Projektplan

Der Projektplan besteht aus einem oder mehreren Planungsdokumenten (z.B. Projektstrukturplan, Terminplan, Ressourcenplanung) bzw. liegt in Form einer Verzeichnisstruktur mit verschiedenen Dateien vor, die den Projektumfang und die wesentlichen Projektmerkmale definieren. Der Projektplan ist Grundlage für die Projektkontrolle und -steuerung. Wenn der Projektplan aus mehreren Planungsdokumenten besteht, so ist darauf zu achten, dass die einzelnen Dokumente in Summe ein schlüssiges, zusammenhängendes Ganzes darstellen. (Automotive SPICE-Bezeichnung »project plan«)

Projektstrukturplan

Ein Projektstrukturplan (kurz PSP) ist eine an den Liefergegenständen oder Projektphasen orientierte Anordnung von Projektelementen, die den Gesamtinhalt und -umfang des Projekts strukturiert und definiert. (Automotive SPICE-Bezeichnung »work breakdown structure«)

Prozess

Ein Prozess besteht aus einer Reihe von (eventuell parallelen beziehungsweise alternativen) Aktivitäten oder Schritten, die zu einem bestimmten Zweck durchgeführt werden und Input-Arbeitsprodukte in Output-Arbeitsprodukte transferieren. Die Output-Arbeitsprodukte werden gegebenenfalls von weiteren Prozessen genutzt.

Prozessassessmentmodell

Ein Prozessassessmentmodell (PAM) enthält die Details zur Bewertung der Prozessreife (sogenannte Indikatoren) und ist in zwei Dimensionen (Prozessdimension und Reifegraddimension) organisiert. Ein Prozessassessmentmodell bezieht sich auf eines oder mehrere der Prozessreferenzmodelle. Ein Beispiel für ein Prozessassessmentmodell ist das Automotive SPICE PAM.

Prozessattribut

Prozessattribute sind Eigenschaften eines Prozesses, deren Erfüllung bewertet werden kann und die zur Beurteilung der Erreichung einer Reifegradstufe eines Prozesses herangezogen werden. Sie sind auf alle Prozesse anwendbar. (Automotive SPICE-Bezeichnung »process attribute«)

Prozessdimension

Diese enthält für alle relevanten Prozesse die Indikatoren bezogen auf den Prozesszweck und die Prozessergebnisse. Die Prozesse sind in Prozessgruppen zusammengefasst. (Automotive SPICE-Bezeichnung »process dimension«)

Prozessergebnisse
Ein vorliegendes, nachweisliches Ergebnis der erfolgreichen Umsetzung eines Prozesses. (Automotive SPICE-Bezeichnung »process outcomes«)

Prozessreferenzmodell
Ein Prozessreferenzmodell (PRM) beschreibt für eine bestimmte Anwendungsdomäne eine Menge von Prozessen, jeweils in Form eines Prozesszwecks und der notwendigen Prozessergebnisse, um diesen Prozesszweck zu erreichen. Ein Beispiel eines Prozessreferenzmodells ist das Automotive SPICE PRM.

Prozessprofil
Siehe Reifegradprofil

Prozessverantwortliche
Der Prozessverantwortliche (Person oder Team) ist für die Definition und Pflege eines Prozesses verantwortlich. Auf Organisationsebene ist der Prozessverantwortliche für die Beschreibung des Standardprozesses verantwortlich. Auf Projektebene ist der Prozessverantwortliche für den definierten Prozess verantwortlich. Ein Prozess kann daher mehrere Prozessverantwortliche mit unterschiedlichen Verantwortungsebenen haben.

Quality Assurance/Qualitätssicherung
Nach DIN EN ISO 9000:2000 [DIN EN ISO 9000], Punkt 3.2.11, ist Qualitätssicherung (engl. quality assurance) definiert als »Teil des Qualitätsmanagements, der durch das Erzeugen von Vertrauen darauf gerichtet ist, dass Qualitätsanforderungen erfüllt werden«. Speziell für die Softwareentwicklung beschreibt Automotive SPICE einen Qualitätssicherungsprozess, dessen Aktivitäten die Erfüllung von Qualitätsanforderungen zum Ziel haben.

Regressionstest
Testen, ob bereits früher erfolgreich getestete Eigenschaften immer noch korrekt sind. Wird nach Änderungen notwendig, um unerwünschte Seiteneffekte auszuschließen.

Reifegraddimension
Sie enthält alle Indikatoren zur Unterstützung der Bewertung der Prozessattribute. (Automotive SPICE-Bezeichnung »capability dimension«)

Reifegradprofil
Ergebnisdarstellung der in den einzelnen Prozessattributen pro Prozess erreichten Erfüllungsgrade (N/P/L/F).

Reifegradstufe
Reifegradstufen sind ein Maß für die Prozessreife. Je nachdem, welche Praktiken bzw. Arbeitsprodukte eines Prozessassessmentmodells nachgewiesen werden können, werden verschiedene Reifegradstufen vergeben. Automotive SPICE unterscheidet sechs Reifegradstufen von Level 0 »Unvollständig« bis Level 5 »Optimierend«. (Automotive SPICE-Bezeichnung »capability level«)

Release
Konsistente Menge von versionierten Objekten mit definierten Eigenschaften und Merkmalen, die zur Auslieferung an interne oder externe Kunden bestimmt ist. *Siehe auch Version.*

Releaseplanung
Planung, in welcher Version eines Produkts bestimmte Eigenschaften realisiert werden. Auf dieser Basis kann man den Entwicklungsablauf strukturieren und die Arbeiten priorisieren.

Review
Formelle Prüfung eines Objekts (z.B. Dokument oder Code) gegenüber Vorgaben und gültigen Richtlinien durch Gutachter mit dem Ziel, Fehler, Schwächen oder Lücken des Reviewgegenstandes aufzuzeigen, zu kommentieren und zu dokumentieren sowie den erwarteten Reifegrad des Objekts festzustellen.

Risiko
Ein Risiko ist ein ungewolltes Ereignis oder ein potenzielles Problem, das in der Zukunft mit einer gewissen Wahrscheinlichkeit eintreten kann. Ein Risikoeintritt ist mit einem Schaden verbunden, d.h., er hat einen negativen Effekt z.B. auf die Projektziele, bewirkt also z.B. eine Kostenerhöhung, Terminverschiebungen, Qualitätsprobleme oder sonstige Schäden.

Risikomanagement
Risikomanagement ist ein kontinuierlicher, projektbegleitender Prozess und ein wichtiger Bestandteil der Projektmanagementaktivitäten. Ziel des Risikomanagements ist es, Risiken zu erkennen, zu vermeiden oder ihre Eintrittswahrscheinlichkeit zu verringern oder die Auswirkungen bei Risikoeintritt abzumildern.

SIL
Einstufung von sicherheitskritischen Systemen in Sicherheitsstufen in Form von Safety Integrity Levels (SIL) *(siehe dazu auch Kap. 5)*.

Softwareelement
Quellcode, ausführbarer Code, Steuerungsbefehle für Betriebssysteme, Steuerungsdaten oder eine Kombination dieser Elemente (nach [IEEE 610]). Der in Automotive SPICE verwendete Begriff ist »software item«.

Softwaremodul
Eine Softwarekomponente, die nicht in andere Komponenten unterteilt ist. Der in Automotive SPICE verwendete Begriff ist »unit« bzw. »software unit« *(siehe auch [IEEE 610])*. Anmerkung: [IEEE 610] enthält keine Definition für den Begriff »Softwarekomponente« (software component). In Automotive SPICE ist dieser Begriff ein Synonym zu »Softwareelement«.

Softwaretest
Verifikation oder Validierung eines Programms. *Siehe auch Testen.*

Sponsor
Im Kontext eines Assessments ist damit eine Person gemeint, die ein Assessment durch Ressourcenbereitstellung, Finanzmittel, Sachmittel und Dienstleistungen unterstützt.

Stakeholder
Beteiligte und Betroffene, die zu einer Aktivität Inputs liefern, an der Aktivität beteiligt sind oder von den Ergebnissen der Aktivität betroffen sind beziehungsweise diese nutzen. Dazu zählt auch derjenige, der Ressourcen bereitstellt. (Automotive SPICE-Bezeichnung »stakeholder«)

Standardprozess
Ein standardisierter Prozess, der übergreifend für einen bestimmten Teil der Entwicklungsorganisation gilt. Der Standardprozess besteht aus grundlegenden Prozesselementen wie Prozessaktivitäten mit Abhängigkeiten und Schnittstellen, Input- und Output-Arbeitsprodukten, unterstützenden Werkzeugen und Hilfsmitteln sowie Angaben dazu, welche Rollen an den Aktivitäten beteiligt sind.

Statische Analyse
Eine Analyse eines Programms, ohne das Programm auszuführen [BCS SIGIST]. *Siehe auch dynamische Analyse.*

Steuerkreis
Gremium, in dem mehrere Personen (wie z.B. Vertreter des Managements, Vertreter verschiedener Interessengruppen des Kunden) die oberste Kontrollinstanz eines Projekts darstellen, auch Projektlenkungsausschuss oder Lenkungskreis genannt.

Strategie
Der Ausdruck Strategie wird in Automotive SPICE häufig im Zusammenhang mit verschiedenen Prozessen verwendet (z.B. KM-Strategie, Validierungsstrategie). Oftmals wird eine Strategie in der ersten Basispraktik eines Prozesses gefordert. Gemeint ist die Festlegung der prinzipiellen Vorgehensweise bezüglich des jeweiligen Prozesses, d.h. die Aktivitäten des Prozesses und deren Zeitpunkte. (Automotive SPICE-Bezeichnung »strategy«).

System
Produkt oder Bestandteil eines Produkts, das wiederum aus Subsystemen besteht, die untereinander in Wechselbeziehung oder Wechselwirkung stehen.

Terminplan
Der Terminplan enthält die durchzuführenden Aktivitäten inkl. Reihenfolge und Abhängigkeiten zwischen diesen, Meilensteine, Zeitdauer und geschätzte Aufwände der Aktivitäten, Start- und Endtermine sowie die Zuordnung von Ressourcen zu den Aktivitäten. Ferner sollten der oder die kritischen Pfade im Terminplan kenntlich gemacht werden. (Automotive SPICE-Bezeichnung »schedule«)

Testabdeckungsanalyse
Eine Analysemethode, die bestimmt, welche Teile der Software durch die Testfallsammlung abgedeckt werden bzw. welche Teile nicht abgedeckt werden. Daraus kann man feststellen, ob und ggf. welche zusätzlichen Testfälle noch notwendig sind. Der in Automotive SPICE verwendete Begriff ist »code coverage«, international eher bekannt als »code coverage analysis« [BCS SIGIST]. Deutsches Synonym: »Überdeckungsanalyse«.

Testen
Tätigkeit, um die Konformität eines Objekts zu seinen Anforderungen nachzuweisen und Abweichungen festzustellen.

Testfall
Kombination von Eingabedaten, Bedingungen und erwarteten Ausgaben für die funktionale oder nicht funktionale Überprüfung eines Testgegenstands hinsichtlich der Einhaltung bzw. Umsetzung einer zugesicherten Eigenschaft.

Testplan

Dokument, das den Umfang, die Vorgehensweise, die Ressourcen und die Zeitplanung der intendierten Tests (inklusive aller Aktivitäten) beschreibt (siehe [IEEE 829]).

Tier

»Tier« (englisch) bedeutet Stufe oder Schicht. Im Zusammenhang mit Lieferanten spricht man von tier one, tier two etc. und mein damit die Stufe in der Lieferantenkette. In der Automobilindustrie gibt es oft eine ganze Hierarchie von Auftraggeber-Auftragnehmer-Beziehungen, d.h., ein Lieferant (»tier one«) akquiriert weitere Systembestandteile von eigenen Unterlieferanten bzw. von Unterlieferanten, die ihm durch den Auftraggeber vorgeschrieben werden (»tier two«).

Traceability

Traceability (»Nachverfolgbarkeit«) stellt, ausgehend von den Anforderungen, eine Verbindung zwischen Elementen verschiedener Entwicklungsschritte her (*siehe auch* Abschnitt 2.24).

Traceability-Matrix

Eine Matrix, in der die Nachverfolgbarkeit zwischen den Anforderungen und Arbeitsprodukten dargestellt werden kann.

Use-Case-Diagramm

Mit Use-Case-Diagrammen kann eine geforderte Funktionalität grafisch und textuell dargestellt werden. Sie sind intuitiv verständlich, sodass sie auch als Grundlage für Gespräche zwischen Auftraggeber und Auftragnehmer dienen können. Jedes Use-Case-Diagramm besteht aus Use Cases (Ellipsen) und Akteuren (Strichmännchen), die sich zusammen in einem abgeschlossenen System befinden. Ein Use Case ist hierbei eine Tätigkeit, die meist aus einem Substantiv und einem Verb besteht, sie umfasst mehrere Aktivitäten (z.B. System einschalten, Knopf drücken, Display ablesen). Use-Case-Diagramme werden im Rahmen der Softwareanforderungsanalyse verwendet und sind Teil der Unified Modeling Language (UML).

Validierung

Validierung beantwortet die Frage »Baue ich das richtige System?«, d.h., ist es geeignet für die vorgesehene Nutzung? Es wird also geprüft, ob ein System für seinen Einsatzzweck tauglich ist. Dies geschieht in erster Linie durch Prüfung gegen die Kunden- und Systemanforderungen.

Verifikation

Verifikation wird als ein entwicklungsphasenspezifischer Prozess verstanden, in dem die Korrektheit und Vollständigkeit von Arbeitsprodukten dieser Phase in Hinblick auf die direkten Vorgaben an das jeweilige Arbeitsprodukt geprüft werden. So wird z.B. bei der Verifikation einer Softwarekomponente schwerpunktmäßig gegen deren Designvorgaben und gegen Programmierrichtlinien geprüft. Verifikation beantwortet die Frage »Baue ich das System richtig?«, d.h., entspricht es der Vorgabe?

Version

Eindeutig gekennzeichnetes Objekt mit definiertem Entwicklungsstand (»Schnappschuss« zu einem bestimmten Zeitpunkt), das von anderen Versionen durch eine eindeutige Benennung unterschieden wird und ggf. im Rahmen des Konfigurationsmanagements verwaltet wird.

Wiederverwendung
Verwendung von bestehenden Produkten oder deren Teilen in anderen Anwendungen.

White-Box-Test
Dieser Test wird aus Kenntnis der inneren Struktur der Software, basierend auf dem Programmcode, dem Design, der Schnittstellenbeschreibungen etc. abgeleitet. White-Box-Tests werden auch »strukturbasierte Tests« genannt. *Siehe auch Black-Box-Test.*

Zeitverhalten
Fähigkeit der Software, angemessene Antwort- und Prozesszeiten unter definierten Bedingungen sicherzustellen.

Zuverlässigkeit
Die Zuverlässigkeit beschreibt die Fähigkeit eines Produkts, den festgelegten Leistungsumfang unter definierten Bedingungen über einen definierten Zeitraum beizubehalten.

Abkürzungsverzeichnis

AK	Arbeitskreis
AUTOSIG	Automotive Special Interest Group
BP	Base practice (Basispraktik)
CBA IPI	CMM-Based Appraisal for Internal Process Improvement
CCB	Change Control Board
CMM	Capability Maturity Model
CMMI	Capability Maturity Model Integration
COTS	Commercial off-the-shelf
CRB	Change Request Board
DOD	Department of Defence (US-amerikanisches Verteidigungsministerium)
EFQM	European Foundation for Quality Management
EITVOX	Entry Criteria, Inputs, Tasks, Verification, Outputs, eXit Criteria
ETA	Event Tree Analysis
FAKRA	DIN Fachausschuss Kraftfahrzeuge
FMEA	Failure Modes and Effects Analysis (Fehlermöglichkeits- und Einflussanalyse)
FTA	Failure Tree Analysis
GAMP	Good Automated Manufacturing Practice
GP	Generic practice (Generische Praktiken)
GQM	Goal Question Metric
GR	Generic resource (Generische Ressource)
GWP	Generic work product (Generisches Arbeitsprodukt)
HAZOP	Hazard and Operability Study
HIS	Herstellerinitiative Software, eine Initiative für einheitliche Standards von Steuergerätesoftware von Audi, BMW, DaimlerChrysler, Porsche und Volkswagen

IEC	International Electrotechnical Commission
IEEE	Institute of Electrical and Electronics Engineers
iNTACS	»International Assessors Certification Scheme«, Internationales Schema zur SPICE-Assessorenausbildung, siehe *www.intacs.info*
IS	International Standard
ISO	International Organisation for Standardization
iSQI	International Software Quality Institute, siehe *www.isqi.org*
KM	Konfigurationsmanagement
LOP	Liste offener Punkte
MISRA	Motor Industry Software Reliability Association
OEM	Original Equipment Manufacturer, in diesem Fall der Automobilhersteller
OPL	Offene-Punkte-Liste
PA	Process attribute
PAM	Prozessassessmentmodell
PM	Projektmanagement
PRM	Prozessreferenzmodell
PSP	Projektstrukturplan
QS	Qualitätssicherung
RCA	Root Cause Analysis
SCAMPI	Standard CMMI Appraisal Method for Process Improvement
SEI	Software Engineering Institute der Carnegie Mellon University, Pittsburgh, USA (Urheber von CMM und CMMI)
SEPG	Software engineering process group
SIL	Safety Integrity Level
SOP	Start of Production
SPICE	Software Process Improvement and Capability Determination
SW	Software
TR	Technical Report
UML	Unified Modeling Language
VDA	Verband der Automobilindustrie
WBS	Work breakdown structure

Literatur, Normen und Webadressen

[Ahren et al. 2001]
Ahren, D.; Clouse, A.; Turner, R.: CMMI Distilled. Addison-Wesley, Boston, 2001.

[Automotive SPICE]
www.automotivespice.com
Auf dieser Seite können das Automotive SPICE-Prozessreferenzmodell und das Prozessassessmentmodell nach Registrierung kostenfrei heruntergeladen werden.

[AUTOSAR]
www.autosar.org
Homepage von AUTOSAR (AUTomotive Open System ARchitecture)

[BCS SIGIST]
www.sigist.org.uk bzw. *www.testingstandards.co.uk/living_glossary.htm*
Working Draft: Glossary of terms used in software testing, Version 6.3
Produced by the British Computer Society, Specialist Interest Group in Software Testing (BCS SIGIST)

[Chrissis et al. 2003]
Chrissis, M.; Konrad, M.; Shrum, S.: CMMI – Guidelines for Process Integration and Product Improvement. Addison-Wesley, Boston, 2003.

[CMM 1993a]
Paulk, M.; Curtis, B.; Chrissis, M.; Weber, C.: Capability Maturity Model for Software, Version 1.1, Technical Report CMU/SEI-93-TR-024. Software Engineering Institute, Carnegie Mellon University, 1993.

[CMM 1993b]
Paulk, M.; Weber, C.; Garcia, S.; Chrissis, M.; Bush, M.: Key practices of the Capability Maturity Model, Version 1.1, Technical Report CMU/SEI-93-TR-025. Software Engineering Institute, Carnegie Mellon University, 1993.

[CMMI 2006]
Capability Maturity Model® Integration (CMMI^{SM}), for Development, Version 1.2 – Technical Report CMU/SEI-2006-TR-008. Software Engineering Institute, Carnegie Mellon University, August 2006.

[DIN EN 61508]
DIN/EN 61508 Teil 1 – 7: 2002: Funktionale Sicherheit sicherheitsbezogener elektrischer/elektronischer/programmierbarer elektronischer Systeme.

[DIN EN ISO 9000]
DIN EN ISO 9000:2005: Qualitätsmanagementsysteme – Grundlagen und Begriffe.

[DIN EN ISO 9001]
DIN EN ISO 9001:2000: Qualitätsmanagementsysteme – Anforderungen (ISO 9001:2000).

[DoD 1998]
Software Acquisition Best Practices Initiative. Department of Defense, Computer & Concepts Associates, USA, 1998.

[Fenton et al. 1997]
Fenton, N. E.; Pfleeger, S. L.: Software Metrics – a rigorous & practical approach. 2nd ed., PWS Publishing Company, 1997.

[Freedman et al. 1990]
Freedman, D.P.; Weinberg, G.M.: Handbook of Walkthroughs, Inspections, and Technical Reviews. ISBN 0-932633-19-6

[Gilb 1993]
Gilb, T.: Software Inspection. Addison-Wesley, 1993.

[Hansen]
www.hansenreport.com
Ein monatlich erscheinender Business and Technology Newsletter; The Hansen Report on Automotive Electronics, 150 Pinechurst Road, Portsmouth NH 03801

[Hindel et al. 2006]
Hindel, B.; Hörmann, K.; Müller, M.; Schmied, J.: Basiswissen Software-Projektmanagement. 2. Auflage, dpunkt.verlag, Heidelberg, 2006.

[HIS]
www.automotive-his.de
Hier können weitere Informationen zur Herstellerinitiative Software (HIS) der deutschen Automobilhersteller bezogen werden. Insbesondere unter der Arbeitsgruppe AK Process Assessment kann der aktuelle HIS Scope heruntergeladen werden.

[Hörmann et al. 2006]
Hörmann, K.; Dittmann, L.; Hindel, B.; Müller, M.: SPICE in der Praxis – Interpretationshilfe für Anwender und Assessoren. dpunkt.verlag, Heidelberg, 2006.

[IEC 61508]
IEC 61508, Functional safety of electrical/electronic/programmable electronic safety-related systems, International Electrotechnical Commission.
Diese Norm besteht aus sieben zwischen 1998 und 2000 erschienenen Teilen mit dem Status »International Standard« und einem 2005 erschienenen Teil mit dem Status »Technical Report«. Siehe *www.iec.ch/zone/fsafety/* für Details.

[IEEE 610]
IEEE Std 610.12-1990 (R2002), IEEE Standard Glossary of Software Engineering Terminology, IEEE Computer Society.

[IEEE 829]
IEEE Std 829-1998, IEEE Standard for Software Test Documentation, IEEE Computer Society.

[IEEE 830]
IEEE Std 830-1998, IEEE Recommended Practice for Software Requirements Specifications, IEEE Computer Society.

[IEEE 1012]
IEEE Std 1012-1998, IEEE Standard for Software Verification and Validation, IEEE Computer Society.

[IEEE 1028]
IEEE Std 1028-1997, IEEE Standard for Software Reviews, IEEE Computer Society.

[iNTACS]
www.intacs.info
Homepage des International Assessor Certification Scheme, dem einzigen von der HIS anerkannten Ausbildungsschema zur Qualifikation von Assessoren mit vielen nützlichen iNTACS-Dokumenten zum Download

[ISO/IEC 12207]
- ISO/IEC 12207, Ausgabe: 1995-08 Informationstechnik – Prozesse im Lebenszyklus von Software.
- ISO/IEC 12207 AMD 1, Ausgabe: 2002-05 Informationstechnik – Prozesse im Lebenszyklus von Software; Änderung 1.
- ISO/IEC 12207 AMD 2, Ausgabe: 2004-11 Informationstechnik – Prozesse im Lebenszyklus von Software; Änderung 2.

[ISO/IEC 15504]
2003-2006
- ISO/IEC 15504-1, Information technology – Process assessment – Part 1: Concepts and vocabulary.
- ISO/IEC 15504-2, Information technology – Process assessment – Part 2: Performing an assessment.
- ISO/IEC 15504-3, Information technology – Process assessment – Part 3: Guidance on performing an assessment.
- ISO/IEC 15504-4, Information technology – Process assessment – Part 4: Guidance on use for process improvement and process capability determination.
- ISO/IEC 15504-5, Information technology – Process assessment – Part 5: An exemplary Process Assessment Model.

[ISO/IEC 9126]
ISO/IEC 9126-1:2001, Software engineering – Product Quality – Part 1: Quality model.

[Kerzner 2001]
Kerzner, H.: Project Management. 7th ed., Wiley, 2001.

[Kneuper 2006]
Kneuper, R.: CMMI – Verbesserung von Softwareprozessen mit Capability Maturity Model Integration. 2. Auflage, dpunkt.verlag, Heidelberg, 2006.

[MISRA]
www.misra.org.uk
Die Motor Industry Software Reliability Association hat speziell für die Automobilindustrie Codierungsrichtlinien für die Programmiersprache C herausgegeben. Vergleiche auch das in der HIS verfügbare Subset (*www.automotive-his.de*).

[Mueller 2004]
Mueller, M.: Project Support & Control Office (PSO™): Metric-based Project Management, Presentation on ESEPG, London, 2004.

[Phillips 2006]
Phillips, M.: CMMI Version 1.2 and Beyond, NDIA 6th Annual CMMI Technology Conference, Denver, November 13-16, 2006.

[PMBOK 2004]
PMBOK: A guide to the Project Management Body of Knowledge, 2004 Edition, Project Management Institute, 2004.

[PPSM 1998]
Process Professional Supplier Management Part 1-7, United Kingdom defense evaluation research agency, Process professional library services, UK, 1998.

[Published Appraisal Results]
http://sas.sei.cmu.edu/pars/
Durch Organisationen auf eigenen Wunsch veröffentlichte Ergebnisse von CMMI-(SCAMPI-)Appraisals

[Radice et al. 1988]
Radice, Ronald A., Phillips, Richard W.: Software Engineering, An Industrial Approach. Prentice Hall, Englewood Cliffs, New Jersey, 1988.

[SA-CMM 1999]
Cooper, J.; Fisher, M.; Sherer, S. W. (eds.): Software Acquisition Capability Maturity Model (SA-CMM), Version 1.02, CMU/SEI-99-TR-002. Carnegie Mellon, Software Engineering Institute 1999.

[SEI]
www.sei.cmu.edu
Homepage des SEI (Software Engineering Institute) mit einer Fülle von Informationen, Technical Reports etc. nicht nur zum Thema CMM und CMMI, sondern auch rund um die Themen Software und Systems Engineering

[SEI Partner Directory]
http://partner-directory.sei.cmu.edu/
Ermöglicht die Suche nach SEI-Partnern sowie nach SEI-autorisierten Personen

[SEI Rep]
http://seir.sei.cmu.edu
Software Engineering Information Repository des SEI (Software Engineering Institute) mit vielen Beispielen und Dokumenten zu Reifegradmodellen (insbesondere CMMI) und verschiedenen Prozessen

[Spillner et al. 2005]
Spillner, A.; Linz, T.: Basiswissen Softwaretest – Aus- und Weiterbildung zum Certified Tester. 3. Auflage, dpunkt.verlag, Heidelberg, 2005.

[van Solingen et al. 1999]
van Solingen, R.; Berghout, E.: The Goal/Question/Metric Method. McGraw-Hill, 1999.

[V-Modell]
www.v-modell.iabg.de
Hier kann das V-Modell des Bundes kostenfrei als Download bezogen werden.

[V-Modell XT]
www.v-modell-xt.de
Website des V-Modell XT.

[VDA]
www.vda.de
Verband der Automobilindustrie mit Sitz in Frankfurt/Main. Hier können u.a. Informationen über die Ausbildung von Automotive SPICE-Assessoren bezogen werden.

Index

M

N

O

P

Q

R

S

T

U

V

W

Z